JN411890

과학적 세계관과 과학사상의 이해

과학적 세계관과 과학사상의 이해

2023년 2월 28일 1판 1쇄

지은이 오준영
펴낸곳 연세대학교 출판문화원
주소 서울특별시 서대문구 연세로 50
등록 1955년 10월 13일(제9-60호)
전화 02) 2123-3378~80
팩스 02) 2123-8673
전자우편 ysup@yonsei.ac.kr
홈페이지 http://press.yonsei.ac.kr
인쇄 (주)네오프린텍

ISBN 978-89-6850-704-5(93110)

값 25,000원

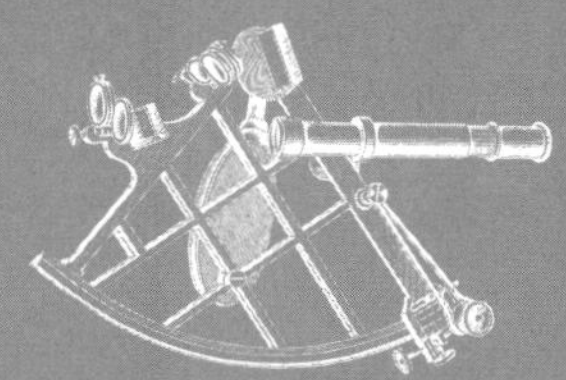

과학적 세계관과 과학사상의 이해

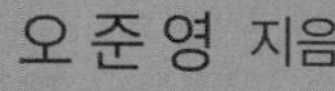

오 준 영 지음

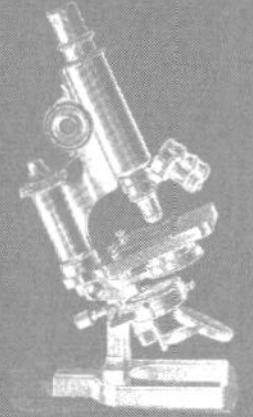

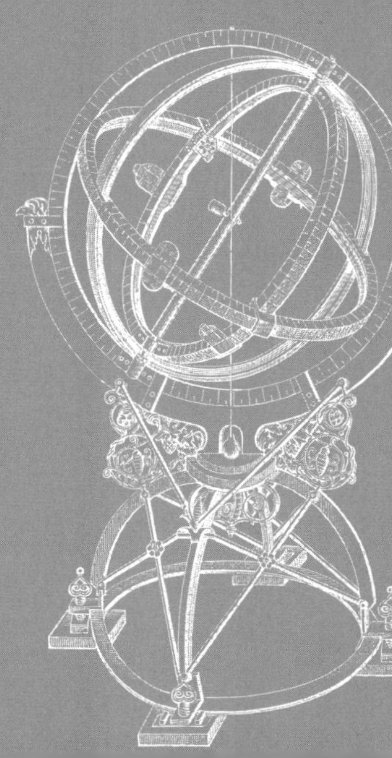

연세대학교 출판문화원

서문, 서구 과학 사상의 의미

The Meaning of Thought of Western Science

과학의 발전은 그저 과학 이론에만 해당되는 것이 아니다. 시대에 따라 과학 이론이 발전하거나 진화한다면, 그 과학 이론과 함께 동시대를 살아가던 사람들도 마찬가지로 변화한다고 할 수 있다. 이에 따라 우리가 세계를 판단하는 어떠한 암묵적 믿음을 가지게 되거나 또는 원래의 믿음이 다른 의미를 가진 믿음으로 변화하기도 한다. 이러한 믿음을 형이상학적 믿음으로 암묵적인 전제가 되어 세계를 바라보는 안경인 세계관이 되는 것이다.

이러한 과학적 세계관의 이해하지 않으면, 과학의 발전과 진화는 물론 우리 인간의 역사와 변화의 과정 또한 이해할 수 없을 것이다. 이러한 필요성에 따라서 이 저서는 세계관의 역사적 진화 과정을 탐색함으로써 우리 인간의 세계관의 변화를 알아보고자 하며, 이 목적을 위하여 다음과 같은 세계관의 틀이 결정되는 형이상학적 믿음의 변화를 토대로 과학상을 살펴본다.

Ⅰ. 서구 과학사상사의 흐름의 이해

제 1장에서는, 전통적인 서구 과학적 이성은 변화에서 불변을 찾으

며, 다수에서 하나의 원형을 찾는다. 불완전 것에서 완전을 찾으며, 구체적인 것들에서 추상적인 것을 찾아내려한다. 이와는 반대로, 현대 과학으로 전통적인 엄격한 결정론으로부터 벗어나게 되면 '가능성'이니 '우연'과 같은 의인화 된 개념이 필요하다. 변화와 생성이라는 동적인 세계라는 관점이다.

제 2장에서는 고중세의 목적론적 설명에서, 근대의 인과론적인 설명으로, 현대의 변증법적인 설명으로 과학 사상사의 흐름을 말할 수 있다. 고대 그리스 피타고라스와 플라톤의 영원한 불변성의 가치에, 이는 유클리드를 변화지 않는 기하학적 도형으로의 학문 정신은, 자연에 내재되어있는 질서를 중요시하는 서구의 자연과학 법칙과 이론에 절대적인 영향을 미쳤다.

Ⅱ. 우주적 합목적성을 인간의 이성을 통하여 세계를 이해

제 3장. **플라톤 사상**과, 4장의 **아리스토텔레스 사상**으로, **고대의 철학적 세계관**으로, 고대 그리스인들은 존재론적인 믿음으로서 우주는 우리가 살고 있는 고정된 집이며, 그 안에 있는 물질들은 어떤 목적이 있다고 생각했다. 그러한 우주적 합목적성은 인간의 이성을 통하여 이해할 수 있다고 하였다. 하나의 이성주의 사상이라고 할 수 있다.

아리스토텔레스의 철학적 세계관이 대표적이다. 아리스토텔레스의 유기체적 세계관에서 생물 유기체들은 다양한 신체들을 함축한다. 우주는 곧 질적인 세계라는 것이다. 또한 개별적인 인간들이 각각의 소우주이고, 우주 전체가 대 우주라는 유비를 바탕으로, 질적이고 유계가 있는 자아실현의 생물 영혼의 세계관으로서 유기체적인 우주를 이해했다. 즉 인간 본인이 유기체라고 생각했기 때문에 유비 적으로 우주 또한 유기체라고 본 것이다. 고대 그리스인들은 존재론적인 믿음으로서 우주는 우리가 살고 있는 고정된 집이며, 그 안에 있는 물질들은 어떤 목적이 있다고 생각했다. 인간에 관해서는 인식론적 가치 체계로서 우주에 있는 물질에는 인간을 포함한 위계가 있다고 보았다.

즉 우리 인간자신을 위하여 세계가 존재한다는 어린 시절의 마음과 같은 우리의 의도가 스며있는 세계상이라고 할 수 있다. 따라서 자연은 감추어져있는 목적에 접근하는 방법은 수동적인 관찰자가 되어야했다.

Ⅲ. 고대 원자론의 부활인 뉴턴의 기계론적 세계관

제5장 코페르니쿠스, 제6장 갈릴레오, 제 7장. 케플러, 제 8장 데카르트, 제 9장 뉴턴역학으로, 근대 과학혁명과정을 과학 사상의 흐름으로 전체를 기술하였다. 무엇보다도 이러한 과학혁명 과정은 근대의 과학적 세계관으로, 기계론적인 세계상은 고대 원자론의 부활에 있었다.

근대로 오면서 근대인의 세계관에서는 인간이 살아가는 이 세상은 기계이고, 수동적인 우주라고 보았기 때문에 이성적인 신이 자연과 과학의 법칙을 만들었을 뿐, 이신론적 관점으로서 신이 세계를 창조한 이후에는 세계의 운행에 직접적으로 관여하지 않는다고 본 것이다.

신이 자연의 법칙을 만들었다고 보며, 모든 것들은 신이 만든 법칙에 따라서 움직인다고 믿었기 때문에 처음에 창조된 것은 변하지 않는다고 생각했다. 즉 자연이라는 세계는 신이 기계처럼 어긋나거나 변하지 않는 요소로서 만들었고, 그것이 곧 법칙이 되었으며 이 세계를 기계처럼 작동하는 것으로 본 것이다. 그렇기 때문에, 그 당시 근대의 산

업혁명을 거치면서 우주를 시간에 따라 작동되는 시계 장치와 기계들을 유비로, 양적이고 상호작용만 있는 물리적인 기계론적 세계관으로서 이해했다. 그렇기에 자연의 질적인 차이란 있을 수 없는 것이다. 세계 어느 곳이든 질적으로 단일한 것은 한 가지 물질만 있고, 양적인 차이점과 기하학적인 구조의 원자로 구성되어 있다는 것이다.

즉, 세계가 자신만을 위해 존재하기보다는. 아무에게도 관계를 가지지 않는 객관적인 세계라는 것을 깨닫는 세계인 것이다. 그러한 자연에 잠재되어 있는 질서를 찾는 것은 실험과 관찰을 통한 능동적인 관찰자가 되는 것이다. 미적 가치로는 엄격한 결정론인 계몽주의, 그리고 경험주의 사상이다.

Ⅳ. 모든 것을 변증법적으로 정리, 종합하는 현대과학

제 10장 다윈, 제 11장. 베게너의 대륙이동설, 제 12장 특수상대성이론, 제 13장 일반 상대성이론, 제14장 양자역학, 제15장 팽창하는 우주는, **현대의 과학적 세계관으로,** 근대에서는 신이 만든 법칙에 따라 처음 만든 것은 변하지 않는다고 보았지만, 현대에 와서는 변화하고 융합한다고 보았다. 그렇기 때문에 우주는 시간에 따른 역사를 유비로, 모든 우주는 고정되지 않으며, 변화하는 변증법적으로 통합되는 전체론적인 세계관으로서 이해된다. 과학의 전통적인 가치인 자료의 정확성뿐만 아니라, 인간의 미음이 개입되는 낭만주의, 자연주의 사상이라는 점이다.

다윈의 진화론 생성과 변화를 강조하는 자연주의의 토대가 되었으며, 지구과학의 혁명인 베게너의 대륙이동설은 정적 지구모형을 벗어나 동적인 지구모형을 제안했다는 점에서 지구과학의 진화론적 사상이라고 할 수 있다.

아인슈타인의 상대성 이론에서는 절대적인 시공간을 전제로 하지 않고, 물체와 에너지에 의한 중력장이라는 공간이 휘어져서 형성된다고 보았다. 별도의 형이상학적 전제인 절대적 시공간을 전제로 하지 않으며 물질과 에너지, 그리고 시공간을 통합했다는 것은 상대성이론을 구성하는 이론 간에 서로 필연적으로 단단하게 결합되었다는 의미에서 정합적이고 미적인 세계관이라 할 수 있다. 융합은 곧 새로운 것을 만들어낸다는 것이다. 그렇기에 모순된 것들을 융합하여 새로운 것을 만드는 것은 하나의 예술 작품으로서 역할을 한다. 즉 융합을 하기 때문에 아름다움이 나타나는 것이다. 예를 들어 인간의 얼굴 중에서 코 하나만을 볼 때보다 눈과 코, 입이 모두 합쳐진 상태의 얼굴을 보았을 때 비로소 아름다움을 느끼는 것처럼, 서로 독립되어 있으면 각각 하나의 기계일 뿐이지만 이것들을 다 결합해서 본다면 그것이 곧 예술 이자 아름다움이 실현된다는 것이다. 이에 따라 우주 또한 통찰력 있게 서로서로가 연결되어 있으며 영향력을 주고 받는다. 즉 팽창하는 우주는 계속해서 융합되어 생성되기에 아름다움을 느낄 수 있고, 우주를 기계로서 보지 않고 예술 작품으로서 보아야 진정한 우주를 볼 수 있다는 것이다. 그렇기 때문에 고대처럼 선한 신도 없으며, 근대처럼 이성적이고 차가운 신 또한 없다. 통일된 원리가 곧 신이며, 신이 없어진 자리에 자연의 법칙이 들어간 것이다. 따라서 신의 속성이 없기 때문에 신이 있다고 할 수 없고, 현대에서의 신은 결국 보석 같은 아름다움을 추구하는 예술가가 된다. 즉 미적 가치로는 통일성이라고 할 수 있다.

소립자 세계인 양자역학에서는 물질이 '파동으로서의 성질'을 강하게 나타난다. 따라서 절대로 피할 수 없는 '관측 결과의 애매함'이 존재하는 것을 알려진 것이다. 이것은 소립자 세계에 존재하는 '원리적, 본질적인 불확실함'이고 양자역학이 초래한 발견 중에서 가장 핵심이라고 할 수 있다. 양자역학은 이러한 실용적으로 확률적인 세상은 고정된 것이 아니라 변화와 생성은 불가피하다는 점이다. 세계(물질)는 우리(마음)와 관계없이 객관적으로 존재하는 것보다는 세계와 우리의 정신은 서로 하나가 되어, 이미 결정된 것이 아니라 변화되고 생성되는 우연적인 요소가 가미된 확률적인 세계라는 것이다. 인간의 마음과 독립된 자연의 질서라기보다는 인간의 마음이 개입된다는 것을 인식하는 것이다. 대칭성으로 보어의 상보성원리이다.

결론적으로, 과학적 세계관은 계속해서 진화했다. 고대 그리스의 과학적 세계관에는 질서가 있었고, 진리가 있었다. 이는 논리적이기도 하며 수학적이기도 하다. 이때 인간들은 자신의 생각으로 우주가 돌아간다고 믿었다. 근대의 과학적 세계관에서는 모든 것이 기계화, 체계화 되어있었고, 예측한대로 수립이 되는가에 초점을 맞추어 과학 이론이 마치 데이터로서 표현되었기에 변하지 않았다. 이때 인간들은 변하지 않는 요소로 이루어진 진리를 찾았고, 어느 하나도 저절로 된 것이 없었기에 원인과 결과를 반드시 따져야 할 필요가 있었다.

현대의 과학적 세계관에서는 각각 보존 되어 따로따로 보는 것이 아니라 생성되고 융합할 때 아름다움을 느낄 수 있다. 보존되면 변하지 않기에 보존보다는 생성이었다. 세계관의 이러한 역사적 진화는 곧 인간의 변화이며, 인류 사상의 근본적 전환이다. 과학적 세계관이 역사적으로 발전함에 따라 우리 인간 또한 각각의 세계관과 함께 살아가고 나아가며 발전한 것이다. 그 인간의 변화 과정이 고대, 근대, 현대의 과학적 세계관에 포함되어 있듯이 과학 사상의 발전은 곧 인간의 발전이 되기에, 이러한 과학적 세계관의 역사적 진화 과정을 이해하고 알아봄으로써 우리 인간의 변화를 확인하고, 앞으로의 미래를 구축해 나갈 수 있음에 의의를 지닐 수 있다.

저자가 가장 인상 깊었던 것은 바로 현대 물리의 상대성이론이다. 서로가 독립되어 있다는 개념보다 융합되고 결합된다는 개념에서 보석 같은 아름다움의 의미를 느낄 수 있었기 때문이다. 이는 우주, 자연과 같은 과학 분야에만 국한된 것이 아니라, 정치, 경제와 같은 사회 분야에서도 이 의미와 가치가 적용될 수 있다고 생각했다. 이를 증명하듯 우리가 살고 있는 사회, 어쩌면 세계는 모든 것이 연결되어 있다. 그것이 인간과 인간이든, 인간과 자연의 관계이든 서로가 연결되어 서로에게 영향력을 주고받는 초 연결 사회인 것이다. 그렇기 때문에 과학적 세계관의 역사적 진화 과정 속에서 인간의 변화는 필연적이라고 생각했다.

자연에는 숨겨져 있는 질서가 존재한다는 믿음을 토대로, 그 질서에 접근하는 방법으로, 그러한 자연의 질서를 찾고자 고대 그리스의 수동적인 관찰자에서, 근대의 능동적인 관찰자로의 변화와 확장으로, 무엇보다도 계몽주의적 사상을 넘어, 관찰자의 마음도 개입된다는 낭만주의적이고 자연주의자적인 현대과학의 관점을 보여준다.

우리는 어린 시절, 모든 것이 흥미롭고 재미있었다. 그것은 너무 먼 미래의 대단한 꿈, 화려한 과거가 아니라, 오직 현재만으로 흥미로웠기 때문이다. 좀 더 낭만적으로 과학의 의미를 생각해보자. 단순히 먼 과거의 스토리위주의 과학사보다는 당시의 시대정신을 반영한 사상사로 기술하고자 하였다. 하지만, 이러한 기술방식에는 다양한 의견이 제안될 수 있기에, 지속적으로 연구 수정하도록 하겠다.

이 책의 직접적인 경험으로 한양대학교(서울) 전임 교수로 재직하는 동안 강의에 참석했던 한양대학교의 수많은 학생들과, 서울대학교에서 연구를 하도록 적극적으로 격려해주신 곽덕주 교수님, 특히 단국대학교(죽전)에서 전공과 교양강의를 통하여 전체적인 체계를 구성하도록 도움을 준 손연아 교수님께, 깊이 감사드립니다. 단국대학교 수학교육과 고상숙 사범대 학장님, 한혜숙 교수님, 교육대학원 맹희주 교수님, 과학교육과 이은주 교수님, 무엇보다도 대학원 수업에서 원고를 읽어주신 배경석 선생님과 그 외의 박사과정 선생님들의 많은 도움이 있었음을 밝힌다. 20대에 연세대학교 교정에서 한없이 큰 꿈을 꾸도록 도와주신 나일성 교수님, 천문석 교수님, 최규홍 교수님과 본서가 햇빛을 보도록 출판해주신 연세대학교 출판문화원에 감사드린다.

2023년 02월,

저자 오 준 영

차례

I. 서구 과학의 시작과 흐름을 사상사적 이해

II. 이성으로 구축한 합목적 정적인 세계

III. 원자론이 부활한 엄격한 결정론의 기계론적 세상의 확립

I

서구 과학의 시작과 흐름을 사상사적 이해

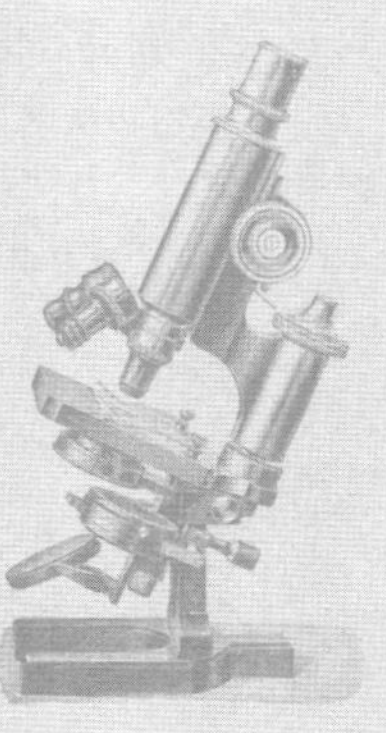

제1장

서양 과학 사상의 근원과 역사적인 변화

| 요약 | 전통적으로 서구 과학적 이성은, 존재론적으로 변화에서 불변을 찾으며, 다수에서 하나의 원형을 찾는다. 불완전 것에서 완전을 찾으며, 구체적인 것들에서 추상적인 것을 찾아내려한다. 그리고 상대적인 것, 일시적인 것, 유한한 것에서부터 절대성, 영원성, 무한성을 찾고자 한다. 이는 겉보기의 현상적인 것에서 그 현상을 지배하는 원리적인 것을 찾으려는 형이상학적 작업이며 추상화 작업이다. 그러한 자연의 숨겨진 질서는 미적 아름다움으로 선한 것이라는 것이다. 우리와 독립적으로 객관적인 과학지식이 존재한다는 형이상학적 믿음의 결과인 결정론으로 잘 정의된 메커니즘에 해당하고, 뉴턴, 아인슈타인이 정립한 동역학의 자연법칙에서 볼 수 있는 것이다.

이와는 반대로, 현대 과학인 진화론과 양자역학으로 전통적인 엄격한 결정론으로부터 벗어나게 되면 '가능성'이니 '우연'과 같은 의인화 된 개념이 필요하다. 근대의 엄격한 결정론으로 고정되고 변화 없는 정적인 세계로부터 우연적인 사고인 확률론으로의 변화와 생성이라는 동적인 세계라는 관점이다. 심리학적으로 물질에 인간의 마음이 포함되어있다. 즉 숨겨진 질서를 인간의 마음으로 구성될 수 있다는 점이다. 하지만 현대 물리인 양자역학이 강한 결정론은 아니지만 꾸준히 자연의 결정론적인 인과적 끈을 찾아 나서고 있다는 것은 엄연한 사실이다. 양자역학이 결정론의 붕괴자이며, 비결정론의 대부로 상징하는 것은 문제가 있다는 점이다.

| 주요어 | 과학적 이성, 원형, 완전, 추상적, 숨겨진 질서, 엄격한 결정론, 동적인 세계관

1 서론

서구 고대 사상에서 '좋다'라는 말은 하나의 절대적인 기준으로 사용하는 이유는, 자연을 인간의 사용 범위 안으로 표상하기 위한 정신이 있기 때문이다. 이러한 정신은 서양에서 과학이 생성되고 발전하게 되는 중요한 동기가 되었다. 무질서하게 보이는 자연현상을 지배하는 완전하고 절대적인 그 무엇이, 지금 이 변화하는 현상계보다 좋을 것이라는 믿음이다. 이러한 믿음은 서양에서만 기하학이 낳게 되는 강력한 동기가 되었다.

기하학에서 무정형 보다는 정형이 완전하며, 직사각형보다는 정사각형이, 일반다면체보다는 정다면체가 완전하다는 생각이다. 원은 최고의 완전체로 보았다. 플라톤의 철학적 업적은 경험적인 물질계에서 벗어나 사유의 세계를 진정한 존재의 세계로 보았다. 플라톤은 그 존재 계를 이데아로 보았으며, 그 이데아를 찾아가는 방법으로 수학을 제시하였다. 분명 수학은 현상계를 다루는 것이 아니라 형식의 세계를 다루는 것이었다. 그래서 플라톤에게는 경험과학보다는 수학이나 기하학 같은 형식과학이 더 중요한 이유이다. 플라톤의 기하학 정신은 추후 경험을 중요시하는 서구의 자연과학에 절대적인 영향을 미쳤다.

이러한 서구 세계는 선, 즉 아름다움을 추구하는 이상이다. 현대에도 이것이 강력한 탐구의 동기로 거의 그대로 존속한다. 이장에서는, 이러한 서양 사고의 근원과 그 시대적 변화를 간략하게 고찰한다.

2 세상을 우리는 어떻게 표상(representation)하는가?

1) 보편적이고 질서체계를 추구하는 과학적 추상화

서양의 자연과학은 우리의 마음과 독립적으로 세계 속에는 고정되고 변함없는 질서 체계가 존재한다는 믿음 위에서 탄생되었다. 이러한 믿음은 철학에서 바라본 형이상학적 존재론과 깊은 연관성이 있다.

그 형이상학적 존재론은 고대 그리스의 파르메니데스와 플라톤이라는 철학자로부터 시작된다. 그래서 자연과학의 존재론의 기반을 말하기위해서는 고대 그리스의 존재론을 먼저 고려하여야한다.

고대 그리스 철학은 자연 현상이 보여주는 주기성과 규칙성에 대하여, 그것을 인간 이성을 통하여 설명해보려는 최초의 시도였다. 그러한 시도로 소크라테스의 이전의 철학을 우리는 통상적으로 '자연철학'이라고 한다.

고대 그리스의 탈레스로부터 시작되는 자연철학자들은 자연의 궁극적인 요소라고 생각되었던 아르케(Arche)를 탐구하면서부터 시작되었다. 이전처럼 신화의 설명방식이 아니라, 인간의 이성을 가지고 자연을 탐색하였다는 점이다.

이성의 인간의 추리능력과 연관된다. 처음에는 혼란스럽기에 나쁘다고 생각되는 존재에서, 질서 있기에 좋다고 생각되는 존재로 향하는 상향으로의 추상화 추리에서 부터, 존재론이 시작되었다고 할 수 있다. 이 세계에 나타나는 현상들을 설명하는 기본 단위를 물질적인 그 무엇으로 생각하게 되었다. 탈레스는 그 무엇을 물이라 하였고, 엠페도클레스 같은 자연철학자는 흙, 물, 불, 바람의 네 가지 원소로 보았다. 물질의 궁극의 시작을 알고자 하였으나, 물질과 정신이 혼재한 상태에서 벗어나지 못했다. 반면에 물질 쪽에 시각을 정립 시킨 이로서 데모크리토스를 들 수 있다. 데모그리토스가 말한 원자는 물질적인 무엇이며 양적으로 다수성를 갖지만 질적으로 동일성을 갖는다. 더 이상 분할 할 수 없는 물질의 궁극성을 찾으려는 데모크리토스의 사유방식은 그 이후 돌턴(John Dalton, 1766-1844)에 이르기까지 원자론이 계승되어 왔다.

그런데, 파르메니데스는 이러한 물질적인 것에 벗어나, 정신 쪽에서 좀 더 차원 높은 추상성을 찾아보려했다. 변하고 죽는 것이 있다면 변하지 않고 죽지 않는 것이 더 자연스러운 것이고, 더 좋은 것이다. 그것을 찾는 것으로부터 서양에서는 존재론으로 발전하게 되었다. 그러므로 불완전한 것에 대비해서 완전한 것, 상대적인 것에 대비해서 절대적인 것, 시공간에 의존하기보다는 초시공간적인 것, 다른 것에 의존하는 것에 대비해서 독립적인 것, 어지럽고 모순된 것보다는 일관되고 모순되지 않는 것이 바로 좋은 것이다. 그러므로 우리가 일상 경험 속에서 말하는 경험적 존재는 진짜 존재가 아니라 가상 존재일 뿐이라고 서양 고대 철학은 말하고 있다.

이러한 생각은 파르메니데스에서 시작되더니 플라톤에 와서 정립되었다. 파르메니데스는 앞서 말한, 좋은 것은 정지되어있는 것에서 찾을 수 있다고 보았다. 자연현상은 모두 운동하는 것이기에 진정한 존재라고 보기 어렵다. 그 대신 정지성만이 존재 한다고 하는데 그 정지성은 변화하는 현상 속에서 분명하게 찾을 수 없다. 정지성은 완전성, 절대성, 단순성, 초시공간성, 독립성을 근원적인 성질이라는 것이다. 그런데 그 성질을 가지고 있는 그 무엇을 인간의 사유 속에서만 찾을 수 있다고 보았다. 그래서 그의 철학을 대표하는 것으로 "사유가 곧 존재"라는 말이 나오게 되었다.

그와 동시에 존재의 개념은 자연적 존재에서 개념적 존재로 전환되었다. 그리고 연속적 존재에서 불연속 존재로 전환된 것이다. 그로부터 방법론이라는 범주가 형성되었다. 방법론이란 결국 규정화된 사유의 틀이며 그로부터 자연은 정형화되고 분류되며 객관화를 가능하게 되었다. 독립성, 완전성, 정지성, 무모순성, 유일성, 영원성, 향상성 같은 존재의 성질은 바로 불연속성의 작업을 한 결과이다. 다시 말해 연속성을 불연속성으로 만드는 추상화 작업이며 개념화의 결과이다.

파르메니데스의 사유에서 시작된 플라톤의 이데아로, 결국 추상화된 것이 보편화되고, 그것이 현실보다 더 실재가 된다. 그 후 과학적 실재인 자연 법칙은 이러한 개념적 성질을 대부분 가지게 된다. 따라서 자연 법칙을 중심으로 하는 자연과학에서도 추상화 작업은 중요한다고 할 수 있다.

서구 과학적 이성은 변화에서 불변을 찾으며, 다수에서 하나의 원형을 찾는다. 불완전 것에서 완전을 찾으며, 구체적인 것들에서 추상적인 것을 찾아내려한다. 그리고 상대적인 것, 일시적인 것, 유한한 것에서부터 절대성, 영원성, 무한성을 찾고자 한다. 이는 현상적인 것에서 그 현상을 지배하는 원리적인 것을 찾으려는 형이상학적 작업이며 추상화 작업이다.

이러한 작업은 서구 사상사에 파르메니데스, 그리고 플라톤에서부터, 서구 계몽주의 기하학 정신의 부활과 함께, 갈릴레오, 케플러, 그리고 뉴턴을 거쳐 과학과 철학이 추구하는 기본 틀이 되었다.

2) 플라톤의 숨겨진 질서의 완벽함을 보여주는 뉴턴역학

보다 높은 존재의 피조물인 자연은 당연히 완벽해야하고, 가장 이상적인 형태는 수학적 완벽성이기 때문에 수학과 자연은 서로 불가분의 관계를 갖는 셈이다. 그리고 그러한 완벽은 변화에 의해 흠집이 날 수 없다고 생각하였다.

뉴턴은 이전 시대의 사람들이 숭배하던 기하학의 형태(원이나 타원)를 끌어 내리고 그 자리에 그 형태를 생성하는 법칙을 올려놓았다.

뉴턴은 운동에 대한 접근 자체는 지극히 간단하다. 자연 속에 숨겨진 질서에 접근하는 방법은 능동적인 관찰자였다. 뉴턴은 대포에서 비스듬한 각도로 발사된 대포일과 같은 발사체의 운동을 통해 간단히 표현할 수 있었다. 갈릴레오는 실험을 통하여 이런 발사체의 경로가 포물선을 그린다는 것을 발견했다. 포물선의 경로는 발사체의 운동을 수평방향의 운동과 수직 방향의 운동이라는 두 개의 독립된 요소로 분해하면 쉽게 이해할 수 있다. 이러한 두 가지 유형의 운동을 분리해서 생각하고, 하나하나를 완전히 이해한 후, 다시 하나로 결합시키면 우리는 그 경로가 포물선이 되어야 하는 이유를 알 수 있다.

갈릴레오는 이러한 물체의 운동성분에서 지평과 평행하게 날아가는 수평방향의 운동은 지극히 단순하다. 그것은 일정한 속도로 운동한다. 갈릴레오는 물체들은 처음의 운동 상태를 유지하려는 관성을 가짐을 보여주었다.

뉴턴은 수직방향의 운동을 수학적 미분을 통하여 분석하였다. 즉 연직상방운동이다. 그 속도의 시간에 따른 변화는 단순하며, 시간에 따른 가속도의 변화는 그 보다 더 단순함을 것을 꿰뚫어 보았다(Stewart, 1997).

공기저항을 무시하여 단순화시킨 미적분을 통하여, 실제로 연직상방운동의 관측 가능한 높이의 패턴은 매우 복잡하다. 뉴턴은 속도의 패턴은 그보다 더 단순하고, 가속도의 패턴은 가장 단순하다는 것을 깨달았다, 간단한 미분을 통하여 간단히 알 수 있다. 또한 적분을 통하여 가장 간단한 형태의 가속도의 패턴에서 실제로 구하는 속도의 패턴을 추론할 수 있다.

그렇다면 우리는 역학의 변수들 속에 숨어있는 이 상수를 어떻게 설명하는가? 필자가 보기에는 서구 사고는 자연세계의 무질서에서 단 하나의 원형을 찾는 것이고 그것이 선의 이데아로 아름다움이다. 또 하나는 물체의 질량과는 관계없는 (중력)가속도라는 점이다. 지구가 일정한 가속도의 방향으로 잡아당기는 중력(힘)은 오직 물체의 질량에만 비례한다는 점이다. 갈릴레오가 사고실험과 실제 경사면 실험에서 발견된 낙하법칙에서 주장하는 모든 물체는 그 물체의 질량과 관계없이 동일한 가속도로 떨어진다는 것을 수학적으로 증명할 수 있었다. 더 나아가 힘과 가속도의 법칙과 만유인력법칙을 추론 할 수 있었다.

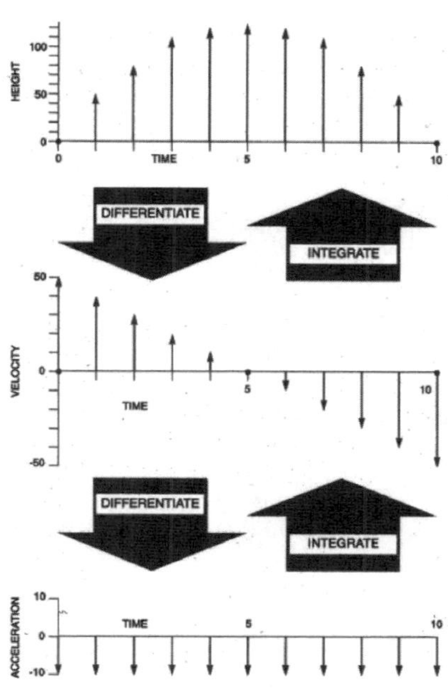

그림 1. 단순화 시킨 미적분, 포탄에 의해 결정되는 세 가지 수학적 패턴들 (Stewart, 1995, Figure 2).

시간에 따른 변화율이 현재의 특정한 양의 값과 극히 짧은 시간이 지난 후 그 양의 값 상이의 차이이기 때문에, 이런 종류의 방정식을 미분 방정식(differential equation)이라 부른다. 뉴턴 이래 아인슈타인의 수리 물리학의 가장 큰 목표는 우주 전체를 미분 방정식으로 기술한 다음 그 방정식을 푸는 것이었다(Stewart, 1997).

서양의 기하학적 세계관은 이성에 근거를 둔 합리주의 인식론에 큰 영향을 주었다. 그 이성은 현상배후에 실체(Substance)를 상정하였으며, 그 실체의 의미는 근대의 과학적 세계관과 연계되어 결정론적 세계관을 낳게 되는 배경이 되었다. 이러한 결정론은 존재론적 언급으로서

이 세계 자체가 결정론적 구조로 되어있다는 것이다. 뉴턴 역학의 세계관이 그 결정론적 세계관을 잘 보여주고 있다.

뉴턴의 세계는 소모되지도 않는 완전한 세계이다. 소모되지 않는다는 것은 시간의 가역성을 포함하고 있다. 그래서 시간이 등질적이라는 의미를 내포한다. 시간의 등질성은 시간의 절대성으로 이어진다. 이 세계는 단지 기계적으로 운동할 뿐이다.

뉴턴이 소모되지 않는 세계를 가정한 이유는 하나의 추상적 세계를 만드는 데 있다. 자연 현상은 실제로 열린 세계이지만, 과학 혹은 과학법칙은 그 열린 세계를 직접 다룰 수 없으며 잠정적으로 닫힌 세계를 가정해야했다.

예를 들면, 뉴턴의 만유인력 법칙은 이체 문제(two-body problems)에 국한 된 것으로, 삼 체 이상의 물체 사이의 관계에 대하어서는 조금도 말 할 수 없다. 하지만 실제로 지구와 달, 혹은 태양과 지구사이의 중력을 계산할 때에도 다른 행성들의 인력이 미치고 있으며, 더 나아가 머나먼 은하계도 아주 미약하지만 그 힘을 미치고 있다. 따라서 뉴턴은 그 힘들을 무시한 채 두 태양과 행성사이의 힘만을 닫힌 세계 안에 다루게 되었다. 하지만 이러한 삼체문제는 현대 카오스 이론의 효시가 되었다. 결국 근대 과학은 열린 세계를 다루기에는 역부족이었다. 방법론적으로 닫힌 세계를 가상적으로 구성해야만 했다. 즉 근대과학은 이러한 추상화를 통해 닫힌 세계를 만들어 가는 이성의 산출물이었다.

과학이 풀어야 할 문제는 인간의 인식 범위 안에 들어오는 것만을 대상으로 한 것이다. 칸트에게 과학이란 자신의 한계를 잘 짓는 것이었다. 그것은 인식의 한계였으며, 그 한계 안에서 인간이 무엇을 인식할 수 있는가에 초점을 맞춘 것이다. 뉴턴역학으로부터 칸트는 과학의 대상의 세계는 닫힌 세계여야만 했으며, 동시에 비연속적 세계였다. 그리고 열린 세계와 연속적 세계에 대하여는 묻지를 말아야했다. 칸트가 말한 이성의 한계이기 때문이다. 칸트로부터 과학적 인식론의 토대가 마련되기는 하였지만, 동시에 다음에 거론되는 현대과학을 통하여 기술되는 자연의 진정한 모습을 볼 수 없는 결과를 낳았다.

3) 뉴턴역학의 엄격한 결정론과, 진화론과 양자역학의 확률적 결정론

과학의 법칙적 대상이 과연 실재하는가의 문제는 실재론 논쟁으로 간다. 예를 들어 과학법칙이 플라톤처럼 이데아의 외적 기술인가, 아니면 유명론처럼 정합 체계에 지나지 않은가의 문제는 19세기 열역학이 등장하면서 더욱 가세되기 시작했다. 물리적 실재론자들은 플라톤과 같은 형이상학적 실재론을 고수하는 것은 아니지만 사유의 틀은 플라톤의 그것과 거의 유사하다.

물리적 실재론자들의 논증 속에는 결정론의 사유가 깃들어 있음을 알 수 있다. 우연적 현상이 비인과적으로 보이기는 하지만 궁극적으로 인과의 끈으로 맺어져야한다는 생각은 현재 인간 인식의 범주 안에서는 보이지 않지만 내재적인 질서가 숨겨져 있다는 믿음으로부터 나온다. 합리주의적 과학 법칙주의자들의 공통된 생각이며 자연과학에서 그러한 사람들을 물리적 실재론자라고 부른다.

하지만 불행하게도 '숨겨진 질서'는 쉽게 기술될 수 없었다. 앞에서 예를 든 삼체문제(three-body problem)의 해(solution)는 풀리지 않았으나 그래도 여전히 결정론적 구도를 상실한 것이 아니었다. 이러한 삼체문제 이상의 다체문제(many-body problem)가 본격적으로 문제가 된 것은 열역학이었으며, 열역학으로부터 확률 개념(통계 역학)이 도입되기 시작하였다. 하지만 그러한 확률개념은 단지 계산이 복잡해서 결정론적인 해를 구할 수 없기에 통계학을 통한 확률적인 값만을 얻을 뿐이지, 자연 자체가 확률적 구도를 가지는 것이 아니라는 생각이다. 뉴턴역학의 물리적 실재론에 대한 도구주의 개념(그림 2, 열역학 참조)을 가진다.

하지만, 1926년 이후의 중기의 양자론에서 큰 전환을 가져왔다. 원자핵의 전자 궤도의 에너지 준위를 연구하던 중에, 전자 궤도의 여기상태(excited state)에서 안정 상태인 바닥상태(ground state)에 떨어질 때, 완전히 무작위적인 우연성에 의한 궤도 전환이 일어난다는 것을 알아냈다. 이 현상은 양자의 에너지 전환이 연속적이지 않고 불연속 상수 값을 갖고 일어난다. 이 사실은 고전 확률 개념과 완전히 질이 다르다. 양자 상태의 확률 개념은 인간 인식 능력의 제한 때문에 생긴 열역학의 확률개념(통계)과 달리, 자연 자체가 확률적 세계상을 가지고 있다는 점을 강하게 시사한다(그림 2, 양자역학 참조).

인과율은 실재론과 반실재론을 가름하는 조건들 중에서 인식론적으로 중요한 비중을 차지한다. 실재론적 의미에서 인과율은 국소적이어야 한다. 즉 시공간을 초월하지 않는 인과율은 물리적 실재론자들이 가지는 자연의 설명을 위한 가장 큰 도구이다. 물리적 실재론자들은 국소적 인과율이 거시적 대상에 대해서는 물론, 양자 세계에도 적용되어야 한다는 주장한다.

고대와 중세로부터 모든 개별적인 선들은 자연의 불변하는 형식으로 간주된 것 안에 설정하려는 견해가 전승되어 왔다. 그러나 이 전승된 견해도 역시 자연의 배후에 항구적, 영속적 가치를 내포하는 초자연적 초월적인 영역이 존재한다고 주장한다.

하지만 다윈의 **과학혁명(그림 2, 생물학적 진화론 참조)**이래로 인간의 삶을 인도하는 절대적인 목표에 대한 불신이 있어 왔다.

첫째, 과학자들은 자연이 변화한다는 것을 보여주었다. 자연의 변화하는 질서는, 만물의 운동방향으로 생각되었던 어떤 최종적이고 궁극적인 목적에 대한 믿음에 대한 하나의 제약을 가하게 되었으며, 다시 이러한 믿음들은 최종적이며 궁극적인 목적에 대해 의문을 불러왔다. 예를 들면, 다윈의 진화론으로부터 기존의 종으로부터 새로운 종이 생겨나며, 어떤 종은 도태되고 또 어떤 종은 소멸하는 것이다.

둘째, 과학적 믿음들은 절대적인 것이 아니라 잠정적인 것이다. 자연 자체가 변화하고 진화하기 때문에 자연에 대한 믿음도 변화하여야만 된다.

다윈의 진화론은 우리의 마음과 독립적인 객관적인 존재라기보다는 진화하는 인간의식이 대상을 관찰시 개입하는 관찰자라는 새로운 과학의 출현을 예고하고 있었다.

고전 물리학은 측정 가능한 물리량(위치, 운동량, 에너지...)을 통하여 이 세계를 확정적, 결정적으로 묘사할 수 있었지만, 양자역학은 이 세계를 불학정적, 미결정성(확률적)인 특성을 묘사하기 위하여 새로운 언어를 개발하였다. 개발한 파동함수는 이 세계를 서술하고 있는 가장 불가사의한 함수이다. 이것은 물질구조의 밑바탕에 있는 실재를 묘사하는 중요한 함수이지만, 아직은 그 정체를 완전히 파악하지 못하고 있다. 수많은 실험을 통하여 파동함수는 그것이 서술하는 물리적 대상의 임의의 시간, 임의의 장소에 존재할 가능성, 즉 확률을 나타낸다는 사실을 확인했을 뿐이다.

이처럼 양자이론은 실험치를 예측하는 완벽한 계산규칙을 나름대로 가지고 있지만, 이 세계의 밑바탕에 있는 실재를 통일적으로 묘사하는 세계관은 아직도 정립하지 못하고 있다.

기계론적 결정론은 존재론적 결정론의 한 양상이지만 양자약학의 세계관과 극단적으로 대립된다. 뉴턴의 기계론적 결정론은 환원주의와 예측가능성의 범주와 항상 같이 한다. 즉 고전 역학에서는 결정론이면 곧 환원주의가 되며 예측 가능하며, 반대로 예측가능하면, 환원주의가 되고 결정론이 된다. 환원주의는 기계론과 같은 것으로 보는 것은 환원주의가 되어야 어떠한 상황에서도 예측가능하기 때문이다. 하지만 비-환원주의라 하더라도, 양자적 결정론이 될 수 있다. 즉 약한 결정론이 된다.

무엇보다도, 현대카오스 이론을 통해서 결정론과 환원주의를 같은 범주에서 보는 것은 잘못되었다. 결정론적 카오스의 비-선형성이 바로 결정론과 환원주의 고리를 끊는 과학의 새로운 패러다임이다. 환원주의면 결정론이 되지만, 결정론이라고 반드시 환원주의가 되지 않는다. 기계론적 결정론은 곧 예측가능성을 의미하지만, 카오스 이론에서는 결정론이 예측가능성을 의미하지는 않는다.

서구의 자연과학은 실재론을 토대로, 환원주의 사유방식을 인식론적 기본 틀로 삼고 있다. 이러한 정신은 물리적 실재에 대한 존재론적 근거와 인식론적 탐구방식을 마련해 준다. 이러한 과정에서 근대의 경험론과 합리론이거나 막론하고 이성의 힘은 가장 큰 무기가 되었다. 왜냐하면 자연과학의 가장 큰 인과율의 끈을 찾아낼 수 있는 유일한 눈이 이성이라고 보았기 때문이다. 인식론적인 차원에서 인과관계의 끈을 모색하면서, 한편으로는 존재론적 차원의 결정론적 세계관을 정립하는 도구가 된 것이 바로 이성이었다.

간단히 말하면, 인과율은 한 사건에 대한 원인이 존재함을 말하고, 결정론은 그 원인에 따른 결과가 반드시 있다는 것을 말한다. 그리고 인과율은 인식론의 지평에서 그리고 결정론은 존재론의 지평애서 그 강조점을 둔다.

이러한 결정론을 말하기위해서는 방법론적으로 환원주의태도가 적합하다. 또한 존재론적 결정론을 현상세계에 직접 적용하려는 강한 입장이 기계론적 세계관이다. 자연과학은 전통적으로 초기조건과 경계조건에 의한 미래사건의 예측 가능성을 가장 중요하게 가장 중시해왔다. 이러한 예측가능성은 자연은 질서 지워졌다는 믿음 아래에서만 가능하였다. 다시 말해서 이러한 자연 안에 질서가 내재되어있다는 믿음을 토대로 하여, 이성은 현상에서부터 추상화된 보편화된 인과율을 찾아가는 환원론적 추론 사유이며, 이로부터 세계 안에 기하학적 틀이 존재한다는 믿음이 더해졌다(최종덕, 1995).

하지만 이러한 인과율로 포용되는 자연현상이 극히 제한적임을 알게 되었다. 그것은 과학 법칙의 기능에 대한 한계를 의미한다. 서구의 과학적 이성은 우연과 필연의 갈등 속에서 기묘한 결정을 내린다. 우연성은 인간 인식의 한계일 뿐이라, 자연자체는 필연성의 끈으로 맺어진 결정론적 존재라는 것이다.

인식론적 차원에서 인과 관계의 끈이 닿지 않는 영역도, 실제로는 존재론적 차원의 결정론적 세계의 외형성일 뿐이라는 것이 카오스 이론의 세계관이다. 부족한 정보 혹은 부분의 체계에서 볼 때, 그 결정론의 체계가 마치 우연 혹은 확률적인 운동으로 보인다는 점이다. 이런 우연적인 형태를 바로 결정론적 카오스라고 부른다(최종덕, 1995).

하지만 양자역학의 이러한 고전 확률개념과는 완전히 질을 달리한다. 양자 상태의 확률개념은 인간 인식능력의 한계 때문에 발생한 확률운동개념보다는, 자연 자체가 확률적 세계상을 가지고 있다는 점을 강하게 말해준다.

결론적으로 플랑크 상수 값을 고려하는 양자세계에서는 약한 결정론으로 확률개념이 적용되지만, 플랑크 상수의 값을 고려하지 않는 거시세계인 뉴턴역학에서는 엄밀한 결정론이 성립된다는 점이다. 자연세계는 정도의 차이는 있으나 결정론의 구조로 존재한다는 점이다. 즉 정도의 차이가 있으나, 플라톤의 사상이 지속적으로 진행한다는 점이다. 과학은 꾸준히 자연의 인과적 끈을 찾아 나서고 있다는 것은 엄연한 사실이다(최종덕, 1995, p.33). 양자역학이 결정론의 붕괴자이며, 비결정론의 대부로 상징하는 것은 문제가 있다는 점이다.

3 제안된 명제적 지식을 어떻게 정당화하는가?

1) 형이상학적 믿음을 암묵적 전제로 제안된 명제적 지식인 과학이론을 정당화하기 위한, 인식론적인 측면에서 합리주의, 경험주의, 자연주의

앞에서처럼 명제적 지식인 과학이론의 전제인 형이상학적 믿음을 기반으로, 존재양상을 실재론과 반실재론으로 구분할 수 있는데, 또 다시. 존재 상태에 따라 세상을 제1차적으로 우선하는 가에 따라, 정신을 우선하면 관념론, 물질을 우선하는 가에 따라 유물론으로 구분할 수 있다.

이렇게 제안된 이론을 정당화하는 접근 방법에 따라, 인식론적으로 합리주의, 경험주의, 그리고 자연주의로 구분하였다. 하지만 형이상학 믿음체계는, 과학이론의 전제로 뿐만 아니라 인식론에도 영향을 주고 있는, 일종의 권력을 가진 것으로 전체 세계관의 바탕이 된다.

예를 들면, 아리스토텔레스의 세계관은, 변화가 많은 개별 사물의 질료보다는 변화가 없는 형상이 우선으로 형상이라는 목표를 가진 생물학적인 유기체로, 형이상학적 믿음과 고정된 시공간으로 인식 시공간으로 형이상학적 개념을 가진다. 개별 사물의 목표인 형상이라는 이성적 논리를 이론의 인식론적 정당화 근원과 판단 기준이 된다. 또한 정서적인 가치를 가질 수 있는 개별 인간과 우주 전체를 유비로 하여 유기체적 우주를 가진다. 또한 자연 현상에 대한 설명은, 목적인 형상이 우선인 관계로 목적론적 관념론이다.

뉴턴 역학의 사상은, 형상이라는 목표를 가진 생물학적인 유기체 아니라, 형상이라는 목표가 없을 뿐만 아니라 신의 창조물로 보존되는 질료인 질량이 우선인 유물론과 고정된 자연법칙이 질량에 적용된다는 형이상학적 믿음과, 무한대의 절대적 시공간으로 약한 자연 시공간이라는 형이상학적 개념을 가진다. 또한 자연 현상에 대한 설명은, 목적이 없는 질료인 질량이 우선인 관계로 인과론적 유물론이다.

고대 그리스인들은 존재론적인 믿음으로서 우주는 우리가 살고 있는 고정된 집이며, 그 안에 있는 물질들은 실현해야할 어떤 목적이 있다고 생각했다. 인간에 관해서는 인식론적 가치 체계로서 우주에 있는 물질에는 인간을 포함한 위계가 있다고 보았으며, 유비 적으로 우리 인간의 몸은 서로 유기적으로 영향을 주면서 행동하기 때문에 우주를 구성하는 모든 물체는 유기체처럼 행동한다고 생각했다. 또한 세계에 존재하는 모든 것을 자기 자신을 위한 자아, 마음 또는 자기 의지가 만들어낸 관념론적 상이라 보았다. 이러한 유기체적이고 목적론적인 형이상학적 믿음은, 아리스토텔레스의 자연철학인 천상과 지상이 다른 질적인 세계를 정당화의 근원으로 우리의 의도가 있는 논리가 필요하였고, 방법론은 연역논증으로 접근하였다. 자연의 대상에 대한 수동적인 관찰자일 뿐이다.

표 1. 인식론적인 측면에서 합리주의, 경험주의, 그리고 자연주의 특징

			이성주의	경험주의	자연주의
형이상학 믿음체계로, 존재론으로 인식론에 영향을 줄 수 있는 권력을 가짐 (세계관)	믿음	존재 양상 (Mode of Being, Brennan, 1953, p.196).	진리(지식)는, 인간의 마음과 독립되고 고정불변으로 존재, 형이상학 (Permanence)	진리(지식)는, 인간의 마음과 독립되고 진리(지식)는 고정불변이다. 형이상학 (Permanence)	세계에 대한 진리(지식)는 역사적 변화에 따라 진화한다. 변증법적 (Change)
		존재 상태 (States of Being Brennan, 1953, p.218).	관념론(mind), 형상인 목표가 우선, 목적론적 결정론, (고대그리스 자연학: 형이상학적 관념론)	유물론(matter). 강한 결정론, 인과론적 결정론 (뉴턴역학: 형이상학적 유물론)	약한 결정론으로 유물론(인과론)에 관념론(목적론)을 포함, 인과론적 결정론 (상대성이론: 형이상학적 자연주의, 변증법적 자연주의) 확률론적 결정론 (양자역학: 방법론적 자연주의, 변증법적 자연주의)
	개념	시공간에 대한 개념	유한한 시공간 고정됨. (인식 시공간)	무한한 시공간이 고정된 수학적 시공간으로 신의 속성, (약한 자연시공간) 세계 안에 기하학적 틀이 존재	시공간은 변화되는 인식과 관련되나, 현실적으로 존재, (강한 자연시공간)

		이성주의	경험주의	자연주의
인식론적 정당화 근원은?	인식론적인 앎의 과정으로, 제안된 개념을 정당화하기 위한, 평가와 선택기준으로, 가치주장	합리주의로, 논리적 정합성, 인식론적으로 국소적	환원주의로, 이론의 정확성 인식론적으로 국소적	통합과 창발의 비환원주의 (자연주의, 역사주의)로, 인식론적으로, 국소적 (상대성이론), 비국소적 (양자역학)
유비적 관점에서 세계관 이해 (정의적인 관점)		인간 개인은 소우주, 우주는 대우주 유기체라는 고대 그리스 자연철학	인간이 개발한 시계처럼, 신이 창조한 우주는 시간 속에 움직이는 기계론적 우주라는, 뉴턴역학	역사 속에서 창발되고 변화되는 우주라는, 현대 물리학, 다윈의 진화론
방법론	과학 이론에 어떻게 접근하는가?	연역법 등, 형식논증으로 관찰 대상에는 능동적인 목적이 있기에 우리는 그들을 수동적으로 관찰하지만, 우리마음과 독립	귀납법, 가설-연역 등, 형식논증, 관찰대상은 수동적인 성질 때문에 우리는 실험이라는 능동적 접근으로 관찰하지만, 우리 마음과는 독립	변증법, 귀추법 (IBE)등, 비-형식 논증에서 가설 형성되지만, 가설-연역의 형식논증에서 그러한 가설 정당화, 인간의 마음이 관찰에 참여.
이론의 미적 가치		기하학적 대칭성, 논리적 정합성	물리적 대칭성 강한 결정론	물리적 대칭성 통일성, 상보성

고대 그리스에서는 모든 생명체가 영혼이 있고 자아실현하기에 그 선한 것이 신으로 발전했다고 믿었다. 하지만 근대로 오면서 신의 속성을 가지고 있는 절대적인 시간과 공간을 배경으로, 신이 자연의 법칙을 만들었다고 보며, 모든 것들은 신이 만든 법칙에 따라서 움직인다고 형이상학적으로 믿었기 때문에 처음에 만든 것은 보전되고 변하지 않

는다고 생각했다. 즉 자연이라는 세계는 신이 기계처럼 어긋나거나 변하지 않는 요소로서 만들었고, 그것의 운행원리는 법칙이 되었으며 이 세계를 기계처럼 작동하는 것으로 본 것이다. 이러한 형이상학적 믿음 체계가, 뉴턴 역학의 암묵적인 전제로, 세계를 인과론적으로 설명하는 기계론적인 결정론 세계였다.

따라서 이전의 논리적이고 목적론적인 고대그리스의 자연철학에 문제를 해결하고자 제안되고 산출된 명제적 지식인 자연법칙을 정당화하는 근원은 우선적으로, 인과론적이고 기계론적인 뉴턴역학을 지지하기 위해서 정확하게 설명되는 경험적인 자료들이었다(경험주의, 정확성). 그 결과 뉴턴역학에 접근하고자하는 방법론은 형식논리인 귀납과 연역이 결합된 가설-연역법이 적용되어 정당화 된다(형식 논증). 자연의 대상에 접근하는 것은 수동적인 방법을 넘어서 능동적인 관찰자가 되었다. 대표적으로 사고 실험이다. 하지만 관찰 할 때, 일단은 우리가 관찰 가능한 거시세계에서는 우리의 마음에 영향을 받지 않는 독립적이고 객관적인 자료가 수집 가능하다는 것이다. 전통적인 경험주의다.

하지만, 우주는 시간에 따른 역사를 유비로, 모든 우주는 고정되지 않으며, 변화하는 변증법적으로 통합되는 전체론적인 세계관으로서 이해된다. 아인슈타인의 상대성 이론에서는 절대적인 시공간을 전제로 하지 않고, 물체와 에너지에 의한 중력장이라는 공간이 휘어져서 형성된다고 보았다. 별도의 형이상학적 전제인 절대적 시공간을 전제로 하지 않으며, 물질과 에너지, 그리고 시공간을 통합했다는 것은, 구성하는 이론 간 서로 필연적으로 단단하게 결합되었다는 의미에서 정합적이고, 우리의 생각이 포함하고 있는 미적인 세계관이라 할 수 있다(미적 가치). 그 결과 아인슈타인의 상대성이론에 접근하고자하는 방법론은 유비추리와 변증법적 논리가 적용된다. 하지만, 아인슈타인은 인간의 관찰과 대상은 분리되었다는 것을 변증법적 유물론의 낙관주의와 변화와 생성을 받아들인 점, 진화론을 양자역학과 약한 인과론의 설명과 생명체의 강점을 말하는 진화론을 오히려 모든 현대 자연주의 과학의 출발에 두었다. 다윈의 이론은 이미 한 세기 전에 과학연구에 혁명적 충격을 주었다. 물질적 형상들은 주어진 것이라기보다는 역사적으로 만들어진 것이고 그들이 서로 다른 점들은 초자연적인 모양이 반영된 것이 아니라 작은 변이에서 시작하여 자연적으로 만들어진 것이라는 주장은, 가능하다고 생각했던 이 세상에 대한 완벽한 지식의 축적이 결코 이루어질 수 없다는 사실을 인식하도록 촉진하였다. 다윈 이후로 자연과학은 이름 짓고, 분류하고, 측정하는 노력으로부터 일시적인 것, 역사적인 관심, 그리고 이론 창출을 강조하는 쪽으로 꾸준히 변해왔다 (Davis, 2009, p.114).

양자역학은 우주의 진정한 질서는 물질세계 이상의 것을 포함하고 있다는 것을 보여준다. 그 질서는 우리와 우리 마음, 그리고 우리의 생각을 포함하고 있다(Wolf, 1989). 우리가 생각하는 것이 관측대상에 영향을 주고 있다는 사실은 과학철학에도 커다란 영향을 주었다. 따라서 관찰시, 우리의 마음은 관찰 자료산출을 결정하는 선택권을 주었다고 할 수 있다. 실재론논쟁보다는 '과학적 방법론'을 중요하게 다루는 양자역학은 방법론적 자연주의라고 볼 수 있다. 양자역학은 물리학 이론에서 다루는 것은 관측 장비의 데이터뿐이며, 이론으로 계산한 값이 실험 데이터와 수치와 맞아 떨어지면 그것으로 충분하다는 사상이다. 실험의 정밀도에 한계가 있다는 것이 오히려 자연스럽다고 여긴다.

궁극의 이론, 만물의 이론이라고 표현되는 초끈 이론은, 매우 실증하기 어려운 이론이다. 이론에서 다루는 끈이 아주 작기 때문이다. 아직은 연구단계이지만, 양자역학을 확장하여, 결국 양자역학과 상대성 이론의 합이다. 점점 관념론으로 변화하고 있다는 점이다(그림 2참조).

아리스토텔레스는 사물인 대상을 우리 주체와 분리되어 존재하고, 인식은 그 자체로 존재한다는 것에 상응한다고 하는 객관주의를 주장했다고 할 것이다. 칸트는 그러한 사물 자체는 파악할 수 없지만, 인간이 이성적인 존재인 이상, 비록 현상에 불과한 것이지만, 원칙적으로는 누구에나 동일하게 사물을 파악할 수 있다고 하는 객관주의를 주장했다고 할 수 있다(주광순, 2007, p.246).

고대 그리스인이 대상 존재자들을, 주체가 그 원래의 모습대로 인식해서, 그것들을 사물과 그 속성을 파악했다면, 근대인은 우리의 경험은 객관의 자극에만 의존하지 않고, 오히려 주체의 주관 능력이 모든 사람에게 공평하게 부여되었다고 보았다. 근대에 뉴턴역학이 절대시간과 절대공간이라는 형이상학적인 사상을 기반으로 동력학을 구성하였다.

전통적으로 이러한 과학적 사고는 생각하는 주체와 그 주체의 사고의 대상사이의 분명한 간격 및 명확한 분리를 요구하며, 이러한 간격은 이상적인 영혼을 가정함으로써 가장 잘 보장된다. 그러한 영혼이 오직 주체는 될 수 있지만, 결코 객체가 될 수 없다(Plank, 1936). 인간의 마음과 독립적으로 대상들이 존재한다는 실재론의 기반이다.

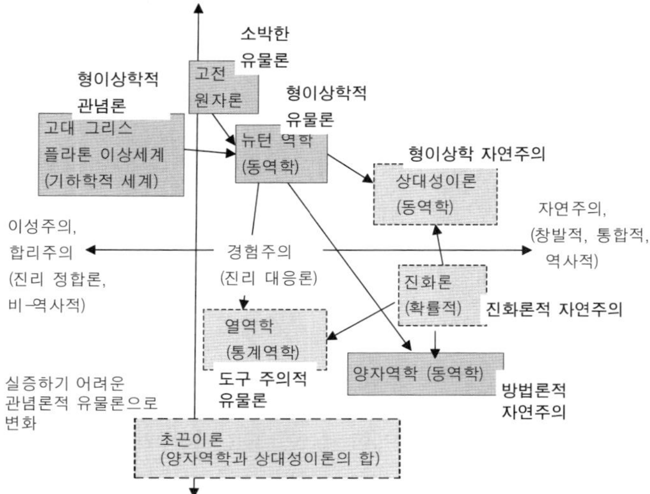

Y축: 지식들은 세계에 대하여 참, 혹은 잘 작동하는 모형인가(representation)?
X축: 지식들이 어떤 가치로 판단(judgement)되어 지는가?

그림 2. 과학이론의 과학 철학적 위치(Oh, 2022: 오준영과 이은주, 2022)

하지만 현대인은 이러한 주체인 인간의 마음과 독립적인 대상의 존재보다는 변증법적으로 서로 상호작용한다는 점이다. 언제나 고정되고 변화하지 않는 존재자로서의 실체보다는 변화하고 생성되는 대칭적이고 관계론적인 실용적이고, 도구주의적인 것이다. 특히 양자역학이 대표적인 과학이론이다.

간단하게 제안된 그림 2는 하나의 존재양상인, 형이상학적 믿음인 암묵적인 전제인 세계관으로, 명제적 지식인 과학법칙과 과학이론이 우리인간의 마음과 독립적으로 존재하는 여부에 따라 실재론과 반실재론 혹은 도구주의로 구분한다고 할 수 있다. 또한 그러한 존재양상이 어떤 존재 상태에 따라서, 1차적으로 무엇을 중요하게 생각하는 가에 따라 관념론과 유물론으로 구분한다.

이러한 형이상학적 믿음을 전제로 제안된 명제적 지식인 과학법칙과 과학이론을 우리가 무엇에 의하여 정당화하고 판단하는 가에 따라, 합리주의, 경험주의, 그리고 자연주의로 구분하였다.

4 결론 및 제언

자연에 대한 표상은 계속해서 진화했다.

고대 그리스의 철학적 세계관에는 질서가 있었고, 진리가 있었다. 이는 논리적이기도 하며 수학적이기도 하다. 이때 인간들은 자신의 생각으로 우주가 돌아간다고 믿었다. 우리의 이성에 의하여 생각된 합목적적인 우주가 존재한다고 믿었다.

근대의 과학적 세계관에서는 모든 것이 기계화, 체계화 되어있었고, 예측한대로 수립이 되는가에 초점을 맞추어 과학 이론이 마치 데이터로서 표현되었기에 변하지 않았다. 이때 인간들은 변하지 않는 요소로 이루어진 진리를 찾았고, 어느 하나도 저절로 된 것이 없었기에 원인과 결과를 반드시 따져야 할 필요가 있었다. 세계에는 결정론적인 세계가 존재한다고 믿었다.

현대의 과학적 세계관에서는 각각 보존 되어 따로따로 보는 것이 아니라 생성되고 융합할 때 아름다움을 느낄 수 있다. 보존되면 변하지 않기에 보존보다는 생성이었다. 세계관의 이러한 역사적 진화는 곧 인간의 변화이며, 인류 사상의 근본적 전환이다. 과학적 세계관이 역사적으로 발전함에 따라 우리 인간 또한 각각의 세계관과 함께 살아가고 나아가며 발전한 것이다. 그 인간의 변화 과정이 고대, 근대, 현대의 과학적 세계관에 포함되어 있듯이 과학 사상의 발전은 곧 인간의 발전이 되기에, 이러한 과학적 세계관의 역사적 진화 과정을 이해하고 알아봄으로써 우리 인간의 변화를 확인하고, 앞으로의 미래를 구축해 나갈 수 있음에 의의를 지닐 수 있다.

이 저서를 작성하면서 첫 번째 질문은,'과연 형이상학적 믿음이란 무엇일까?' 결국 고대와 근대, 현대의 과학적 세계관의 특징과 그 과정을 이해하면서 이러한 세계관을 구축하는 하나의 패러다임으로서 이해가 되었다. 세계관은 그 세계의 암묵적 전제처럼 존재하고, 그 안에서 살아가는 사람들에게 영향을 주는 것이다. 따라서 사람들은 그 세계관의 영향을 받아 자신을 포함한 모든 존재들을 파악하며 이해한다고 생각할 수 있다. 그 사람들에게는 세계관이 자신이 보고 생각하는 모든 것들을 판단하고 인식시켜주는 가치관으로서 작용을 하는 것이다. 그렇기에 믿음은 그 시대를, 그 시간을 살았던 사람들의 안경인 것이다. 두 번째,'그렇다면 세계관이 존재하지 않을 수도 있을까?' 하지만 하나의 세계관이 근대처럼 특정 시대에서 지속될 수는 있어도 세계관이 없을 수는 없다고 생각했다. 근대에서 현대로 넘어간다고 해서 세계관이 없어지는 것이 아니라 진화하거나 변화하는 것이라고 생각할 수 있다. 저자가 가장 인상 깊었던 것은 바로 현대 물리의 상대성이론이다. 서로

가 독립되어 있다는 개념보다 융합되고 결합된다는 개념에서 보석 같은 아름다움의 의미를 느낄 수 있었기 때문이다. 이는 우주, 자연과 같은 과학 분야에만 국한된 것이 아니라, 정치, 경제와 같은 사회 분야에서도 이 의미와 가치가 적용될 수 있다고 생각했다. 이를 증명하듯 우리가 살고 있는 사회, 어쩌면 세계는 모든 것이 연결되어 있다. 그것이 인간과 인간이든, 인간과 자연의 관계이든 서로가 연결되어 서로에게 영향력을 주고받는 초 연결 사회인 것이다. 그렇기 때문에 과학적 세계관의 역사적 진화 과정 속에서 인간의 변화는 필연적이라고 생각했다.

저자는 자연에는 숨겨져 있는 질서가 존재한다는 형이상학적 믿음을 토대로, 그러한 자연의 질서에 접근하고자 고대 그리스의 수동적인 관찰자에서, 근대의 능동적인 관찰자로의 변화와 확장으로, 무엇보다도 관찰자의 마음도 개입된다는 현대과학의 관점을 보여주는 과학의 사상사의 도도한 흐름을 보여주는 것이다. 하지만 자연에서 인과적 끈을 찾아 나선다는 관점은 서양사상의 근원으로 면면히 이어오고 있다.

이 장은, 저자의 다음과 같은 저서의 일부를 확장한 것이다.
Oh, J.-Y. (2022). Conceptual Features of Einstein's Theory of General Relativity based on the Philosophy of Science. New York: Nova Science Publishers, Inc.

이장을 통하여 생각해야할 문제

1. 고전과학인 뉴턴역학은 전통적인 서양 사고를 어떻게 실현하였는가?

2. 현대 물리는 전통적인 플라톤 사고를 어떻게 변화시켰는가?

3. 과학이론을 정당화시키는 인식론적 관점에서는 과학이론의 발전과정에서 어떻게 구분할 수 있는가?

참고 문헌

오준영, 이은주 (2022). 과학교육을 위한 과학이론의 철학적 위치. 대한지구과학교육학회지, 15(3). 354~372.

최종덕 (1995). 부분의 합은 전체인가: 현대 자연철학의 이해. 서울: 소나무.

Al-Khalili, J. (2020). The World according to Physics. Princeton and Oxford: Princeton University Press.

Brennan, J. G. (1953). The Meaning of Philosophy: A Survey of the Problems of Philosophy and of the Opinions of Philosophers. New York: Harper and Row.

Davis, B. (2009). Inventions of Teaching. Routledge.

Plank, M. (1936). The Philosophy of Physics. W.W. Norton & Company, Inc.

Oh, J.-Y. (2022). Conceptual Features of Einstein's Theory of General Relativity based on the Philosophy of Science. New York: Nova Science Publishers, Inc.

Stewart, I. (1995). Nature's Numbers: The Unreal Reality Of Mathematics. New York: Basic Books.

Wolf, F.A. (1989). Taking the Quantum Leap : the new physics for non-scientists.

제2장

과학에서 설명

| 요약 | 이 연구의 목적은 자연계 교육을 위한 자연현상을 설명하는 목적론적 설명, 인과론적인 설명, 그리고 통합의 변증법적 설명을 고찰하는 것이다. 왜냐하면 과학의 가장 중요한 목표 중에 하나는, 우리 주위에 일어나는 자연 현상들을 설명하는 것이다. 저자의 교양교육의 하나인 과학사상사의 교육에서 현상을 설명하는 설명방식은 매우 중요하다. 왜냐하면, 고전과 현대로 진행되는 과정에서 설명방식은 지속적으로 진화되고 변화되기 때문이다. 자연현상을 설명하는 목적론적 설명, 인과론적인 설명, 그리고 통합의 변증법적 설명을 고찰하는 것이다. 왜냐하면 과학의 가장 중요한 목표 중에 하나는, 우리 주위에 일어나는 자연 현상들을 설명하는 것이다. 어떤 현상에 대한 설명으로서, 근대 이전의 목적론적 질서체계에서는, 이 지상에서 활동하면서 실천하는 삶 모두가 천상의 목적을 사유하고 예속되는 경향이 강하였다. 플라톤의 선의 이데아, 그리고 아리스토텔레스의 원동자는 우리가 본받고 따르고자하는 철학적이고 합리적인 신이었다. 근대에는 세계가 수학적 역학적 법칙에 의해서 작동되는 기계로 규정되었다. 더 이상 존재론적 질서가 안내하는 궁극적인 목적을 발견하기 위해서 상기하고 추상하는 기능을 가지기 보다는 존재에 목적론보다는 인과론적 질서를 새겨 넣는 실험적이고 구성적인 기능을 담당하게 되었다. 근대에는 사물의 운동은 사물의 운동은 그 사물 내부의 본성(목적원인)이라기보다는 사물의 외부의 원인(작용원인)인 것으로 이해된다. 뉴턴역학은 존재(대상)와 인식(주체)은 절대적으로 분리되어 있으며 독립적인 것으로 완성되어있는 것이다. 이는 전통적인 서양의 근본정신으로 고정된 실체가 존재한다는 전통이다.

하지만 아인슈타인의 상대성이론과 양자역학은 존재대상과 인식주체가 상호 작용하면서 상호 변환되며 상보적으로 발전하는 역사적인 산물이자 심리적으로 변증법적이고 자연주의적인 것이다. 고정된 실체보다는 변화와 생성을 강조하는 것이다.

| 주요어 | 목적론, 인과론, 기계론, 철학적인 신, 인과론적인 질서, 변증법적인 사고

1 서론

2011년 중앙대와 숙명여대가 고전 읽기 강좌를 필수교양으로 신설한 후, 영남대, 건국대, 부산대, 경희대, 서울대, 서울여대 등 주요대학들이 필수 혹은 선택 과목으로 고전 읽기 강좌를 개설하여왔다(이국환, 2017). 최근에 단국대학교 고전 읽기 교양교육은 중등교육에서 독서 교육이 제대로 정착되지 않았기에 바람직한 교육이라고 할 수 있다. 그 중에서 자연계 고전 읽기는 과학사상사로 정착되었고 할 수 있다. 따라서 그 범위는 고대그리스에서 현대과학에 까지 그 범위가 대단히 넓다고 할 수 있다. 하지만 이러한 폭넓은 영역의 교육은, 어떤 현상에 대한 설명 방식도 다르다는 점이다.

특히 교양교육의 하나인 자연계 과학사상사의 교육에서 현상을 설명하는 설명방식은 매우 중요하다. 왜냐하면, 고전과 현대로 진행되는 과정에서 설명방식은 지속적으로 진화되고 변화되기 때문이다.

인간은 '목적' 개념을 설정하면서 수많은 갈등을 겪어 왔다. 우리가 살고 있는 세계가 일정한 목표를 향하도록 질서 지어져 있고, 그런 목표를 향해 나아가도록 인간에게 요구한, 근대 이전의 목적론적 질서체계에서는, 이 지상에서 활동하면서 실천하는 삶 모두가 천상의 목적을 사유하고 예속되는 경향이 강하였다. 플라톤의 선의 이데아, 그리고 아리스토텔레스의 부동의 원동자는 우리가 본받고 따르고자하는 철학적이고 관념론적인 신이었다. 따라서 인간이 목적을 가지고 의도적으로 발생시킨 현상과 행동에 대해서는 여전히 정당하게 작동한다고 볼 수 있다.

하지만 그러한 삶 속에서 구속과 억압을 느낀 사람들은 우리가 살고 있는 이 세계가 일정한 목표를 향해가고 있다는 것에 회의를 가지게 되었다. 무엇보다도 목적론적 설명은 자연현상을 설명하는 데, 정확한 예측에 문제가 있었다.

그래서 근대에는 세계가 수학적 역학적 법칙에 의해서 작동되는 수동적인 기계로 규정되었다. 더 이상 존재의 질서가 안내하는 궁극적인 목적을 발견하기 위해서 상기하고 추상하는 기능을 가지기 보다는 존재에 질서를 새겨 넣는 실험적이고 구성적인 기능을 담당하게 되었다. 이제 객관적인 목표로 인간이성의 능력 바깥에 존재하는 어떤 것이 아니라, 주관적으로 인간 자신 이성의 능력으로 획득하여 소유하고 사용할 수 있는 기계로 작동하는 도구적인 것이 되었다.

과학의 가장 중요한 목표 중에 하나는, 우리 주위에 일어나는 모든 현상들을 설명하는 것이다. 우리는 이장에서 목적론적 설명, 인과론적인 설명, 그리고 통합의 변증법적 설명을 탐색하는 것이다.

무엇보다도, 서구의 자연과학은, 세계 속에는 우리의 마음과 독립적으로 고정되고 변함없는 질서 체계가 존재한다는 믿음 위에서 탄생되었다. 이러한 믿음은 철학에서의 형이상학적 존재론과 깊은 연관성이 있다.

이장에서는 자연현상을 설명에 대한 역사적 변화와 그런 사고의 근원을 고찰하는 것이다.

2 과학적 설명이란?

우리들은 자연 속에 살면서, 다양한 현상에 대하여 그것들의 체계적으로 파악하고 이해하고자 한다. '왜(why)'라는 질문에 응답하려고 노력하는 것이 노력하는 것이 바로 그것이다. 우리들은 이런 질문에 대답하기 위해 다양한 현상들을 설명해왔고 다양한 설명유형을 제사해왔다.

논증의 결론은 사실이 아닌 자신의 주장이거나 생각이어야 한다. 그런데 논증과 유사하게 자신의 생각을 전제들로 뒷받침하지만, 생각이 아닌 사실이 뒷받침을 받을 진술들의 묶음이 있다. 그것은 설명이다. 하지만 일상적인 생활에서는 구분이 되지 않지만, 논증은 주장의 정당화이지만, 설명은 사실들, 다양한 자연 현상을 그것의 원인을 이용하여 이해하는 것이라 할 수 있다.

세계는, 그 존재의 모습이 결정되어있고, 결정되어 간다. 이러한 결정방식에는 두 가지가 있는데, 인과적 결정 방식과 목적적 결정방식이 그것이다. 인간의 지성에는 최하위층, 즉 물질 층의 결정방식과, 최상위 층, 즉 정신층의 결정이 잘 파악된다. 전자는 인과적 결정방식이고 후자는 목적적 결정방식이다. 인과적 결정방식은 물리적 사물을 지배하는 것이고, 목적적 결정방식은 인간의 정신적 활동의 영역을 지배하는 것이다. 생명적 활동 및 심적 작용의 결정구조는 인간 지성에 잘 드러나지 않는 다는 것이다(한국현상학회 편, 1999).

따라서 과학적 탐구는, 아주 넓은 관점에서 본다면 두 가지 주요한 양상을 보여준다고 할 수 있다. 하나는 사실을 확인하고 발견(discovery)하는 것이며, 다른 하나는 가설과 이론을 구성(construction)하는 것이다. 이러한 두 가지 양상의 과학 활동을 때로는 전자를 기술(descriptive)과학, 후자를 이론(theoretical)과학이라 부른다.

이러한 이론-구성은 두 가지 중요한 목적이 있다고 할 수 있다. 하나는 사건의 발생이나 실험의 결과를 예측(predict)하고, 그리하여 새로운 사실을 예측하는 것이다. 다른 하나는 이미 기록되어진 사실들을 설명(explain)하거나 이해할 수 있도록 하는 것이다(von Wright, 1971, p.1).

이렇게 구성된 이론은, 우선 일어난 사실을 설명해야하는 데, 목적론적 설명은 설명되는 사건 혹은 행위가 일어난 목적을 설명함으로서 이루어진다. 반면에 결과에 해당하는 사실을 인과적으로 일으킨 원인을 설명함으로써 이루어진다. 전자의 설명은 '왜(why)'라는 질문에 대한 답변으로서 제시되지만, 후자는 '어떻게(how)'라는 질문에 대한 답변으로 이루어진다. 인과적 설명은 설명의 종류가운데 기징 흔한 형태로서, 보통은 과학적 설명이라면 인과적 설명을 가리키는 경우가 많다(김동현, 2017, p.37).

"설명은 형이상학적으로 중립적인 것이 아니다. 설명에 대한 해명과 이해는 철학적 입장인, 형이상학에 의존한다(김유신, 1998, p.75)" 라고 하였다.

따라서 표 1은, 현재를 기준으로, 목적론은 목적의 실현을 위한 미래가 중요하다는 것과, 인과론은 현재의 상황의 원인이 되는 과거가 중요하다는 것으로, 변증론은 현재의 갈등을 해결하여 가는 진화론적이고 통합적인 관점이라는 것을 알 수 있다. 목적론은 역 인과론이라고 말할 수 있으며, 변증론은 인과론적이고 우연적인 요소가 포함 된 전일적인 목적론이 가미되었다고도 할 수 있다.

표 1. 과학사 흐름에 따른 과학적 설명의 유형

세계관	형이상학적 관념론 (철학적 세계관)	형이상학적 유물론 (과학적 세계관)	변증법적 자연주의 (과학적 세계관)
시대와 과학 이론	고대 그리스, 중세의 스콜라 철학 (아리스토텔레스 전통)	근대의 갈릴레오, 뉴턴역학 (갈릴레오 전통)	현대 과학. 아인슈타인의 상대성이론, 진화론, 양자역학, 우주론
설명 방식으로 세계의 이해	미래적인 목적에 의해 활동하는 정신	과거적인 원인에 의해 규정되는 물질간의 관계	생성과 소멸을 강조하는 역사적 과정에서, 갈등과 대칭성
	현재(잠재태)에서 미래(현실태)로, 목적론적 설명, **하향식 설명**	과거(원인)에서 현재 (결과)로, 인과론적 설명, **하향식 설명**	과거(정)에서 현재(반), 그리고 미래(합)로, 변증법에 의한 역사적 방법론에 의한 통합적 설명, 목적론적인 설명의 인과론 화. **상향식 설명**
	존재론적인 관념주의로, 인간의 의도 중요	존재론적인 유물론으로, 물질간의 관계가 중요	생명적 활동 및 심적 작용으로, 인간과 물질간의 통합관계

인과적 설명(Causal explanation): 주로 대기 중에 이산화탄소의 비율이 증가(과거의 사건)로 인하여, 지구의 온난화(현재 사건)가 일어나는 것이다.

"이것이 일어난 원인은, 저것이 일어났기 때문이다.(This happened, because that had occurred)" 라는 진술은 언어로 표현된 인과적 설명의 전형적인 표현이다. 설명의 타당성은 원인과 결과사이에 가정된 법칙적 결합(nomic tie)의 타당성에 의존한다(von Wright, 1971, p.83). 이러한 인과적 설명은 세계가 정신보다는 물질이 우선이라는 유물론과 관련

이 있다고 할 수 있다.

헴펠의 인과적 설명 모형으로, 연역-법칙적 모형(Okasha, 2002, p.42),

전제들로 **설명항**: 보편법칙들,

특정사건들(선행조건의 진술, 원인)

....(논리적 연역)

피-설명항: 설명되어져야할 현상 혹은 사건들의 기술(결과)

즉 선행되는 사건으로 현재의 현상과 사건들의 원인으로, 그러한 사건들을 이해하는 것이다. 물론 법칙과 이론이 이들을 연역적 인과관계로 연결해야한다. 똑같은 형식적 분석이 과학적 설명뿐만 아니라 과학적 예측에도 적용된다는 점이다. 만약 결과가 되는 피-설명항이 과거에 일어난 것이라면 설명이지만, 이것이 발생에 앞서 도출되었다면, 예측이라 할 수 있다.

사회과학에서 이용할 수 있는 법칙은 확률법칙으로 사용하는 경우가 많다. 헴펠의 귀납적 통계(IS) 모형은 확률적인 설명이 주어졌을 경우에, 확률법칙이 특정사건과 함께 설명해야할 현상이 발생할 가능성을 만든다고 가정한다(Ladyman, 2002, p.206).

전제들: 확률법칙들,

특정사건들(원인)

....(논리적 연역)

설명되어져할 현상 혹은 사건들(결과)

보편 법칙들이 진술은 통상적으로 인과법칙 또는 결정론적 법칙(deterministic law)이라 부른다. 하지만 이른바 통계법칙(statistical law)과는 구분된다. 통계법칙은 장기적으로, 주어진 조건의 집합을 만족하는 모든 사례들 가운데 일정비율은 특정 유형의 사건을 수반한다는 것을 주장한다. 좀 더 약한 결정론적 법칙이라고 할 수 있다. 뉴턴역학은 엄격한 결정론적인 법칙이지만, 통계역학을 사용하는 열역학 법칙은 다수의 분자들을 다루기에 불가피하게 통계를 사용한다고 할 수 있다. 사회과학에서는 통계적인 경험법칙을 사용한다.

하지만 양자역학에서의 확률법칙은 소립자 같은 작은 세계는 확률은 자연의 본성이라는 것이다. 자연은 모든 정보가 서로 중첩되어있기 때문이다. 즉 비국소적이다.

이러한 인과적 설명모형은 조건문(conditional form)으로 진술하는 것이다. 법칙은 "방해 요소가 존재하지 않는다면, A형태의 사건에서 B형태의 사건이 규칙적으로 따라 오거나 수반된다." 예를 들면, 갈릴레오의 낙하법칙은 "무거운 물체는 그것이 변화가 가능한 저항을 만나지 않거나 바람 또는 다른 교란 요인이 작용하지 않는다면, 땅으로 일정한 가속도로 낙하한다."

따라서 과학법칙은 일반적으로 실험조건 밖에서 아니라 오직 실험조건 안에서만 적용될 수 있다는 것이다. 갈릴레오의 낙하법칙은 물체가 일전한 가속도로 낙하하여지는 경향성을 가지고 있다는 것을 기술하고, 뉴턴의 만유인력법칙은 질량을 가진 물체들 사이에 존재하는 인력을 기술한다. 따라서 법칙이 인과적으로 적용하기 위해서는 성향(dispositions)과 힘(powers)을 근원적으로 받아들이는 존재론을 받아들여야 된다(Chamers, 1999, p.217).

목적론적 설명(Teleological explanation): 포유동물이 혈액 순환(현재)을 하는 이유는, 신체의 항상성을 유지해야할 목적(미래)에서이다.

경찰이 광화문 관장에 컨테이너 장벽을 설치하는 원인은, 오늘 저녁에 있을 시위를 차단해야하는 목적에서이다.

목적론적 설명은 미래와 관계한다. "이것이 일어난 원인은, 저것이 발생하여야하기 때문이다(This happened, *in order* that should occur.). 여기에서는 법칙적인 관계가 개입되기는 하지만 반드시 그렇지는 않는다. 미래에는 기대되는 사건이 발생된다는 믿음으로 반드시 실현되지 않을 수도 있기 때문이다. 이러한 목적론적 설명은 우리의 생각과 의도가 중요한 관념론과 관련이 있다고 할 수 있다.

하지만 우리는 목적론의 전통적인 영역을 두 개의 하위 영역으로 나눌 수가 있다. 하나는 기능(function), 목적purpose(완성 fullness) 그리고 "유기적 전체(organic wholes)"("체계 systems")라는 개념들의 영역이고, 다른 영역은 목표(aiming)와 지향성(internationality)의 영역이다.

기능과 목적(내재 주의)이라는 개념은 주로 생물학에서 나타나고, 지향성 개념(외재주의)은 행동과학, 사회연구 및 역사 기술학에서 나타난다. 하지만 둘이 서로 겹치지만 이 둘을 구분하는 것은 유용할 수 있다(von Wright, 1971, p.16).

변증법적 설명: 과거 고전과학에서는 우리 인간이 관찰 가능한 거시

세계에서는 입자와 파동은 서로 배타적인 관계이지만, 우리가 직접 관찰 불가능한 소립자와 같은 극한 상황인 미시 세계에서는, 파동과 입자의 관계는 상보적인 관계로 설명된다. 여기에서도 법칙적인 관계가 개입된다. 이러한 변증법적 논리는 또한 자연주의적 유물론과 관련이 있다고 할 수 있다. 목적론적인 설명의 인과론 화이다. 즉 유물론과 관념론의 결합이라 할 수 있다.

이러한 변증법적 설명뿐만 아니라 귀추, 유비추리 등도 사용한다고 할 수 있다.

이 연구의 목표는, 가능한 간략하게, 관념론적인 고대의 목적론적 설명에서 유물론적인 근대의 인과론적 설명으로, 이 두 가지가 결합한 자연주의는 현대의 변증법적 설명으로 어떻게 변화하는가를 탐색한다. 즉, 형이상학 믿음에서 과학적 설명의 근원을 찾는 것이다.

3 고중세의 목적론적 설명에서 근대의 인과론적 설명으로

고대 그리스 초기 자연철학자들은 사물의 근원을 찾는 데만 몰두하여 각자 물, 불, 공기, 수 등이 근원이라 주장하였다. 플라톤도 역시 철학과 과학은 같은 것이었다. 과학은 사물의 본질을 캐내려고 한다. 그리고 그 노력으로 '이것은 무엇인가?' 라는 물음에 대한 답으로 이어진다. 하지만 플라톤은 저 너머에 있는 하나의 세계를 상정하였다. 그것은 영원불멸한 완전한 세계다. 이는 정신의 눈으로만 볼 수 있는 세계를 의미한다. 현실세계에 존재하는 모든 대상은 감각을 통하여 인지할 수 있다. 그러나 이데아는 정신만이 숙고할 수 있다. 주목할 만한 가치가 있는 것은 일상의 일이 아닌 이데아이기 때문에 모든 지적인 사람들은 이러한 목적에 자신의 마음을 사용하는 것이다. 플라톤의 핵심은 이상화로 수학의 추상적 개념과 관련이 있다. 이데아에 대하여 사고하는 법을 배우는 것은 곧 수학의 사고하는 법을 배우는 것이다.

동굴의 비유처럼 가장 고상한 실체로부터 오는 빛은 그것을 마주하는 훈련을 받지 못한 사람은 눈을 멀게 한다. 수학은 우리의 전신을 감각적인 것, 소멸하는 것에 대한 사고로부터 영원한 것에 대한 사고로 끌어 올린다. 따라서 어둠에서 빛으로 옮겨가기 위한 훈련이 수학인 것이다. 플라톤은 "기하학이 물질적인 것이 아니라 순수한 사고대상으로서 영혼이 추상적인 수에 대하여 사고하도록 한다."라고 하였다. 철학에 대한 준비로 수학을 강조했다는 점은 자기 집단, 세대를 넘어서 고대 그리스 전체를 대표하는 셈이다.

플라톤에 따르면 앎은 이데아의 존재에 대한 상기 또는 회상에 불과하다. 수학은 이미 이데아의 세계에 존재하는 것으로 수학의 세계로 들어가는 것은 현실세계에서 이데아의 세계로 이동하는 것이다. 그 이데아의 세계가 유일한 진리의 세계이다. 플라톤에 따르면 수학은 창조의 대상이 아니라 발견의 대상이라는 것이다(박영훈, 2005, pp.168-170). 또한 수학은 인간 활동의 산물이다. 플라톤도 한 인간에 불과하다. 그의 이데아론도 인간활 동의 산물이듯이 수학적 기호와 공식은 물론 그 개념까지도 인간이 창조한 결과물이라 할 수 있다. 나에게 수학이 아름답고 위대한 모습을 띠고 다가서는 것은 저 너머 저 멀리 이데아의 세계에서 내려와 현실세계를 굽어보는 것보다는 수학은 내가 속한 위대한 인간들의 창조물이라 할 수 있다.

이데아 혹은 형상이 원인으로 현실의 개별자의 결과로 분유되는 것이다. 미래의 형상을 동경하는 목적론적 설명이기에, 과학적이고 명확하게 예측하는 인과론이 적용되는 과학적 실험에 적용하는 데는 많은 문제점이 있다고 본다.

초기 이오니아학파가 파악한 '자연'의 모습은 원래 영혼이나 신과 크게 다르지 않았으며, 인간의 영혼 및 본성까지도 그곳에 포함되었다. 그리고 인간의 자연적 특성을 합리적으로 생각하는 것, 즉 정신(mind, 누스)의 활동에서 찾았다(오준영, 2019).

반면에 아리스토텔레스가 볼 때 자연(피지스)은 원초적인 질료(matter)내지 가능태를 의미했으며, 그런 가능태가 실현될 때 형상(form)이 현실화 된다. 또한 모든 형상 중 최고의 형상을 신(하늘의 제1운동자이며 모든 물리적 운동의 원천)으로 보았다. 여기에서 신은 순수한 형상, 즉 모든 형상 중의 형상을 의미하며, 신보다 열등한 모든 존재들은 자기 사유를 대상으로 사유하는 신의 활동을 모방한다(Harris, 2000, pp. 31-32). 예를 들면, 인간은 스스로 이동할 수 있을 뿐만 아니라, 신을 근사하게 모방할 수 있는 능력, 다시 말해 생각할 수 있는 능력도 가지었다. 정점에 있는 신은 제1운동자이다, 에테르가 충만한 하늘에서 그러한 신의 활동을 모방한 것이 바로 원운동인데, 이는 가장 완벽한 운동 형태로 물체가 스스로 생각하는 사유능력을 가진 신에 가까이 접근한 것이다. 아리스토텔레스의 신은 플라톤의 데미우르고스보다는 선의 이데아에 가까운데, 이를 통해 모든 사물을 이해 가능한 존재로 만들고, 모든 사물의 원인을 창조하고 유지하는 역할을 한다. 수학에 대한 플라톤의 신념이 현대적이긴 했지만, 대부분의 그리스 철학은 자연을 기술하는 인과적 방정식이 빠져 있기에 문명화를 가능케 하는 기술적인 면에서 무기력하였다(Krauss, 2005, p.14). 무엇보다도 아리스토텔레스는 이러한 목적론은 플라톤의 이데아라는 초월적인 존재애서 비롯되기 보다는 생물과 무생물을 비롯한 모든 자연물이 내부에 운동의 원인인 본성을 가지고 있다고 주장한다, 예를 들면, 흙은 지구중심부에 도달하려는 본성(자연스런 경향)을 지니며, 불은 지구중심부에서 가능한 멀어지려는 본성을 지니며, 즉 흙이나 그것들이 본성적으로 지닌 내부적인 목적을 실현하기 위해서 운동을 한다. 또한 생존유지가 목적인 동물은 자신이 지닌 모든 능력을 이용하여 생존하고자하며, 행복을 목적으로 하는 인간은 자신이 지닌 모든 능력을 이용하여 행복해지려고 노력한다.

아리스토텔레스에 따르면, 이 우주는 4가지 존재원인으로 구성되어 있으며, 무생물, 식물, 동물, 인가의 위계적 순서에 따라 합목적적으로 생성되어 신에게로 완성되는 하나의 중요한 형이상학학적 전제로 관념론적인 목적론적 체계로 되어있다.

17세기에 시작되는 근대의 형이상학은 이전의 이론들을 바탕으로 삼고 있지만, 기본적인 관심은 영구불변과 생성변화보다는, 여러 가지로 이해되는 실체들의 관계, 특히 정신과 물질의 상호관계를 설명하는 것이다. 중세나 르네상스 시대에 전개된 형이상학에 대한 논의들은 우주에 관한 새로운 지식들과 잘 맞지 않은 것으로 보여 졌다. 왜냐하면 천문학, 물리학 등의 새로운 이론과 발견은 실재의 세계가 아리스토텔레스나 중세기 철학자들에 의하여 묘사되었던 것과는 근본적으로 차이가 있었다.

우주를 구성하는 근본적인 요소가 몇 인가? 일원론(一元論), 이원론, 다원론의 등장이다. 우선 일원론에서는, 존재의 근본이 물질로 구성되었다는 유물론(唯物論)과 정신으로 구성되어 있다는 유심론(唯心論) 혹은 관념론이 있다.

유물론에 의하면, 이 우주는 근본적으로 물질로 되어 있고, 정신은 물질에 예속된 부차적인 산물이거나 또는 존재하지 않는다는 것이다. 물질이란 정신에 앞서 미리 존재해왔고 보는 것이다. 진화론도 유물론적인 세계관과 관계가 있다. 우연한 변화와 적자생존의 원리에 의하여 발전되어가는 우주는 어떤 목적이나 섭리와는 아무런 관계가 없고 자연세계에서의 일들을 이끌어 가는 정신을 인정하지 않는 유물론과 통하는 것이다.

이러한 유물론은 자연주의와도 유사하다. 자연적이라는 것은 자연과학의 방법에 의해 모든 것이 설명될 수 있다는 뜻이다. 결국 자연주의는 과학적인 설명의 영역을 넘어서 어떤 것이 존재한다는 것을 부정한다. 초자연적인 존재를 인정하지 않는다는 점에서 자연주의는 유물론과 같다. 하지만 자연주의는 실재가 물질의 기계적 작용에 지나지 않는다는 주장을 부정하며, 일반적으로 생명 또는 인간의 정신 활동도 물리 화학적 과정으로 설명될 수 있다는 견해도 인정하지 않는다. 코헨(Cohen, Morris)와 같은 20세기의 미국의 자연주의자들은 우리가 아는 것은 어떤 것이든 과학에 의하여 설명될 수 있다고 한다.

이러한 유물론이나 자연주의와는 정반대로 정신이 궁극적인 실체라고 주장하는 관념론이 있다. 첫째, 마음은 물질에서 유래된 것이 아니고, 물질로 환원 될 수도 있는 것도 아니다. 둘째, 만일 물질이 존재한다면 그것은 어떤 의미로는 정신에 의존한다.

그러면 우주를 구성하는 두 개의 근본적인 실재로서 정신과 물질을 인정한 데카르트의 이원론을 살펴보자. 모든 사고는 정신의 변형인데, 이들은 서로 환원 될 수 없다는 입장을 취하였다. 데카르트는 "실체(substance)' 란 다른 것에 의지하지 않고 스스로 존재하는 것이라고 하였다. 이러한 개념을 엄격히 적용하면 신만이 유일한 실체가 되지만 데카르트가 정신과 물질도 실체라고 말한 것은, 이 둘의 존재함이 오직 신에게만 달려있지, 다른 어느 것에도 의존하지 않기 때문이라는 것이다. 따라서 실체는 이 세계의 기본적인 구성요소인 신, 정신, 물질로 되어있고, 존재하는 다른 모든 것들 이 세 지 중 어느 하나의 변형이거나 부분일 뿐이란 것이다. 정신과 물질은 신에 의하여 창조되었기에 '창조된 실체'라고 부르는 것인 정신은 사고하는 것이다. 데카르트에 의하면, 이러한 정신은 공간을 점하거나 연장될 수 없다. 따라서 정신은 물질세계의 부분이 아니다.

물질은 연장되는 것을 그 본질적인 속성으로 본다. 모든 질적인 대상들은 외부적인 특징, 즉 크기, 모양, 위치, 움직임에 등에 의하여 설명이 가능하다. 이 물질 세계는 단지 연장된 기계적 세계에 불과하기 때문에 그 활동은 물질세계 밖의 어떤 힘에 의하여 움직일 수밖에 없다. 오직 신만이 창조적이고 독립적인 실체이다. 신은 스스로 움직일 어떤 다른 것을 필요로 하지 않는 전지전능한 실체이기 때문이다. 신은 물질적인 부분 등의 거대한 연속에 최초의 충격을 주었고, 전체 세계에 대한 힘의 원천을 제공하며, 모든 사물이 존재하고 작용하도록 한다.

4 데카르트-뉴턴 기계론적 세계에 대한 인과론적 설명

이러한 실체라는 것은, 철학자에 따라 조금씩 다른 의미로 쓰이지만, 세상의 근원이 되는 것이라고 쉽게 말할 수 있다. 데카르트에게는 이 세상의 실체는 정신과 물체 두 가지이다. 정신은 생각(thought)하는 성질을 가지고 있다는 것이다. 그런데 물질이라는 것은 공간을 차지하고 있는, 즉 연장(延長, extension)이라고 하는 성질을 가지고 있다. 실체가 정신과 물질이라는 데카르트 주장을 이원론(二元論, dualism)이라고 한다. 정신을 물질과는 분리되어 생각할 수 있는 또 하나의 실체로 본 것이다. 이러한 정신은 좁은 의미에서는 순수한 지성(수학, 철학을 탐구하는)을 뜻하며 넓은 의미에서는 상상 작용, 감각 작용이 속한다.

이러한 정신과 물질을 동시에 지니고 있다고 생각되는 것은 사람이다. 그래서 정신과 물질의 관계에 대한 철학적인 물음을 철학자들은 심신문제(mind body problem)라고 부른다. 그런데 마음과 몸은 별개의 실체로서 존재한다는 이론을 데카르트의 이원론(Cartesian dualism)이라고 부른다. 그런데 정신과 물질은 서로 상호작용 할 수 없다는 것이 문제이다. 전혀 성질이 다르기 때문이다(최훈, 2014, pp.92-93).

데카르트의 1647년 저작인 <성찰록>의 주제는 바로 '정신을 물질로부터 분리하는 것'이었으며 자연적 물체를 하나의 '연장'으로서 인간적, 생명적 요소가 결여된 수학적 대상이 되었다. 자연에서 '실체 형상', 즉 아리스토텔레스 의미에서의 '영혼'을 완전히 제거하는 것은, 동시에 정신에서 일체의 물질적인 것을 제거한다는 뜻이기도 한다. 영혼이라 불리는 것은 '순수사유'인 것으로 보았다. 이렇게 모든 물체를 하나의 연장으로 환원하여 오로지 '형태', '크기', '운동'이라는 관점으로만 대상을 다루는 것이 그가 구상한 '해석 기하학'의 기초가 된다. "나는 생각한다, 그러므로 나는 존재한다."(Cogito, ergo sum)라는 명제는 그의 형이상학의 제일원리인 동시에, 견실한 과학에 도달하기 위한 제일 원리였다. 감각에 기초한 물질세계의 개념과 좀 더 엄격한 수학적인 물질세계의 개념을 구별하는 가운데, 데카르트는 후자가 더 객관적인 것이라는 입장을 취하였다. 그에게 있어서 물질세계를 지각하는 감각적 경험은 주관적이며 자주 착각을 일으키고 외부세계와 동일한지도 알 수 없기 때문에 회의의 대상이 되었다. 따라서 그가 취하는 입장은 감각적 경험이 아닌 이성 관념으로, 이는 선험적으로 우리에게 주어지는 것이었다. 데카르트는 자신에게 주어진 선험적 관념에 따라, 실체를 정신적인 것과 물질적인 것 두 가지로 구분했다. 데카르트에게 있어서 물질(육체)은 연장을 가지고 있으며, 기하학적 공간에 위치하기 때문에, 섞여있거나 겹치지 않는다. 또한 기하학의 원리에 따라 무한 분할이 가능하며 이러한 모든 물체의 위치와 공간은 기하학적 공간에서 좌표 화가 가능한 것이다.

그리하여 그가 1644년에 발표한 <철학 원리>에서는 아리스토텔레스 자연관을 대신하는 근대의 기계론적인 세계상이 밑바닥 기초부터 체계적으로 수립되어 완전히 조직화되었음을 볼 수 있다.

그리스 자연은 신과 인간이 함께 어우러져 일체를 이루는 '유기체적인' 자연이었다. 그러나 기독교적 세계관이 지배하는 중세로 들어서면서, 이런 그리스의 '범자연주의'는 타파되고 신, 인간, 자연의 계층적 질서가 나타난다. 그리고 자연은 이제 인간과는 별 개로 신에 의해 창조된 제3자로서, 인간이 전혀 관여할 수 없는 외부적인 것이 되었다. 인간과 자연의 동질성은 타파되고, 자연은 인간의 유추를 허락하지 않는 이질적인 타자로서 존재하게 된 것이다. 이러한 자연관은 인간의 이성을 강조하는 근세에서는 자연의 '비인간화'가 확실하게 진행되어감에 따라 자연은 인간적 요소인 색이나 냄새 같은 '제2성질'과 '목적의식', '생명원리'를 제거당한 채 오로지 '크기', '형태', '운동'등 그 자체의 요소를 인 제1성질을 통해서만 수학적이고 인과적으로 분석되었다. 인간을 제외한 자연의 모든 것들은 능동적인 영혼을 제거당한 수동적인 기계로 전략하였다.

고대 그리스 사람들과 중세시대 사람들은 우주 전체에 영혼과 정령이 충만하다고 생각했다(시편 19편 1절).

하지만 코페르니쿠스의 혁명이 하늘과 신의 관계에 충격을 가함으로서 등장한 최초의 결과는 만물의 창조자인 신으로부터 자연을 분리시켰다. 세상은 여전히 신이 창조하였으나, 세상과 신의 성격이 완전히 다른 것이 것이며, 신은 자신의 유한한 작품을 넘어 독자적으로 존재한다고 생각했다.

플라톤과 같이 데카르트도 유클리드 기하학의 추리양식에 명확하고 확실한 사고 모델을 찾고자 하였다. 그리하여 그는 해석기하학을 창시하였다. 과학의 발전은 질보다 양이 더 중요하다. 이러한 생각은 데카르트의 좌표의 발명으로 더욱 강화된다. 물리학에서 물리량을 수량적으로 나타내는 경우 소위 기준 좌표(Reference Coordinate)를 사용한다. 공간은 3차원이므로 x y z 방향으로 직각으로 만나는 세 축이 필요하다. 세 축이 만나는 지점을 0으로 잡고 기준점(Origin)이라고 부른다. 16세기 데카르트가 처음 제안 하여 직각 좌표를 카테시안 좌표(Cartesian Coordinate)라고 부른다. 뉴턴은 이러한 좌표에 시간과 공간 축이라는 무대에서 질량을 가진 사물들이 뉴턴역학의 영향 하에 움직인다. 이러한 시간과 공간은 누구나 같은 절대적인 시간과 공간을 가지면 영겁의 시간과 무한한 공간을 신이라 가정했다. 이러한 '시각화' 및 '수량화'가 현대의 서구 문명이 패권을 차지한 근본적인 이유라고 한다.

뉴턴 시대 이미 시계에 친숙한 사람들은 지상을 포함한 우주 전체를 기계 혹은 시계에 비유했다. 더구나 운동방정식에 의하여 미래를 예측하게 되어 신의 역할은 우주의 창조에만 국한 되고 온갖 생명을 포함한 전 우주의 현재와 미래의 역사는 뉴턴의 법칙에 의하여 이미 결정되어 있고 무한한 미래도 밝혀지리라는 생각을 낳게 되었다. 창조자인 신으로부터 자연을 분리시킨 것이었다. 세상은 여전히 전지전능한 신이 창조한 것으로 간주하였으나, 그 이후에는 신이 창조한 세계는 신이 확립한 고정된 법칙에 따라 자동적으로 작동하는 일종의 기계로 신의 간섭은 없다고 할 수 있다. 결국 뉴턴은 물리학 자체만으로는 충분치 않고 시학에 의해 모든 학문이 완성된다고 보았다. (Harris, 2000, p.77). 우리는 그러한 자연의 법칙을 탐구하기만 하는 것이다. 이러한 결정론적이고 기계론적 세계관의 뉴턴의 법칙들이 기술하는 우주는 종종 '고전적' 혹은 '시계장치'우주로 불린다. 만일 당신이 어떤 시간에 모든 물체의 정확한 위치와 속도를 알고 있다면, 원칙적으로 뉴턴의 법칙들은 그 모든 물체가 과거나 미래의 어떤 일이 있었거나, 일이 있을 것인지 아무리 멀리 떨어진 시간이라도 정확하게 예측할 수 있다. 이 고전적인 우주는 완벽하게 결정론적이고, 직관적이다.

현재 일어난 현상과 사건은 우리의 의도보다는, 앞선 시간에 발생된 사건들이 원인이 되어 과학의 법칙과 이론에 의한 인과론적인 설명이 있을 뿐이다.

뉴턴역학은 절대적 확실성이라는 장대한 전망을 주었다. 여기에 깔린 근본가정은 초기 조건을 얼마든지 정확하게 알 수 있기에 원칙적으로 계의 초기조건(처음 위치와 속도)을 뉴턴 법칙에 넣으면, 이후의 계의 시간과 공간내의 운동을 완벽한 정확도로 예측하는 운동방정식을 얻을 수 있다. 이것이 뉴턴의 인과성이다. 계는 확실성을 가지고 경로상의 한 점을 차지하기 때문에 뉴턴의 과학은 결정론적이라 할 수 있다. 뉴턴역학에서 인과율과 결정론은 동일한 것이다. 모든 실험 오차는 측정오차는 측정 장치의 불완전성 때문이라 가정되는 계통오차라고 한다. 결국, 원칙적으로 우리는 모든 물리적 존재에 대한 완벽한 지식을 가질 수 있다(Miller, 1996, p.145).

통상적으로 자연과 정신은 이질적이고 대립되는 것으로 간주된다. 특히 자아의 발견과 과학기술의 발전 등으로 특징져지는 근대적 정신에서 자연은 정신으로부터 단절되어 있고 정신의 지배 대상으로 보았다. 지배적인 관심에 정향된 계몽주의는 인간을 자연의 우위에 두고 자연을 그 지배대상으로만 고려하였다.

아리스토텔레스의 물체 내적인 원인이 있다는 목적론적 설명을 벗어나, 물체의 외적 조건이 필요한 인과론적 설명을 완성하였다.

5 현대의 상대성이론과 양자역학, 그리고 진화론 변증법적 논리

목적론적 설명은 관념론에서, 인과론적 설명은 유물론의 전통의 뿌리가 있으므로 변증법적 설명은 유물론에 관념론의 통합이라고 할 수 있기에 "목적론의 인과율(causalization of teleology)"로, 변증법적 유물론에 강한 호소력을 지녔다고 할 수 있다(von Wright, 1971, p.31).

뉴턴역학은 존재(대상)와 인식(주체)은 절대적으로 분리되어 있으며 독립적인 것으로 완성되어있는 것이다. 하지만 아인슈타인의 상대성이론과 양자역학은 존재대상과 인식주체가 상호 작용하면서 또 상호 변환되며 상보적으로 발전하는 역사적인 산물이자 변증법적인 것이다. 또한 상대성이론과 양자역학은 형식논증보다는 비 형식논증인 변증법과 귀추법(IBE)를 사용하기에 자연주의라고 할 수 있다.

아인슈타인의 상대성이론은 어디까지나 관찰사실에 기초하고 있고, 빛에 가까운 운동의 세계 속에 나타나는 거대 세계의 효과로 확증되었다. 실재론적이고 형이상학적 자연주의라고 할 수 있다. 그런데 소립자들의 미시세계는 근원적으로 관찰 효과에 의해 하나의 입자의 위치를 엄격하게 확정할 수 없을 뿐만 아니라, 나아가 관찰이전의 어떤 미시적 존재의 불확정성 존재는 그것을 우연성과 확률을 생각할 수 있다. 도구주의적이고 방법론적 자연주의라고 할 수 있다.

이러한 현대의 양자역학의 발달과 이에 따른 확률적 사고는 다른 학문에도 영향을 주어 생물학적 진화에도 적용하게 되었으며, 사회적 현상을 확률적 분포로 볼 수 있게 되었다(송영진, 2002, p.112).

지양적인 목적론적 설명을 인과론적 설명으로 전환하였다. 즉 목적론적 설명은 미래의 지양적인 목적을 위하여 현재 행동을 하지만, 과학 발전의 역사적 설명은 지양적인 목적을 원인으로 하여, 결과인 통합으로 향한다. 즉 인과적인 설명으로 전환된다. 변증법적 설명의 특징이다.

<뉴턴의 역학체계에서 아인슈타인의 특수 상대성체계로>

우리인간이 생활하는 비교적 저속세계에서는 뉴턴역학이 적용되는 절대적인 시간과 공간. 또한 질량과 에너지는 서로 질적으로 독립적인 존재이지만, 빛의 속도에 접근하는 극한 상황에서는, 그들의 관계는 독립적일 수 없기에 빛의 속도 불변성을 통하여 그들을 시공간과 질량 에너지 등가로 결합 하였다. **<경계가 분명한 대립물을 빛의 속도 불변량을 통하여 결합(해결된 결과)>**

과거 뉴턴역학의 시간과 공간, 그리고 질량과 에너지관계는 상호적으로 통합 관계에 도달해야했다는 지양적인 목적이, **<극한 상황에서, 대립적인 내용들이 종합이 되어 지양(止揚, aufheben)**되어야한다는 심리적인 사고(발생의 원인)>

뉴턴역학에서 시간과 공간, 그리고 질량과 에너지관계는 상호적으로 통합 관계에 되어야한다는 지양되어야할 목적이(원인), 관성계에서 빛의 속도 불변성을 추가해서 그들 관계가 통합될 수 있다(결과). 아 관계는 서로 원인과 결과가 되어 상호작용한다. **<목적론적 설명의 인과**

론적 설명>

<뉴턴역학 체계에서 아인슈타인의 일반상대성이론 체계로>

자유 낙하하는 실험실 내부에서는 중력과 관성력은 등가로 나타난다. 절대공간이 아닌 상대공간이 존재한다는 비관성계에서는 중력과 관성력을 구분하기 어렵다. 가속이 커지면 공간이 크게 휘어져서 가속의 반대방향, 즉 관성력이 작용하는 방향으로 빛은 휘어져 진행하도록 보일 것이다. 유사하게 동일하게 공간이 휘어져서 강한 중력이 작용하는 방향으로도 당연히 빛은 휘어짐을 관찰 가능하다고 할 수 있다. **<일상적인 상황에서 경계가 분명한 대립물의 통합>**

뉴턴역학에서처럼, 절대공간을 고려한다면, 중력과 관성력은 구분되지만, 비 관성계에서는 이 두 힘은 실제적으로 작용하는 힘이기에 지양되어 통합되어야했다**<극한 상황에서, 대립적인 내용들이 종합이 되어 지양(止揚, aufheben)>**

중력과 관성력이 등가가 되어야한다는 지양되어야할 목적이(원인), 그러한 원인이 결과가 되어 빛이 휘어질 수 있는 시공간이 강하게 왜곡되어 형성될 수 있다(결과). 아 관계는 서로 원인과 결과가 되어 상호작용한다. **<목적론적 설명의 인과론적 설명 화>**

<고전 과학의 독립적인 파동과 입자의 질적으로 다른 실체에서 양자역학의 상보적인 관계로 통합적인 변화>

우리 인간이 관찰 가능한 거시세계를 다루는 고전과학에서는 파동과 입자는 서로 질적으로 다른 배타적인 관계이지만, 전자 같은 작은 입자인 경우에는 이중성으로 지양되는 목적론적 설명으로 되어야했다 **<대립적인 내용들이 종합이 되어 지양되는 목적론>**

결국 파동과 입자의 관계는 상보적인 관계로 인하여, 세상을 엄격하게 결정할 수 없는 상보적인 관계가 된다.**<인과론적 설명 화>**

<다윈의 생성되고 변화하는 진화론>

반면에 본질적인 고정과 불변보다는 변화와 생성이라는 변증법의 사상에서, 다윈의 발견이 의도를 자연화하고 순화시킴으로서, 자연을 보호한다는 측면을 위해서, 어떻게 자연에 의도가 출현하게 되었는가에 대한 최선의 또는 유일한 수용 가능한 이론이 다윈이라는 데 많은 철학자들은 동의한다는 점이다(Smith, 2016, p.67). 연구자도, 다른 자연과학의 이론과의 융합을 설명하기 위해서는 생존이라는 자연의 의도가 절대성 이론이 중요한 전제이론이 되어야한다고 할 수 있다.

다윈의 유전자 변이와 자연선택은 현재의 다양성의 생물존재의 현상에 대하여. 또한 서로 질적으로 독립적인 존재로 모순의 개념이지만, 현 생물들의 다양성을 고려한다면, 그들의 관계는 독립적일 수 없으며, 상호적으로 경쟁보다는 협동과 상호의존적인 통합 관계에 도달해야한다 **<대립적인 내용들이 종합이 되어 지양(止揚, aufheben)>**

결국, 유전자 변이와 자연선택은 서로 의존관계로 통합 된다**<인과론적 설명 화>**

6 결론 및 제안

근대의 형이상학은 이전의 이론들을 바탕으로 삼고 있지만, 기본적인 관심은 영구불변과 생성변화보다는, 여러 가지로 이해되는 실체들의 관계, 특히 정신과 물질의 상호관계를 설명하는 것이다. 중세나 르네상스 시대에 전개된 형이상학에 대한 논의들은 우주에 관한 새로운 지식들과 잘 맞지 않은 것으로 보여 졌다. 왜냐하면 천문학, 물리학 등의 새로운 이론과 발견은 실재의 세계가 아리스토텔레스나 중세기 철학자들에 의하여 묘사되었던 목적론적 설명과는 근본적으로 차이가 있었다.

자아의 발견과 과학기술의 발전 등으로 특징져지는 근대적 정신에서 자연은 정신으로부터 단절되어 있고 정신의 지배 대상으로 보았다. 지배적인 관심에 정향된 계몽주의는 인간을 자연의 우위에 두고 자연을 그 지배대상으로만 고려하였다. 결국 자연법칙이 인과적 설명으로 적용되는 기계론적 세계관으로 이어진다. 이러한 사상을 완전하게 완성시킨 것이 데카르트-뉴턴역학이다. 더구나 근대에서는 기계의 발달과 더불어 기계론이 등장하게 되었으며, 자연세계의 변화 또는 운동을 '목적 개념을 통해 설명하기보다는 '인과' 개념을 통해 설명하기 시작했다.

현대의 양자역학의 발달과 이에 따른 변증법적이고 확률적 사고는 다른 학문에도 영향을 주어 생물학적 진화에도 적용하게 되었다.

형이상학의 관점에서 이 모든 것을 수렴하여 통합하는 것은 변화와 운동이요. 그것도 우리가 인식할 수 있는 한계나 질서를 지닌 운동이다. 즉 현대의 형이상학은 모두가 동적인 존재론이다. 즉 이것은 생명이 진화하는 과정에서 드러내는 변증법적 창조의 상황이다. 현대 과학은 존재론적으로 불변하고 영원한 존재보다는 변화와 과정이 중시되는 목적론의 인과적 설명화인 것이다.

이장을 통하여 생각할 주제

1. 형이상학적 믿음과, 이미 발생된 어떤 사건과 현상들의 설명과는 어떤 관련이 있는가?

2. 발생된 어떤 사건과 현상들의 설명하는 양상은, 우리 인간이 세상을 바라보는 세계관과는 어떤 관련이 있는가?

참고문헌

김동현 (2017). 논리적 사고. 서울: 한올.

김유신 (1998). 과학적 설명과 실재론. 과학철학. 1, 75-107.

서양근대 철학회 (2015). 서양근대 종교철학. 서울: 창비.

문영찬 (2018). 세계관과 변증법적 유물론. 노사과연.

박영훈 (2005). 기호와 공식이 없는 수학카페. 서울: 휴머니스트

송영진 (2002). 철학과 논리. 대전: 충남대학교 출판부.

안건훈 (2008). 철학의 제 문제. 서울: 새문사.

오준영 (2019). 서양고대그리스와 중세의 철학적 세계관, 그리고 근현대의 과학적 세계

관. 서울: 연세대학교 대학 출판부

한국현상학회 편 (1999). 문화와 생활 세계(철학과 현상학 연구 제 13집). 서울: 철학과 현실사.

최훈 (2014). 데카르트 & 버클리: 세상에 믿을 놈 하나도 없다. 서울: 김영사.

Chalmers, A. F. (1999). What is called Science ?(third edition). Cambridge: University of Queensland Press.

Harris, E. E. (2000). Apocalypse and Paradigm: Science & Every Thinking. (이현휘 옮김, 2009, 파멸의 묵시록: 과학적 패러다임과 일상의 사유양식, 부산: 산지니, 참고문헌의 쪽수는 한국어 번역판)

Ladyman, J. (2002). Understanding Philosophy of Science. London & New York: Routledge.

Miller, A. I. (1996). Insights of Genius. New York: Springer

Okasa, S. (2002). Philosophy of Science: A very Short Introduction. Oxford, New York: Oxford University Press.

Smith, D. L. (2016). How Biology Shapes Philosophy: New Foundations for Naturalism. Cambridge: Cambridge University Press (뇌신경철학연구회 옮김, 2020, 생물학이 철학을 어떻게 말하는가? 서울: 철학과 현실사).

von Wright, G.H. (1971). Explanation and Understanding. New York: Cornell University Press.

II

이성으로 구축한 합목적 정적인 세계

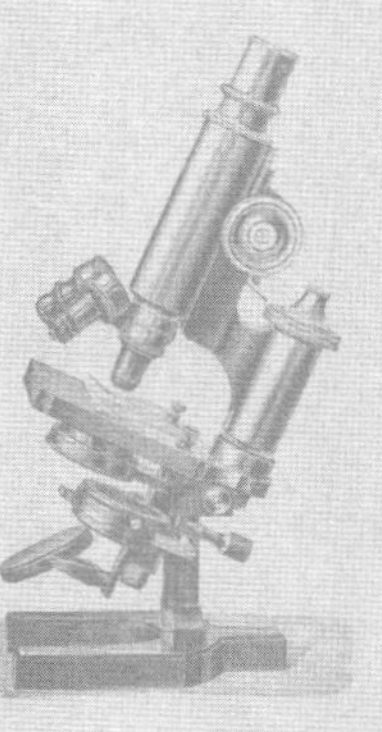

제3장

플라톤의 이상 세계

| 요약 | 이장의 목적은 자연과학이, 그것이 설명하는 바가 플라톤과 근본적으로 다르지 않은, 수리적인 과학을 기반으로, “자연의 바탕에 깔려있는 실체”라는 것은 근대물리학에 의하여 완전히 추상화 된 것이며 수학적인 형식체계를 통해서 지연세계를 어떻게 서술하는가를 탐색하는 것이다. 우리가 “본래적인 실재”로 수학적인 구조를 붙인 어떤 것을 주장함으로써, 우리는, 우리의 물리학과 더불어 플라톤에 가까이 있는 것이다. 보편자라는 것은 개별자와는 달리 시간과 공간에 구속되지 않는 힘, 즉 초월 과 추상의 힘을 가진다. 그리고 모든 개별자들을 ‘한데 묶어 지키고 통제하는 힘’을 가진다. 그래서 그것을 보편적인 개념이라 부른다. 다양하지만 엇비슷한 개체들이나 한 단위의 사건들을 공통의 이름으로 묶어 규정할 때 우리는 대상을 ‘개념화’한다고 말한다. 추상이라 함은, 개별자들에서 물질적인 요소를 떼어냄을, 또는 물질적인 존재로부터 순수한 형상을 뽑아냄을 의미한다. 초월이라 함은 그렇게 떼어낸 순수한 형상을 시간과 공간의 지평너머로, 전혀 새로운 존재의 지평으로 올려 보냄을 의미한다. 그렇게 추상화하고 초월하면 순수한 형상, 참모습, 즉 이데아를 만난다. 눈이 아닌 영혼으로만 볼 수 있는 것, 그것이 바로 이데아다. 이것은 물질로부터 떨어져 추상화 되고 시간과 공간을 초월해 있으므로 언제나 그대로이다. 그것이 추상화된 기하학의 세계이다. 최적의 미는 기하학적인 대칭성이다.

| 주요어 | 플라톤, 실체, 순수한 형상, 이데아, 추상화. 기하학의 세계

1 서론

고대 그리스의 소피스트들은 소크라테스를 사형시키고 플라톤과 아리스토텔레스가 생명의 위협을 느낄 정도의 무서운 반-귀족적인 분위기를 조성한다. 그들은 고대 그리스의 진보세력이었던 것이다. 이러한 소피스트들은 오늘날까지도 우리가 다루고 있는 상대주의와 절대주의, 권리와 힘(권력), 이기주의와 이타주의, 개인과 사회, 이성과 감성의 문제들과 같은 복잡한 문제들을 제기하였다. 이러한 환경에서, 플라톤의 이데아 이론은 하나의 보편적인 윤리적-정치적인 질서가 존재하는 가라는 물음에 대한 긍정적인 답변을 만들어 내기위한 시도라고 볼 수 있다. 플라톤의 이데아 이론은 이런 의미에서 소피스트들의 윤리적-정치적 회의론에 대한 반론에서 출발하였다.

무엇보다도 플라톤에게는 수나 삼각형 같은. 수학에서 다루어진 대상들은, 당연히 이상적이고 영원하며 변하지 않을 뿐만 아니라, 이 세상의 가시적인 것들과 적절히 독립되어 있다는 점이다. 선, 삼각형, 수학적 논증에서 나타나는 대상들은 물질적인 것과 동일시 될 수 없다. 완벽한 선을 예를 들면, 그것은 두께를 전혀 가지지 않는다. 반면 가시적인 선 혹은 물질적 대상의 테두리는 두께를 가질 수밖에 없다. 물질적인 것들은 이상적이고 비물질 적인 수학적인 것들을 모방하여 그것들과 관련되어야 한다는 것이다(Gottlieb, 2000).

서양의 자연과학은 세계의 자연 속에서 고정되고 질서 있는 질서 체계가 존재한다는 믿음 위에서 탄생되었다. 이러한 믿음은 철학에서 바라본 형이상학적 존재론과 깊은 연관성이 있다.

그 형이상학적 존재론은 고대 그리스의 파르메니데스와 플라톤이라는 철학자로부터 시작된다. 그래서 자연과학의 존재론의 기반을 말하기위해서는 고대 그리스의 존재론을 먼저 탐색하여야한다.

고대 그리스 철학은 자연 현상이 보여주는 주기성과 규칙성에 대한 신비하고도 경이로움에 매료되어, 그것을 이성을 통하여 어떻게든 설명해보려는 맨 처음의 시도였다. 따라서 우리는 소크라테스의 이전의 철학을 통상적으로 자연철학이라고 한다. 고대 그리스 철학은 자연에 대한 자유로부터 시작되었다는 뜻이다.

자연철학의 문제는 고대 그리스의 탈레스로부터 시작되는 자연철학자들은 자연의 궁극적인 요소라고 생각되었던 아르케(Arche)를 탐구하면서부터 시작되었다. 이전처럼 신화의 설명방식이 아니라, 인간의 이성을 가지고 자연을 탐색하였다는 점이다.

이성의 인간의 추리능력과 연관된다. 처음에는 나쁘다고 생각되는 존재에서 좋다고 생각되는 존재로 상향 추리하는 데서부터 존재론이 시작되었다고 할 수 있다. 이 세계를 설명하는 기본 단위를 물질적인 그 무엇으로 생각하게 되었다. 탈레스는 그 무엇을 물이라 하였고, 엠페도클레스 같은 자연철학자는 흙, 물, 불, 바람의 네 가지 원소로 보았다.

그런데, 파르메니데스에 이르러 물질적인 것에 벗어나 좀 더 차원 높은 추상성을 찾아보려했다. 변하고 죽는 것이 있다면 변하지 않고 죽지 않는 것이 더 자연스러운 것이고 좋은 것이다. 그것을 찾는 것이다. 그것이 서양에서는 존재론으로 발전하게 되었다. 그러므로 불완전한 것에 대비해서 완전한 것, 상대적인 것에 대비해서 절대적인 것, 시공간에 의존하기보다는 초시공간적인 것, 다른 것에 의존하는 것에 대비해서 독립적인 것, 어지럽고 모순된 것보다는 일관되고 모순되지 않는 것이 바로 좋은 것이다. 그러므로 우리가 일상 경험 속에서 말하는 경험적 존재는 진짜 존재가 아니라 가상 존재일 뿐이라고 서양 고대 철학은 말하고 있다.

이러한 생각은 파르메니데스에서 시작되더니 플라톤에 와서 정립되었다. 파르메니데스는 앞서 말한 좋은 것은 정지되어있는 것에서 찾을 수 있다고 보았다. 자연현상은 모두 운동하는 것이기에 진정한 존재라고 보기 어렵다. 그 대신 정지성만이 존재 한다고 하는데 그 정지성은 현상 속에서 분명하게 찾을 수 없다. 정지성은 완전성, 절대성, 단순성, 초시공간성, 독립성을 근원적인 성질이라는 것이다. 그런데 그 성질을 가지고 있는 그 무엇을 인간의 사유 속에서만 찾을 수 있다고 보았다. 그래서 그의 철학을 대표하는 것으로 "사유가 곧 존재"라는 말이 나오게 되었다.

그와 동시에 존재의 개념은 자연적 존재에서 개념적 존재로 전환되었다. 그리고 연속적 존재에서 불연속 존재로 전환된 것이다. 그로부터 방법론이라는 범주가 형성되었다. 방법론이란 결국 규정화된 사유의 틀이며 그로부터 자연은 정형화되고 분류되며 객관화를 가능하게 되었다. 독립성, 완전성, 정지성, 무모순성, 유일성, 영원성, 향상성 같은 존재의 성질은 바로 불연속성의 작업을 한 결과이다. 다시 말해 연속성을 불연속성으로 만드는 추상화 작업이며 개념화의 결과이다.

파르메니데스의 사유에서 시작된 플라톤의 이데아로, 결국 추상화된 것이 보편화되고, 그것이 현실보다 더 실재로 되는 결과를 산출된다. 그 후 과학적 실재인 자연 법칙은 이 개념적 성질을 대부분 가지게 된다. 따라서 자연 법칙을 중심으로 하는 자연과학에서도 추상화 작업은 중요한다고 할 수 있다.

따라서 이 연구는 서양사고의 근원은 플라톤에서 시작되었다고 할 수 있기에 이러한 플라톤의 시작은 어디에서 시작되었고, 어떠한 영향을 주었는지 탐색함을 목적으로 한다.

2 플라톤 사고의 역사적 배경: 파르메니데스, 소피스트들과 소크라테스

파르메니데스의 절대적인 존재

현상이란 우리 감관에 나타난 것일 뿐이며, 존재성의 확고한 보장이 없다는 것이다. 그렇다면 진짜로 있는 것, 즉 진짜 존재는 무엇인가? 현상은 시시각각 변화하며 우리에게 착각을 일으키기도 하고, 또 소멸하여 전혀 흔적 없이 사라지기 때문에 그 "참모습"을 우리에게 전달해 주지 않는다는 불신감을 준다. 이 변화에 대한 불신은 궁극적으로 시공에 대한 불신을 초래한다. 영원한 것은 시간과 공간 내에서 찾을 수 없다는 것이다.

변화의 부정, 시간과 공간의 철저한 부정, 오로지 관념만의 긍정을 통해 파르메니데스의 불변과 존재의 철학이 확립되었다. 플라톤은 소크라테스의 제자이기보다는, 파르메니데스의 제자다. 플라톤은 이탈리아 남부의 엘레아에서 살았던 파르메니데스라는 사상가의 절대적 영향권 아래서 그의 생각의 줄기를 다듬어 갔다고 볼 수 있다(김용옥,

2006, pp.118-119)

해체주의자인 소피스트들: 절대적인 것은 없다.

그리스철학자들이 제기한 첫 번째 물음은 자연, 즉 피시스에 관한 것이었다. 대략 기원전 600년에서 450년까지의 그리스철학 제1기를 ' 자연철학 시기'라 부른다. 그런데 기원전 450년경 아테네에서 변화가 일어났다. 이미 150년 동안 서로 다른 많은 철학적 전통이 있었다. 어떤 철학자는 물이 원소라고 주장하였고, 다른 철학자는 그것이 아페이론, 즉 규정되지 않은 것이라고 주장하였다. 어떤 철학자는 공기를, 또 어떤 이는 불을, 그리고 또 다른 이는 원자라고 원자를 원소라고 한다. 어떤 철학자는 네 개의 원소를 제창하고, 다른 이는 그 수가 무한하다고 하였다. 이 답 중에서 무엇이 옳은가? 이래서 관심의 대상이 자연에서 인간과 그의 생각으로 바뀐다. 확실한 지식의 조건은 무엇인가?

자연철학적 사변에서 지식에 대한 회의적 비판과 지식이론으로의 변화가, 신화와 결합한 물활론적 존재론(ontology, 존재의 이론, 로고스)에서, 인식론(epistemology, 에피스테메: 지식, 앎)으로 변화가 일어난다. 기원전 450년경에 인간자신이 관심의 중심이 되었고, 이로써 우리는 인간 중심적 시기로 들어간다. 스스로에게 인간은 사유하는 존재만이 아니라 해위하는 존재로서도 문제가 되는 것이다.

이제는 자연철학은 정치 참여에 필요한 필수 요건이 아니었다. 소피스트들이 연구한 것은 인식론적인 문제들과 윤리적이고 정치적인 문제들이었다. 많은 소피스트들은 우리가 옳다거나 정의롭다고 칭하는 것들은 단지 임의의 전통이나 임의의 지배자가 사람들로 하여금 받아들이도록 강요하는 것의 한 표현에 불과하다고 주장하였다. 이 세상은 절대적으로 옳은 것은 없다. 많은 후기 소피스트들이 인식론의 문제에 대하여서는 회의론(확실한 지식은 없다)에, 윤리적-정치적 문제에 대하여서는 상대주의(보편타당한 도덕성이나 윤리성은 존재하지 않는다)에 치우치는 경향이 있었다.

아테네는 정치권력의 대중으로의 이동이라는 민주주의적 경향을 가차 없이 밀고 나가고 이 소피스트들이 궁극적으로 승리를 거둔다. 그들의 윤리는 상대주의적이며 해체주의다. 그것은 인간의 편의에 따라 달라질 수 있는 성질이기에, 인간중심주의와 가장 유사한 성격을 갖는 것으로 해석된다(기수진, 2003, p.41). 자연철학보다도 신화라는 절대적인 가치관이 붕괴된 시대에 상대주의를 대표한 철학자가 프로타고라스다. 그는 "인간은 만물의 척도다"라고 주장했다. 사람들이 각자 자신의 척도(가치관)로 정한 것에 불과하다. 그 결과 프로타고라스는 '선과 악, '아름다움과 추함'이라는 개념에 관해서는 사람마다 다르고 어느 하나로 결정짓는 것은 불가능하다는 것이다. 상대주의를 이용해서 교묘하게 '가치'의 기준을 변화시키면 모두 훌륭한 주장으로 보인다는 점이다.

경험주의는 일찍이 고대 소피스트에게서도 출현하였다. 소피스트의 대표적인 인물인 프로타고라스(Protagoras)는 인간의 지식은 감각에 기초하며, 이 감각은 사람들마다 다르기 때문에 각각의 인식도 다르다는 관점에서 상대주의를 표방하였다. 이런 관점은 고르기아스(Gorgias)에게도 이어졌다. 그는 더 강하게 경험적 관찰을 강조하고 이 관찰이 지니고 있는 주관성을 근거로 회의주의를 표방하였다. 이 흐름은 에피쿠로스학파를 거쳐 중세의 유명론(唯名論, nominalism)까지 이어졌다. 중세 유명론의 대표적 주자인 오컴(Gulielmus Ockham)은 감각적 경험만이 우리 인식을 참되게 해 주는 것이라고 보면서, 사유를 통해 확보된 보편자는 이름에 불과하다고 하였다. 이 같은 오컴의 급진적인 경험주의가 바로 근대의 영국 경험론이 가능하도록 만들었다.

구축주의자인 소크라테스: 먼저 무지를 자각하라.

소피스트들처럼 소크라테스의 주된 관심은 자연철학이 아니라 인식론(대화를 통한 개념의 명료화)과 윤리적-정치적 문제들이었다. 다리가 있는 것은 걷기 위함이고 손이 있는 것은 잡기 위함이며 입이 있는 것은 밥을 먹기 위함이고 눈이 있는 것은 보기 위함이며 귀가 있는 것은 듣기 위함이다. 이렇듯 세상의 모든 사물이 우리가 보는 것처럼 존재하는 것은 그 존재가 추구하는 목적이 있기 때문이다. 그 힘은 신이 부여한 '선'이라 생각했다. 따라서 자연에 대한 연구는 아무 의미가 없으며 신을 조롱하는 일이기도 하다. 그는 사람이 주목해야할 것은 인간 자신이지 우주가 아니며 우리는 먼저 우리 자신을 알아야한다고 생각했다. 하지만, 그는 소피스트들의 상대주의를 반박하는 것(보편적으로 좋고 옳은 가치와 규범이 존재한다)을 자신의 사명으로 삼았다. 즉 덕과 앎은 하나다. 무엇이 옳은지 참으로 아는 사람은 또한 옳은 일을 행할 것이다. 이 사람 또한 행복할 것이다. 소크라테스는 여러 악덕을 '무지'에 기인한 것이라고 판단했다. 따라서 그에 의하면, 덕은 이성적 사고의 기초 하에 생겨난다. 또한, 덕의 확대는 사회를 더 이성적인 상태로 만들 수 있는 절대적인 기준점이다. 또한, 이성의 냉소로 인한 부덕

함이란 개념 자체를 비판했다. 그는 악덕한자는 필연적으로 앎이 부족한 무지한 상태에 있다고 봤으며, 이러한 의미에서 '냉소적 이성'은 성립할 수 없다고 봤다. 소크라테스의 이러한 지행합일론은 그가 윤리·도덕적인 측면을 강조하게 만드는 데 일조했다. 실제로 그는 일상생활에서도 절제를 추구했으며, 자신의 가르침을 필요로 하는 청년들을 무료로 가르쳤다. 그리고 '선'을 중시하여 토론 과정에서도 관련된 질문을 많이 던졌다. 그의 이러한 관점은 사후 '스토아학파'에 의해 계승하였다(박홍순, 2014, pp. 332-340)

그래서 우리는 다음과 같은 세 가지 유형의 앎을 가진다.

1. 있는 것(what is)에 대한 사실적 지식
2. 마땅히 그래야하는 것(what should be)에 대한 규범적 통찰
3. 그 사람이 진정으로 "책임을 지는" 통찰

소크라테스는 앎을 개념의 명료화를 통한 자기 자신에 대한 인식, 즉 내가 이미 알고 있는 것을 명료하게 만들고 이것을 올바른 맥락 속에 위치시킴으로서 획득되는 인식인으로 파악하기 때문에 이 자기인식은 어떤 면에서 위의 구분한 세 가지 형태의 앎 모두를 포괄한다.

두 번째 앎은, 보편적으로 좋은 것은 존재한다. 우리는 대화를 통한 개념분석으로 얻은 정의, 용기, 덕, 진리, 실재 등의 개념에 대한 통찰이다.

세 번째 앎으로, 도발적인 "산파술"에 의한 대화의 목적은 대화 상대방으로부터 우리가 개인적 지식이라고 부를 수 있는 것을 이끌어 내는 데 있다.

소크라테스에게 있어 결정적인 것은 각자가 대화를 통하여 스스로 문제의 본질을 깨닫는 것이다. 각자는 스스로 어떤 관점의 올바름을 인식함으로써 그 관점을 자신의 관점으로 만드는 것이다(Skirbekk & Gilje, 2000, pp.76-77).

소크라테스가 제시하는 방법을 통해 도달하는 인식의 확실성은 최근에 교육계에서 강조되고 있는 메타인지와도 같은 것이다. 뭔가를 안다고 할 때, 그것은 그저 머릿속에서 어렴풋이 떠오르는 정도의 인지 상태가 아니라 남들에게 언어로 명료하게 설명할 수 있는 정도로 확실해야한다.

무지의 지각 다음으로 해야 하는 것은 의심의 지속이다. 부단한 의심과 물음을 통해 우리는 대안을 찾고 새로운 아이디어를 얻고 결국에는 진리에 다가갈 수 있다. 부단한 물음의 시작은 일상성의 탈피이다. 그것을 위한 다섯 단계 작전을 제안한다(정상모, 2018, pp. 31-33).

"우선 자신이 아무것도 모른다는 것을 인정하는 것부터 시작해야한다."

그는 무지를 자각해야만 "진리를 알고 싶다는 강한 열망"이 가슴속에서 끓어오른다고 모두에게 알리고 싶었던 것이다. 플라톤은 소크라테스가 추구했던 진리, 즉 결코 상대화할 수 없고 절대적으로 진리라고 할 수 있는 이상이 있음을 믿고 그 이상을 추구하는 철학체계로서 이데아론을 만든다. 즉 제자 플라톤에 의해 절대주의라는 장엄한 문을 열었다.

소크라테스는 인간을 보편적 이성을 지닌 존재로 보고 인간중심철학을 펼친다. 그는 변화하지 않는 실재인 이상을 존재 저편에 상정하고 있음을 알 수 있다. 따라서 그는 이성주의 철학의 선구로 불리며 플라톤과 아리스토텔레스로 그 사상이 이어나간다. 즉 이성주의는 인간의 이성을 중시한 나머지 눈에 보이는 존재는 진리가 아니라고 믿는다.

환경 윤리적 차원에서 해석하면 자연과 인간의 이성을 분리해서 생각하는 이분법적 사고의 큰 바탕이 되고 있으며 인간중심주의에 가깝다고 할 수 있다(기수진, 2003, p.43).

소크라테스에게는 인간의 본성에는 악함은 없다. 인간에게 가장 중요한 것은 단순히 그저 사는 것이 아니라 선하게 사는 것이다. 또 선하게 사는 것과 아름답게 사는 것, 바르게 사는 것을, 자기 영혼의 지고한 행복으로 돌리도록 권한다. 선과 미를 동일하게 본 것 이다. 소크라테스가 추구하는 보편적인 지식은, 자연과 사물에 대한 관찰로부터 얻어지는 자연과학적 객관성이 아니라, 인간 모두에게 적용될 수 있는 가치의 기준이다.

또한 그의 인간은 개별화 된 주관적인 인간이 아니라 보편적인 인간 일반이다.

하지만 소크라테스는 우리가 아무 근거 없이 그저 믿고 있는 막연한 상식을 뭉툭한 돌덩어리처럼 생각했다. 그래서 그 가운데 잘못된 것들을 하나하나 제거해나가는 과정에서 참된 지식이 제 모습을 드러낼 것이라 믿었다. 소크라테스는 그의 아버지 조각가로부터, 어머니로부터 산파술이라는 새로운 철학 방법을 얻었다고 할 수 있다. 소크라테스의 산파술에서 참된 지식이란, 마치 산모의 몸속에 들어있는 아기, 돌덩어리 속에 있는 조각상처럼, 우리의 경험이나 관찰에 관계없이 이미 확정되어 있다는 것이다.

소크라테스는 산파술을 통하여 잘못된 상식을 하나하나 제거하여 "이것은 진리가 아니다"라는 것을 차례로 밝혀서 진리를 드러내게 하는 것이다. 이러한 학문적 방법을 중세학자들은 '부정의 길(negative way)' 이라고 불렀다. 하지만 대부분의 경우 그의 바람이 이뤄지지 않았을 뿐만 아니라 많은 적을 만들었다. 그래서 플라톤은 "이것이 진리다."라고 분명히 말할 수 있는 '긍정의 길(positive way)'을 개척하는데 평생을 바친다(김용규, 2016, p.105). 플라톤의 상기설은 하나의 조각법은 진흙을 바르거나 청동을 부어 상을 직접 만드는 '첨가 방식'이다. 이런 방식으로 진리를 찾는 것을 '긍정의 길'이라고 부른다.

3 플라톤: 정적이고 질서가 있는 이성적 세계

파르메니데스가 주장한, 지식에 대한 추상적이고 합리적인 접근법은 플라톤에 이르러 절정을 이룬다, 반면에 좀 더 실제적이고 상식적인 엠페도클레스의 접근법은 아리스토텔레스에 의해 꽃피운다(Henry, 2012, p. 14).

앞에서 논했던 예로, 밀레토스학파에서 주장한 세계의 변화가 옳다고 가정하고, 그런 세계가 무엇으로 구성되어 있는지에 대하여 논쟁을 한다고 가정해보자. 한 사람은 그것은 온통 물이라 말하고, 다른 사람은 그것을 온통 공기라고 말한다. 이 경우 이들은 둘 다 같은 물음에 대하여 같은 방식으로 대답하고 있지만, 그들은 각기 자신의 주장 근거를 갖고 있어서 그들의 공통된 관찰 사실들을 견해를 뒤받침 할 수 있는 증거로써 제시할 수 있겠고, 한사람이 다른 사람을 설득시키는 것으로 끝을 맺을 수도 있다. 하지만, "그런 세계가 변화한다는 가정이 과연 옳은가?"라는 비판적 철학으로, 한 사람은 로고스라는 원리에 기반 하여 세계는 계속해서 변화하고 있다고 주장하고, 또한 한사람

은 변화하지 않는 존재만이 있을 뿐이고 변화와 운동은 환상이라고 주장한다. 이 두 대답은 영원히 대립되는 유형에 속한다고 할 수 있다. 이 둘을 중재하는 철학자들이 나타나는데 제 3세대이며 중재학자인 엠페도클레스, 데모크리토스 등이다. 그들은 다원론으로 질료는 변하지 않으나, 그의 혼합으로 변화를 설명하고자 하였다.

하지만 플라톤은 무엇이 먼저인가를 묻는다. 당연히 존재로서 변하지 않는 일자를 초월적이고 독립적인 형상으로 제안한다. 그 구조와 기능으로 피타고라스의 수학적인 구조를 들었다. 그 구조와 기능으로 인하여 플라톤의 자연관은 목적론적 경향을 띠고 있다. 수학적인 존재가 먼저 있다는 피타고라스학파의 생각과 일치한다. 플라톤은 헤라클레이토스와 파르메니데스가 지식은 상대적이지 않으며, 실재의 참된 본성에 관한 것이라고 생각한 사실은 의문의 여지가 없다고 주장한다. 그는 헤라클레이토스의 주장대로 자연세계가 항상 변한다고 생각했다. 동시에 참된 지식은 불변하고 영원한 어떤 것에 관계되어야 한다는 파르메니데스의 생각도 받아들였다(Aune, 1970, p.19).

아리스토텔레스는 플라톤과 마찬가지로 무엇이 먼저인가를 묻지만, 연속해서 그것이 어떻게 다른 것을 현실 속 개별자에 의존해서 설명할 수 있는가 묻는다. 당연히 파르메니데스의 비존재가 아닌 존재가 먼저이지만 플라톤의 초월적인 존재인 형상이 아니라 그것은 변화하는 현실 속의 개별자에 의존하는 형상이 있다고 한다.

아리스토텔레스는 파르메니데스처럼 존재와 비존재를 단순하

게 나누지 않고 존재를 잠재적(potential)존재와 현실적(actual)존재로 나누어 논의를 전개해 나간다. 예를 들면, 존재의 범주는 (1)비존재(nonbeing), (2)잠재적 존재(potential being), (3) 현실적 존재(actual being) 등 세 가지라는 것이다. 실상이 그러하다면, 변화는 굳이 비존재를 도입하지 않아도 잠재적 존재와 현실적 존재 사이에서 발생할 수 있다(Lindberg, 2007, pp.49-50). 생물학에서 도토리는 한그루의 참나무로 잠재되어있던 것을 실현한다. 도토리의 "자연본성 nature"이 그러하기 때문이다. 여기서 자연 본성이란 어떤 극복 못할 장애물이 개입하지 않는 한, 어떤 사물을 그것의 관성대로 움직이도록 만들어 주는 성질이다. 이렇듯 변화는 잠재태로부터 현실태로의 이동을 말한다. 결국, 아리스토텔레스가 4원인 중, 각각의 사물 안에 내재되어있는 목적인은 변화 관성이라 할 수 있다. 그는 이러한 목적이나 기능을 알지 못하면 많은 모든 사물들이 이해되지 못한다고 하였다.

파르메니데스에 있어서 존재는 구별되지 않은 연속체로서 공간개념은 부정되고 그 결과 운동과 변화는 부정된다. '일자'는 움직이지도 않고 변화되지 않고 나누어지지도 않는 것이며 사고와 존재는 동일하다(박계원, 1988, pp.10-11).

첫째, 파르메니데스의 존재에 대한 이러한 주장을 우리가 경험하는 '다수'의 존재를 비추어 볼 때 우리는 당연히 문제를 가진다. 그러나 파르메니데스에게는 우리가 보고 들으며 느낀다고 생각하는 모든 것은 환상이다.

둘째, 플라톤이 우리가 직접 경험하는 세계, 즉 다수 가능성을 배제하지 않기 위해서는 파르메니데스의 존재론의 영향과 극복이 요청되었고 그와 정반대되는 헤라클레이토스의 사상이 수렴되는 것이다.

플라톤은 다음과 질문으로 파르메니데스의 존재를 극복하고 지지한다(Henry, 2012, p. 14). 이를 통해 자신의 존재론을 확립한다.

<파르메니데스의 신봉자이기에 지지되어야 할 질문> 우리 주위는 변화로 가득한데, 이 세상이 변화하지 않아야 되는 이유는 무엇인가

<현상의 인식적, 논리적인 근거(a)> 이성의 힘을 통해 알 수 있듯이 존재는 항상 있고, 앞으로도 있어야하는 무변화적이고 영속하는 것이고, 실제로 우주는 (반드시, must be) 완전하고 불변하기에 변화하는 우리세계에는 존재하지 않는다, 감성계에 속하는 우리 주위 변화하는 물질세계(material world)는 당연히 참된 세계가 아니다. 플라톤은 일반명사가 가리키는 지시물 즉, 초월세계인 이데아계가 실재한다고 상정함으로써 이를 해결한다.

예를 들면, "소크라테스는 이성적이다."라는 문장을 살펴보자. 여기서 "소크라테스"라는 이름은 그 당시 가장 이성적인 한 특정한 철학자를 지칭한다. 그러나 이성적이고 현명하다는 일반명사의 경우는 다르다. 여러 개인을 볼 수 있지만 '이성적이고 현명하다'라는 완벽한 인간은 없다. 하지만, 다음과 같은 질문으로 파르메니데스의 존재의 문제를 해결한다.

<파르메니데스의 문제점에 대한 질문> 파르메니데스의 존재는 '하나' 이지만 현상계의 '다수'는 무엇인가?

<현상의 존재론적, 형이상학적 근거(b)> 현상계가 다수로 존재할

수 있는 것은, 사물들이 형상들을 분유해서이다. 예를 들면, 플라톤의 이데아 설에 의하면 '고양이'라는 말은 어떤 이상적인 고양이를 말한다. 그리고 이 이상적인 고양이는 신이 창조한 유일한 것이다. 개개의 고양이들은 이 '고양이'의 성질을 다소 불완전하게 분유하여 고양이가 되는 것이다. 그러므로 고양이가 여러 마리 있을 수 있는 것은 오직 이 불완전성에 기인한다. 이 이상적인 고양이는 실체요, 개개의 고양이는 오직 현상에 지나지 않는다. 변화하지 않는 실재와 변화하는 현상으로 구분하여 설명하는 것이다. 플라톤은 올바름(正義), 아름다움(美), 좋음(善) 따위의 보편개념을 이데아(형상)라고 부르고, 이데아들이 우리의 마음속에 있는 것, 즉 우리의 사유가 만들어 낸 한낱 주관적 개념에 불과한 것이 아니고 객관적 실재성을 갖는다고 하였다. 따라서 이데아는 두 가지 뜻을 가지고 있다. 첫째로, 한 가지 사상(보편적 개념)이며, 둘째로는 사고의 대상(실체 또는 참된 존재로서의 사물 자체)이다. 이것은 존재와 사고는 동일하다는 파르메니데스의 사상의 연장이며, 로고스는 존재적인것 안에서 자기와 대응한다는 것을 갖는다는 실재론적 인식론의 표명이다(이병덕, 1985, p.128).

필자는 선분의 비유를 통한 플라톤의 가능한 철학적 세계관을 다음과 같이 표현한다고 볼 수 있다고 할 수 있다. 선분의 비유를 통한 플라톤의 세계관 플라톤의 선분의 비유란 위의 그림처럼, 존재하는 모든 것들의 순서를 일렬로 정리하고 거기에다 다른 철학적 문제들이 어떻게 관련되는지를 그림으로 설명하는 것이다.

세계를 이루는 존재자들이 선험적 가정이 되어 다음에 이루어지는 인식하는 행위가 이루어질 뿐만 아니라, 인식 행위의 결과에 대한 전제인, 하나의 가능성을 존재자에서 찾을 수 있다. 또한 평가의 수단으로 인식과정에서 어떤 가치가 개입되었는지를 판단할 수 있다.

1) 세계의 존재자는 무엇이며 어떤 것이 일차적인가?

<존재론적이고 형이상학적 답> 일차적으로 플라톤은 존재하는 모든 것들을 생각을 통하여 이해하는 것 들이고, 이차적으로 다른 하나는 눈에 보이는 것들이다. 그런데 눈에 보이는 것들은 쉽게 변한다. 이와 반대로 앎의 세계의 것들은 변하지 않는다. 또한 실제로 존재하는 실재론자이기도 한다. 그리고 이 앎의 세계는 두 부류로 나뉘는데 하나는 삼각형, 동그라미 등의 기하학적 개념이고, 다른 하나는 더욱 추상적인 순수 이데아 들이다

(a). 예를 들어 선한 그런 것이다. 눈에 보이는 것들은 동·식물 등 구체적인 사물들이고, 그 보다 저급한 것은 그림자 같은 것이다. 따라서 우리의 사유에 의한 존재자를 신성이 창조한 1차적인 것으로 생각되기에 관념론자라고 할 수 있다(b). 세계를 거대한 거푸집으로 찍어낸 것으로 설명하려한 것이다. 따라서 모든 부분은 서로 맞물려 있어야 했다. 플라톤은 그의 모든 대화편에서 의견(doxa)과 지식(episteme)에 대하여 철저하고 절대적인 구별을 짓고 있는데 이 차이 및 이 차이에 대한 설명의 배경을 이루는 것도 의견과 지식이 각각 관계하는 두 종류의 대상의 구별이다. 플라톤은 처음부터 지식은 지성으로

만 획득가능하다고 믿었으며, 지식은 (a) 결코 틀릴 수 없으며, (b) 실재하는 것(what is)에 관한 것임을 말한다. 그런데 지각인 개개의 사

물들은 항상 변화하며 상반되는 성질을 내포하고 있다. 가령 아름다운 것은 다른 한편으로 흉하고, 의로운 것은 어떤 면에서는 불의하다. 그래서 플라톤은 개개의 감성적 대상은 모순성을 가지기 마련이며, 존재(Being)와 비존재(not-Being)의 중간에 처하고, 이것은 지식의 대상이 되기보다는 의견의 대상이 된다고 한다. 다시 말하면 우리의 감각 기관을 통하여 들어오는 지식은 가변적이고 틀릴 수 있어서 진정한 의미의 지식이 되지 못한다. 하지만 절대적이고 영원히 변치 않는

것을 보는 사람은 의견을 갖는 것이 아니라, 알고 있다고 할 수 있다. 지식은 플라톤에 있어서 이데아(혹은 형상)라고 불리는 있는 다른 종류의 대상에 관한 것이다. 이데아는 개별적인 것들과는 달리 지상으로서만 알 수 있는 대상이며 고정적, 불변적이요, 시간의 경과에 따라 손상되지 않는 것이기에 영원한 것이다. 그러므로 플라톤은 이데아계를 설정함으로써 소크라테스의 유산이었던 절대적인 도덕적 기준의 존재뿐만 아니라, 헤라클레이토스 세계관에서의 로고스는 하나의 환상적인 괴물에 불과하게 된 학적 지식의 보편적 객관적 기반을 마련 할 수 있었다(이병덕, 1985, pp.128-129).

플라톤의 세계는 철저히 존재론적인 것이다. 여기에서는 어떠한 변화도 다채로움도 없다. 전형과 규범과 정지만이 있을 뿐이다. 그리스조각에는 언제나 이상적인 청년과 이상적인 처녀만 있을 뿐이다. 아름답고 전형적인 청장년이 시간적으로 영원히 고정 되어 존재할 것 같은 표정으로 있을 뿐이다(조중걸, 2019, pp.32-33).

2) 모든 존재자들은 어떤 가치가 있는 것인가? <가치론>

<인간중심적 세계관 응답> 어떻게 살아야 가치 있는 것인가? 우리는 가장 가치 있는 것을 추구하면서 살아야 된다. 플라톤의 선분에서 가장 가치 있는 것의 맨 위에 있는 것이 선(좋음, 착함)의 이데아이다. 우리가 사물들의 이데아를 생각할 수 있다면 우리는 이데아의 이데아를 생각할 수 있다. 또한 우리는 모든 것에 대하여 어떤 것이 좋고 어떤 것이 덜 좋은 지 평가하게 된다. 어떤 것이 더 좋은지를 평가하기 위해서는 우리는 가장 분명하고 가장 좋은 것에 대하여 알고 있어야한다. 그래서 모든 것은 이데아들의 이데아, 즉 선의 이데아의 빛에 의하여 존재하게 된다. 그리고 우리의 삶은 가장 좋은 것을 추구하면서 살아간다. 존재자들은 목적론적인 관계이며 최고의 선은 언제나 선행하는

최고의 존재자로 실재한다. 이 세계는 눈에 보이는 세계와 진실로 존재하는 이데아의세계로 나누어진다. 이 이분법은 피타고라스학파의 신비주의적 경향을 이어나가고 있으나 한층 발전하여 이원론적 사고로의 진행을 가속시키는 결과를 초래하였으며 인간중심적 사고의 기초가 되었다.

이데아가 이처럼 목적론으로서 추구되는 한, 일종의 가치이다. 이처럼 플라톤의 형이상학에는 일종의 목적론적인 특징이 있다. 모든 종속적인 것보다 높은 것을 위해 존재하고, 이 보다 높은 것은 그 보다 높은 것에 의존한다. 이렇게 해서 절대자(선의 이데아)에 까지 거슬러 올라갈 수 있다. 결국 만물은 이 절대자를 위해 존재하며, 존재하고 있는 모든 것은 일종의 존재의 피라미드이다(Johannes Hirschberger, 1980, p.157).

플라톤의 우주에는 오직 생명만 있고 죽음은 없다. 모든 원소에는 영혼이 깃들어 있다. 즉 우주는 살아있다. 또한 이데아 세계에 동참하고 있기에 이성도 있다. 따라서 하늘의 별 하나, 올리브 나무 한그루, 나비 한 마리에도 인간처럼 이성이 깃들어 있다. 다만 얼마나 깃들어 있느냐하는 정도의 문제만 있을 뿐이다(Precht, 2015, pp.253-254). 즉 신화적인 내용을 포함함에 따라 위계가 있다고 할 수 있다.

3) 그 다음에 이러한 존재자들을 우리가 어떻게 아는가?

< 인식론적이고 방법론적인 답> 그림자와 같은 것에 대하여서는 "억측"이라고 불렀다. 억측은 상상과 근거가 없는 선입견에서 나온다. 한편 구체적으로 보이는 사물들에 대하여 아는 것은 그냥 "의견 혹은 신념"이라고 보았다. 의견은 억측과는 달리 판단 근거가 있다. 실제로 여러 번 겪은 일들을 근거로 판단을 하는 것이다. 의견 혹은 신념은 억측과 마찬가지로 개인적인 경험을 바탕으로 하는 것이기 때문에 이것만으로는 어떠한 이데아도 인식할 수 없다.

지성과 사유는 억측이나 신념과는 달리 이데아를 인식할 수 있다. 지성은 한 가지 대상에 대한 이데아를 인식하는 것이다. 예를 들어 수학자가 여러 가지 삼각형 모양을 늘어놓고 '완벽한 삼각형이란 무엇인가?' 라고 고민하다가 마침내 삼각형의 이데아를 인식하는 것이다.

오른쪽에서 왼쪽으로 그어진 선분의 오른쪽 맨 끝에는 영원불변의 이데아세계, 진리의 세계가 놓여있다. 따라서 선분의 왼쪽으로 갈수록 더 많은 이데아가 있다는 것이다.

그런데 이데아들은 서로 떨어져있는 것이 아니라 서로 관계를 맺고 있다. 그러므로 각각의 이데아를 잘 결합해보면 전체를 인식할 수 있다. 한두 가지나 서너 가지의 이데아를 인식하는 것을 넘어서 이데아를 하나의 전체로 인식하는 가장 순수하게 생각만을 통해서 도달할 수 있는 세계를 가장 순수한 이데아의 세계라고 주장한다. 그리고 이것이 가장 가치 있는 지식이 된다. 이러한 존재자들은 인간의 이성을 가지고 사유하여 접근 가능한 지식들이다. 태양이 전체를 비추듯 이데아들의 이데아인 선의 이데아를 알게 되는 것이다. 이는 참된 지식인이 지혜를 얻는다는 뜻으로, 중세 시대에 이르러 믿음의 대상인 유일신으로 이름이 바뀐다(김이수, 2014, p.56). 플라톤에게의 개념은 단지 우리의 추상화의 결과만은 아니었다. 오히려 그 보편개념은 선행하여 존재하였고 우리의 감각과 경험은 이 보편개념을 포착하는 데 방해되는 정념들과 연결되어 있다. 그에게는 인간의 이성이라는 것은 마음속에 순수한 보편자를 새길 수 있는 능력이었다.

이데아를 통한 현상의 존재 근거

이데아의 현상의 인식 근거(a):

사물들의 변화를 진지하게 고려하고 인정함에도 플라톤이 모든 것은 흐름에 붙잡혀 있다는 헤라클레이토스의 말에 승복하지 않은 이유는 무엇인가? 비록 변화하는 중이긴 하지만 사물들이 어쨌든 존재하긴 존재한다면, 그것이 존재하도록 만든 근거가 있어야한다. 그것이 과연 어디에 있을까? 적어도 가변적 사물 중에는 있을 수가 없다. 사물의 존재가 아무리 변화에 물든 존재라 하더라도 존재는 존재인 이상, 우리는 일차적으로 가변성의 원인이 아니라 존재의 원인을 찾아야하기 때문이다. 우리가 경험하는 이 세계는 누가 뭐라 해도 결국은 '우리에게 주어진 것'이다. 이것을 쉽게 '있지 않은 것'으로 치부하지 못한다. 플라톤은'주어진 것을 잘 이용하라'라는 그리스의 기본정신은 플라톤으로 하여금 선구자 파르메니데스를 존중하되 한편으로는 극복해야한다는 의지를 갖도록 한다. 이 변화의 세계를 존재성을 적법하게 설명해야하는 과제를 플라톤이 어떻게 해결하는지 알아보자.

엄밀히 말하면, 변화하는 사물은 가변성을 설명해 줄 수는 있을지언정 존재의 설명원리는 될 수 없다. 사물을 존재자로 부를 수 있는 것은 그 사물이 변화하지 않기 때문이다. 그렇다면, 그 원리는 가변적 사물 '밖에' 있어야한다. 그것이야말로 본래의 의미인 존재자이다. 플라톤 이래로 그것을 보통 형상 또는 이데아라 부른다(김율, 2016, pp.119-120).

플라톤의 주장에 의하면, 우리는 감각이나 경험에 의하여 무엇인가를 알 수 없다. 그것들은 지속적으로 우리를 속이기 때문이다. 물질세계는 언제나 변하기에 실제로 그 세계에 대하여 안다고 말할 수 없다. 안다고 하는 그것은 의견(opinion,생각이나 믿음)을 내놓는 것이라고 하는 것이 더 적절하다(Henry, 2012, p. 15). 우리가 보고 느끼는 이 세상의 모든 것은 변하지 않는 본래의 모습인 원형을 닮으려는 분유 혹은 모방이라고 보았다. 이데아의 분유에 의하여 감각세계의 가변적 사물들은 존재와 비존재가 섞여있다는 의미로, 오로지 그러한 불완전한 의미에서만 존재자로 간주한다. 즉 플라톤은 가변적 세계의 사물들에게 이데아의 분유에 의하여 변화를 이데아의 모방에 의하여 변화의 목적을 부여하는 것이다.

플라톤이 말하는 가변적 세계를 이해하기위해서 다음의 세 문장을 살펴보도록 하자(이강화, 2014, pp.47-48).

(1) 소크라테스는 사람이다.

(2) 플라톤은 사람이다.

(3) 아리스토텔레스는 사람이다.

이 문장들에서 소크라테스와 플라톤 그리고 아리스토텔레스는 각기 다른 사람이지만, '사람'이라는 점에서 서로 공통점을 가지고 있다. 그렇다면 사람이란 무엇인가? 라고 물으면 아무리 많은 사람을 가리켜도 '사람 자체'에 대해서는 아무런 설명을 제시할 수 없는 것이다. 그 이유는 '사람 자체'란 감각적인 대상인 개별자가 아니라, 이성의 눈으로 볼 수 있는 보편적인 존재이기 때문이다. 바로 이러한 문제를 해결하기 위해서 플라톤은 이른바 이데아의 세계를 설정한다. 플라톤에 의하면 진정으로 존재하는 것은 이러한 개별자를 초월해 있는 이데아뿐이며, 감각의 세계에 나타난 개별적인 사람들은 사람자체라는 이데아를 불완전하게 모방한 복사물에 불과하다.

사람의 이데아는 사람 자체인데 이 사람 자체란 사람의 무리를 나타내는 개념이라 볼 수 있다. 이러한 개념은 본래 사람만이 사고의 힘으로 만들어 낸 것이 아니다. 따라서 사람 자체는 한 사람 한 사람처럼 실제로 있는 것이 아니다. 그러나 사람에 따라서는 사람 자체가 참 된 존재고 개별의 사람은 이 사람 자체가 시원찮게 나타난 것이라 생각한다. 이러한 플라톤의 생각을 실재론이라 부른다.

플라톤의 철학은 이러한 이데아 이론에서 출발한다. 이데아는 우리의 상상이 만들어 낸 것이 아니라 실제로 존재하는 것으로 시간과 장소에 의존하는 경험적인 세계와는 별도로 우리의 삶을 이끌어간다. 시간과 공간속에서 존재하지 않으며 발생하지도 소멸하지도 않는다. 이데아의 원형에 따라 우리가 있는 세계가 만들어 지고, 그 원형이 우리에게 알려진다. 우리에게는, 완전하게 다가 갈수는 없지만 이 이데아를 향해 어느 정도 다가갈 수 있느냐 하는 것이 문제이다. 변화의 목적을 설명하고 있다. 이데아는 추구하는 이상, 혹은 목표라고 할 수 있다. 이데아가 류개념(類概念)이라면 차례로 올라가 최고의 류개념을 정점으로 하는 이데아들의 체계를 찾아낼 수 있다. 이데아가 이상 혹은 마지막 목적이라는 점에서 끝가지 이데아의 이데아를 찾아올라갈 수 있다. 플라톤은 선의 이데아를 정점으로 하는 이데아를 찾아올라갈 수 있다.

따라서 이데아론은 세계를 두 부분으로 나눌 것을 제안하는 데, 존재하는 것은 근본적으로 다른 두 가지 방식, 즉 이데아로 존재하거나 우리가 감각기관을 통해 지각할 수 있는 사물들로 존재하는 것이다.

이데아들(불변적)/지각 가능한 사물들(가변적), 이러한 이원론은 대체로 파르메니데스와 피타고라스의 세계 구분과 일치한다.

플라톤의 세계는 철저히 존재론적 것이다. 여기에서는 어떠한 변화도 다양함도 없다. 전형과 규범과 정지만이 있을 뿐이다. 고전적(classicus) 이라는 용어 자체가 그리스적이라는 의미와 동시에 규범적이라는 의미를 가지고 있는 이유이다. 파르메니데스의 이론을 계승한 플라톤은 불변하는 실체인 존재를 '이데아'라고 불렀고, 파르메니데스의 이론을 확장했다. 플라톤의 주장에 의하면 개개의 사물 안에는 이데아가 들어 있다. 이 '들어있음'을 통해 개개의 사물들은 그것을 그것이

게끔 하는 그것의 '본질'은 물론, 있음이라는 '존재'를 부여 받게 된다. 그뿐만 아니라 자신의 '이름'까지 얻게 된다. 한마디로 플라톤의 이데아는 사물에 본질과 존재 그리고 이름을 부여하는 실체이다.

이데아의 현상의 존재론적이고 형이상학적 근거(b): 플라톤의 이데아 개념은 단지 우리 추상화의 결과만이 아니다. 그러한 보편개념이 선행하여 먼저 존재했고, 이것이 곧 존재이며 가장 중요한 것이다. 그것은 우리의 감각과 경험은 이 보편개념을 포착하는 데 있어 방해되는 정념들과 연결되어 있다. 우리가 무엇을 안다는 것은 바로 이 '있음'에 관한 것이므로 존재는 앎에 선행하여야한다(이준, 2014, p.57). 그가 수학을 인간정신의 가장 고귀한 영역으로 바라본 까닭은 이것이다. 예를 들면, 지상의 삼각형 형태에 대한 경험으로부터 삼각형이라는 기하학개념이 형성될 수 있다는 것은 그의 머리에서 떠오르지 않았다. 오히려 지상의 삼각형들은 천상의 삼각형에 대한 모방이고 의구이며 참여일 뿐이다(조중걸, 2019, p.34). 따라서 이데아는 두 가지 뜻을 가지고 있다. 첫 번째는 보편적 개념이며, 둘째로는 이성으로 사고의 대상이다. 이것은 존재와 사고는 동일하다는 파르메니데스의 사상의 연장이며, 로고스는 존재하는 것 안에서 자기와 대응하는 것을 갖는다는 실재론적 인식론이다.

보편자에 대한 실재론은 어떤 존재로 보는 가에 따라 플라톤주의, 아리스토텔레스주의, 개념론 세 형태로 구분한다. 플라톤주의와 아리스토텔레스주의는 모든 보편자가 우리의 정신과 독립적으로 존재한다고 믿는다. 반면에 개념론(유명론)은 보편자가 정신의 산물이라 믿는다. 따라서 개념론에 따르면 정신의 주체로서의 인간이 모두 사라진다면 보편자는 존재하지 않는다. 하지만 플라톤주의와 아리스토텔레스주의는 정신의 모든 주체가 사라진다 해도 보편자는 여전히 존재한다고 믿는다. 보편자의 실재를 받아들이는 플라톤주의와 아리스토텔레스주의는 어떤 점에서 구분되는가? 양자는 보편자와 개별자의 관계를 서로 다르게 이해한다. 플라톤은 보편자를 초월적 존재자로 이해한다. 이는 개별적인 존재자들에 순서적으로 앞섬을 의미한다. 그러한 보편자는 그를 분유하는 개별자들의 존재에 의존하지 않는다고 보았다.

이렇게 생각한 이유는 그의 보편자 모델이 수학에서 유래하기 때문이다. 실재론을 간단히 정의하면, 그것은 '보편자(개념)가 실재 한다'가 된다. 이러한 세계관은 소크라테스와 그 제자들은 굳건히 믿고 있었다. 아리스토텔레스 역시 플라톤과 같은 실재론자였다. 그는 단지 그 '보편자인 실재'가 개별자 안에 의존해서 존재한다. 실재를 천상에 독립시킨 플라톤과 다를 뿐이다(김기현, 2006, pp.58-59). 플라톤은 '티마이오스(Timaeos)'에서, 자연은 데미우르고스라는 신성한 장인의 작품이며, 이 조물주는 물질이라는 질료에 내재된 한계와 싸우는 아주 합리적인 신이다. 그는 태초의 혼돈, 즉 형상이 없는 질료로만 채워진 상태로부터 가능한 선하고, 아름답고, 지적으로 만족스럽게 우주를 만들었다. 플라톤의 형이상학적 자연관은 조물주가 우주를 만들기 이전에 이미 재료가 있었으며, 그것에 대하여서는 조물주도 어찌할 수 없다는 점이다. 그들의 질료에서는 일종의 관성인 저항이 있다는 점이다. 현상에는 신이 원하지 않는 불완전성이 존재한다는 것이다. '티마이오스(Timaeos)'에서, 플라톤은 우주창조에 관한 신화로 그럴듯하게 이야기를 마무리한다. 데미우르고스는 '선의 이데아'를 우주 창조에 구현시킨 최고의 존재로서, '세계영혼을 만들어서 스스로 운동하는 영혼이 모든 운동의 시초이며 유기체로서의 생명의 원리가 되게 하였다는 것이다. 태초의 영혼이 있었고, 인간 영혼은 그 인근 어딘가에서 탄생하였다.

4) 윤리적인 가치론으로 이세상이 존재하는 이유: 선의 이데아

플라톤의 입체는 미와 조화의 화신이었다. 이들에게는 우주론에서 아름다움과 진리는 하나이고 동일하기 때문이다. 플라톤의 이데아론에서 가장 지속적인 영향을 준 것은 그리스 천문학자에게 '현상을 구제'하라거나, 질서와 아름다움이라는 그리스 이상에 부합하는 천체의 수학적 모델을 찾으라는 말이었다. 그리스 기하학에서 완벽한 형태는 원이였다. 그의 사상이 그대로 이어져서 플라톤이 제시한 완벽한 답을 찾아 아리스토텔레스는 지구 중심적 우주론의 기초를 마련하였다. 많이 인용되는 동굴의 비유를 통하여, 우리는 사슬에 묶인 채로 벽에 비친 그림자만을 보고 산다. 플라톤은 우리가 일상생활에서 부딪치는 개별자들은 그림자들에 해당한다. 그러한 그림자를 보고서 실제의 대상을 볼 수 없다. 각각의 사슬(일종의 우리의 감각경험)을 끊고 동굴에서 나와 태양 아래 실제 사물들을 보아야한다. 동굴비유는 지식의 위계질서 속에서 억측으로부터 통찰로 그림자의 세계로부터 햇빛으로 올라갈 수 있는지, 여기에서 기하학은 중간이 연결고리가 된다. 그리하여 마침내는 최고의 가치인 태양자체를 볼 수 있는지 설명해준다고 볼 수 있다. 존재의 층위인 '태양 → 실물 → 그림자'라는 도식이 뜻하는 것은 실물이 그림자의 바탕이 되고, 태양은 실물의 바탕이 된다는 것이다.

여기서 각각의 바탕은 후자에 대해 전제를 뜻하는데 모든 학문은 이러한 전제위에 전제가 없는 것을 찾아가는 앎의 과정이라고 플라톤은 보았던 것이다. 그래서 피라미드 맨 꼭대기위에는 이데아의 이데아만이 존재하는 것이다. 따라서 이데아의 이데아는 절대적이며 선 그 자체의 이데아(선의 이데아, 세계정신)라 할 수 있다(이준, 2014, pp.61-62). 변화하고 불완전한 현실세계를 초월하여 변화하지 않고 완전성을 찾아내는 것은 플라톤의 변증법이라 한다.

플라톤의 동굴의 비유에서, 동굴안과 밖은 각각 가시적인 현상계와 비가시적인 이데아계로 비유된다. 경험적 감각을 통해 인식되는 것은 사물의 현상일 뿐이며, 이성적 사유를 통해 인식되는 것이 사물의 본질로 간주된다. 동굴 안에서 밖으로 나아가는 것이 현상과 의견으로부터 실재와 진리를 향해 나아가는 앎의 과정을 의미한다. 그리고 다시 동굴 밖으로부터 동굴 안으로 돌아와 타인에게 동글 밖 실재계에 대해 알려주는 것은 진리의 전달, 교육의 계몽을 의미한다(한자경, 2019, p.43).

플라톤은 거대한 원운동을 수행하는 천체의 운행의 완전성을 보고 그것으로부터 우주의 불멸성과 신성성을 찾았다면 이것은 이미 필멸의 우주세계를 넘어가는 초월적인 세계인 이데아의 이데아인 선의 이데아를 상정하고 있다. 즉 변증법을 사용한다. 현실세계에서 우리가 경험하는 정의는 모두 불완전한 정의이며, 정의가 아닌 요소가 섞인 정의다. 마찬가지로 우리가 경험하는 미는 모두 불완전한 미, 추함이 뒤섞인 미, 즉 불순한 미다. 그런데도 우리는 불완전한 정의와 미를 '정의 그 자체', '미 그 자체'로 나누어 생각한다. 다시 말해, 우리가 어렴풋하게나마 소유한 선량함과 미가 우리가 경험의 밑바탕에 완전한 미의 형태로 희미하게 존재한다고 추측할 수 있다. 플라톤은 우리 내면에서 발생하는 갈등을 심각하게 생각하지만, 그의 관점은 피안의 세계에 있다.

우리의 참된 본성은 궁극적 실체에 대한 지식으로부터 나오는 이성적 생활에 있다. 기독교인들은 선의 형상 속에서 기독교적인 신에 해당하는 무엇인가를 찾으려는 경향이 있지만, 선의 형상은 서로 다른 수많은 대상들이 서로 공유하는 '보편자(universals)'이다. 우리는 모두 선해질 수 있으며, 이 말은 우리가 서로 선의 형상을 분유한다는 의미이다. 우리가 형상에 대해 개인적으로 보다 많은 지식을 체험하고자 염원할수록, 우리는 우리의 참된 본성을 더 많이 성취한다. 그렇지만 모든 신비주의가 그렇듯이, 개체가 그 보다 더 큰 전체에 삼켜지는 순간이 등장한다. 실재는 보편자들에 의해 소유되지만, 보편자들을 반영하는 특수자들에 의해서는 소유되지 않는다(Trigg, 1985, pp.47-48).

고전적인 예로 아름다움을 상징하는 원의 개념이다. 이 세상에는 태양, 달, 오렌지 같은 완벽하지 않은 많고 많은 원들이 존재한다. 거의 미와 선의 완전성을 보여주는 것처럼 보이는 거대한 원운동을 수행하는 천체의 현상을 관찰 할 수 있다. 태양, 달, 오렌지 같은 모든 원들은 완벽하지 않으나 완벽한 원이 되고자 하는 열망이 깃들여 있다고 상상할 수 있다. 여기에서 우리는 우주의 불멸성과 신성성으로부터 아름다움의 선의 이데아를 충분히 사유할 수 있다. 플라톤은 이상과 현실사이의 이러한 비유를 지구상의 물체에 또한 적용한다.

플라톤의 태양의 비유에서, 가시적 현상계에서 빛의 근원은 태양이다. 가시계에서 태양이 주객 매개의 빛의 역할을 한다면, 가지계에서 그러한 역할을 하는 것을 플라톤은 '선(善, agathon)의 이데아'라고 부른다. 이 선의 이데아를 설명하기 위해 태양의 비유를 든 것이다(한자경, 2019, p.45).

첫 번째 체계는 두 번째 체계를 전제로 한다. 이것은 플라톤 학파의 필연성의 논리이다. 최 정점에서는 두 번째 체계가 필요 없는 이데아의 이데아다. 플라톤은 이념 혹은 이상을 원형, 현상을 원형의 사본이라고 보았다. 다시 말해서 현상세계는 플라톤에 있어서는 가상이지만, 수학적 구성매체를 통해서 나타낼 수 있는 가상이 아니라고 보았다. 모든 사물이나 사건들은 이상 때문에 존재한다는 것이 플라톤의 중심사상이다. 따라서 이상은 모든 현상의 목적인이다. 이상은 모든 사물과 현상이 존재하는 원인인 동시에 그들의 존재 목적이 되는 것이다. 이상은 불변적인 본질이면서도 현상을 가능케 하는 근거이기 때문에, 이상과 현상사이에는 유사점이 있다고 보고 있다. 플라톤은 이 세상 모든 사물들에는 이데아가 있으며, 그 가운데 모두를 통괄하고 지배하는 최고의 이데아를 선(agaton)이라고 한다. 그런데 하필 선의 이데아일까? 플라톤은 참과 선이 별개가 아니라고 본다. 참이 '인식'의 문제라면, 선은 보다 근본적인 '존재'의 문제라고 본다. 존재 없이 인식은 불가능하므로 인식보다 존재가 더 근본적이라는 할 수 그래서 지식보다는 지혜가, 진실보다는 선이 더 우선이라고 할 수 있다.

5) 수리과학으로의 과학적인 답변으로서 플라톤의 이데아로서 기하학

예를 들면, 무지개 색 중에서 제일 예쁜 색이 무엇이냐고 묻는 다면 대답은 제각기 다른 것이 된다. 그러나 3 더하기 8은 얼마냐고 묻는다면, 모두 똑같이 11이라고 대답할 것이다. 이런 한 가지 점에서 의견과 느낌은 서로 다르다. 왜냐하면 이성은 영원하고도 보편적인 사태에 대해서만 말하기 때문에 그 자신 또한 영원하고 보편적인 것이다. 플라톤은 수학에도 열중하였는데 수학적 사태는 절대 변화지 않기 때문이다. 플라톤은 피타고라스주의의 기하학적인 측면을 중시했지만, 실험에 대한 요구를 무시했다. 그 결과 엠페도클레스의 근원적인 4원소 설을 받아들였지만, 4원소도 오히려 더 근본적인 최초의 단계로 최소한의 2차원적인 추상적 기하학적 구조(실체)들로 구성된 입자에 불과하다. 특히 직각삼각형은 그 대칭이나 특성으로 인해 가장 단순하고 가장 아름다운 삼각형이라 할 수 있다. 이들이 결합된 정사면체는 불 원소, 정육면체는 흙 원소, 정팔면체는 공기원소, 정이십면체는 물 원소에 대응된다. 반면에 정이십면체는 지상에 대응되는 원소가 없기에 하늘에 있는 제5원소라 불렀다(이문규외, 2015, p.19-20). 이러한 대응은, 수학적 대상과 물리적인 대상이 일치한다는 것이다. 수학이 결코 실재적 대상이지 추상적이고 관념적인 대상만이 아니라는 것이다. 무엇보다도 그의 기하학적 원자들은 엠페도클레스의 4원소가 이루어지고, 이들이 다양한 비율로 혼합되는 변화와 다양성을 설명할 수 있었다. 이러한 4원소로 이루어진 우리 몸도 이 원소들의 균형의 결핍으로 우리의 질병을 설명하였다. 플라톤에게 모든 통찰력은 완벽한 기하학적 모양으로 이루어진 이데아의 세계를 얻는데 필요한 것이다. 좀 더 확장하면, 플라톤적 실재론의 논의에서 핵심적인 것은 우리가 탐색하고자하는 물리학 문제에 적절한 수학을 찾아야한다는 것을 말해준다(Miller, 1996, p.209).

플라톤의 관점은 일반적인 철학에서, 그리고 합리주의라고도 부르는 이상주의(Platonism)의 기초를 형성한다. 이상주의는 크게 보아 영원불변한 절대 존재를 믿는다. 이상주의에 따르면, 수학적 대상이 실제로 존재한다는 사실은 우주 자체의 존재만큼이나 객관적인 사실이다. 지금까지 공식화되거나 상상해온 모든 수학적 개념, 곧 (미래에 정의될) '객관적으로 참인' 명제는 아직 발견되지 않은 무궁무진한 개념과 명제와 더불어 완전하고 보편적인 실체로, 창조되거나 파괴될 수 없다. 이 개념과 명재들은, 우리와 관계없이 존재한다. 물론 이 개념과 명재들은 물질적 대상이 아니라, 영원한 실체들이 존재하는 다른 세계에 속해 있다. 이상주의 시각에서 볼 때, 수학자는 미지의 땅을 탐험하는 탐험가다. 수학자는 수학적 지식을 발견할 뿐 만들어 내지는 않는다. 수학의 정리들은 플라톤의 이상 세계에 이미 존재하고 있었다.

대화편 「티마이오스」에서는 창조주인 신이 세상을 만들 때 수학을 이용했으며, 「공화국」에서는 수학을 아는 것이 신의 형상을 아는 결정적 단계라고 묘사했다. 결론적으로 말하면 플라톤은 신성과 밀접한 관계를 가지기에, "신은 언제나 기하학을 이용 한다"라고 하였다. 플라톤은 '진정한 형식'에 대한 발상을 천문학 같은 다른 학문에까지 확장하였다(Livio, 2009, pp.63-64). 플라톤은 우선 천문학 분야에서 등속 원운동을 중시해서 우주의 모양이나 천체의 운동을 원으로 설명했다. 그가 이렇게 원으로 천체의 운동을 설명한 이유는 원이 가장 완전한 모양이라서 조물주가 이것을 선택했다고 하였다. 수학의 중시하는 플라톤의 태도는 4원소를 가장 간단한 입체모형으로 설명하는 이른바 '기하학적 원자론'에서 더욱 분명하다. 그는 세계의 물질형상은 바로 정다면체의 기하학적 도형이라고 하였다. 우선 불은 정4면체로 가장 날카로우며 유동성이 크다. 공기는 정8면체, 물은 정20면체로 이루어져있다. 흙은 정6면체로 이루어져있으며 앞의 세원소와는 약간 다른 성질을 띠고 있고, 매우 안정적이다. 한편 기하학에는 이 네 가지 다면체이외에, 제5원소인 에테르가 있다. 이 에테르는 정12면체로 이루어져있는데, 가장 둥글게 생긴 형태로 하늘을 구성하고 있다.

여기에서 우리는 구가 가장 기하학적인 대칭성을 가지고 있기에 가장 좋은 것 선한 것이었다. 플라톤의 가장 강력한 미적 기준이었다.

이런 플라톤의 '기하학적 원자론'은 훗날 자연을 수학화하는 수리과학으로 발전시키는 중요한 초석이 되었다(임경순, 장원, 2014, pp.18-19). 플라톤은 이전 철학자들의 사상을 이어받아 심화시켜 자신의 사상을 형성했다. 파르메니데스에게서 운동과 변화를 부정하고 실체의 영원불변성의 사상을, 헤라클레이토스에게는 감각세계에서 만물은 유전한다는 생각을 배웠다. 피타고라스로부터 종교적 요소와 세계가 수(數)로 이루어졌다는 사상을 이어받았고, 스승인 소크라테스로부터는 윤리의 중요성을 이어받았다. 이러한 플라톤의 사상은, 플로티노스(Plotinos)가 조직한 고대 후기의 신플라톤주의 시대와 이탈리아의 르네상스 시대였다. 플라톤의 사상 덕분에 16세기에 천문학 혁명이 성공할 수 있었고, 코페르니쿠스, 갈릴레오, 케플러는 모두 그의 사상의 기초위에 각자의 이론을 세우는데 성공하였다. 그의 영향은 현대물리학에까지 영향을 미쳤는데, 아인슈타인은 평소에 이 우주가 이렇게 훌륭하게 수학이 적용되는 것에 경탄한다고 하였다. 현대물리학자인 하이젠베르크의 물리적 기반도 플라톤에서 유래한 것이다.

4 결론

고대 자연철학자들은 사물의 근원을 찾는 데만 몰두하여 각자 물, 불, 공기, 수(數) 등이 근원이라 주장하였다. 플라톤에게도 철학과 과학은 같은 것이었다. 이러한 과학은 사물의 본질을 캐내려고 한다. 그리고 그 노력으로 '이것은 무엇인가?' 라는 물음에 대한 답으로 이어진다. 하지만 플라톤은 저 너머에 있는 하나의 세계를 상정하였다. 그것은 영원불멸한 완전한 세계다. 이는 정신의 눈으로만 볼 수 있는 세계를 의미한다. 현실세계에 존재하는 모든 대상은 감각을 통하여 인지할 수 있다. 그러나 이데아는 정신만이 숙고할 수 있다. 주목할 만한 가치가 있는 것은 일상의 일이 아닌 이데아이기 때문에 모든 지적인 사람들은 이러한 목적에 자신의 마음을 사용하는 것이다. 플라톤의 핵심인 이상화는 수학의 추상적 개념과 관련이 있다. 이데아에 대하여 사고하는 법을 배우는 것은 곧 수학의 사고하는 법을 배우는 것이다.

동굴의 비유처럼 가장 고상한 실체로부터 오는 빛은 훈련을 받지 못한 사람은 눈을 멀게 한다. 수학은 우리의 전신을 감각적인 것, 소멸하는 것에 대한 사고로부터 영원한 것에 대한 사고로 끌어 올린다. 따라서 어둠에서 빛으로 옮겨가기 위한 훈련이 수학인 것이다. 플라톤은 "기하학이 물질적인 것이 아니라 순수한 사고대상으로서 영혼이 추상적인 수에 대하여 사고하도록 한다."라고 하였다. 철학에 대한 준비로 수학을 강조했다는 점은 자기 집단, 세대를 넘어서 고대 그리스 전체를 대표하는 셈이다. 진실은 우리 인간사회와 관계없이 이데아, 혹은 수학의 세계에 객관적으로 존재하며, 우리는 인간 이성과 수학에 의하여 그것을 파악

가능하다는 것이다.

우리의 감각이 인지하고 느끼는 것에 대하여 우리가 오직 불확실한 의견밖에 가질 수 없다. 그러나 우리가 이성을 통해 인식한 것에 대하여 우리는 확실한 지식을 얻을 수 있다. 삼각형의 세 각의 합은 영원히 180도이다. 또 감각세계에서 볼 수 있는 말이 정상적이지 않은 절음발이가 있다 해도, 말의 다리가 네 개라는 것은 보편타당하다. 플라톤이 구축한 세계는 투명하고 정적인 것이다. 그의 세계는 수학적 세계였다. 그것은 추상적인 것이었다. 그의 철학적 세계에는 경험의 자리는 없었다. 그의 이데아들은 천상적인 것이었으며 지상의 모든 것들은 이데아들의 타락한 잔류물에 지나지 않았다. 추상화된 보편자들이었다. 이 이데아는 위계적으로 존재한다. 유클리드의 기하학처럼 가장 근원적인 다섯 개의 공리(公理, axiom)와 다섯 개의 공준(公準,postulate)이 존재하고 거기서부터 차례로 기하학적 정리들이 산출된다(조중걸, 2019, P.30). 플라톤의 세계도 이와 같다. 가장 높은 곳에 가장 고귀하고 추상화된 이데아가 존재하고 그 아래로 하위 이데아가 존재하는 세계이다. 지상세계는 이데아의 세계에 대한 갈망에 의하여 존재한다. 지상세계는 기껏해야 천상세계의 유비적 세계이다.

플라톤의 철학은 변화지 않는 존재를 향한 울부짖음이다. 그 존재는 마치 수학적 진리와 같이 변화지 않는 영원한 필연성의 질서이다. "2+2=4"에 대하여 더 이상 물음을 던질 수 없는 것과 마찬가지로 존재 자체의 필연성은 모든 질문으로부터 벗어나 있다. 시간 속에서의 운동이나 공간 속에서의 변화에도 불구하고 이와 같은 수학적 필연성은 존재를 지배한다. 플라톤의 철학은 단순히 냉정하고 추상적인 지적 작업인 "변화라는 현상을 바라보는 것"이 아니라 진정한 실재를 향한 생사가 갈린 갈망에 의해 추동 된 것이다(Zuurdeeg, 1968, p,39),

서양의 기하학적 세계는 이성에 근거를 둔 합리주의 인식론에 큰 영향을 주었다. 그 이성은 현상배후에 실체(Substance)를 상정하였으며, 그 실체의 의미는 근대의 과학적 세계관과 연계되어 결정론적 세계관을 낳게 되는 배경이 되었다. 이러한 결정론은 존재론적 언급으로서 이 세계 자체가 결정론적 구조로 되어있다는 것이다. 뉴턴 역학의 세계관이 그 결정론적 세계관을 잘 보여주고 있다. 그리고는 쭉 아인슈타인의 상대성이론까지 관통한다.

인간의 정신과는 독립적으로 수학적인 형식인 실체가 존재한다고 믿으면, 그건 분명 플라톤 학파이다. 플라톤은 수학자들이 생각하고 있는 대상은 또 다른 세상, 즉 영원불멸의 초월적인 세상 안에 존재할 수밖에 없다고 하였다. 수학적 형식의 실체는 더 이상 단순한 인간의 정신이 만들어 낸 산물이 아니라는 것이다(Holt, 2012). 강한 형이상학적 실재론을 말한다.

이 장을 통하여 탐구해야할 주제

1. 기하학이 왜 서양 과학사상의 토대가 되었는가?

2. 플라톤은 왜 변하지 않는 존재를 강조하였는가?

3. 플라톤의 이데아 사상은, 서양의 과학지성사의 토대가 되었는가?

참고문헌

기수진 (2003). 서양사상에 나타남 환경윤리. 인천교육대학교 교육대학원 석사학위 논문

김용규 (2016). 지식을 위한 철학통조림(개정판 2쇄). 경기도 파주시: 김영사.

김용옥 (2006). 논술과 철학 강의. 서울: 통나무.

김율 (2016). 서양고대미학사 강의. 경기도 파주: 한길사

박계원 (1988). 파르메니데스 편에서의 형상론 비판에 대한 존재론적 고찰, 이화여자대학교, 석사학위 논문, 이화여자 대학교 대학원.

박홍순 (2014년). 사유와 매. 서울: 서해문집.

이강화 (2014). 철학의 이해. 대구: 이문출판사.

이병덕 (1985). 플라톤의 이데아설과 아리스토텔레스의 실체관. 哲學論集, 4호, 125-144

이준 (2014). 한권으로 읽는 서양철학 이야기. 서울: 지식갤러리

조중걸 (2019). 플라톤에서 비트겐슈타인까지: 서양 철학사 인식론적 해명(개정판 1쇄). 서울: 지혜정원

한자경 (2019). 실체의 연구: 서양 형이상학의 역사. 서울: 이화여자대학교 출판문화원

Aune, B. A. (1970). Rationalism, Empiricism, and Pragmatism. New York: Random House (서상복 옮김, 합리주의, 경험주의, 실용주의. 1997, 경기도: 서광사, 참고문헌의 쪽수는 한국어 번역판).

Drieschner, M. (1981). Einfuhrung in die Naturphilosophie. Darmstadt: Wissenschaftliche Buchgesellschaft.

Gottlieb, A. (2000). The Dream of Reason: A History of Western Philosophy from the Greeks to the Renaissance. New York: Penguin Books

Henry, J. (2012). A Short History of Scientific Thought. UK: Palgrave Macmillan. (노태복 옮김, 2013, 서양과학사상사, 서울: 책과 함께, 참고문헌의 쪽수는 영문판)

Holt, J. (2012). Why Does the World Exist?: An Existential Detective Story. New York: Liveright Publishing Corporation

Johannes Hirschberger (1980). Geschichte der philosophie. Band I: Altertum und Mittelalter. Gebundenes Buch (강성위 옮김, 1984, 서양철학사, 서울: 이문출판사, 참고문헌의 쪽수는 한국어 번역판).

Livio, M. (2009). Is God a Mathematician. Simon & Schuster, Inc. (김정은 옮김, 2009, 신은 수학자인가? 서울: 열린과학, 참고문헌의 쪽수는 한국어 번역판).

Miller, A. I. (1996). Insights of Genius. New York: Springer (김희봉 옮김. 2001. 천재성의 비빌: 과학과 예술에서의 이미지와 창조성. 서울: 사이언스 북스, 참고문헌의 쪽수는 영문판).

Precht, R.D. (2015). Erkenne die Welt- Eine Geschichte der Philosophie (band 1: Antike und Mittelalter). Sprache: Deutsch. (박종대 옮김, 2018, 세상을 알라: 고대와 중세철학, 서울: 열린 책들, 참고문헌의 쪽수는 한국어 번역판)

Skirbekk, G., & Gilje, N. (2000). Filofihistorie. Universitesforiaget AS. (윤형식 옮김, 2017, 서양과학사 1. ㈜이학사, 참고문헌의 쪽수는 한국어 번역판).

Trigg, L. (1985). Ideas of Human Nature: Historical Introduction. Blackwell

제4장

아리스토텔레스의 질서 있는 정적인 세계

| 요약 | 이 연구의 목적은, 아리스토텔레스의 자연관, 즉 우주관을 여러 관점에서 이해하는 것이다. 플라톤은 세계를 이해하는 최상의 방법은, 기하학 및 수학적 규칙성을 관점에서, 이성적 접근법을 사용해서 자연세계를 해석하고자 하였다. 플라톤이 구축한 세계는 투명하고 정적인 것이다. 그의 세계는 수학적인 기하학적 세계였다. 반면에 아리스토텔레스는 좀 더 평범하고 실용적인 관점을 택했다. 그는 우리 눈에 보이는 것을 관찰함으로서 세계를 이해할 수 있다고 여겼다. 이 세계는 합목적성으로 개물의 목적이 충만한 정적인 세계이다. 또한, 질서의 세계를 향하는 지상의 물체와 천체의 자연스러운 운동이 본래적인 행동이라는 것이다. 아리스토텔레스는 기회가 주어진다면, 모든 자연적 사물들이 어떤 운동, 즉 그것들의 자연적인 운동을 수행할 것이라고 생각했다. 그들 자신의 고유한 자리로 운동하는 것을 확인하기에 관찰자의 적극적인 개입 없는 수동적인 관찰이었다. 아리스토텔레스는 투박한 현실에서 굳이 수학적 이상형을 찾지 않았으며 찾을 가능성도 없었다. 처음부터 복잡한 지상과 생물학적 대상을 파고들었기에 기하학과 천문학에 숨어있는 단순한 이름다움을 놓치고 말았다.
인간의 마음과 독립하여 존재하는 객관적인 자연에 인간의 이성과 관찰로 접근하여 세계를 온전히 파악가능하다는 것이다. 결국 플라톤과 마찬가지로 아리스토텔레스에게는 자연계가 당혹스러울 정도로 지속적으로 변하하는 듯 보이는 복잡성에도 불구하고 규칙적이며 질서정연한 자연법칙의 지배를 받는다는 그들의 믿음은 서양사고의 근간이 되었다.

| 주요어 | 이성적 접근법, 플라톤, 아리스토텔레스, 정적인 세계

1 서론

아리스토텔레스는 지구가 정지해있다는 소위 "탑의 논증"을 제시하고 있다. 물체가 탑의 연직 아래로 내려오면 그 방향이 바로 우주의 중심을 가리키고 있다. 만일 그렇지 않고 물체가 탑의 아래로 내려오는 동안 지구가 공전 혹은 특히 자전하여 움직였다면 탑의 바로 아래로 정확하게 떨어질 수 없는 것이다. 그러나 사실 어떠한 물체도 탑의 바로 아래로 떨어지는 것을 관찰 할 수 있다. 이러한 탑의 논증을 제시함으로서 지구는 지구가 우주의 중심이라는 것이다.
따라서 이것이 지구상의 모든 물체의 자연스런 운동은 상하 직선운동인 것이다. 궁극적으로 자신의 고유한 위치를 찾아가는 내적인 목적으로 자연스런 운동이 있으나, 정지가 우선이다. 즉 일단 거기에 도달하면 그 자리에 머무르려는 경향이 있다는 것이다. 이를 통해 그는 장소의 실재성과 계층성 논증을 이끌어 낸다. 아리스토텔레스의 세계는 마찰력이 지배하는 지상의 운동을 잘 설명하고 있었던 것이다. 자연스런 운동으로, 외부원인을 굳이 탐색할 필요가 없었다. 오히려 대상자의 내재되어 있는 본래적인 목적을 실현하도록 방해하지 않는 수동적인 관찰자였다. 아리스토텔레스는 엄밀하고 정확한 법칙을 만들려면 몇몇 상식적인 면들을 무시해야 한다는 추상적인 사고를 알지 못했다. 현상들에 충실하려는 동일한 욕구에서 비롯된다. 사물들이 자연스러운, 즉 자연 그대로 행동하는 바를 발견하는 것이라 여기고 있었다. 운동을 다루는 아리스토텔레스의 방식은 수동적인 연구법, 그리고 자연스러운 것에 관한 지배적인 관심의 예이다.
무엇보다도 천체의 원운동의 원인을 부동의 원동자로 일종의 신적인 목적론적 개념이었다. 자연을 일차적으로 어떤 지적인 존재들의 목적들과 관련시켜 이해하는 것은 과학적 탐구를 느슨하게 만들 수 있다. 왜냐하면 과학자가 어떤 신성한 목적을 발견했다고 생각하는 순간, 질문을 멈추고 싶은 유혹에 휩싸이기 때문이다. 통상적으로 인지적 갈등이 있어야 과학 탐구가 시작된다는 것이다.

반면에 근대 실험주의자인 갈릴레오의 시작으로 변인 통제라는 덫을 놓아 자연을 사로잡는 방법을 우리는 능동적인 관찰방법이라고 할 수 있다. 그러한 관찰로 인하여 우리가 원하는 과학을 할 수 있었다. 뉴턴은 우주론적인 수동적인 목적론적인 설명보다는 능동적인 외적원인인 인과론적 설명으로 탐구가 시작되었다는 점이다.
플라톤의 제자이자 경쟁자인 아리스토텔레스는 좀 더 현실적인 철학자였다. 그러나 그는 처음부터 복잡한 현실의 대상을 파고들었기 때문에 기하학과 천문학에 숨어 있는 단순성의 아름다움을 놓치고 말았다. 그는 투박한 현실에서 수학적 이상형을 추구하지 않았기에 아름다움과 완벽함에 열연하지 않았다(하지만 근대의 과학자들은 정확한 수학적 방정식을 찾기 위해서 단순성을 추구하는 플라톤의 사상을 받아들였다.

고대그리스 플라톤과 아리스토텔레스는 가장 좋은 사회질서는 변화가 가장 적은 것이라 생각했다. 따라서 최초의 완벽한 상태를 조금씩 소진하는 것을 뜻한다. 그들의 세계관에서는 지속적인 변화와 성장이라는 개념은 설 자리가 없었다. 오히려 이상적인 상태는 이러한 쇠락의 과정을 최대한 늦추는 것이다. 그리스 사람들은 큰 변화와 발전을 더욱 심한 쇠락과 혼동으로 해석하였다. 따라서 그들의 목표는 변화로부터 최대한 보호된 체계를 다음 세대에게 물려주는 것이다(Rifkin, 1989, p.28). 또한 존재의 사슬에서, 최고의 존재인 선의 이데아는, 목적론적이고 유기체적인 세계관을 말한다. 가치와 존재가 일치한다는 것이다. 우리의 인식과 관계없는 객관적으로 진리가 존재할 뿐만 아니라, 물리적 존재는 인식하는 이성의 정신의 활동과 관련하여 이해 될 수 있다고 하였다. 물리적 사물과 사건의 질서는 정신과 지식에 의존하는 부차적인 것이라는 관념론적인 사상이다.

아리스토텔레스는.

유비적으로 우리 하나 하나가 생물학적 유기체인 것처럼 세계도 하나의 유기체이기에, 각각의 물질이 하나의 유기체에서 떨어져 나왔고, 이는 곧 유기체라는 본체로 되돌아간다고 한다(유비추리에 의한 제안된 논리의 대전제).

사과가 땅에 떨어지고 썩는다(소전제). 이유는 사과라는 물질이 지구라는 본체로 되돌아가는 과정이라는 것이다. 그러한 목적은 내재되어있다는 것이다(주장과 결론).

천체들은 지구주위를 완전한 궤도인 원을 그리며 돈다. 달 궤도 바깥의 모든 것은 완전무결하며, 이 완벽함은 육안으로 볼 수 있다(소전제). 그 이유는 우주는 유한하고, 그 중심에 움직이지 않는 지구가 있었다. 세속적이고 불규칙한 지구와 달리, 천체는 완전한 구이며 완전한 원 궤도를 회전하는 본체이기 때문이다. (천체의 운동에 대한 주장과 결론).

이 세상은 유기체라는 유비로 생각했다는 것은, 경험적인 실험뿐만 아니라 우리의 의도가 개입된 이성적인 사고인 논리로 판단했다고 볼 수 있다. 즉, 유기체인 우리인간처럼 모든 사물은 목적이 내재되어있다는 목적론적이고 유기체적인 세계관이었다. 유비를 바탕으로 한 형이상학적인 철학적 세계관이라고 할 수 있다.

이 연구에서는 이러한 아리스토텔레스의 합목적성의 자연관을 탐색하는 것이 목적이다.

2 아리스토텔레스의 세계관이란 무엇인가?.

고대그리스의 우주론은 천체의 운동을 논하는 천문학과 지상의 운동을 논하는 자연학으로 나눌 수 있다. 아리스토텔레스는 자연학을 '변화'을 연구하는 학문이라 정의하였으며 그 핵심은 운동론이었다. 여기에서 말하는 운동이란 장소의 변화뿐만 아니라 량의 변화(생성과 소멸)와 질의 변화를 포함하는 광범위한 개념이다.

첫째, 소피스트들의 지식의 상대성에 대한 문제에 대한 해소로, 지식(진실)은 변화하지 않는다는 것과 목적의 우열에 따른 각자의 고유한 위치가 있는 정적인 우주라는 형이상학적 실재론을 기반으로, 일정하게 시간이 흐르는 고정된 둥근 우주 안의 지상에서 끊임없이 변화하는 현상을 설명하기 위해서, 운동과 변화를 잠실태에서 현실태로 이행하는 운동론을 제안하였다. (**형이상학적 믿음과 잘 일치하는 개념**)

둘째, 예를 들면 수분과 육질로 된 과일은, 자신의 고유한 위치인 물과 흙의 성분으로 이루어진 땅으로 떨어진다는 정성적인 설명은, 잠실태에서 현실태로 이행하는 일이라는 제안과 잘 정합한다. (**진리 정합론에 따른 논리적인 합리적인 개념으로 전환, 개념 지위가 높아짐**)

셋째, 만약 과일의 질량이 2배가 크다면, 거대한 위계질서 시스템에서 자신의 고유한 위치로 운동하려는 목적이 2배가 커질 것이라 기대된다. 하지만 실제로 그 차이가 별로 크지 않다.

따라서 질적이고 정성적인 예측은 기대대로 되지만, 정량적인 예측은 잘 이루어지지 않는다. (**진리 대응론은 성립하기 어렵기에 과학적 개념으로 지위가 상승하기 어렵다**)

넷째, 고대그리스 철학의 시대에는 선은 좋음 보다는 옳음 이라고 보기에, 자신의 위치를 지킨다는 것은 모두를 위한 옳음으로 도덕적 선으로 최고의 가치이다.(시대정신)

<형이상학적 관념론>

관념론적 관점에 의하면, 시간은 하나의 개념에 지나지 않고 그 때문에(인간의) 의식에만 관계한 것이다(Zwart, 1976, p.37). 우리의 관점에서는 유한하고 고정된 시공간으로서 무한한 신 혹은 인간의 사고에 근원을 두어야한다. 유한하지만 고정된 시공간이라면 형이상학적이고, 이성적인 인간의 사고에 근원을 둔다면 관념론이다.

자연과학으로 2000년 동안, 서양 사상을 지배했던 아리스토텔레스는 보편적이고 자명한 원칙을 바탕으로 추론해보면 인간이 궁극적인 실체를 이해할 수 있다고 믿었다. '우주 만물에는 각자가 속한 고유의 자리가 있다'라는 것은 자명한 원리이다. 따라서 땅에 속한 물체는 땅에 떨어지며 연기는 위에 속한 까닭에 위로 올라간다고 추론 할 수 있다. 일종의 다음과 같은 연역적인 방법이다.

사람은 누구나 죽는다(대전제).
소크라테스도 사람이다(소전제).
그러므로 소크라테스는 죽는다(결론).

우리는 이러한 논리적 형식을 적용하여 그의 세계관을 탐색한다.

아리스토텔레스는. 유비적으로 우리 하나 하나가 생물학적 유기체인 것처럼 세계도 하나의 유기체이기에, 각각의 물질이 하나의 유기체에서 떨어져 나왔고, 이는 곧 유기체라는 본체(고유한 장소)로 되돌아간다고 한다(유비추리에 의한 제안된 **논리의 대전제**).

사과가 땅에 떨어지고 썩는다(**소전제**).

이유는 사과라는 물질이 지구라는 본체로 되돌아가는 과정이라는 것이다. 그러한 목적은 내재되어있다는 것이다(**주장과 결론**).

천체들은 지구주위를 완전한 궤도인 원을 그리며 돈다. 달 궤도 바깥의 모든 것은 완전무결하며, 이 완벽함은 육안으로 볼 수 있다(**소전제**). 그 이유는 우주는 유한하고, 그 중심에 움직이지 않는 지구가 있었다. 세속적이고 불규칙한 지구와 달리, 천체는 완전한 구이며 완전한 원 궤도를 회전하는 본체이기 때문이다. (**천체의 운동에 대한 주장과 결론**).

이 세상은 유기체라는 유비로 생각했다는 것은, 경험적인 실험보다는 우리의 의도가 개입된 이성적인 사고인 논리로 판단했다고 볼 수 있다. 즉, 목적론적이고 유기체적인 설명이었다. 철학적 세계관이라고 할 수 있다. 아리스토텔레스의 과학의 목표는 '왜' 현상이 발생하는가? '왜' 사건이 일어나는 가를 설명하는 데 있었다. 하지만 그 설명 방식은 인과론적 방식이 아니라, 목적론적 방식이었다. 또한 위계가 존재하는 질적인 세계관이었다. 전체적으로 인간 하나하나는 소우주이고, 우주 전체는 대우주라는 생물학적 비유에서 출발하였다. 즉 우주를 생물 유기체에 비유한다. 생물 유기체의 가장 좋은 예는 인간의 몸이다. 예를 들면, 팔 다리 같은 우리 몸의 각 기관은 왜 있는 것인가? 생물학적인 답은, 우리 몸 전체가 원활하게 작동하기 위해서 각 기관이 필수 불가결한 기능을 담당하기 때문에 존재한다. 그러한 생물 유기체처럼, 우리 우주는 상호 연관된 부분으로 이루어진 하나의 유계적인 복잡한 유기체로 볼 수 있다.

고대그리스 플라톤과 아리스토텔레스는 가장 좋은 사회질서는 변화가 가장 적은 것이라 생각했다. 따라서 최초의 완벽한 상태를 조금씩 소진하는 것을 뜻한다. 그들의 세계관에서는 지속적인 변화와 성장이라는 개념은 설 자리가 없었다. 오히려 이상적인 상태는 이러한 쇠락의 과정을 최대한 늦추는 것이다. 그리스 사람들은 큰 변화와 발전을 더욱 심한 쇠락과 혼동으로 해석하였다. 따라서 그들의 목표는 변화로부터 최대한 보호된 체계를 다음 세대에게 물려주는 것이다(Rifkin, 1989, p.28). 또한 존재의 사슬에서, 최고의 존재인 선의 이데아는, 목적론적이고 유기체적인 세계관을 말한다. 가치와 존재가 일치한다는 것이다. 우리의 인식과 관계없는 객관적으로 진리가 존재할 뿐만 아니라, 물리적 존재는 인식하는 이성의 정신의 활동과 관련하여 이해 될 수 있다고 하였다. 물리적 사물과 사건의 질서는 정신과 지식에 의존하는 부차적인 것이라는 관념론적인 사상이다.

표 1의 특수형이상학인 우주에 대한 개념으로, 우주는 우리가 살고 있는 고정된 집이며, 그 안에 있는 물질들은 실현해야할 어떤 목적이 있다고 생각했다. 인간에 관해서는 우주에 있는 물질에는 인간을 포함한 위계가 있다고 보았으며, 유비 적으로 우리 인간의 몸은 서로 유기

적으로 영향을 주면서 행동하기 때문에 우주를 구성하는 모든 물체는 유기체처럼 행동한다고 생각했다. 또한 세계에 존재하는 모든 것을 자기 자신을 위한 자아, 마음 또는 자기 의지가 만들어낸 관념론적 상이라 보았다. 이러한 유기체적이고 목적론적인 형이상학적 믿음은, 아리스토텔레스의 자연철학인 천상과 지상이 전혀 다른 질적인 세계를 정당화 근원으로서 우리의 의도가 있는 논리가 필요하였고, 방법론은 연역논증으로 접근하였다.

고대 그리스에서는 모든 생명체가 영혼이 있고 자아실현하기에 그 선한 것이 신으로 발전했다고 믿었다.

존재론이라는 개념을 좀 더 상세하게 규정해보자. 존재하는 한에서의 존재자 일반을 다루는 학문을 우리는 이제까지 존재론으로 불러 왔으나, 일반적으로는 형이상학이라고 부른다. 그리고 아리스토텔레스 스스로는 "제일 철학(he prote philosophia)"라고 불렀다. 존재론이 제일, 즉 최고의 철학인 이유는 그것이 각 존재자와 존재 현상들의 원인을 궁극적인 데에까지 찾아내는 학문이기 때문이다. 그리고 후대에서는 이 학문을 형이상학이라고 불렀다. 형이상학은 자연학 뒤에(meta), 즉 우리가 일반적으로 경험하는 사물들을 넘어서(meta) 가장 보편적이고 또한 사물을 제일 근원에까지 추구하는 학문이고, 그 때문에 형이상학은 자연히 감각경험세계를 초월하게 된다. 그리고 우리 논의의 출처에 해당하는 아리스토텔레스의 저서, 『형이상학』 속에서 엄밀하게 보자면, 제일철학 혹은 형이상학은 후대에,

① 일반 형이상학(metaphysica generalis)이라고 불리는 존재론과

② 특수 형이상학(metaphysica specialis), 즉 아리스토텔레스 스스로가 '신학(theologike)'이라고 부른 부분으로 둘로 나눌 수 있다.

아리스토텔레스는 존재론이라 할 부분에서 제일의적 의미에서 존재한다고 할 실체들과 최고의 원리인 모순율에 대해서 논구하고, 신학에서는 제일 원인 혹은 궁극적 원인이라 할 신에 관해서 탐구했다(주광순, 2007).

표 1에서처럼, 이러한 형이상학에서 출발한, 인식론적인 정당화로 자연계를 설명하기 위하여 도입한 '방법"이 있다. 몇 가지 간단한 가정에서 출발한 다음, 논리적 전개를 통해 더욱 복잡한 상황까지 자세하게 설명하는 것이다. 따라서 '논리적 정합성'이 좀 더 확실한 객관적 판단의 가치라고 할 수 있다.

표 1. 아리스토텔레스의 세계관

형이상학적 믿음 체계 (세계관의 기본 틀을 형성)	형이상학적 믿음 (일반 형이상학)	1. 세계에 대한 지식(진리)은 고정(형이상학)되어 있다. 2. 이 세상은 나를 중심으로, 신과 자연으로 구성되어있다. 신을 제외한 구성물 중에서는 정신(관념론)이 우선이며 이것으로부터 다른 것들은 파생된다. 초월적인 신의 존재보다는, 형이상학적 존재로 그 역할은 우주의 원리로, 개별 사물들은 형상의 완성이라는 목적이 존재한다는, 형이상학적 관념론의 세계관이다.	형이상학적 관념론

형이상학적 믿음 체계 (세계관의 기본 틀을 형성)	형이상학적 개념 (특수 형이상학)	1. 세계의 구성물을 담고 있는 시간과 공간을 불변의 고정된 기준으로 본다. (형이상학), 2. 시간과 공간은 주관적으로 존재하는 인식 시공간(관념론). 유한한 우주 안에 지구는 절대적으로 정지된 중심에 있으며, 시간은 순환을 보여주는 천체들의 원운동이 있으나, 지상에서는 개별 사물의 목적이 있을 뿐이다.	유한하지만 고정된 시공간이라면 형이상학적이고, 이성적인 인간의 사고에 근원을 둔다면 관념론이다.
지식이 참이라고 판단할 수 있는 인식론적인 정당화	제안된 이론의 정당화 근원은?	이론의 형성과정에서 필요한 이성(수학)과 논리,	합리주의는 이성이 근원
	그것들이 참이 되기 위하여 어떤 조건들이 충족되어야 하는가?	논리적 정합성 (이론의 형성 후, 판단의 조건들로 가치)	연역에 의한 정성적으로 설명, 즉 목적론적 설명

3 질서의 세계를 향하는 지상의 물체와 천체의 자연스러운 운동

아리스토텔레스는 지구를 움직일 수 없는 것으로 보고 있으며, 그에 대한 분명한 이유들을 제시하고 있다(Cohen, 1985, pp.22-23).

아리스토텔레스는 자연을 관찰하면, 자연의 합목적성을 도처에서 확인할 수 있다고 하였다. 배우가 배역을 통해 연극의 목적을 이루듯이, 모든 자연물은 자신의 고유한 목적을 향해 나아간다는 것이다. 그

것이 합목적성을 실현하는 일이다.

무엇보다도, 우주의 질서는 영원하다.

만약 지구가 한 축을 중심으로 자전한다면 결국 지구상의 모든 물체는 그 축 상의 한 점을 중심으로 원운동을 하고 있어야 된다, 하지만 실제로 관찰되는 지구의 모든 부분들은 지구상의 있는 모든 물체의 자연스런 운동은 지구 중심을 향하는 직선운동인 것이다. 또한 물체의 격렬한 운동은 영원히 계속될 수 없다. 따라서 지구상의 모든 물체의 자연스런 운동은, 지구 중심으로 향하는 직선운동인 것이다.

자연과학으로 2000년 동안, 서양 사상을 지배했던 아리스토텔레스는 보편적이고 자명한 원칙을 바탕으로 추론해보면 인간이 궁극적인 실체를 이해할 수 있다고 믿었다. '**우주 만물에는 각자가 속한 고유의 자리가 있다**'라는 것은 자명한 원리이다. (논리의 대전제)

지구상에 있는 모든 물체는 공기, 흙, 불, 그리고 물의 네 가지 원소로 이루어졌다. 이 이론을 '4원소 설'이라고 부른다. 요소라는 말은 기본적인 물질이라는 뜻이다. 이러한 네 가지 원소가 결합하여, 물질이 형성되어 자신의 고유한 성질에 따라 위치가 결정된다는 점이다.

따라서 지구상에 있는 모든 물질은 자신의 위치를 찾아가는 상하운동은 물질의 본성으로 내재되어 있다는 것이다. 이러한 운동을 지상에서 모든 물질의 자연스런 운동이라고 한다. 이러한 상하운동은 지구의 중심과 연결되어 있다는 연직선상을 움직인다는 말이다.

반면에 물체를 수직인 방향으로 던져 올리는 경우, 돌을 수평면상에서 원운동 시키는 경우는, 자신의 위치를 찾아가는 운동이 아니기에, 자연스런 운동과 비교하여 '격렬한 운동'이라고 표현하였다. 그렇게 격렬한 운동을 위해서는 어떤 힘이 물체에 작용하여 그러한 운동을 시켜주든지 운동하는 동안 계속적으로 작용하여야한다고 보았다.

아리스토텔레스에 의하면, 천체들은 지상의 물체들과는 다른 '제 5의 원소' 또는 '에테르'라고 부르는 원소로 이루어져 있다고 보았다. 이 에테르로 이루어진 물체의 자연스런 운동은 원운동이다. 관측되는 모든 천체들이 원운동을 하는 것이 그들의 자연스런 운동 상태이기 때문이다. 이는 지구에서 무거운 물체가 아래로 떨어지는 것이 자연스런 운동과 같은 것이다. 하지만 왜 일직선이 아닌 원운동을 하는가의 설명이다. 부동의 원동자는 일종의 신인데 영원한 천계의 목적론적 원인이다. 천계(천구)의 운동의 목적을 인과적인 역학적 법칙으로 표현하면, 부동의 원동자는 근대의 우주관에 가깝다.

지구상의 네 가지 원소가 변화 또는 붕괴될 수 있는 성질을 가지고 있으나. 천체는 다르다. 즉 천체를 이루고 있는 에테르라는 원소는 불변의 혹은 붕괴될 수 없는 성질을 가진다. 그것은 변화될 수 없으며 언제나 같다.

아리스토텔레스의 우주 모형의 특징은 조화가 잡힌 우주, 지구 중심성, 공간의 유한성 등이다. 지구는 자전하지 않고 천구가 회전한다고 가정하면, 항성구는 무한한 곳에 존재한다면 회전 때문에 항성구의 속도가 무한대가 되어버린다. 아리스토텔레스의 우주는 그것을 방지하기 위해서 유한한 크기이어야 한다는 것이다.

아리스토텔레스 이후 그리스의 천문학을 집대성한 사람은 알렉산드리아의 프톨레마이오스(70-147)였다. 아리스토텔레스-프톨레마이오스의 지구중심 우주모형은 그 후, 그리스도교와 결합하여 유럽 중세의 세계관이 되었다.

아리스토텔레스의 신들이 사는 완전한 하늘의 세계는 모든 천체는 원운동을 하며, 불완전한 세상인 지상에서는 직선운동을 한 후, 정지한다고 보았다. 지성에서는 정지가 중요한 미덕인 것이다. 즉 전통적인 미의 기준으로 변화보다는 정지인 것이다.

아리스토텔레스의 지구 중심설을 지지하는 탑의 논증

아리스토텔레스는 지구가 움직이지 않는다고 하였다. 하지만 그 사실을 증명하는 것인데, 우리가 어떤 물체를 탑 위에서 손에서 놓으면 그 물체는 연직으로 땅에 떨어진다. 그런데 만약 지구가 운동하고 있다면, 물체가 떨어지는 동안 지표면은 움직일 것이므로, 당연히 물체는 탑 바로 밑에 수직으로 떨어질 수 없다.

하지만 실제로는 수직으로 탑 밑에 떨어지므로 자구는 움직이지 않는 것이 분명하다.

이것이 그 유명한 탑의 논증으로 갈릴레오의 일정한 속도로 운동하는 배 위에서의 운동은, 배가 정지하든 운동하든, 동일한 낙하운동을 관측할 수 있다고 하여 지구가 운동할 수 있다는 것을 해명하였다.

4 변화를 중심으로 플라톤과 아리스토텔레스의 자연관

플라톤의 변화원리

이세상의 모든 것들은 시공간의 영향 하에 변화하고 소멸되어가지만, 시공간과 독립적으로 존재하는 이상적인 세계에서는 변화하지 않는 이데아라는 진리가 있다는 것이다, 우리는 어떤 이상적인 목표를 완전하게 이룰 수는 없지만 언제나 그것을 동경하고 노력할 때만이 행복하다는 것이다. 예를 들어 바다 위를 떠가는 배에서 바라보는 북극성같이, 이데아는 항해의 목적 혹은 지침이 될 수 있다. 물론 그 배는 절대로 북극성에 도달 할 수는 없다. 그러나 배는 북극성을 길잡이 삼아 거친 파도를 넘어 멈춤 없이 항해를 계속한다. 그것이 인생이며 에로스이다. 나아가 그것이 곧 행복이다.

우리가 보고 느끼는 이 세상의 모든 것은 변하지 않는 본래의 모습인 원형을 닮으려는 분유 혹은 모방이라고 보았다. 이데아의 분유에 의하여 감각세계의 가변적 사물들은 존재와 비존재가 섞여있다는 의미로, 오로지 그러한 불완전한 의미에서만 존재자로 간주한다. 즉 플라톤은 가변적 세계의 사물들에게 이데아의 분유에 의하여 변화를 이데아의 모방에 의하여 변화의 목적을 부여하는 것이다.

아리스토텔레스의 변화 원리

파르메니데스와 플라톤에 의한 물질세계에 대한 의견을 극복하기 위한 질문으로 존재론적인 질문은?

우리 주위는 명백하게 변화로 가득하기에, 마땅히 그러한 세상의 변화가 환상이 아닌 분명한 이유는 무엇인가?

<응답>

(a) 감각의 힘을 통해 알 수 있듯이 실제로 우주는 (반드시, must be) 완전하고 불변한 최선의 것인 내재된 형상으로 향하는 목적이 있기에, 당연히 우리 주위의 변화하는 물질세계(material world)는 참된 세계이다.

(b) 무엇보다도 이데아는 정적인 것이지 동적인 것이 아니다. 질료와 형상은 존재자의 구성적 원리로서 정적인 원리였기 때문에, 현실세계의 동적인 원리를 설명하기 위해서 잠재태와 현실태라는 양상적(樣相的) 원리를 도입한다. 아리스토텔레스의 문제는 어느 순간에도 꼭 같은 것으로 있지 않고 변화하는 현상의 세계를 어떻게 하면 철학적 지식의 영역으로 끌어들여, 철학적 지식이 요구되는 불변성을 확보하는 데 있다. 이에 대한 아리스토텔레스의 답은 그의 철학에 있어서 서로 관련된 다음의 두 개념들이 있다. (a) 내재하는 형상의 개념, (b) 잠재태(dynamis)의 개념이다(Guthrie, 2007, p.154).

자연의 본성인 목적인을 변화의 원리로, 더 나아가 자연의 변화원리로 삼았다고 할 수 있다(소광희, 2008, p.26). 아리스토텔레스는 자연을 목적론적으로 보는 시각을 드러냈다. 그는 모든 유기체가 어떤 자연의 텔로스, 즉 어떤 목적이나 기능을 획득하기 위하여 변화하고 발전한다고 보았다. 따라서 어떤 현상을 설명하려하면 '그것이 존재하는 목적'을 먼저 파악해야한다고 생각하였다. 따라서 그는 사물 그 자체가 어떠한 성질을 가졌는지 문제로 삼을 뿐 사물과 사물의 관계, 시공을 통한 사물의 계기적인 변화 과정은 문제 삼지 않았다. 즉 존재하는 것의 본성이 어떠한가에 문제를 삼았다. 이성적 동물인 인간은, 그러나 동물과는 다르게 눈에 보이는 물질적 세계를 사회적 생존의 도구로 이용하려하였지만(현실태), 동시에 인간은 눈에 보이지 않는 정신적 세계도(잠재태) 그의 생활의 목적으로 소유하려하였다. 따라서 아리스토텔레스로 하여금 현실적 존재와 잠재적 존재 등의 개념을 낳게 된다. 아리스토텔레스는 현실세계에서 질료가 형상으로 나아가는 '변화'가 지속적으로 일어나는 것이 우리의 물질세계라고 말하고 있다. 변화와 발전은 잠재태(potentiality)에서 현실태(actuality)로 전환시키는 일을 필요로 한다. 하지만 아리스토텔레스는 사물의 형상이 변하지 않으면 변하지 않은 채 유지된다고 하였다. 모든 개별의 물리적 실체는 반드시 물질과 형상이 결합되어 있다. 개별 대상의 형상의 결과에서 본 기능과 목적이 그 사물의 목적인이라 할 수 있다.

변화와 운동은 애당초 어디서 올까? 세계내의 운동은 "부동의 원동자"라는 운동의 기원에 대한 설명으로 그런 대로 유용하지만, 어떤 지성에 따라 자연 만물이 만들어지고 그렇게 완벽하게 작동하는지에 대한 설명으로는 아직 모자란다. 청동상의 비유에서, 청동상의 목적, 즉 목적인은 조각가로부터 비롯된다. 조각가에게 청동상을 만들 이유가 있다는 것이다. 이처럼 인간세계에서는 목적을 쉽게 발견할 수 있다. 하지만 자연을 상대로는 이런 물음이 제기 될 수 없다. 모든 것을 그렇게 합목적적으로 고안한 존재는 과연 누구인가? 만약 지구가 만들어진 것이라면 이 지구에 대한 '동력인'인 창조자가 존재한다는 것인데, 이 창조자란 누구인가? 또한 지구가 만들어진 목적을 찾는다면 과연 우주가 만들어진 목적은 무엇인가?

세계에 관한 깊이 파고들던 아리스토텔레스는 신의 문제에 이르렀다. 신은 사상이지 일종의 순수한 형상을 띠고 있으며 질료를 규정할 수 있는 존재이다. 게다가 신은 세상 만물이 추구하는 완벽한 선과 아름다움을 가진 존재이니만큼, 사물이 운동하고 변화하는 원인이 된다. 소위 부동의 원동자가 원인이 된다는 목적론적 사상을 낳게 된다.

아리스토텔레스는 목적론적 설명들을 어디까지 확장시키고자 했던 것인가? 우리는 자연스런 운동은 어떤 원인이 내재되어 있는가?

모든 사물의 모든 운동이 목적 지향적인 것은 아니다. 기왓장이 지붕에서 미끄러져 떨어지는 것은 밑에 서 있는 사람을 때리기 위한 것도 아니고, 또한 다른 목적이 있는 것도 아니다.

하지만 아리스토텔레스는 기회가 주어진다면, 모든 자연적 사물들이 어떤 운동, 즉 그것들의 자연적인 운동을 수행할 것이라고 생각했다. 모든 내부에는 목적론적 성향이 존재한다는 견해를 입증하기 위한 것이다.

예를 들면, 대전제로, 우주 내부에 있는 모든 것들이 자신들의 고유한 장소에 도달하기 위해 움직이는 자연스런 성향이 목적론적이라는 것이다. 그것들의 자연적인 장소들이 그것들의 자연적인 목표들이다 (Woodfield, A., 2010).

높은 위치에서 석회암의 성분이 있는 분필이 지표면으로 낙하한다. (소전제)

분필의 성분인 석회암 고유한 장소인 지표면 위로 낙하하는 것이 자

연스런 운동이 내재되어있다. (결론으로, 주장)

아리스토텔레스-스콜라 전통에서는 형상을 질료보다 우위에 위치하는 피타고라스-플라톤 전통(이원론)과는 다르게 형상과 질료 모두를 아는 것(일원론)이라 생각했다. 플라톤은 질료가 없는 추상적인 기하학에서 출발한다. 한편, 아리스토텔레스는 질료와 형상이 있는 관찰 가능한 생물학을 바탕으로 한다. 보편자의 실재를 받아들이는 플라톤주의와 아리스토텔레스주의는 어떤 점에서 구분되는가? 양자는 보편자와 개별자의 관계를 서로 다르게 이해한다. 플라톤은 보편자를 초월적 존재자로 이해한다. 이는 개별적인 존재자들에 순서적으로 앞섬을 의미한다. 그러한 보편자는 그를 분유하는 개별자들의 존재에 의존하지 않는다고 보았다. 이렇게 생각한 이유는 그의 보편자 모델이 수학에서 유래하기 때문이다. 아리스토텔레스 역시 플라톤과 같은 실재론자였다.

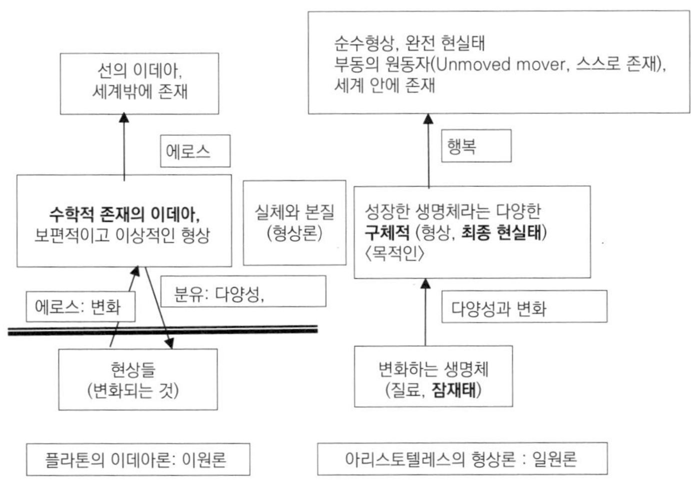

그림 1. 플라톤의 이데아와 아리스토텔레스의 형상론 (오준영, 2019)

그는 단지 그 ‘보편자인 실재’가 개별자 안에 의존해서 존재한다. 실재를 천상에 독립시킨 플라톤과 다를 뿐이다.

그림 1에서처럼, 플라톤은 이데아를 이 세상에 없는 장소에서 실재하는 객관적인 것이라고 생각하였지만, 아리스토텔레스의 형상은 현실적인 바로 이 세계 속에서 발견되는 형태(Form)였다. 아리스토텔레스의 생각에 따르면, 형상은 단지 개체, 즉 우리 눈앞에 있는 물체 안에서만 존재한다. 철학적으로는 ‘개체 형상설’이라고 한다. 반면에 플라톤의 이데아는 개체를 떠나 존재하는 진정한 실체이다. 이 입장을 ‘실체 형상론’이라고 한다.

아리스토텔레스는 영혼에 관하여 다른 생각을 가졌다. 플라톤과 마찬가지로 근 정신이 영혼의 기능이라 믿었다. 하지만 아리스토텔레스에게는 영혼이 신체 안에 갇힌 “영적 실체”가 아니라, 영혼을 신체의 형식“(form of the body)라고 생각했다(Brennan, 1967). 신체와 영혼은 분리될 수 없다. 플라톤의 합리주의보다는 약하지만 자연주의 성격을 가지고 있다고 할 수 있다.

5 결론 및 제언

초기 이오니아학파가 파악한 ‘자연’의 모습은 원래 영혼이나 신과 크게 다르지 않았으며, 인간의 영혼 및 본성까지도 그곳에 포함되었다. 그리고 인간의 자연적 특성을 합리적으로 생각하는 것, 즉 정신(mind, 누스)의 활동에서 찾았다.

반면에 아리스토텔레스가 볼 때 자연(피지스)은 원초적인 질료(matter)내지 가능태를 의미했으며, 그런 가능태가 실현될 때 형상(form)이 현실화 된다. 또한 모든 형상 중 최고의 형상을 신(하늘의 제1운동자이며 모든 물리적 운동의 원천)으로 보았다. 여기에서 신은 순수한 형상, 즉 모든 형상 중의 형상을 의미하며, 신보다 열등한 모든 존재들은 자기 사유를 대상으로 사유하는 신의 활동을 모방한다(Harris, 2000, pp. 31-32). 예를 들면, 인간은 스스로 이동할 수 있을 뿐만 아니라, 신을 근사하게 모방할 수 있는 능력, 다시 말해 생각할 수 있는 능력도 가지고 있다. 정점에 있는 신은 제1운동자이다, 에테르가 충만한 하늘에서 그러한 신의 활동을 모방한 것이 바로 원운동인데, 이는 가장 완벽한 운동 형태로 물체가 스스로 생각하는 사유능력을 가진 신에 가까이 접근한 것이다. 아리스토텔레스의 신은 플라톤의 데미우르고스보다는 선의 이데아에 가까운데, 이를 통해 모든 사물을 이해 가능한 존재로 만들고, 모든 사물의 원인을 창조하고 유지하는 역할을 한다. 수학에 대한 플라톤의 신념이 현대적이긴 했지만, 대부분의 그리스 철학은 자연을 기술하는 인과적 방정식이 빠져 있기에 문명화를 가능케 하는 기술적인 면에서 무기력하였다(Krauss, 2005, p.14).

플라톤은 세계를 이해하는 최상의 방법은, 기하학 및 수학적 규칙성을 관점에서, 또는 혼란스러운 현실에서 추출한 추상성에 바탕을 둔 이성적 접근법을 사용해서 세계를 해석하고자 하였다. 플라톤이 구축한 세계는 투명하고 정적인 것이다. 그의 세계는 수학적인 기하학적 세계였다. 그것은 추상적인 것이었다. 그의 철학적 세계에는 경험적 자리는 없었다(오준영, 2019, p.116). 반면에 아리스토텔레스는 좀 더 평범하고 실용적인 관점을 택했다. 그는 우리 눈에 보이는 것을 관찰함으로서 세계를 이해할 수 있다고 여겼다. 사물들의 패턴은 단지 규칙적인 원리(존재의 범주와 4원소설, 등)에 따라 사물들을 분류할 수 있다고 여겼다(Henry. 2012, pp. 56-57).

플라톤은 서양의 수학과 물리학, 반면에 아리스토텔레스는 주로 생물학에 영향을 주었다고 할 수 있다. 무엇보다도 그들은 자연계는 당혹스러울 정도로 지속적으로 변하하는 듯 보이는 복잡성에도 불구하고 규칙적이며 질서정연한 자연법칙의 지배를 받는다는 믿음은 서양사고의 근간이 되었다.

아리스토텔레스에게도, 자연과 인간은 본질적으로 구별되지 않았다. 아리스토텔레스에 따르면 자연이란 그것의 운동이나 정지의 원리를 그 자신 속에 포함되어있다는 것이다. 결과 (목적, 형상)가 먼저 앞서 있다는 것이다. 여기에 이르러 플라톤의 이데아와 유사한 것이 된다. 이와 같은 설명방식을 목적론적 이해할고 할 수 있다. 이러한 목적과 의미를 가진 설명방식으로 자연을 이해할 수는 있으나, 예측하기는 매우 어렵다는 특징을 가진다. 따라서 더 자연을 단순화시켜 그것에서 의미를 제거한 정량적이고 기계론적인 갈릴레오와 데카르트의 근대를 기다려야했다.

아리스토텔레스의 합목적성란, 일정한 목적에 들어맞음을 뜻하는 말로서, 인간 행위뿐만 아니라, 사물의 존재가 일정한 목적에 적합한 방식으로 존재한다는 것을 설명하는 원리로 사용된다. 이러한 합목적성을 받아들이는 입장을 목적론이라 하며, 이 사상은 이 세계는 변화보다는 개별 사물의 목적이 충만한 질서정연한 정적인 세계로 정지가 우선인 것이다.

이러한 자연의 합목적성은, 자연의 관찰을 수동적인 관찰이었다. 아직도 근대에 활용하기 시작하는 실험도구가 개발되지 않은 이유이기도 하지만, 그들 자신의 고유한 자리로 운동하는 것을 확인하기만 하는 적극적인 개입 없는 수동적인 관찰자였다(Wolf, 1989)

하지만, 수동적인 관찰을 능동적인 관찰로 확장하는 갈릴레오의 시작으로, 데카르트, 그리고 뉴턴의 근대과학의 인과성에 의한 기계론에 대치된다.

이 장을 통하여 탐구해야할 주제

1. 아리스토텔레스에게는 이 세상은 어떤 목적으로 이루어지진 것이라는 합목적성을 생각하였다. 그러한 사상은 과학을 하는데 걸림돌이 되었다. 이유는?

2. 고대그리스 에서의 탐구활동은 수동적인 관찰이라고 하였다. 그 이유는?

3. 아리스토텔레스의 운동의 결정적인 원인을 무엇이라 하였는가?

4. 아리스토텔레스 과학사상은 플라톤에 비하여 생물학에 영향을 주었다. 그 이유는?

본, 장은,
오준영, 손연아 (2022). 아리스토텔레스의 정적인 세계와 전통적인 교육. 대한지구과학교육학회지, 15(2), 158-170. 의 연구를 확장하였습니다. 공저자인 손연아 교수님의 양해에 대하여 감사를 드린다.

참고문헌

소광희 (2008). 자연 존재론: 자연과학과 진리의 문제. 서울: ㈜문예출판사.

오준영 (2019). 서양 고대 그리스와 중세의 철학적 세계관, 그리고 근현대의 과학적 세계관의 영향. 서울: 연세대학교 대학출판문화원.

이수석 (2001). 재미있는 철학 수업. 서울: 철학과현실사.

주광순 (2007). 존재론의 역사적인 고찰. 코키토, 62, 217-248.

한자경 (2019). 실체의 연구: 서양 형이상학의 역사. 서울: 이화여자대학교 출판문화사.

한자경 (2018). 칸트 철학에의 초대(제 7쇄). 서울: 서광사.

최재천 (2005). 종의 기원. 서울대학교 기초교육원 편에서. 권장도서 해제집: 문학에서 과학기술까지(제 92장). 서울: 서울대학교 출판문화원.

Brennan, J. G. (1967). The meaning of Philosophy: A Survey of the Problems of Philosophy and of the Opinions of Philosophers(2nd edition). New York: Harper and Row.

Cohen, I. B. (1985). The Birth of A New Physics(Revised and Updated). New York: W.W. Norton & Company, Inc.

Guthrie, W.K.C. (2007). The Greek Philosophers From Thales to Aristotle. London and New York : Routledge (박종현 옮김, 2016, 희랍철학의 입문, 경기: 도서출판 서광사, 참고문헌의 쪽수는 한국어 번역판)

Lovejoy, A. O. (1971). The Great Chain of Being : A Study of History of an Idea, Harvard University Press. (차하순 역, 1984, 존재의 대 연쇄, 서울: 탐구당)

Henry, J. (2012). A Short History of Scientific Thought. UK: Palgrave Macmillan. (

노태복 옮김, 2013, 서양과학사상사, 서울: 책과 함께)

Oh, J. Y., & Han, H. (2022). Understanding mathematical abstraction in the formularization of Galileo's law. History of Science and Technology, 12(1), 55-68

Pfister, J. (2011). Philosophie, Ein Lehrbuch. Reclam, Philipp, jun. GmbH, Verlag (손영식 외 옮김, 2019, 철학의 모든 것, 서울 북코리아)

Rifkin, J. (1989). Entropy. (이창희 옮김, 2016. 엔트로피(4쇄 발행), 서울: 세종연구원).

Wolf, F.A. (1989). Taking the Quantum Leap : the new physics for nonscientists. New York : Harper & Row

Woodfield, A. (2010). Teleology. Cambridge: Cambridge University Press. (유원기 옮김, 2005, 목적론. 대구: 계명대학교 출판부).

III

원자론이 부활한 엄격한 결정론의 기계론적 세상의 확립

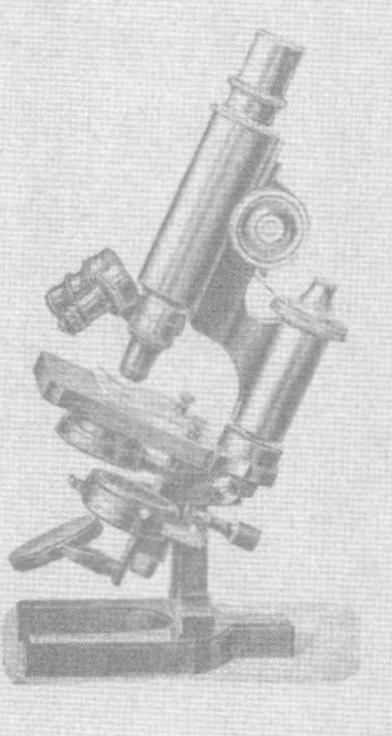

제5장

코페르니쿠스의 새로운 세계

| 요약 | 이장의 목적은 코페르니쿠스가 새로운 우주를 제안한 배경에는 단순함에 대한 믿음이었다. 그러한 믿음은 르네상스 플라톤주의(신-플라톤주의라고 부름)와 원자론의 부활의 영향을 받은 결과를 탐색하는 것이다. 특히 르네상스 플라톤주의에서는 기하학을 중시했던 플라톤의 영향을 받아 단순한 기하학 우수성 및 미적 우수성을 찬양했는데, 이러한 측면은 코페르니쿠스가 가장 단순하게 표현한 우주가 더 우월하다는 구조라는 생각을 가지는데 큰 영향을 주었다. 하지만 그 당시 지구가 운동하는 데 우리는 왜 그것을 느끼지 못하는가? 그 물음에 대한 답은 갈레레오의 상대성원리였다. 자신은 이것을 주장하지 못했으나 코페르니쿠스의 기본적인 미적 기준이다.

| 주요어 | 코페르니쿠스, 플라톤주의, 단순성

1 서론

고대 그리스 사람들은 특이한 행성에 '방랑자(wanderer)'라는 이름을 붙이기도 했다. 프톨레마이오스는 가장 완벽하고 대칭적인 도형은 원이다. 따라서 지구주위를 도는 행성은 자체적으로 작은 원을 그리며 이중으로 돌고 있다고 생각했다. 지구주위를 도는 행성이 자신의 궤도 안에서 작은 원을 그리며 돈다면 행성이 뒤로 돌아가는 것처럼 보이는 역행 현상을 이해할 수 있었다. 하지만 그런 설명은 너무나도 복잡하다. 플라톤사상은 천체현상을 원운동으로 설명하되 단순 간결하게 설명할 수 있어야 한다는 것이다.

1543년, 폴란드 천문학자 Nicolaus Copernicus는 이러한 행성의 운동에 대하여 더 좋은 설명을 제안하였다. 그는 모든 천체의 중심을 지구가 아니라 태양이라 가정하면, 우리의 눈에는 항성을 배경삼아 움직이는 행성의 역행운동을 프톨레마이오스의 이중의 원을 사용하지 않고도 설명할 수 있다는 점이다.

하지만 그는 고난의 연속이었다. 그도 플라톤과 아리스토텔레스가 가장 대칭적인 기하학인 원을 버릴 수 없었기 때문이다. 또한 이러한 원운동은, 아리스토텔레스의 자연스런 운동이라는 믿음으로 인하여, 원운동의 원인이 외부 원인이라는 뉴턴의 동역학으로 가는데 걸림돌이 되었다.

무엇보다도 그는 지구가 운동을 하는데 왜 우리는 그것을 느낄 수 없는가? 아리스토텔레스의 탑의 논증을 해결할 수 없었다. 문제는 코페르니쿠스에게는. 갈릴레오가 통찰했던, 역학적인 문제인 관성이라는 대칭이 자연에 숨겨져 있다는 것을 알 수 없었다. 그도 원 궤도 운동은 자연에 숨겨져 있는 대칭성만을 고집하였던 것이다.

우리는 수학과 논리학은 어떤 의미에서는 같은 수단일 수 있으나, 수학은 피타고라스를 시작으로 플라톤의 중요한 논리이며 실재론이기에 하늘에 적용된 수학은 우주론이었다. 하지만 단지 계산만을 위한 수학은 천문학이라 할 수 있기에, 아리스토텔레스는 수학은 질료가 없는 형상으로만 존재하는 수학보다는 질료와 형상이 다 같이 적용될 수 있는 생물학에서 논리학으로 철학을 구사하였다. 르네상스에 이르러서는 논리적 단순성에서 점점 멀어져 실재에 벗어나는 프톨레마이오스의 지구중심설은 단지 계산을 위한 천문학으로 변해가고 있기에 실재에 맞는 우주론을 갈망하게 되었다.

뉴턴이 언급했던 "거인의 시대", 즉 이성의 시대를 최초로 연 사람은 코페르니쿠스였다.

이러한 르네상스의 시대의 지식추구의 특징으로,

첫째, 고대의 합리주의적 권위를 믿기 보다는, 자연계를 스스로 관찰하는 일은 자연을 이해하는 데 중요한 영향을 주었다.

둘째, 코페르니쿠스의 혁신의 출발은 르네상스 시대의 신대륙 발견으로 인해 가능해진 지구에 대한 개념의 변화이다. 신대륙 발견은 지구와 물이 하나의 둥근 일체를 이루고 있다는 것을 확인하는 것이었다. 땅의 구(sphere) 와 물의 구가 사실은 하나의 수륙구로 결합되어있다는 것이다, 고대 그리스의 아리스토텔레스의 물과 흙은 다른 위치에 있어야 된다는 질적으로 다른 위계가 있다는 정적인 우주에는 문제가 있다는 것이다.

셋째, 새로운 이란 말은 르네상스의 코페르니쿠스에게 오래된 것에 대한 재 발견을 의미했다. 르네상스의 예술과 과학은 혁신이라기보다는 고전 전통에서 비롯되었다. 그는 우주에는 기초가 되는 간단한 구조가 틀림없이 있을 것이라는 플라톤주의 믿음을 받아들였다(Chown, 2017). 확실하지는 않지만, 사모스의 아리스타코스의 "하늘은 정지해 있고, 지구는 자전축의 주위를 회전하면서 동시에 원 궤도에서 회전한다."라는 구절을 읽고 자신의 의지를 확인했다고 할 수 있다. 무엇보다도 단순하고 아름다운 태양중심설은 그에게 큰 영감을 주었지만, 원 궤도라는 단순하고 아름다운 궤도들은, 실제로 하늘은 그 아름다운 가설이 틀리다고 선언하고 있기 때문에, 그의 일생은 비극이었다.

따라서 이 장에서는 프톨레마이오스의 지구중심설의 복잡성의 문제점과 코페르니쿠스의 태양중심설의 단순성 성립 조건을 탐색하는 것이다.

2 프톨레마이오스의 지구중심설

프톨레마이오스(아랍어), 혹은 톨레미(Ptolemy, 영어)라고 불립니다. 프톨레마이오스(아랍어)는 AD 127-145년 알렉산드리아에서 활동한 고대 그리스의 천문학자이며, 수학자이자 점성술학자였습니다. 코페르니쿠스의 이전시대에 최고의 천문학자로 인정받고 있으며 <알마게스트(Almagest)>란 이름인 <천문학의 집대성>이라는 저술을 남겼다.

그러한 프톨레마이오스의 지구중심설의 문제점으로,

첫 번째, 행성들이 지구주위를 회전할 때 하나의 원이 아니라, 이심원(deferent)이라는 큰 원을 따라 주전원(epicycle)이라는 또 다른 원을 따라 운동한다는 점이다.

아리스토텔레스의 우주 모형 수정

: 프톨레마이오스가 제안했던 우주를 간단한 모형으로 나타낸 그림이다. 행성이 주전원의 작은 궤도를 돌면서 대원의 큰 궤도를 돌고 있다. 계의 중심은 X(이심 점)며 지구는 중심에서 벗어나 있다. 프톨레마이오스가 새로 도입한 개념이다. 프톨레마이오스는 이러한 모형을 바탕으로 행성들의 밝기가 일 년 동안 변하는 것과 행성의 역행운동을 설명했다.

이 밖에도 프톨레마이오스는 천체가 간단한 기하학적 모델에 따라 움직인다고 가정하고 히파르코스의 사인표를 이용하여 해, 달, 행성의 위치를 계산하였으며 그에 따른 일식, 월식 현상을 알아내는 방법을 설명하였다.

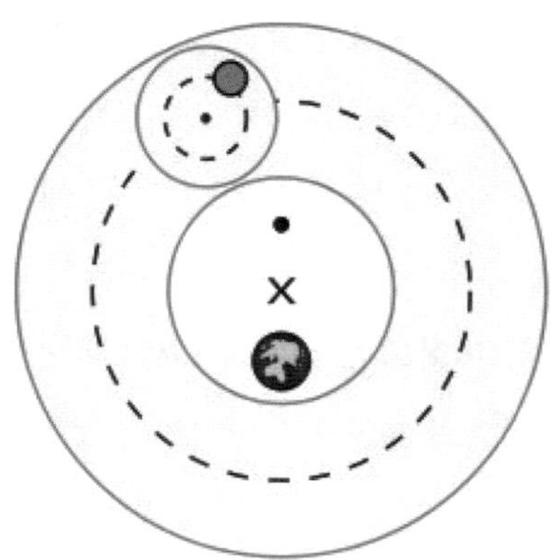

그림 1. 프톨레마이오스 체계

두 번째, 이른바 이심점(equant point)'이다. 이 점은 하늘에서 움직이고 있는 행성들이 플라톤의 가정과는 다르게 회전 속도가 다르다는 것이다. 따라서 지구의 위치를 행성의 공전 회전 중심에서 조금 벗어나게 두면 지구는 타원체의 한 초점에 놓여 있는 것처럼 보인다.

대심이나 주전원과 같은 기묘한 요소들이 프톨레마이오스의 체계에 국한된 것은 아니었다. 태양 중심설을 제창한 코페르니쿠스도 타원 없이 원만으로 천체의 운동을 설명하려 했기 때문에 계속 대심과 주전원을 잔존시켰고, 그에게도 대심이나 주전원은 유용한 계산 도구라는 측면이 강했다. 대심과 주전원의 역사에 마침표를 찍은 것은 면밀한 계산 끝에 과감하게 '타원'을 도입한 케플러에 이르러서이다.

요컨대 뒤엠의 주장은, 서양 천문학 이론의 역사는 '현상을 구제하기 위한 도구'의 역사라는 것이다. 이를 일반적으로 확장해 보면 과학자들에게 가장 중요한 과제는 '현상을 설명하는 것'이므로 이론이란 현상을 잘 설명할 수 있는 도구의 역할을 할 수 있으면 그만이고, 과학자들은 이론에 그 이상의 '과도한' 기대를 걸지 않는다는 것이다.

프톨레마이오스의 지구중심 세계관으로 처음에는 고대그리스의 세계관과 잘 일치되는 우주론이었으나 점차 이러한 세계관과 멀어지는 도구적인 천문학으로 변화되었으며, 코페르니쿠스의 태양 중심 세계관이라는 새로운 세계관의 제안을 유발하는 결정적인 계기가 되었다.

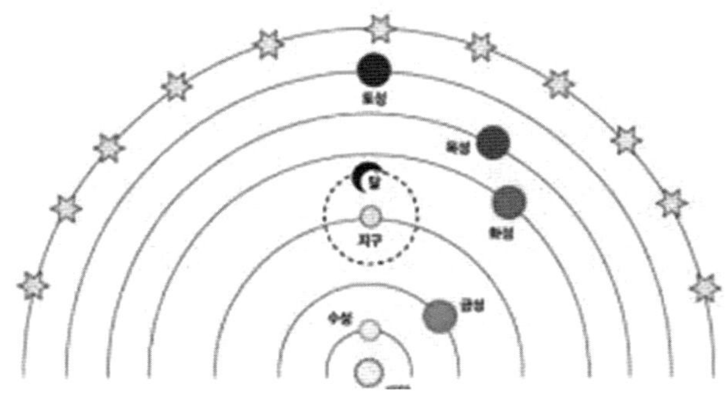

그림 2. 코페르니쿠스의 태양중심설

아리스토텔레스의 견해를 따를 때, 플라톤의 이상세계의 수학은 자연철학의 대상이 되기에는 불완전하였기에, 그의 자연철학은 일반적으로 수학적인 고려 없이 연구되었다. 아리스토텔레스의 우주론과 프톨레마이오스의 천문학과는 분명한 차이가 있었다. 코페르니쿠스는 이 분리를 종식시키길 원했다. 그는 천문학이 행성의 운동과 위치를 정확하게 알려줄 뿐만 아니라 세계의 참 된 모습을 드러낼 수 있길 바랐다.

첫 번째, 태양을 중심으로 지구가 공전하고 모든 행성이 공전한다면, 공전 주기가 길수록 태양으로부터 멀어지는 정도를 설명할 수 있다는 점입니다.

두 번째, 지구가 자전한다면, 거대한 천구가 하루에 한 바퀴를 거의 거대한 속도로 회전할 필요가 없는 점입니다. 또한 지구자전의 세차운동은 춘분점의 이동을 설명할 수 있다는 점입니다.

하지만, 지구가 운동하는 태양중심설은 고대 그리스의 아리스토텔레스의 세계관과 맞지 않았다. 그것은 누구나 알 수 있는 상식이었다. 코페르니쿠스는 이 문제를 중요하게 여기지 않았다. 단지 그는 프톨레마이오스 방식보다 더 정확하게 행성의 위치를 계산하는 방식을 원했을 뿐이었다. 하지만 그 당시 사람들은 지구가 운동한다는 것을 믿을 수 없었다. 진리와는 아무 관련이 없는 천문학일 뿐이었다. 그들은 프톨레마이오스의 체계와 코페르니쿠스의 체계도 마찬가지라 생각되었다.

코페르니쿠스의 태양 중심 세계관은 처음에는 그 당시 지구중심 세계관과 일치 되는 우주관이 아니기에 천문학으로 시작되었지만 점차 태양 중심 세계관이 인정될 까지 기다려야 했다. 그 결과 실재와 일치되는 우주론으로 변화하게 된다.

실재론에 따르면, 이론의 목적은 세계가 실제로 어떠한가를 기술(記述)하는 것이며, 연구 대상은 인식 주체(인간의 마음)와 독립적인 존재방식을 가진다. 이를 탐구하여 참된(진실한, true) 기술을 하는 것이 과학의 목적이다.

반면 도구주의에 따르면, 이론적 내용은 실재를 기술하는 것보다는, 이론 및 이론에서 다루고 있는 개념들은 현상을 설명하기 위해 고안된 편리한 도구일 뿐이다. 즉 이론은 그것이 정확한 설명과 예측을 제공해

주는 유용한 도구이기는 하지만, 세계의 참된 실제 모습을 보여 준다고는 볼 수는 없다는 것이다. 결국 실재론자에게는 참·거짓 여부(대상과의 일치 여부)가 중요하지만. 도구주의 자에게는 현상을 설명하고 예측하는 데 얼마나 유용한지가 중요한 것이다.

처음 과학을 배울 때에는 누구나 자연스럽게 실재론자가 되는 것 같다. 과학 이론이 이토록 정확한 예측을 가능하게 해 주고 기술에 응용되어 놀라운 성과를 보여 준 것을 고려하면, 과학 이론이 단순히 편리한 '도구'에 그치는 것이 아니라 세계의 '참된' 모습을 보여 주는 것이라고 믿기 쉽다. 그러나 학습의 깊이가 깊어질수록 상황은 그리 단순하지 않다는 것이 서서히 드러난다.

따라서 필자가 보기에는 코페르니쿠스는 신부로서 처음에는 지구중심을 믿었지만, 프톨레마이오스의 지구중심설의 복잡성이 증가하는 것을 보고 자신의 태양중심설의 도입은 하나의 도구주의적 입장과 실재론적인 입장이 상존되어 있으리라 볼 수 있다. 왜냐하면 단순성이라는 미적 특징을 가지고 있었지만 그는 태양중심설을 지지하는 어떠한 증거도 가지고 있지 않았다. 하지만 그 뒤에 많은 후속세대의 갈릴레오와 뉴턴은, 많은 증거로 지지되는 태양중심설이야말로 세계의 실재를 보여준다는 실재론자가 되었으며, 처음의 코페르니쿠스의 도구적인 천문학이 아니라 근대의 우주론이 되었다.

과거의 설명체계를 더 빠르게 무너뜨린 것은 무엇보다도 물리적 우주에 대한 새로운 수학적 개념이었다. 지구중심설과 태양중심설 모두 관측 자료를 수용하였다. 그러나 코페르니쿠스는 경험적 우수성이 아니라 수학적 우수성과 미적 단순성 때문에 자신의 태양 중심모형을 주장했다고 할 수 있다.

코페르니쿠스의 세계의 중심은 지구궤도의 중심이었다. 태양은 비록 그 지점에 가장 가깝지만, 그 지점을 점유하지는 않으며, 행성의 궤도면은 태양을 통과하지도 않았다. 따라서 드라이어(Dreyer, 1952-1926)가 지적했듯이, 코페르니쿠스는 여전히 "지구에 대해 자신의 새로운 체계에 있어서의 매우 예외적인 지위를 부여하지 않을 수 없다." 라고 느꼈다. 그는 "지구는 구 체계에서와 마찬가지로 신 체계에서도 거의 동등한 거의 동등한 중요성을 지닌 물체였다"라고 하였다. 정확하게 말하면 태양중심설이란 케플러에 기인한 것이지 코페르니쿠스에 기인하는 것이 아니었다(Lovejoy,1971, p.149).

케플러가 아리스토텔레스 방식으로 신을 다른 존재들의 운동과 노력의, 자족적이고 不動의 궁극원인으로서가 아니라, 주로 발생적이고 자기확산적적인 에너지로 생각하고 있기 때문에 태양중심설의 신학적 논의가 호소력을 가진다. 그리고 그의 우주도 중세적이었다는 점이다. 프톨레마이오스의 체계와 마찬가지로 한정적이고 천구들로 둘러싸여 있었고 생각하였다. 만약 태양이 성부이신 신의 대응물이라면, 항성의 천구 면은 성자의 대응물이며, 행성들 사이의 중간지역은 성신으로 대응될 수 있다고 케플러는 생각했기 때문이다. 또한 행성들의 일반적인 체계란 미적 질서뿐만 아니라 어떤 합리적인 근거까지도 가지고 있다고 생각하였다. 이러한 가정을 실증을 탐구하려고 함으로서 비로소 케플러는 행성운동의 제 3법칙을 발견하였던 것이다. 케플러 역시 充分理由의 원리에 의존하여, 창조주가 이러한 비율을 부여하고 행성의 수를 여섯으로 결정하고 따라서 그 간격을 다섯으로 정함에 있어서 임의적이 아니라 어떤 원리에 인도되었다고 믿었다. 만일 이데아의 세계에 있어서 이러한 필연성이 천체의 수를 제한함으로서 적용된다 (Lovejoy,1971, pp.146-147).

지구중심설로부터 태양중심설의 변화는 태양중심설로부터 무중심설(無中心說)로에의 변화에 비하면 그 중심성이 훨씬 덜 한 것이었다. 우리가 살고 있는 체계가 갖는 태양중심적인 상이 그 체계속의 다른 행성에도 생명체가 있다는 가정은 그러듯하다. 한 측면에서 지구를 다른 천체와 동일한 기반 위에 놓음으로써, 태양중심적 견해는 의식을 갖고 있는 생명체의 존재가 다양하다는 사실을 천체에 까지 유사성이 적용될 가능성을 암시한다. 하지만 그 결론은 이미 코페르니쿠스 이전에 도달된 것이며 태양중심설로 도달된 것도 아니다. 특히 항성들은 태양으로부터 거의 동일한 거리를 둔 항성구가 깨진 것과, 아니면 공간 속에서 광막하게 거리를 두고 산재되어있는 가는 그 항성들과 지구와의 거리가 측정될 수 있게 되기까지는 결정될 수 없었다. 비로소 1938년 항성의 시차를 측정하는 데 성공하여 항성 구는 필요 없게 되었다 (pp.151-153). 또한 태양중심체계에서 지구공전궤도의 기선이 시차의 기선이 되었기에, 시차의 발견은 태양중심체계를 넘어서 無中心체계의 시작을 말한다고 할 수 있다.

갈릴레오는 "우주의 두 체계에 대한 대화"에서 "어는 누구도 우주가 유한하고 뚜렷한 형태를 가지고 있다고 입증하지 못하였다 라고 강조하고 있다. 그럼에도 불구하고 이 대화 속에서 그의 대변자는, 실상 우주는 형태에 있어서 유한하고 구체이며 따라서 중심이 있다고 아리스토텔레스적인 대화자에게 인정하고 있다. 하지만 그는 명백한 충만의 원리에 따라, 달에 거주자가 있음을 가정하여 정확하지 않으나 지구의 거주자와 유사 한가, 혹은 상당히 다른가하는 것은 명백한 관찰이 없기에 결정하기 어렵다고 하였다. 왜냐하면 이것은 그에게 있어서 ”자연의 풍요와 그(창조자와 지배자)의 전능에 요구되는 것“으로 생각되기 때문이다. 갈릴레오는 케플러와 함께 외면적으로는 우주의 무한성과 복수성의 설을 거부하였으나, 그의 실제의 믿음에는 브로노적인 견해에 이끌려져 있다고 할 수 있다(Lovejoy,1971, pp.166-167).

17세기가 50년이 지난 후, 코페르니쿠스의 태양중심설뿐만 아니라 부루노의 설은 당시대에 가장 영향력이 있는 철학자들의 지지를 받는 이점을 가졌다.

다른 증거가 없는 경우 우리의 추론의 출발점이 되는 전제는, 우리가 판단할 수 있는 한, 존재할 수 있는 것이라면 존재한다는 것이다. 무한수의 우주를 만드는 것이 창조주에게는 가능하였다(Lovejoy,1971, p.169).

17세기 후반에 우주가 복수이며 무한하다는 이론이 급속히 수용되기에 이른 것은 아마도 브루노의 저술의 직접적인 영향보다는 데카르트의 유행에 기한하였던 것이다. 데카르트는, 고정된 천구 층을 부정하고, 아리스토텔레스 우주가 갖는 좁은 장소와 수정벽 안에 더 이상 한정되어 있음을 조소한 사람이다(Lovejoy,1971, p.171).

르네상스 전통과 17세기 과학혁명기의 이원론 전통

르네상스 전통과 과학혁명기의 17세기 이원론 전통은 두 가지 측면에서 구분된다.

첫째, 르네상스 시기의 과학적 지식은 명백한 운동 및 경험을 구제하는 합당한 설명에 해당한다. 반면에 17세기 사유방식에서 과학적 지식은 경험을 초월한 실체의 지식, 물체의 속성에 관한 지식이다. 둘째, 갈릴레오 이후 경험 이전에 속하는 1차 속성과 색 및 맛 같은 2차 속성 상이의 구별이 정착된다. 물체의 속성인 질량, 시공간적 크기로서의 연장, 그리고 운동 등은 결코 경험의 직접적인 대상이 될 수 없다. 마음의 합리적인 능력인 이성에 의해 그 속성은 수학적으로 다루어질 수 있다. 반면에 르네상스 학자들은 경험자체를 외부 자극에 의해 촉발된 마음의 관념 혹은 감각 인상의 다발로 보지 않았다. 그들은 사유 방식 속에서 과학적 지식은 경험을 초월한 물질적 속성에 관한 것이 아니었다. 그것은 그저 경험에 합당한 설명 체계였다(이상하, 2004, pp. 278-279). 17세기 이 전만해도, 코페르니쿠스의 천체 계는 주어진 현상을 좀 더 간단하게 설명하기 위해 제안된 하나의 수학적 모형에 지나지 않았다(Cohen, 1984, p.88).

예를 들면, 그들 중 누구도 지구가 운동한다고 믿지 않았다. 단지 프톨레마이오스의 방식보다. 더 정확하게 행성의 위치를 계산하는 방식을 원했을 뿐이지, 천문학이란 진리와 아무 관련이 없는 계산 기법일 뿐이다. 르네상스 시대, 코페르니쿠스의 저작의 사문을 작성한 오시안더는 천문학과 우주론, 또는 수학과 자연철학의 전통적 분리의 주장이다. 천문학은 행성의 운동을 계산하는데 도움을 주는 수단 일뿐이므로 우주가 실제로 어떻게 펼쳐진 있는지를 알려줄 수 없다고 하였다(Henry, 2012, p.133).

Copernicus 의 절대적 유한한 공간과 절대시간

코페르니쿠스는 세상이 유한하고 대칭을 이루며, 완벽한 기하학에 속하고 엄격히 서열화 되어야한다고 생각하였다. 그는 구조를 보존하면서 간단히 원소를 뒤바꿔어 놓는다. 그는 부동성을 운동보다 더 고귀하고 신성하기에 태양을 중심에 놓는다. 이를테면, 그의 저사 "천체의 화전에 대하여"에서 다음과 같이 기술하고 있다. "하늘보다 아름다운 것이 무엇이 있는가?....이렇게도 높은 숭고성 때문에 철학자는 그것을 신이라고 부른다. 부동상태는 변화 不定의 상태보다 고귀하고 신적이다. 태양은 우주 한가운데에 고요히 머물러 있다. 이 아름다운 전당 안에서, 사방이 비쳐질 수 있는 장소 이외는 어디에다 이 램프를 둘 수 있는가?"(오진곤, 손영수 옮김, 1995, p.168). 코페르니쿠스가 새로운 우주를 제안한 배경에는 단순함에 대한 믿음이었다. 그러한 믿음은 르네상스 플라톤주의(신-플라톤 주의라고 부름, 저자 추가) 영향을 받은 결과였다. 특히 르네상스 플라톤주의에서는 기하학을 중시했던 플라톤의 영향을 받아 단순한 기하학 우수성 및 미적 우수성을 찬양했는데, 이러한 측면은 코페르니쿠스가 가장 단순하게 표현한 우주가 더 우월하다는 구조라는 생각을 가지는데 큰 영향을 주었다(임경순, 정원, 2014, p.96).

그는 구체를 의심하지 않는다. 그 형태가 모든 것 중에서 가장 완벽하고 전체가 어떤 이음매도 필요로 하지 않기 때문이다. 또한 그것은 커다란 용적을 갖고 있으며 모든 것을 포함하고 모든 것을 둘러싸기에 가장 적합한 것이다. 또한 세상으로부터 분리된 모든 부분이, 요컨대 태양과 달을 말하는 것인데, 그것과 별이 구체의 형태로 보이기 때문이다.

항성 천구는 그도 보존된다. 하지만 이 천구가 오목한 모양 속에 만물 천지를 둘러싸고 있는 것으로 여겨지기 때문이다. 무엇보다도 그는 행성들의 위치를 더 잘 계산하기위해서 태양중심설을 주장하게 된다. 따라서 그는 이 우주가 측정할 수 없도록 거대하지만, 무한하지는 않다는 주장한다. 그는 함축적으로 달 위의 세상과 달 아래의 세상 사이에 근본적인 이분법을 폐지하였다. 따라서 에테르 또는 제 5원소에 대한 고려는 불합리한 것이 되었다. 항성천구의 회전을 끝까지 주장하지 않는다.

첫째, 아리스토텔레스의 자연학과, 그것의 두 종류의 운동과 다섯 종류의 물질은 더 이상 존재 이유가 없다.

둘째, 항성 천구가 움직이지 않는다면, 그것은 더 이상 직분을 갖지 않기에 사람들은 그것이 존재하지 않는다고 생각할 수 있고, 무한한 공간, 그 어는 곳으로든 천국을 포함한 다른 모든 것들을 가득 채울 수 있을 정도로 우주는 확장될 수 있다는 것을 의미한다(Huyghe, and Huyghe, 1999, pp. 389-394).

새로운 우주론에서, 자연에 질적인 차이점들이란 있을 수 없으며 세계의 어느 곳이나 질적으로 단일한 한 가지 물질만 있다. 따라서 유일한 양적인 차이점과 기하학적 구조의 차이점이다. 이것은 우리들 다시금 플라톤과 피타고라스학파로, 또는 원자들과 빈 공간 이외의 어떤 것도 실재하지 않으며, 또한 다른 모든 것들은 결정된 원자구조의 형태로 환원된다는 그리스의 원자론자들로 이끌어간다(Collingwood, 1960, p. 147).

코페르니쿠스는 우주의 중심을 지구로부터 태양으로 옮겼지만 항성구의 존재는 그대로 두었다. 즉 유한한 우주라는 점에서는 아리스토텔레스-프톨레마이오스의 지구 중심설과 변함이 없었다. 그런데 지구가 태양주위를 돈다면 항성의 위치가 1년을 통하여 이동해 보일 것이다. 이것을 연주시치라고 한다. 현대적인 관점에서는 연주시차는 존재하지만 항성이 너무 멀리 있기에 육안관측으로는 관측하기 어려웠다. 하지만 코페르니쿠스는 항성구의 유한성을 생각한 것은 그의 한계였다. 너무 우주가 커지면 우주 바깥에 신이 존재할 정소가 문제라는 것이다.

무엇보다도 그 당시 지구가 운동하는 데 우리는 왜 그것을 느끼지 못하는가? 그 물음에 대한 답은 갈레레오의 상대성원리였다. 자신은 이것을 주장하지 못했으나 코페르니쿠스의 기본적인 미적 기준이었다.

3 코페르니쿠스의 과학혁명의 의미

코페르니쿠스의 관해 설명하면서 우리는 세 가지 다른 단계의 의미가 존재한다(Derry, 1999, p.101).

첫째, 천문학자들만이 관심을 가지는 수학적 단계가 있다. 즉, 지구의 운동을 수학적으로 계산 가능한가?

둘째, 지구는 실제로 어떤 운동을 하는가? 라는 물리적 단계가 있다.

셋째, 우주론적 물음 단계인데, 지구가 그런 운동하는 것은 어떤 의미가 있는가?

우리가 탐색할 문제는 구체적으로 이러한 세 가지 문제인데, 앞의 두 가지는 인식론적 문제이고, 세 번째 문제는 형이상학적인 문제라고 할 수 있다.

코페르니쿠스의 태양중심설의 종합적인 설명

우주는 모든 것이 운동하는 동적인 세계이고(형이상학적 믿음), 그러한 운동은 지구가 공전과 자전을 통하여 상대적인 운동으로 인식할 수 있지만, 도구적인 수학적인 법칙으로도 충분히 파악 가능하다(인식론적 정당화).

아리스토텔레스의 지구중심설의 종합적인 설명

우주는 모든 것이 고유한 제자리가 있는 유기체적이고 정적인 세계이고(형이상학적 믿음), 그러한 체계는 지구가 정지된 상태를 통하여

표 1. 코페르니쿠스의 태양중심설과 아리스토텔레스의 지구중심설

	수학적인 문제, 지구운동에 따른 수학적인 계산	**물리적인 문제,** 지구의 운동 여부?	**우주론적인 문제,** 지구의 운동의 의미? <형이상학적 믿음>	영향
아리스토텔레스 지구중심설	유기체적이고, 생물학적이다.	지구는 정지되어있다.	정지된 지구와 유한한 우주는 정적이고 안정하다. 변화가 없고 모든 것은 제 자리가 있다.	중세의 신적 세계의 기반
코페르니쿠스 태양중심설	도구적이고, 수학적이다.	지구는 태양주위를 공전하며 자전한다.	움직이는 우주는 동적이다. 변화가 있고 상대적이다.	갈릴레오-뉴턴 역학의 기반

절대적인 운동으로 파악할 수 있지만, 추상적인 법칙인 수학보다는, 각자 자신의 위치를 지키려는 형이상학적 유기체적이고 생물학적 법칙으로 파악할 수 있다(인식론적인 정당화).

4 결론

아리스토텔레스에 따르면, 배우가 배역을 통해 연극의 목적을 이루듯이, 모든 자연물은 자신의 고유 목적을 향해 나아간다. 그것이 우주 전체의 합목적성을 실현하는 일이다. 이러한 '목적론적' 세계관을 부정한 것은 갈릴레오였다.

밤하늘을 관찰하면, 우주 전체가 우리 주위를 맴도는 것처럼 보인다. 이러한 관측은 지구가 고정된 세계의 중심이었으면 하는 형이상학적 믿음과 함께 지구중심설이 형성되었다. 하지만 이는 코페르니쿠스의 태양중심설에 의하여 부정된다. 지구 중심설도 천체에 대한 관측결과를 뒷받침 하는 여러 장치를 마련하고 있으므로, 태양중심설이 처음 코페르니쿠스에 의하여 제안되었을 때, 둘 중 어느 것이 더 좋은 설명인지 분명치 않았다. 이러한 과학혁명은 뉴턴의 동역학과 만유인력법칙에 의하여 완성되었다. 천사가 천체를 밀고 다닌다는 식의 설명은 더 이상 세계관의 혁명을 막는 저항이 될 수 없었다.

태양과 지구와 행성의 삼각 측량이 코페르니쿠스의 체계를 취하면 가능해지므로, 프톨레마이오스의 체계에서는 무의미한 값이었던 행성의 상대거리를 올바르게 파악할 수 있어, 여기에서 케플러의 제3법칙,

뉴턴의 역학이 유도되었다.

코페르니쿠스는 항성(恒星)의 세계를 무한 내지 그에 가까운 것으로 생각했다. 그러나 우주가 만약 무한이라면, 거기에 중심은 없을 것이다. 그는 이런 종류의 논의는 자연 철학자에게 맡겨야 할 일이라 생각하고, 스스로는 자신의 입장을 명확히 밝히지 않았지만, 그 발상은 「닫힌」고, 중세적 우주관에서「열린」 근대적 우주관으로의 이행을 촉발했다.

참고 문헌

오진곤, 손영수 옮김 (1995). 과학사의 새로운 관점(謝世輝, 1978, 日本國 講談社)

오준영 (2019). 서양 고대 그리스와 중세의 철학적 세계관, 그리고 근현대의 과학적 세계관의 영향. 서울: 연세대학교 대학출판문화원.

오준영 외 번역 (2015). 우주의 본질. 서울: 시그마프레스.

양형진 (2004). 과학으로 세상보기. 서울: 굿모닝미디어.

이태하 (1991). 자연과학에서 문예비평으로. 서울: 프레스21.

임경순, 정원 (2014). 과학사의 이해. 서울: 다산출판사.

Chown, M. (2017). The Ascent of Gravity: The Quest to Understand the Force that Explains Everything. New York: W.W. Norton & Company, Inc.

Cohen, I. B. (1985). The Birth of a New Physics. New York and London: W.W. Norton & Company.

Collingwood, R.G. (1960). The Idea of Nature. Oxford: Oxford University Press (유원기 옮김, 2006, 자연이라는 개념, 서울: 이제이북스).

Derry, G. N. (1999). What Science is and How it Works, Princeton University

Press. (김윤택 옮김, 2011, 그렇다면, 과학이란 무엇인가, 서울: 에코리브로).

Hawking, S. and Meodinow, L. (2005). A Briefer History of Time. The Book Laboratory Lnc. (전대호 옮김, 2006, 짧고 쉽게 쓴 '시간의 역사', 서울: 까치글방).

Hawking, S. and Meodinow, L. (2010). The Grand Design: New Answers to the Ultimate Questions of Life by Stephen Hawking. Bantam Press. (전대호 옮김, 2011, 위대한 설계(7쇄), 서울: 까치글방).

Henry, J. (2012). A Short History of Scientific Thought. UK: Palgrave Macmillan. (노태복 옮김, 2013, 서양과학사상사, 서울: 책과 함께)

Huyghe, E. and Huyghe, F. B. (1999). (문신원 옮김, 2000, 갈릴레오 이전 사람들은 세상을 어떻게 보았는가? 서울: 이끌리오)

Lovejoy, A. O. (1971). The Great Chain of Being : A Study of History of an Idea, Harvard University Press. (차하순 역, 1984, 존재의 대 연쇄, 서울: 탐구당)

제6장

갈릴레오: 자연을 이상화 된, 수학의 세계로 확장

| 요약 | 갈릴레오의 혁명적 사고실험에서, 경험의 세계에서 이상화된 수학의 세계로 전환되는 전략으로 과학과 수학의 융합이 연구의 주요한 목적이다. 그는 대상이 되는 현상 가운데 가장 중요한 것만을 추출, 추상화하여 파악하는 근대적 사고 전반을 특징짓는 분석적 방법을 과학에 도입했으며, "왜"라는 질문대신에 변수 간의 정량적 관계만인 "어떻게"를 다루었다. 예를 들면, 낙하하는 물체가 왜 낙하하는가? 라는 것은 그에게 중요하지 않았으며, 낙하하는 물체에서 시간과 거리의 양적인 관계만이 중요하였다. 하지만 근본적인 것은, 수량화된 시간 t를 도입했다는 점이다. 예를 들면, 수평방향으로 물체를 투사한 경우, 수평방향으로는 어떤 시간에 수평방향으로 이동한 거리는 $d \propto t$, 연직방향으로 어떤 시간에 낙하하는 거리는 $d \propto t^2$ 의 관계로 요약된다. 여기서 공간적 속성인 거리는 시간인 t의 함수로 표시된다. 즉 시간은 대수적인 수로 환원될 수 있는 동질적인 양으로 파악된다. 사물의 운동법칙은 이제 시간의 함수로 통해 계산 가능한 것이 된다. 이런 점에서 수학적 시간은 물리적 자연의 수학 화를 실질적으로 가능하게 해주는 결정적인 변수였다. 이것은 원자론에 따라, 각 원자들로 구성된 물체와, 원자 간의 혹은 물체간의 진공이 가능하기에 마찰력 같은 운동을 방해하는 요소들을 무시하고, 수학적 시간인 절대 시간에 대하여 공간을 기하학 화했다는 점이다. 무엇보다도 코페르니쿠스의 태양중심설의 문제점인 왜 지구가 운동하는 데 우리는 느낄 수 없는가? 해답으로 물리적 대칭성을 기반으로 갈릴레이의 상대성원리를 제안하고, 그것은 아인슈타인으로 이어졌다는 점이다.
갈릴레오는 이전의 고대 그리스의 수동적 관찰자로부터, 최초로 실험을 통해 자연을 관찰하는 능동적 관찰자가 시작 되었다.

| 주요어 | 추상화, 갈릴레오, 양적인 관계, 원자론, 수학적 추상화, 사고실험, 능동적 관찰

1 서론

아리스토텔레스는 지구가 움직이지 않는다고 하였다. 하지만 그 사실을 증명하는 것인데, 우리가 어떤 물체를 탑 위에서 자유낙하 시키면, 그 물체는 연직으로 땅에 떨어진다. 그런데 만약 지구가 운동하고 있다면, 물체가 낙하하는 동안 지표면은 움직일 것이므로, 당연히 물체는 탑 바로 밑에 연직으로 떨어질 수 없다. 하지만 실제로는 수직으로 탑 밑에 떨어지므로 자구는 움직이지 않는 것이 분명하다. 따라서 지구가 우주의 중심이다.

이것이 그 유명한 아리스토텔레스의 탑의 논증으로, 갈릴레오의 일정한 속도로 운동하는 배 위에서의 운동은 관성으로 인하여, 배가 정지하든 어떠한 속도로 운동하든, 동일한 낙하운동을 관측할 수 있다고 하여 지구가 운동할 수 있다는 것을 설명하였다(원자론의 영향으로 공기저항을 무시하는 경우). 물론 그 배는 우주에서 여행하는 지구이다. 또한 아리스토텔레스의 지구가 정지해있다는 것을 포함하고 있으나, 아리스토텔레스의 탐의 논증에 의한 예측실험을 부정하였다는 점이다. 프톨레마이오스는 아리스토텔레스와 마찬가지로 멈춘 지구가 배의 해안선의 구실을 한다. 반면에 갈릴레오의 우주에는 정지의 중심이 없고, 따라서 해안선이 없다. 이전에는 절대적인 정지 좌표에서 세상의 바깥에서 신의 눈으로 세상을 관측한다면, 갈릴레오는 운동하는 관측자로, 운동하는 세계 속으로 들어와서 사물들을 인간의 눈으로 관측하였다는 점이다. 이러한 사실은 모든 운동이 상대적이라는 아인슈타인의 상대성이론으로 이어진다. 갈릴레오의 상대 공간 개념은, 절대공간이 아닌 관찰자위주의 공간문제로 인식의 차원에서 바라보는 관점이 되었다. 이것의 이상은 아인슈타인의 상대성이론에서 절정을 이룬다.

두 가지 서로 모순되는 결론, 즉 무거운 물체는 가벼운 물체보다 더 빠르게 낙하한다(H>L)는 결론은 아리스토텔레스로부터 나온다. 무거운 물체(H)와 서로 묶인 물체(H+L)에서, 가벼운 물체(L)가 오히려 브레이크로 작동해서(H>H+L) 묶인 전체 물질을 느리게 만들지만, 한편으로는 더 무거운 합성 물체를 만든다는 점에서 전체물질의 낙하 속도를 상승시킬 수 있다(H<H+L). 이러한 모순을

제거하는 유일한 방법은, 이들 모두가 동일한 속도로 낙하한다고 생각한다는 것이다(H=L=H+L). 이는 동등성 원리(principle of equivalence)라는 이름으로 알려지게 된다. 모든 물체는 그 질량이나 그들의 구성과는 무관하게 동일한 가속도로 낙하한다(단, 공기 저항을 무시하는 경우)(Levy, 2016)..
공기저항을 무시한다는 것은, 공기저항을 위시하여 모든 것을 수용하는 이전의 수동적인 실험과는 다르다는 것을 알 수 있다. 관찰자가 임의로 운동을 방해하는 어떤 변수를 무시하는 전략으로, 능동적인 관찰자라 할 수 있다.
하지만 자유낙하의 원인을 아리스토텔레스의 자연스런 운동으로 고려할 수 있기에, 그 당시 어려운 인과론적 설명을 피하고 운동학으로 자신의 연구를 계속할 수 있었다. 또한 지상에서의 수평방향으로의 관성은, 지상에서도 그런 자연스런 운동이 가능하다고 생각하였다. 갈릴레오의 관성의 원리는 비록 지표면에서의 수평방향은 결국 원운동을 고집하는 한계를 지니고 있었지만 천상계나 지상계의 구분을 가리지 않고 모든 물체가 운동을 유지하는 데 어떤 원인도 필요하지 않는다는 것이다. 특히 원운동에서 아리스토텔레스의 목적론적 설명인 자연스런 운동으로 인과론적 설명을 피한다는 것은 과학혁명의 완성자인 뉴턴을 기다려야했다.

르네상스가 종교개혁 외에 로고스에 의한 뮈토스의 해체를 특징으로 하는 근대 계몽주의 길을 연 또 하나의 주목할 만한 움직임은 천문학이 선도한 과학혁명인 코페르니쿠스의 태양중심설이다.

중세에는 자연을 목적론적인 체계로 보는 그리스적인 자연관과, 자연을 인간에 의해 관리되어야할 성서적 자연관이 공존을 이루고 있었다. 성서적 자연관에 따르면, 자연은 신, 영혼, 세계로 이루어지는 존재론적 위계질서 가정 아래 일부분인 차지하는 것으로 신에 의해 창조되는 단순한 피조물에 불과한 것이다.

하지만 르네상스의 자연과학은 이러한 자연관에 근본적인 변화를 가져왔는데 자연을 성서와 마찬가지로 신의 뜻을 보여주는 제 2의 성서라고 생각한 르네상스의 자연과학자들에 의해 시작되었다.

르네상스 자연과학 혁명의 정점에 서 있던 갈릴레오는 계시와 신앙에 의해서가 아니라 이성과 경험에 의해 과학적 탐구를 해야 한다고 주장하여, 중세적 시각과는 매우 상이한 새로운 자연관을 보여주었다. 즉 신은 구원을 위한 성서뿐만 아니라 신의 창조 속에서 우리에게 준 자연을 통해서도 자신을 드러낸다는 갈릴레오의 주장은 자연이 단순한 피조물 이상의 것으로서 신의 본질에 참여하는 존재라는 것이다. 자연은 이제 단순한 피조물로서 그것을 존재하게 한 신에 대립해 있는 것이 아니라 스스로 전개하는 내적 운동 원리로서의 신을 담고 있는 것이다.

그런데 자연 속에 담긴 신적인 원리는 일상적인 언어가 아닌 수학적 언어를 통해서만 표현될 수 있는 것이었다. 케플러(Johannes Kepler, 1571-1630)에 따르면, 기하학은 신의 언어였으며 창조 이전부터 신과 함께 존재해온 또 하나의 말씀인 것이다. 기하학을 연구하는 것은 자연에 담긴 신의 뜻을 연구하는 것으로 과학적 탐구는 곧 종교적 행위였다.

자연과학자들은 자연이라는 실존하는 세계가 있지만, 수학자들에게는 수학의 세계라고 하는 가상의 세계가 있다. 수학자들은 그들이 설정한 논리적이고 인유적인 세계에서 일어나는 현상을 연구한다. 그리고 그러한 세계에서 개발한 이론들을 추후 누군가가 실재 세계에 어딘가에 작용할 수 있기를 기대한다(송용진, 2021, p.115). 갈릴레오는, 자신이 직접 개량한 망원경을 천체를 향하여, 달 표면의 산들, 엄청나게 많은 수의 항성들, 태양의 흑점, 목성의 위성들을 포함해 놀라운 발견을 하였다. 이 모두가 아리스토텔레스의 우주론과는 철저히 모순을 보여주어, 갈릴레오는 평생 동안 코페르니쿠스의 지지자였다.

하지만 갈릴레오가 가장 기여하게 된 분야는 천체의 천문학이 아니라 지상의 역학이었다.

17세기에는 갈릴레오, 데카르트, 뉴턴, 라이프니츠 등은, 그 당시 가장 뛰어난 수학자이며 또한 그 당시 실험 도구의 개발이 어렵기에 직접적인 실험 보다는 사고실험들이었다. 또한 실험 도구의 개발이 충분하다고 할 수 있으나, 우리 시대에 양자 역학과 상대성 이론의 창조는 사고실험이 수행하는 중요한 역할 없이는 거의 생각할 수 없다. 갈릴레오와 아인슈타인은 틀림없이 가장 인상적인 사고 실험가였다고 할 수 있다.

"두 체계의 대화"에서 갈릴레오의 운동기준계는 유리처럼 매끈하게 바다를 다리는 배였다. 갈릴레오는 수백 년 묵은 아리스토텔레스의 우주관을 부수는 것을 돕기는 했으나, 연속운동에 관한 그의 개념은 직선운동이 아니라 원운동에 관한 것이다. 그 이유는 갈릴레오는 원운동을 선호하는 그리스사상과의 연속성을 주장하기 때문이다. 갈릴레오는 16세기 사람이었다. 그 당시 신학의 관점에서 볼 때, 영원히 계속되는 직선운동은 받아들이기 어려운 소름끼치는 것이었다. 과학사가 코이레의 말을 빌리면, 직선운동을 포함시키기 위해서 갈릴레오는 유한 우주에서 무한 우주로 넘어가야했을 것이다. 지구를 우주의 중심에서 제거하여 태양주위를 돌게 하는 것과 무한한 공간속에서 헤매게 하는 것은 분명히 다른 것이다(Miller, 1998, pp.128-129).

영원한 직선운동(관성운동) 때문에 <모든 결정된 장소>가 없어진다는 것이 상대성원리의 간결한 진술이기에, 무한한 우주에서는 모든 점이 중심일 수 있기에, 어떤 중심은 없다. 이러한 이유로 르네상스시대의 갈릴레오는 직선관성이 아닌 원형관성을 주장하는 것은 어쩜 당연한 것이었다.

갈릴레오에 의해 도입된 이상화(idealization)는 근대과학의 특징을 규정짓는 역할을 하게 되었다(McMulin, 1985). 하지만 갈릴레오가 역학이론의 발전에 기여할 새로운 이론을 제시하려고 할 당시에는, 그 이론이 아직 증명된 이론이 아니었으며 후에, 그 이론을 증명할 수 있는 정확한 실험실 실험이 행하여졌다고 할 수 있다. 그의 노력이 자세한 실험실 실험이 아니라, 사고실험, 유비, 예시적인 은유에 집중되었다는 사실은 결코 놀라운 일이 아니다. 개념은 처음에 아주 막연한 관념으로 나타났다가 그것을 포함하고 있는 이론이 점차 정확하고 정합적인 형태로 변해감에 따라 점차 명료해진다(Chalmers, 1999, p.106). 단순히 귀납과 연역에서 과학이 발전하는 것이 아님을 알 수 있으며(Oh, 2021), 과학자의 창의성이 추상화와 과학적 사고실험을 통하여 보여진다. 즉 사고의 혁명이 일어난다.

우리의 연구는 이러한 개념이 명료해지는 사고 실험을 과정을 갈레오가 사용한 전략을 탐색함을 목적으로 한다. 초점을 그가 가장 중요한 발견인 관성을 중심으로, 이러한 연구 목적을 위하여 다음과 같은 연구문제를 둔다.

첫째, 예비적으로, 사고실험과 추상화와 이상화의 가능한 관계를 정립한다.

둘째, 갈릴레오가 자신의 과학적 사상을 사람들에게 설득하기 위하여 어떻게 추상화와 이상화를 어떻게 사용하였는가?

셋째, 이러한 전략이 과학적 발견에 어떤 장점이 있는가?

2 근대의 기계론적 세계관

사람들이 자연에서 질서를 보았기 때문에 그 질서 뒤에 신이 있다고 생각하게 된 것이 아니라, 이 세계가 신에 의해 창조되었다고 믿었기 때문에 세계가 지니고 있는 지니고 있는 질서를 파악할 수 있다고 생각하게 된다. 세계가 신에 의해 창조되었다면, 그 세계는 일정한 질서에 따라 구성될 수 있다고 할 수 있다. 바로 이런 생각이 근대 자연과학이 탄생되는 근본적인 동기가 되었다. 사람들의 관심은 신이 세계를 만든 질서를 인식하는 데 있었다고 할 수 있다.

이러한 암묵적인 전제아래에서, '결정론적인 물질주의' 라는 사상은 16세기 말에서 17세기 중반에 자연철학에 관한 많은 토론을 거치는 과정에서 출현하였다. 즉 거대한 기계로서의 자연이라는 이념과 자연은 수학적 언어로 기록되어있다라는 플라톤주의가 근대정신의 요체였다. 기계론적 세계관에 의하면 자연적 대상은 양으로 나타낼 수 있는 물질 이외에 정신세계는 포함하지 않는다. 물체는 궁극적으로 원자개념의 본래적인 정의로, 더 이상 쪼개질 수 없는 입자로 되어있다는 사물에 대한 확고한 기반이 이론적 확립되었다.

첫째, 만물은 물질을 구성하는 작은 입자로 구성되어있다.

둘째 이 물질은 자아를 갖지 않는, 영혼이 없는 순수 물질이다.

셋째, 이 입자는 고정된 수학 법칙에 따라 움직인다.

갈릴레오는 이러한 견해를 받아들이고, 아르키메데스가 사용했던 분석적 접근 방법을 따라 그는 수학만을 사용하여 경사진 면을 내려가는 공의 운동을 성공적으로 설명할 수 있었다. 만물이 소유하는 내적인 모습으로 설명했던 아리스토텔레스나 중세유럽의 철학자와 견해를 달리 했다. 그러한 정성적인 것보다는 정량적인 것에 주목했다. 또한 플리톤의 아름다움으로, 대칭성과 경제성, 즉 단순성이다. 이것은 자연세계에 내재되어있다는 것이다. 갈릴레오는 분명한 플리톤 주의자였다. 하지만 목적론을 추구하는 수동적인 관찰자가 아니라, 다양한 사고실험과 실제 실험을 통한 능동적인 관찰자였다.

아리스토텔레스 이후 중세에는 자연에 관한 참된 앎은 언제나 그 원인에 대한 앎이었다. 그 중에서도 가장 중요한 앎은 자연 변화의 최종적인 목적을 이해하는 것, 즉 목적인에 대한 통찰이었다. 따라서 아리스토텔레스에게 가장 높은 수준의 앎은 자연체계의 목적적 원인에 대한 앎이고, 제 1철학을 말할 수 있었던 것이다(박승억, 2015, p.94).

하지만 갈릴레오는 자연을 설명하는 목적론적 설명 방식을 운동학적인 기계론적 설명방식이었다. 이전에 가장 중요하게 다루었던 '왜(why)'떨어지는 가에 대하여는 침묵 혹은 자연스런 운동이라고 하였다. 갈릴레오가 설명한 것은 사물이 '어떻게(how)' 떨어지는 가였다. 필요한 것은 사물들 사이의 규칙적인 양적인 함수적 연관관계지 사물의 본질이 아니었다. 이것은 다음에 올 뉴턴의 정확한 동역학적 연구의 기반이 되었다.

3 사고 실험

1905년 마흐는 “사고실험에 관하여”라는 글을 통하여, “우리의 생각은 물리적 사실보다 훨씬 다루기 쉽다. 사고실험은 비용이 적게 든다.” 마흐는 당시와 현재의 사람들에게 사고실험이 무엇이지 명확하게 설명하였는데, 그것은 존재하는 물리적 조건의 이상화 또는 추상화이다.

특히 갈릴레오의 사고실험은 나중의 다른 과학자들이 하는 것처럼 이미 제안된 가설을 증명하기 위한 것이다. 하지만, 아인슈타인의 사고실험은 다르다. 그의 사고실험은 가설을 검증한 것이 아니라, 발견의 통찰을 위한 것이다. 1895년과 1907년에 위대한 두 사고실험이다. 1895년의 사고실험은 사고실험을 통하여 10년 뒤 특수상대성이론이 되었다. 초기단계에서는, 모든 실험이 사고실험이다. 1905년에 마흐는 “우리의 생각은 물리적 사실보다 훨씬 다루기 쉽다. 말하자면, 사고실험은 비용이 적게 든다.”라고 하였다. 마흐는 모든 사람에게 사고 실험이 무엇인지를 정확하게 설명했는데 그것은 “존재하는 물리적 조건의 이상화 또는 추상화라고 “라고 하였다. 갈릴레오의 사고실험은 이미 제안된 가설을 증명하기 위한 것이었다. 그러나 아인슈타인의 사고실험은 가설의 검증이 아니라, 발견을 통찰하는 것이다(Miller, 1996, p.371).

이상을 종합하면, 사고실험은 여러 가지 기능이 있다는 것을 알 수 있다. 첫째, 이미 설정된 가설을 검증하는 것, 둘째, 가설을 구성하는 것이며, 셋째는 기존의 이론을 파괴하고 새롭게 구성하는 기능이다. 브라운은 플라톤적 사고 실험이 선험적이라고 주장하는데, 이것은 ‘구성적'이면서 동시에 '파괴적'인 특징을 가진 사고 실험이며 바로 갈릴레오 사고실험이 파괴적이며 구성적이라 할 수 있다(Brown, 1991b, p.41. Brown, 1991b, p.124. Oh, 2016).

필자가 보기에는 관성의 법칙을 정당화하기 위해, 이미 설정된 가설을 정당화고, 새롭게 구성하는 것이다. 반면에 자유낙하에 대한 사고실험은 기존의 이론을 파괴하고 새롭게 구성하는 기능을 가지고 있다. 하지만 공통적으로, 사고실험에 의한 공기의 저항을 무시하기 전에, 수학적 추상화를 먼저 시도했다는 점이다.

4 추상화와 이상화

서구 과학적 이성은, 변화에서 불변을 찾으며, 다수에서 하나의 원형을 찾는다. 불완전 것에서 완전을 찾으며, 구체적인 것에서 추상적인 것들에서 추상적인 것을 찾아내려한다. 그리고 상대적인 것, 일시적인 것, 유한한 것에서부터 절대성, 영원성, 무한성을 찾고자 한다. 이는 현상적인 것에서 그 현상을 지배하는 원리적인 것을 찾으려는 형이상학적 작업이며 추상화 작업이다.

하지만 이렇게 자연에 숨겨진 숨은 질서에 접근하는 방법은, 이전의 고대그리스의 목적론적 결정론의 세계에서 수동적인 관찰자가 아니라, 근대의 인과론적 결정론적 세계에서의 능동적인 관찰자로의 최초의 변화이다. 근대 과학은 열린 세계를 다루기에는 역부족이었다. 방법론적으로 닫힌 세계를 가상적으로 구성해야만 했다. 즉 근대과학은 이러한 추상화를 통해 닫힌 세계를 만들어 가는 이성의 산출물이었다.

이러한 추상화 작업은 서구 사상사에 파르메니데스, 그리고 플라톤에서부터, 서구 계몽주의 기하학 정신의 부활과 함께, 갈릴레오, 케플러, 그리고 뉴턴, 그리고 아인슈타인을 거쳐 과학과 철학이 추구하는 기본 틀이 되었다.

추상화: 학자들은 자신이 연구하는 현실의 어떤 측면을 사고하기 위해 나머지를 :추상화할" 것이다. 나머지가 실존하지 않는다는 뜻이 아니다. 학지들은 그들 나머지를 잠정적으로 버려둔다. 일종의 존재론적 사고라고 할 수 있다.

수학은 이 세상에 존재하는 보편적인 법칙을 확실하게 확보하고 그것들 사이에서 성립하는 법칙을 체계적으로 정리해 두는 학문이다. 예를 들면, 대수법칙이나 도형에 관한 법칙인 '기하학의 정리'들을 마련해 두고 언제 누군가가 어떤 목적으로 사용해도 올바른 답을 얻을 수 있도록 해 두는 학문이다. 그러한 보편성을 얻기 위해 '수학'은 추상화를 하는 것이다. 수(數)란 현실에서 존재하는 것을 고도로 추상화한 것이다. 버틀랜드 러셀은 '수 개념'의 추상화 정도의 수준을 꿩 한쌍, 이틀이 모두 숫자 2라는 표현으로 추상화 정도가 높아진 것이라고 하였다. 수학을 이용하여 표현할 수 있는 량만을 고려하고 나머지는 과감하게 제거하는 것으로도 인식론적 표현이라 할 수 있다. 보편성이 높을수록 추상화 정도가 높다고 할 수 있다(Oh, 2016).

현재 과학의 놀라운 성과가 가능할 수 있었던 것은 바로 인간의 추상화 능력과 거기에 기반을 둔 수학 덕분이다. 우리가 진화하는 과정에서 추상화 능력은 생존에 긴요한 수단이다. 달리 말하면 뛰어난 자질을 가진 개인은 자연 선택에서 유리한 입장에 있다는 것이다(Oberhummer, 2008, p.193). 이론 형성 초기 수학적 추상화 단계의 전략은 인간 정신과학. 즉 창의성을 보여주는 중요한 단계라는 점이다.

또한 최초의 과학인 수학이 역사 속에서 돌출하는 것은 바로 바로 실천적 읾인 추상화가가 이루어지는 것은, 주어진 사회 문화적이고 이데올로기적 국면의 기반위에이다. 즉 아리스토텔레스의 생물학적 사상이 아닌 플라톤의 수학적 사상을 받아들이는 것이 근대의 갈릴레오가 받아들였던 사회 문화적이고 이데올로기적 기반이었다. 즉 그 시대의 믿음에 바탕을 둔 자유스런 발상이라고 할 수 있다.

이상화: 현실에 존재하는 것을 그냥 임의로 추상화하는 것이 아니라, "이상화"도 한다. 팽팽하게 당긴 실을 머리속에서 이상화하여 우리는 직선이라는 개념을 만들었다. 식탁위의 표면이나 바람이 없는 연못의 수면으로부터 이상화하여 '평면'이라는 개념을 만들어 내었지만, 폭이나 두께가 전혀 없는 '직선'이라는 것은 현실에 존재할 수 없다. 마찰이 전혀 없는 수평면도 마찬가지이다. 이것들은 어는 것이든 세상에 있는 것을 사람의 머리 속에서 이상화하여 만든 개념이다. 하지만, 현실에 있는 것을 모형으로 하고 있기 때문에 무의미한 것이 아니다. 즉 임의로 상상하는 것이 아니라, 현실에 있는 것을 사용하기에 존재론적인 영역이라 할 수 있다(Oh, 2016). '사고실험'을 간단히 설명하면 '현실에서 구현할 수 없는 실험을 이상화한 조건 아래 생각만으로 하는 실험'이라고 할 수 있으나, 반드시 현실을 바탕으로 점점 작아지는 전략

을 사용하여 극한값을 취한다는 것이다. 일종의 인식론적 사고라고 할 수 있다.

Kuhn(1970)은 TEs(Thinking Experiments)에 대한 반증적 역할을 강조했으며 현재 에피소드 중 일부가 이것을 지지하지만, 다른 사례에서는 TEs가 확증적 역할을 할 수 있음을 나타냅니다. TEs는 이론 생성 역할도 할 수 있다. Brown(1991a)은 파괴적 사고 실험과 구성적 사고 실험 사이에 관련된 특징들을 개발시켰습니다. 이 연구에서는, 갈릴레오 사고실험에서 평가적인 역할에 집중하고자한다.

5 갈릴레오의 추상화와 이상화를 전략적으로 사용 과정

갈릴레오는 케플러와 함께 "기하학적 단순성"의 원리에 입각한 천문학을 받아들였다. 케플러에게는 그 이전의 천문학의 전통 전체에게 그러했듯이, 오직 완전하고 영원한 천체의 운동만이 기하학적 분석의 대상이 되었다.

하지만 갈릴레오에게서는 <자연의 기하학 화(geometrization of nature)>는 새로운 전환을 보인다. 갈릴레오는 지상계의 운동에 대하여서도 기하학을 적용할 것을 제안하였다. 이것은 바로 코페르니쿠스 체계 안에서도 지구가 하나의 천체가 된다는 갈릴레오 말의 궁극적인 의미이다(Westfall, 2009, p.22).

운동의 연직방향으로의 자유낙하운동은, 운동학만을 다루었으나, 공간을 시간에 대하여 기하학 화했으며, 수평방향으로는 관성으로 원형 관성을 중심으로, 지구도 하나의 천체와 같은 기하학의 단순성을 보여주는 천체의 일원이었다.

과학사학자들은 갈릴레오가 우선 수학적 추상적 추론을 통하여 수학적 법칙을 발견하고, 그것을 정당화하기위해서 이상화된 조건아래, 사고실험 혹은 실제 실험장치를 고안했다고 한다(Crease, 2003, p.86).

따라서 우리의 연구는, 1단계로 어떤 법칙을 고안하는 수학적 추상화를 먼저 시도한 후, 2, 3단계로, 그러한 법칙을 정당화하기 위하여, 이상화 조건으로 향하는, 사고실험을 다루었다.

제 1단계: 수학적인 추상화

르네상스 시대에 과학이 체계화되면서 여러 과학의 기초를 수학적으로 쌓아야 할 것 같다는 생각도 생깁니다. 17세기 초에 갈릴레오는 이렇게 말합니다.

> 우리가 우주를 이해하기위해서는 우주에 관해 쓰여 있는 언어를 배우고 친숙해져야하는 데, 그 언어는 수학적인 언어이다. 가령 언어의 글자들은 삼각형, 원, 기하학적 모양 들일수도 있다. 이런 언어 없이는 우리는 우주를 한 단어도 이해할 수 없다(Sautoy, 2011).

이렇게 갈릴레오는 우주를 이해하는 것 자체가 수학적인 방법론으로만 가능하다고 생각했습니다. 그 이후로 이러한 생각들은 서구 과학사상의 근거가 되었습니다.

과학자는 이론에 대한 자신의 탐색을 이끌어갈 때 세계가 존재하는 방식에 관한 큰 그림으로부터, 또는 자료가 드러나는 방식에 에 관한 큰 그림으로부터 출발한다. 이러한 큰 그림은 형이상학, 수학, 신학 및 다른 영역에서 유래할 수 있다. 따라서 형이상학은 위로부터 인도하는 기준을 제공함으로써 과학적 방법론의 바로 그 구조 속으로 들어올 수 있다(Moreland, & Craig, 2003, p.33).

예를 들면, "우주는 완벽한 수학적 질서를 가진다. 또한 신은 그러한 수학적 질서에 개입했다는 것이다."라는 플라톤의 형이상학적 견해는 근대 과학자들의 인도가 된다. 오히려 왜라는 형이상학적 물음에서 벗어나 수학적이고 추상화된 세계, 즉 이상화된 세계로 나아가는 계기가 되었다.

갈릴레오는 아리스토텔레스의 생물학적 이론에는 대칭성에 문제가 있다는 것을 인식하여, 플라톤의 지식을 암묵적으로 확대해석하여 문제 상황을 진술하고 있다.

(Galileo) 플라톤에 따르면, 그리스 천문학자에게 '현상을 구제'하라거나, 질서와 아름다움이라는 그리스 이상에 부합하는 천체의 수학적 모델을 찾으라는 말은, 그리스 기하학에서 완벽한 형태인 원으로 설명하라는 것이다. 또한 플라톤은 "신은 항상 기하학으로 생각한다(God is always geometrizing.)"라고 말했다고 한다. 이 말은 원에 대한 찬미와 함께 플라톤이 피타고라스학파로부터 인용한 것이다. 자연의 통일원리(the Principle of unity in nature) 를 탐구했던 피타고라스학파에게는 수는 사물의 형상을 포함하고 있으며 실재하면서 동시에 추상적인 것이다(Giliispie, 1990, pp.14-15). 수학은 우리 인간의 감각적인 오

류에서 벗어날 뿐만 아니라, 우리 인간은 신으로부터 부여 받은 수학적 언어를 사용할 수 있었다.

<갈릴레오의 운동학적 설명, Why? 대신에 How? >

존재의 근원으로서 '왜(Why)'에 집중한 아리스토텔레스와는 달리, 갈릴레오는 검증되지 않는 것은 의미가 없다며 과학적 실증을 거친 '어떻게(How)'라는 질문이 더 중요하다고 생각했는데 이는 근원에서 방법으로의 과학사적 패러다임의 전환이다(Dolnick, 2011).

갈릴레오는 물체의 포사체 운동을, 포물선운동이라고 규정하고, 그 속 성분을 수평방향과 연직방향으로 구분하였다. 이것은 갈릴레오 이전에 어떠한 사람도 속도를 수학적으로 분해하지 않은 것이었다(Cohen, 1985, p.117). 우리는 수평방향으로는 관성의 법칙이, 연직방향으로는 가속도 운동으로 구분하여 그의 수학적 추상화를 탐색한다.

수학적인 추상화

기본적인 전제

첫째, 만물은 물질을 구성하는 작은 입자로 구성되어있다.

둘째 이 물질은 자아를 갖지 않는, 영혼이 없는 순수 물질이다.

셋째, 이 입자는 고정된 수학 법칙에 따라 움직인다.

연직방향에서 수학적 추상화: 자유낙하운동

모든 사물들은 동질의 재료로 구성된 물체이다. **<양적인 수학의 세계>**

따라서 원자론에 따라 모든 물체는 원자로 되어있고 원자 간의 진공을 인정하면, 즉 공기저항을 무시한다면, 공기 중에서 연직방향으로 낙하하는 각각의 원자로 구성된 모든 물체는 같은 시간동안 동일한 낙하 속도와, 시간과 관계없이 동일한 가속도를 가져야한다. **<등가속도 운동>**

모든 물체는 작은 입자로 구성되어있으며, 그 입자들, 각각은 동일한 수학적 법칙인 낙하 가속도를 가진다, 그 결과 작은 입자로 구성된 전체 물체는 질량과 관계없이도 동일한 가속도를 가져야 된다.

또한 공간은 수학적인 시간에 따라 공간이 기하학 화 되어(그림 1에서, 등가속운동의 삼각형 면적, 직사각형 면적은 평균속도에 의한 면적), 수량화된 시간 *t(그림의 T)*를 도입했다는 점이다. 예를 들면, 수평방향으로는 이동거리는 *d (삼각형 면적, 혹은 사각형 면적)*$\propto$ t *(걸린 시간)*의 관계로, 연직방향으로 낙하하는 물체가 어떤 시간에 낙하하는 거리는 $d \propto t^2$ 의 관계로 요약된다.

<수학적 추상화>

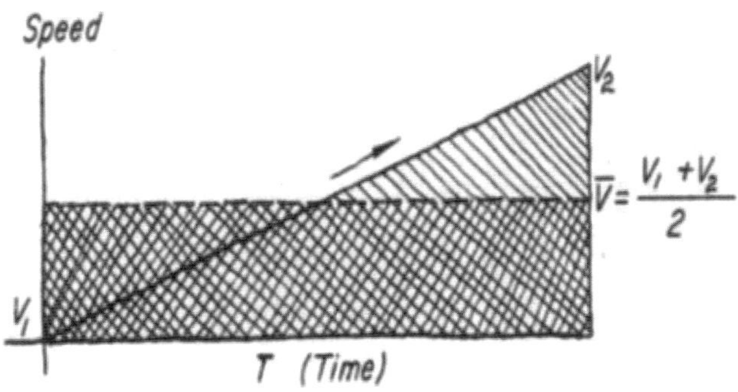

그림 1. 갈릴레오의 시간에 따른 공간의 기하학 화 (Cohen, 1985, p.104)

수평방향에서의 수학적 추상화: 관성운동

원자론에 따라 진공을 인정하면, 천상과 마찬가지로 지상에서도, 수평방향으로는 운동을 방해하는 마찰력 등이 없다면 동일한 속도를 유지할 수 있다. **<원형 관성>**

만약(If), 단순성에 따라 천상의 자연스런 운동은 지속적인 등속원운동이 옳고(**플라톤의 가설**) 지상과 천상의 모든 물질은 같은 재료로 되어있고, 지상에서도 물체의 운동을 방해하는 힘이 제거되어 천상과 같은 상황이 된다면(**보조가설 혹은 초기조건**), 어떻게 되겠는가? 당연히(then), 지상에서도 천상처럼 물체들은 계속 등속 원운동하려는 자연스러운 성질이 있다고 할 수 있다. 즉 태양중심설에서는 정지보다는 운동이 우선이기에 운동이 진공 속에서 가능한 원자론에 의하면, 물체의 주변 환경은 오히려 제거하고 무시되어야하는 대상이 되었다.

그리고 (And), 지상에서도 근사적으로 관성계이다. 즉 천상과 지상을 통합하여 지상에서도 물체의 등속 운동(원운동)하려는 성질이 타당하게 귀결된다.

따라서(Therefore), (원형 관성), 논리적으로 지상에서도 수평방향으로는 자연스러운 운동이다.

즉, 아리스토텔레스는 플라톤의 이데아의 세계를 천상에만 남겨놓았지만, 관찰되는 현상 너머의 이상화세계에서 플라톤의 이데아 세계를 지상세계로 내려왔고, 아리스토텔레스의 자연스러운 경향이라는 목적론적 사상을 도입하였기에 그리스 사상에서 완전히 벗어났다고 볼 수 없다. 무엇보다도 원 궤도는 천상의 천체들이 철학적인 신을 본받으려는 내적 경향을 보여주기 때문에, 완전하게 그리스의 목적론적 사상에서 벗어났다고 볼 수 없다.

절대화하고 추상화한 시간을 이렇게 하여 물리적 현상전체의 토대에 자리잡게 되었다. 시간은 실질적으로 우주와 세계의 일원적인 통일성을 확보하는 독립변수가 되었다.

결국 자연을 수학화함으로써 계산 가능성을 찾으려 했던, 근대과학을 특징짓던 갈릴레오의 이념은 한편으로는 공간을 대수적인 공간으로 변형시키고, 그 위에서 시간을 모든 운동의 절대적인 기준으로 삼음으로서 완성된다. 이런 점에서 수학은 생활세계의 보편적인 형식인 시간과 공간으로부터 가장 본래적인 의미에서 객관적 세계를 만들었다. 갈릴레오가 가정하고 있는 시간은 하나의 동질적이고 분할가능 한, 시계적 시간이라는 척도였다. 어떠한 부분 시간도 다른 부분 시간과 다를 바 없으며, 합쳐지고 곱해질 수 있는 것으로 간주되었다.

우리는 모든 물체는 운동을 우선으로 한다는 관성의 원리를 발견하는 과정에 집중하여 갈릴레오가 어떻게 과학적 법칙을 발견했는가를 알아보자.

제 2단계: 이상화 작업 (추상화 이론의 정당화)

: 상식의 **경험의 세계**에서 각각의 힘을 제거하여 **이상화 세계(수학적 세계)**로 진행

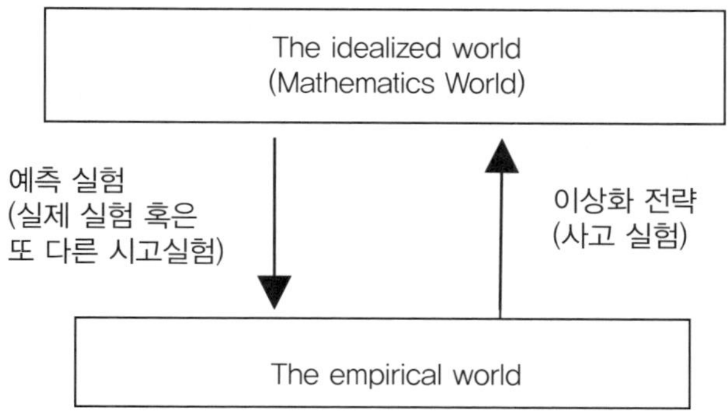

그림 2. Galileo의 과학적 탐구방법의 과정

<수평면에서 마찰력을 제거하는 사고실험: 추상화된 가설의 정당화>

<새로운 관성 가설의 정당화>

만약(If), 평면에서 마찰력이 물체의 운동을 방해하는 원인이라는 것이 옳고(새로운 **Hypothesis**), (and) 동일한 높이에서 자유스럽게 굴러 운동시킨 물체에 수평면의 접촉면을 점점 매끄럽게 하여 운동을 방해하는 마찰력이 점점 작아지도록 시간에 따라 공간을 변화하게한다면 **(Planned test)**, 결국(then) "그 물체의 운동은 결국 어떻게 되겠는지 우리는 상상할 수 있는가 see what happens.(Thought experiments)?" 아마도 이 상황에서는 물체의 운동거리와 운동시간이 점점 길어지는 것($d \propto t$)은 타당하지 않겠는가?**(새로운 가설의 상황)**

(And)실제로 물체의 운동거리와 운동시간은 점점 길어져서, 결국 계속 운동을 지속된다는 상상은 타당하다. **(새로운 가설의 상황을 평가)**

(청자) 그래서 뭐 어쩌라고? (내 what?)

따라서(Therfore), 우라가 경험세계에서 운동을 방해하는 마찰력이 제거된 이상화된 지평면에서는 모든 물체는 운동을 계속할 수 있다는 관성을 가진다는 상상은 가능하다. **(평가로부터 내려진 결론)**

추상화하여 얻어낸 관성을 지지하기 위해서 가설-연역적 방법을 사용하여 실제로 마찰력을 제거한 이상화 상황을 얻을 수 없었다. 이러한 사고실험은 이미 제안된 가설을 증명하기위하여 사고실험을 사용하였다(Miller, 1998, p.371). 또한 아리스토텔레스의 목적론적이고 계급적인 물리법칙(억측)이 파괴되고, 이성에 의하여 천상과 지상이 통합되는 새로운 수학적 법칙(통찰)이 구성된다. **<플라톤적 사고실험>**

시간에 따른 공간변화와 규모의 변화를 통한 이상화세계로 시나리오를 실행하고 있다. 공간의 변화 (Trickett & Trafton, 2007, 2009, spatial transformation)과 규모의 변화로 가면서 마찰력 등을 제거하였다는 것을 알 수 있다. 여기에서 규모의 변화는 운동을 지속하는 공간은 정지공간보다 훨씬 확장되었다고 할 수 있다.

또한 평가과정에서는 시나리오 결과를 문제 상황에 맞추어 비교결과를 확인하여 문제 상황을 해결 시스템 메커니즘을 재 진술한다.

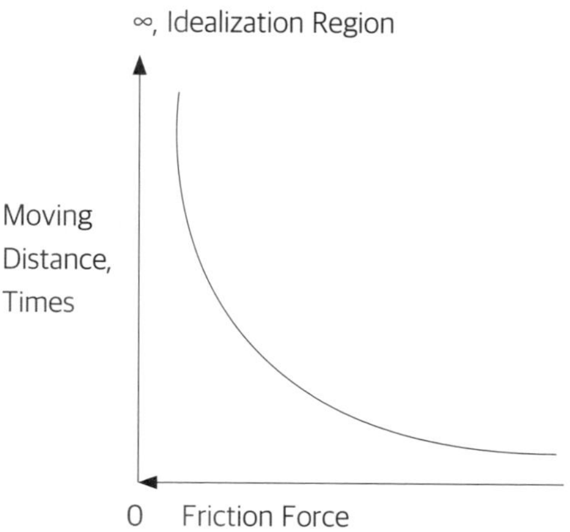

그림 3. 같은 높이의 경사면에서 수평면에서 마찰력이 줄어들수록 물체의 이동시간과 이동거리

그림 3은, 실험을 통해 얻은 경험적 자료로부터 외삽을 통해 극한의 경우에 대한 결과를 얻을 때, 이상화 전략이 중요한 역할을 하게 된다. 갈릴레오는 일상생활에서 얻은 자료인, 좁은 범위에서 얻은 자료(움직이는 물체가 결국 마찰력을 점점 줄이면, 점점 멀리, 그리고 점점 이동시간이 길어져서, 결국 멈추는 경험들)만으로도 실제로는 얻을 수 없는 영역인 이상화 된 영역에서의 현상을 추론(물체는 영원히 운동한다)할 수 있다. 과거의 물리학자들이 대개 자신들의 이론에서 무한을 배제하려했던 반면, 수학자들은 무한 개념에 이만 저만 의지란 것이 아니다. 인간은 유한하고 한계를 지닌 존재로서 역시 유한한 별에서 살아가고 있기 때문이다. 이러한 사고실험에서 극한 사례분석(limiting case analysis, Nersessian, 1992)이라 할 수 있다. 물리적 극한 상황에서는 상황에 따라 적용되고 구별이 모호해지고, 지금까지의 물리법칙이 무

효화되면서 새로운 물리법칙이 생성된다.

하지만 갈릴레오는 완전히 아리스토텔레스의 교리에 벗어나지 못하고 천상의 완벽한 운동인 원운동으로 원형관성이었다. 하지만 무한대 수의 정다각형이 원형이라는 무한대의 수학의 세계라는 것을 알 수 있다.

무엇보다도 초끈 이론, 양자우주론 등 최근 물리학의 발전으로 무한은 끊임없이 허물을 벗고 새롭게, 수학적 세계로 들어가고 있다.

제 3단계: 가능한 실제현상의 예측실험

(이상화 세계, 수학의 세계)에서 (경험 세계)로..

노톤(Norton, 1991, p.131; Norton, 1996, p.336)은 (성공적인) 사고실험에 도달된 결론은 사고실험이 아닌 실제실험에 의하여 증명되어져야할 것이라고 하였다. 즉 추상화된 이론을 구체화로 가기위해서는 실천이라는 실험이 반드시 필요하다.

갈릴레오가 다른 철학자들과 다른 점은 사고실험을 통한 실험도 했지만 실제 실험을 수행하였다는 점이다. 그는 실제적으로 현대의 과학자들이 수행하는 실험이 갈릴레오부터 시작되었다. 한편, 그는 지신의 실험이 정확하게 예측할 수 없고 근사적으로만 나타난다는 것을 주장함으로서 비판을 피해갔다.

수평면에서의 가능한 경험세계에서의 실험 (그림 4 참고)

예측실험: 만약(If) 운동성분을 수학적으로 분해하여 지구중심으로 향하는 자연스런 경향과는 무관한 지표면과 수평성분만은 관성 운동한다는 것 이 옳고(수학적 추상화된 **가설**), (and)운동을 방해하는 공기저항이 없는 상태에서, 일정한 속도로 진행하는 배의 돛대 위에서 우리가 무거운 물체를 떨어뜨리면(시간에 따라 공간의 변화가 일어나는, **계획된 실험**), (then)당연히 돛대 바로 밑에 떨어질 것이다(예측).

실제실험결과: 그리고(And), 실제로 근사적으로 돛대 바로 밑에 떨어진다.

따라서 (Therefore), 지표면과 같은 수평면에서, 운동하는 물체는 어떠한 운동의 원인인 지속적인 힘을 가하지 않아도 계속 운동한다는 가설은 옳다.

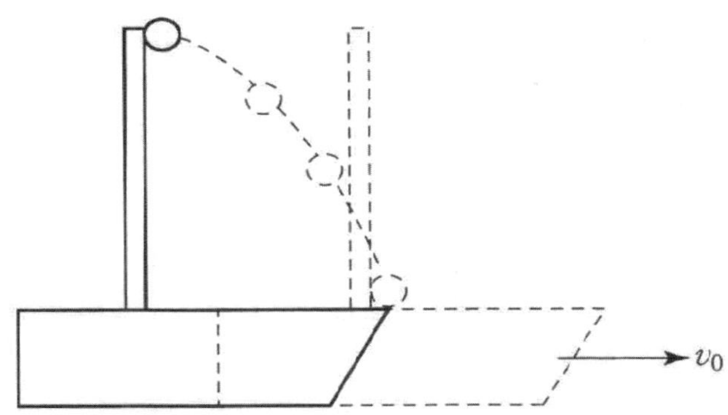

그림 4. 관성의 법칙의 가능한 실험 (Cushing, 1998, p.106)

갈릴레오는 위의 실험에서처럼 운동하고 있는 것과 정지하고 있는 것같이 매우 다르게 보이는 두 체계가 그 안에 있는 실험실의 관측자에게 똑 같은 현상으로 관측될 수 있다는 것을 알고 있었다. 특히 아인슈타인은 절대적이고 고정된 기준틀이 없다고 믿고 있었으며 상대성 이론의 토대가 된다(하지만 뉴턴은 예외이다).

무엇보다도 코페르니쿠스의 태양중심설의 문제점인 왜 지구가 운동하는 지구 안에서 우리는 느낄 수 없는가? 이러한 관성의 원리는 모든 관성계에 대한 물리법칙의 등가성 결과로 간주한다, 관성의 원리는 물리법칙의 대칭이 된다. 즉 모든 물리법칙, 특히 뉴턴역학은 갈릴레이의 변환에 대한 불변성을 보여주고 있다.

수직한 낙하운동에 대한 실제실험과 사고 실험

갈릴레오의 경사면 실험에서 굴러 내려간 거리가 시간의 제곱에 비례한다는 사실은 그 면의 경사도와 관계없이 성립하므로, 극한적인 경우, 즉 경사면이 점점 커져서 수직으로 서 있는 경우에도 이러한 비례관계가 성립한다는 사고실험은 매우 타당한 것이다. 갈릴레오는 발리니에게 보낸 편지에서 경사면 실험으로부터 자유 낙하하는 물체의 가속도를 계산하는 방법을 설명하고 있다(Cohen, 1985, p. 97).

이 과정은, 실제실험과 사고실험을 동시에 수행하였다고 볼 수 있다. 즉 경사면 실험은 실제 수행한 실험이지만, 점점 경사각을 증가시키면 결국 자유낙하의 결과를 얻을 수 있다는 것은 기존 실험을 이용한 마찰력이 거의 무시되는 이상화된 세계로 진행되는 사고 실험(그림 5 참고)이라고 볼 수 있다.

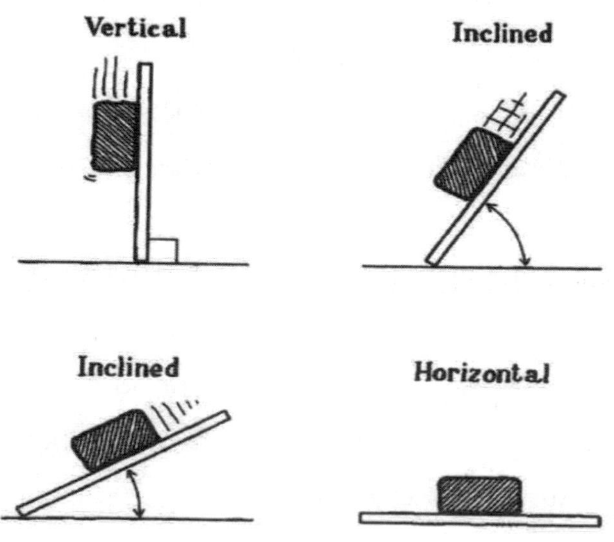

그림 5. 경사면으로부터 자유낙하의 사고실험 (Brown, 2011, p.3)

또한 현대적인 관점에서 종단속도(terminal speed) 개념이다. 이러한 사고 실험은 이미 갈릴레오가 생각하였다는 점이다(Cohen, 1985, p.109). 밀도가 있는 공기 중에서 물체가 낙하한다면, 물체가 부피가 동일하여 쓸고 가는 면적을 같이 가진다면, 물체의 낙하속도가 커질수록 공기저항이 점점 커져서 물체의 무게와 같아지면 물체는 동일한 속도를 가지게 된다. 또한 공기의 밀도가 점점 작아진다면, 더 큰 낙하속도가 될 때까지 종단 속도를 기다려야한다. 결국 극한값인 공기저항이 없다면, 어떠한 물체이든 낙하속도는 계속해서 증가할 것이며 그 속도의 증가는 동일할 것이다. 즉 극한값을 취하는 것은, 이상화 된 세계와 수학적 세계로 진행하였다는 점이다.

케플러에게는 그 이전의 천문학의 전통 전체에서 그러했듯이, 오직 완전하고 영원한 천체의 운동만이 기하학적 분석의 대상이었다. 하지만 갈릴레오에게는 지상의 운동에 대해서도 기하학을 적용할 것을 제안했다. 이것이 바로 코페르니쿠스의 체계 안에서는 지구가 하나의 행성이 된다는 갈릴레오의 궁극적인 의미이다(Westfall, 1971).

확장: 유비 추리에 의한 지구 자전에 의한 코페르니쿠스의 태양 중심 설

또한 배가 지구와 같은 자전 선 속도를 가진다면, 배에 있는, 즉 지표면에 있는 관찰자는 지구가 움직이든 자전하든 자전하지 않든, 동일한 관측을 할 것이다. 따라서, 탑 위에서 떨어뜨린 물체가 제자리로 떨어진다고 해서 지구가 자전하지 않는다는 탑의 논증을 해결하였다. 태양을 제외한 모든 물질은 운동한다.

그림 6. 탑의 논증

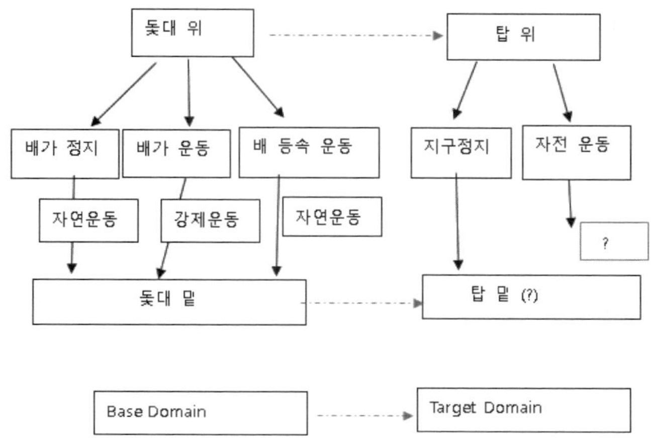

그림 7. 유비 추리를 통한 탑의 논증 해결

일정한 속도를 가진 배위의 돛대 위에서 낙하하는 물체처럼, 일정한 자구 자전 선 속도를 가진 탑 위에서 낙하한 물체는 수평 성분도 자연스런 운동으로 고려하였다. 결국 지구 주위를 회전하는 천상계의 달처럼 지상에서도 원운동을 할 수 있다고 주장하였다.

지구가 정말로 자전한다면, 말이 안 되는 상황이 벌어질 거리고 생각 했다. 빨리 자전하고 있는 지구 위에서 점프를 한다면, 점프하는 동안 지구는 자전할 테니 우리는 자전반대 방향으로 넘어져야 한다는 거지요. 이것이 아리스토텔레스와 프톨레마이오스가 주장한 것이다. 절대기준인 지구가 움직이면 모든 것이 엉망이 된다는 게 그때까지 생각이었습니다. 하지만 점프하면, 제자리로 내려온다. 우리도 지구와 같이 자전하고 있다는 점이다. 우리와 지구는 서로에게 상대적으로 멈추어 있다는 점이다.

여기서 가장 기본은 갈릴레오 상대성 원리이다. 모든 것이 상대적이지만 그 안에 들어 들어간 물리법칙은 항상 일정하다는 것, 즉 운동하면서 바라보거나 멈추어서 바라보나 그 운동은 동일한 법칙으로 설명할 수 있다는 것이다. 이것이 과학이론의 미적 특성인 대칭성이라는 것이다.

공간에 대한 갈릴레오의 상대성 원리:

등속도로 운동과 정지해 있는 것은 물리적으로 다른 것이 아니며, 사실상 둘 사이의 차이점은 운동의 기준 계에 따라 전적으로 상대적으로 나타날 뿐이다(Ladyman, 2002, p. 110).

아리스토텔레스의 맥락에서는 도저히 납득할 수 없는 생각이었을 것이다. 운동이라는 것은 원래 운동하지 않는 물체에 대해 상대적으로 존재하는 것이다.

하지만, 갈릴레오는 어떠한 계가 운동하는 지 알 수 없다는 것이다. 이것은 공간의 상대성이다. 어떠한 공간도 우월한 곳은 없다는 것을 보여준다. 하지만 시간은 누구에게나 동일한 절대적이었다.

갈릴레오의 시간의 절대성

역사적인 기록에 따르면, 시간은 우주의 법칙과도 같은 활동성 중에서 기본적으로 측정가능한 양이라는 개념을 최초로 정립한 사람은 갈릴레오였다(Davis, 1995, p.49). 갈릴레오는 자신의 손목의 맥박으로 램프가 흔들리는 시간을 측정해서 진자의 주기가 진폭과 무관하다는 것을 법칙을 발견했다. 이러한 시간 개념은 17세기 말에 뉴턴의 연구가 이루어져서 명백히 드러났다. 이러한 엄밀하고 절대적인 것으로 보는 단순한 견해는 강력하고 상식적이었다.

그리스의 기하학자들이 공간에 대해 했던 작업은 뉴턴은 시간에 대해 수행했던 것이다. 시간은 영원성을 파악할 수 없는 유한한 인간이 창조한 환상이나 전신적 구조물 대신에, 우주의 법칙 그 자체 속으로, 물리적 실재의 근저까지 파고들었다(Davis, 1995, p.51). 뉴턴에게는 모든 것을 포괄하는 보편적인 시간이 존재한다. 그것은 단지 '거기'(there, 세계와 무관한 바깥이라는 의미)에 있을 뿐이다.

갈릴레오의 아리스토텔레스의 관점

갈릴레오는 "관성"이라는 용어를 사용한 적이 없다. 무엇보다도 그는 정확히 오늘날 우리가 가지고 있는 형태로 관성의 개념을 사용하지 않았다. 아무도 과거와 완전히 결별할 수가 없다. 그의 우주는 기계적인 법칙과 운동하는 물질로 구성된 비-인격적인 우주가 아니었다. 무한한 지성에 의해 조직된 것이었다. 따라서 그것은 가장 완전한 가장 완전한 원운동이, 그리고 원운동만이 질서 있는 우주의 관념과 양립할 수 있다는 생각을 고수하였다. 오히려 직선운동은 무질서를 낳았다. 그 본연의 위치에 들어간 후에는 자연스런 원운동을 계속하면서 그 위치에 남아있게 되는 것이다.

케플러는 태양계를 기계적인 관점에서 취급하고 그것의 운동들을 지배하는 물리적인 힘을 이해하려 했지만, 갈릴레오는 케플러의 천상계 역학이 다루었던 타원궤도를 무시했고 행성들의 원 궤도를 따라 자연스럽게 움직인다고 믿었다(Westfall, 1979).

그의 사고 실험에서, 수평 한 평면 위를 구르는 공은 가속하거나 감속하는 원인을 경험하지 않으며, 그 운동을 계속할 것이라는 점에 동의하도록 한다. “수평 한 평면”이란 모든 점에서 지구의 중심과의 거리가 일정한 평면을 의미한다. 결국 관성운동은 등속원운동을 형태인데, 이것은 질서가 잘 잡힌 우주 속의 본연의 위치에서 “자연스런 운동”인 것이다.

표 1. 갈릴레오와 아리스토텔레스 운동의 차이점

<table>
<tr><th></th><th></th><th>아리스토텔레스</th><th colspan="2">갈릴레오</th></tr>
<tr><td>운동과 정지</td><td>지구표면의 관찰자</td><td>절대적으로 구분</td><td>상대적으로 결정되어 구분할 수 없다.</td><td>탑의 논증 해소</td></tr>
<tr><td>수평 방향운동</td><td rowspan="2">외부 힘 여부</td><td>강제된 운동으로 외부의 힘이 필요</td><td>자연스런 운동으로 외부 힘이 필요 없음</td><td>원형관성으로 천상의 운동과 같음</td></tr>
<tr><td>연직방향 운동</td><td colspan="2">자연스런 운동으로 외부 힘이 필요 없음</td><td>자유낙하 원인을 회피하여 운동학에 머뭄</td></tr>
<tr><td>포물선 운동</td><td>설명 정확성</td><td>강제운동 후, 자연스런 운동으로 변화되어, 정확하게 설명하기 어렵다.</td><td>수평방향(관성)과 연직방향 운동(가속도운동)의 합으로 정확하게 설명</td><td>자연스런 운동만으로 포물선 운동을 정확히 설명하지만 운동학에 머뭄.</td></tr>
</table>

갈릴레오와 케플러와의 관계

케플러에게는 그 이전의 천문학의 전통 전체에서 그러했듯이, 오직 완전하고 영원한 천체의 운동만이 기하학적 분석의 대상이었다.

하지만 갈릴레오는 지상계의 운동에서도 기하학을 적용할 것을 제

안했다. 이것이 바로 코페르니쿠스의 체계 안에서는 지구가 하나의 천체가 된다는 갈릴레오의 궁극적인 의미이다. 결국 갈릴레오는 마찰력이 지배하는 지상에는 추상화와 이상화에 따른 사고실험이 필요하였다.

케플러에게는 마찰력이 지배하지 않는 천체 계에서는 마찰력을 제거하는 이상화가 필요하지 않았다. 즉 이상세계로 진입할 수 있는 이상화작업이 포함된 사고실험을 사용하지 않았다. 하지만 단순화한 기하학인 타원형을 상정하는 데는 추상화전략은 필요하였다. 고대그리스의 원형궤도와 투명한 천구의 개념을 버리는 것은 대단히 어렵다고 할 수 있기 때문이다. 하지만 이러한 원형궤도의 관점을 무시하면서, 지상에서의 직선관성이 아니라 원형관성을 제안하였으며, 천상에서도 원형 궤도를 고수하였다. 따라서 고대그리스 이래로 고수해온 원형궤도와 투명한 천구를 버린것은 케플러가 과학혁명의 진정한 시작이었다고 할 수 있다.

6 갈릴레오의 추상화 전략의 장점

Aristotle가 상상력을 통해 Newton이나 Galileo 역학과 같은 수준으로 도약하지 못한 것은 17세기 비판가들이 주장한대로 '사실들(facts)을 무시(disregard)'했기 때문이 아니다. 오히려 사실들에 지나치게 충실하여했던 욕구가 더 많이 연관된다. 예를 들어 Aristotle은 완전한 운동 이론을 만들려면 몇몇 상식적인 면들 (some aspects of common sense)을 무시해야 한다(discount)는 것을 인식하지 못했으며(추상화), 바로 그런 면들이 Aristotle 물리학이 근대과학으로 더 이상 발전하지 못했던 중요한 이유이다(Gottlieb, 2000, p. 242).

즉, Aristotle은 상식적 관찰 자료만 엄격하게 고수했다. 예를 들면 Galileo처럼 원자론에 따른 완전한 진공상태에서 일어나는 마찰 없는 운동 같은 이상화 세계를 고려하지 않았다.

갈릴레오의 위대한 업적은, 아리스토텔레스의 우주에서는 운동이론에 관한 체계적인 수학적인 논의가 불가능하다는 것을 간파한 점이다. 이런 상황을 해소하기 위해서 갈릴레오는 <제1성질>과 <제2성질>을 분리하고자 제안한다. 제1성질은 수학적으로 기술할 수 있기에 과학이론에 바람직한 것이다. 예로는 속도와 가속도가 있다. 제2성질로는 수학적으로 변환할 수 없다. 이러한 주관적인 성질에는 성향, 향기, 냄새 등 하나의 특별한 속성이다. 이러한 구별을 통해 제1성질을 시간에 따른 예측이 가능한 수학적 이론의 재료로 삼았다. 인간에게 '유익한' 물질적 무언가는 자연법칙의 지배하에 있을 것이므로 과학의 예측능력에 힘입어 인류는 자연세계에서 바랄 수 있는 대상의 범위를 확장하였다. 아리스토텔레스의 물리학은 적절한 시간 개념을 포함하고 있지 않기 때문에 물체의 운동 궤도를 예측할 수 없었다. 하지만 갈릴레오는 시간을 추상화하여 주기성이 없는 낙하와 같은 현상을 다루는 방정식에도 사용할 수 있도록 하였다. 그는 시간이 수학적으로 공간과 동등하며, 따라서 좌표로 사용될 수 있다고 생각했다. 물리학은 오로지 이러한 방법으로만 시간과 공간에서 예측이 가능하게 정식화 할 수 있다(Miller, 1996, pp.144-145). 갈릴레오는 플라톤이 할 수 없는 자연의 방정식을 발견한, 모든 것을 수학의 세계에서 이상화된 세계를 중요시한 플라톤 주의자였다.

지구가 우주의 중심에 있다면, 밑에서부터 무거운 흙, 물, 공기, 불로 이루어진다. 따라서 흙의 성분이 많은 돌은 밀도가 저점 커지는 쪽으로 스스로 운동하여야 자신의 목표지점인 지표면에 도달할 수 있다.

하지만 태양중심설에 따르면, 그러한 성분별 분포는 의미가 없어진다. 또한 지구가 운동하는 원인은 만유인력이 작용하기 때문이다. 따라서 원격력이 작용하는 상황에서는 주변 환경은 오히려 부차적인 상황이 되어버리기에 적극적으로 마찰력 등 운동을 방해하는 요인들을 제거 혹은 무시하여야한다.

과학적인 관찰을 할 수 없었던 시대의 사람들은 관찰하는 방법 즉, 사물들을 자기 자신과 분리하여 식별하는 방법을 매우 오랫동안 배워야했다. 초기 인류의 관찰방식은 수동적이면서도 사물과 관찰자를 분리하지 않는 성격이었다.

하지만 사물들이 자신과는 별개의 존재라는 것을 알게 되었다. 이런 식의 탐구가 바로 능동적이거나 실험적인 관찰인 것이다. 아리스토텔레스에 따르면, 모든 사물들은 본래의 위치를 벗어났을 때, 그곳으로 되돌아가고자 움직인다. 그러므로 인간의 개입 없이 수동적으로 자연을 관찰할 때에만 자연의 온전한 신비를 배울 수 있었다.

하지만 갈릴레오는 현대의 의미로 최초의 물리학자였다. 그는 현재 우리가 모든 물리학의 기초로서 사용하고 있는 관찰, 묘사 및 분석에 관한 거의 모든 방법을 고안했다. 갈릴레오는 아리스토텔레스의 수동적 관찰을 능동적 관찰로 변화시키는 데 결정적으로 공헌하였으며, 마침내 우리들로 하여금 양자역학에 이르도록 하였다(Wolf, 1989, p25).

갈릴레오의 상대성 원리와 영향

그 당시 지구가 운동하는 데 우리는 왜 그것을 느끼지 못하는가? 그 물음에 대한 답은 갈레레오의 상대성원리였다. 자신은 이것을 주장하지 못했으나 코페르니쿠스의 기본적인 미적 기준이었다.

정지 상태에서 물체를 자유낙하 시키든, 등속도로 운동하는 관성계에서 물체를 자유 낙하해도, 동일한 낙하 현상이 나타난다. 따라서 누가 운동하는 지 알 수 없다는 것이다. 지구가 정지해 있는지, 혹은 자전하는지 알 수 없다는 것이다. 지구를 근사적으로 관성계로 본 것이다. 지구와 낙하하는 물체는 동일한 체계에 속해있다고 볼 수 있다. 그 둘은 하나의 셈이다.

등속도로 운동과 정지해 있는 것은 물리적으로 다른 것이 아니며, 사실상 둘 사이의 차이점은 운동의 기준 계에 따라 전적으로 상대적으로 나타날 뿐이다(Ladyman, 2002, p. 211). 두 관성 기준 틀(등속도로 움직이는 관성계)에서는 동일한 물리 법칙이 성립한다. 즉 어떠한 계가 운동하는 지 알 수 없다는 것이다. 이것은 공간의 상대성이다. 어떠한 기준계에서도 절대적으로 정지된 기준이 없다는 것이다.

태양을 중심으로 우리가 공전하고 있다는 것을 일고 있지만 여전히 정지해 있는 것처럼 느끼는 이유는 누가 정지해 있고 누가 움직이고 있는지를 어떠한 법칙으로도 결정 할 수 없다는 것이다. 갈릴레오의 뛰어난 통찰력을 보여주고 있다. 이 원리는 모든 현대 물리학의 기초가 되는 기반이다. 우리는 이를 갈릴레오의 상대성 원리라고 부른다. 즉, "절대 공간은 없다"라는 표현은, "모든 관성계는 서로 상대적이다"라는 명칭이 나온 것이다.

하지만 그도 시간은 일정하게 흐른다는 시간의 절대성을 가진다고 하였다. 지상이라는 관측자가 정지와 운동을 구분할 수 없다는 것은, 천상에 있는 다른 행성에서의 관찰자도 같은 원리가 그대로 적용된다는 것이다. 지상에서 마찬가지로 천상에서도 그대로 적용된다는 것은 과학자들의 대칭성의 원리로 과학 이론의 아름다움을 보여준다.

사고실험을 통한 갈릴레오의 창의성

사고실험을 통한 갈릴레오의 추상화 그리고 이상화 전략

Aristotle가 상상력을 통해 Newton이나 Galileo 역학과 같은 수준으로 도약하지 못한 것은 17세기 비판가들이 주장한대로 '사실들(facts)을 무시(disregard)'했기 때문이 아니다. 오히려 사실들에 지나치게 충실하여 했던 욕구가 더 많이 연관된다. 예를 들어 Aristotle은 완전한 운동 이론을 만들려면 몇몇 상식적인 면들 (some aspects of common sense)을 무시해야 한다(discount)는 것을 인식하지 못했으며(추상화), 바로 그런 면들이 Aristotle 물리학이 근대과학으로 더 이상 발전하지 못했던 중요한 이유이다(Gottlieb, 2000).

즉, 고대 그리스의 Aristotle은 상식적 관찰 자료만 엄격하게 고수했다. 예를 들면 Galileo처럼 완전한 진공상태에서 일어나는 마찰 없는 운동 같은 이상화 세계를 고려하지 않았다.

사고실험을 통한 시각화 능력과 유비 추리 능력

속도의 수평 성분이 일정함을 보여준다. 또한 새로운 상황이 이전에 접했으나 표면적으로 완전히 다르지만 추상적인 핵심을 공유하는 다른 상황을 상기할 때이다. 예를 들면, 우리는 증시 폭락이 일어나는 상황에서, "절대 떨어지는 칼을 잡으려고 해서는 안 된다"라는 이전의 격언들을 상기할 수 있다. 이런 맥락을 사용할 때는 시간이 빠르게 흐른 좁은 공간에서 상대적으로 천천히 흐르는 넓은 공간으로 이동하는 것이다. 이러한 맥락을 사용하는 것은 상당한 추상화를 요구한다(Hofstadter, & Stender, 2013).

즉 고대 그리스의 아리스토텔레스의 탐의 논증을 해결하기 위해서 등속도로 운동하는 배를 이용하였고, 더 넓은 공간의 지표면으로 향한다는 점이다. 또한 이렇게 오랜 시간 동안 부화(incubation)는 정보의 무의식 과정을 포함하는 데, 이것은 창의적 모델 과정에서 흔하게 발생한다(Smith & Amner, 1997).

대립물의 통합능력: 물리적인 대칭성

갈릴레오의 상대성원리에 따르면, 관성계에서는 정적인 세계와 동적인 세계의 구분은 불가능하다. 아리스토텔레스의 정적인 세계에서 새로운 동적인 세계로 전환되었다. 동적인 세계가 정적인 세계를 포괄하여 대립물의 통합 능력을 보여준다. 일종의 둘 이상의 개념을 하나로 녹여주는 조합 능력이라 볼 수 있다.

갈릴레오의 설명은 일종의 대칭으로 해석할 수 있다. 이 세상 (또는 일부, 가령 실험실)을 '모든 만물이 똑 같은 속도로 움직이는 세상'으로 바꿔도 물체의 움직임은 변하지 않기 때문이다. 이와 같은 변환에서 나타나는 대칭을 갈릴레오 변환(Galilean transformation)이라고 한다.

그리고 이 변환에서 나타나는 대칭을 갈릴레이 대칭 혹은 갈릴레이 불변량(Galilian invariance)이라 한다.

오늘에도 우리가 살고 있는 우주가 운동의 상태로 옮겨진 것은 초기 대 폭발(빅뱅) 때문이라는 상상을 통해 우리가 여전히 이 개념을 지지한다(Fisher, p.84).

기존 지식의 적용(application) of Existing Knowledge: 관성의 법칙을 적용하여, 탑의 논증을 해결하는 동화와, 모든 태양계의 행성으로 연결하는 조절하는 인지구조의 변화를 가져오는 창의성을 보여준다.

7 결론 및 제언

아리스토텔레스는 지상의 물체가 왜 떨어지는지 목적론적으로 설명하려고 노력하였다면, 갈릴레오는 물체가 어떻게 떨어지는지 수학적으로 기술하려고 노력하였다. 아리스토텔레스의 주장과는 다르게 모든 물체가 무게와 상관없이 똑 같은 속력으로 떨어진다는 사실을 알아냈다. 방법론적으로 말하자면, 운동을 설명하면서 그는 왜 움직이는지 염두에 두지 않았다. 아리스토텔레스가 강조했던 물체의 질적인 성질을 무시했다. 갈릴레오는 대신에 양, 즉 물체의 수학적이고 추상적인 속성에 관심을 두었다. 모양이나 색깔 그리고 구성성분 등 물체의 특성을 배제함으로써 갈릴레오는 물체의 행동에 관한 추상화된 수학적 설명을 내 놓을 수 있었다(Oh, 2016).

하지만 여전히 그는 천체의 운동에 관해서는 여전히 자연이라는 책이 기하학적 기호로 쓰여 있다는 피타고라스-플라톤적인 입장을 견지하고 있었다.

그러나 그는 다른 접근 방법으로 이오니아 철학자들로부터 파생된 데모크리토스는 다음과 같은 원리를 세웠다. 눈에 보이는 것은 모두 원자라는 작고, 더 이상 쪼개지지 않는 작은 입자의 움직임에서 비롯되었다. 무한한 수의 원자들은 운동했고, 그것도 무한한 빈 공간에서 운동했다(Frank, 2011, p.95). 이와 같이 근대 세계관에 의하면 자연적 대상은 양으로 나타낼 수 있는 물질이외에 정신세계는 포함하지 않는다. 물체는 궁극적으로 원자개념의 본래적인 정의로, 더 이상 쪼개질 수 없는 입자로 되어있다는 사물에 대한 확고한 기반이 갈릴레오의 기계론적 세계관이다.

피타고라스 개념에서 이론적 지식에 관한 이오니아 개념의 변화였다. 사물들의 역학적 속성들만 일차적이었다. 수와 기하학적인 상은 더 이상 자연에서 독자적으로 내재하지 않는다고 보았다. 뉴턴의 역학에서 우주적 역학적 기체를 지배하는 공식은 어떤 수적 규칙을 포함하거나 대칭을 나타내는 것이 아닌 미분 방정식이다. 기하학은 빈 공간에 대한 학이 되었고, 해석학은 데카르트에 의하여 기하학에 합병되었고, 경험을 넘어서는 영역과 분리되었다. 갈릴레오가 추상적 시간 t를 자연의 현상 속에 끌어들였다면, 뉴턴은 모든 운동을 시간으로 환원할 수 있는 기초를 마련한 것이다.

과학자들은 과학 활동 중에 추상화의 결과로 나온 아이디어가 인상적이고 혁명적인 아이디어라고 생각할 수 있다(Welling, 2007). 필자가 보기에는, 갈릴레오가 수행한 수학적 추상화를 통한 공간의 시간에 대한 기하학 화와, 그것에 의한 얻는 법칙들을 정당화하는 이상화 전략을 과학에 추상화 전략은 교육에 도입하여야한다.

결국 고도의 창의성은 하나의 작용의 결과가 아니라 과학사적으로 장기간의 결과로 여러 가지 작용들이 발견과정에서 사용되기 위해 사용된다(Runco, 2007).

갈릴레오 기준계(관성계)에서의 모든 물리 법칙이 동일하다는 결론이다. 하지만 그 경우는 이러한 원리가 공간에만 관계되어 있었고 시간은 여전히 누구에게나 동일하게 흘러가는 절대적인 것으로 남아있다. 하지만, 아인슈타인이 세운 가설의 가정은 빛의 속도에 대해서는 특별한 공간이 없을 뿐만 아니라 특별한 시간도 없다(Vannucci, 2005, p.36).

갈릴레오, 뉴턴, 그리고 아인슈타인 이론의 핵심 개념인 관성 기준계는 자연을 이해하는데 직접적인 역할을 하지만 매우 추상적인 이론이다. 지구는 태양주위를 타원 궤도로 공전하면서 자신의 축으로 자전하고 있다. 그럼에도 불구하고 지구를 관성기준계로 보는 것은 매우 훌륭한 근사이지만, 이것은 순전히 우연이다. 이러한 우연이라는 것이 없었다면 갈릴레오가 아리스토텔레스의 운동이론을 대치할 새로운 운동이론을 만드는 일은 매우 어려웠을 것이다.

갈릴레오의 시대부터, 수동적인 관찰로부터, 능동적 관찰자로 변화되기 시작하였다. 즉 적극적인 실험장치의 고안으로 실험이 시작되었던 것이다.

이 연구는 다음과 같은 연구를 확장한 것이다. 공동저자인 한혜숙 교수님께

감사드린다.

Oh, J.-Y. & H, H. (2022). Understanding Mathematical Abstraction in the Formularization of Galileo's Law. *History of Science and Technology, 12*(1), 55-68.

이장을 통하여 생각할 주제

1. 서양철학과 동양철학사이에는 결정적으로 어떤 차이점이 현재의 자연과학으로 발전하는 데 영향을 주었는가?

2. 갈릴레오는 현상에 대한 원인보다는, 어떻게 물체들의 운동의 법칙에 접근하는 방법에 대하여서만 주로 논의 하였다. 그 이유는 무엇인가?

3. 갈릴레오의 과학 하는 방법은, 과학 교육적으로 많은 창의성을 보여줄 수 있다고 할 수 있다. 이러한 창의성은 무엇인가?

참고문헌

박승억 (2015). 학문의 진화: 학문 개념의 변화와 새로운 형이상학. 서울: 글항아리.

송용진 (2021). 수학은 우주로 흐른다. 경기도: 브라이트.

오준영 (2019). 고대그리스와 중세의 철학적 사상과 근현대과학으로의 영향. 서울: 연세대학교 대학출판문화원.

Brown, J. R. (1991a). The laboratory of the mind: Thought experiments in the natural sciences. London: Routledge

Brown (1991b). Thought Experiments: A Platonic Account, in Tamara Horowitz & Gerald Massey (Eds.), Thought Experiments in Science and Philosophy. Lanham: Rowman & Littlefield.

Brown, J.R.(2002). Thought experiments. The Stanford Encyclopedia of Philosophy (Summer 2002 Edition). Retrieved May 24, 2006, from http://plato.stanford.edu/archives/sum2002/entries/thought-experiment

Brown, J. R. (2011). *The Laboratory of the Mind: Thought Experiments in the Natural Sciences* (2nd Edition). London: Routledge.

Chalmers, A.F. (1999). What is this thing called Science? (3rd Edition). Cambridge: Hackett Publishing Company. Inc.

Clement,J.(2008).Creative model construction in scientists and students: The role of imagery, analogy, and mental simulation. Dordrecht: Springe

Cohen, B. (1985). The Birth of a New Physics: Revised and Updated. New York: W.W. Norton & Company.

Crease, R. P. (2003). The Prism and the Pendulum : The ten Most Beautiful Experiments I Science. New York : Random House. (김명남 옮김, (2006). 세상에서 가장 아름다운 실험 열가지(2쇄), 서울: 지호, 참고문헌 쪽수는 한국어 번역판)

Cushing J. T. (1998). Philosophical Concepts. Cambridge: The Press of the University of Cambridge.

Derry, G. N. (1999). What Science is and How it Works, Princeton University Press. (김윤택 옮김, 2011, 그렇다면, 과학이란 무엇인가, 서울: 에코리브로).

Donick, E. (2011). The Clockwork Universe: Isaac Newton, Royal Society, and the Birth of the Modern World. HarperCollins. (노태복 옮김, 2016, 뉴턴의 시계. 서울: 책과 함께)

Gendler, S. T. (2004). Thought Experiments Rethought and Reperceived. Philosophy of Science. 71, 1152-1164.

Gentner, D. (1983). Structure-mapping: A theoretical framework for analogy. Cognitive Science, 7, 155-170.

Gottlieb, A. (2000). The Dream of Reason: A History of Philosophy from the Greeks to the Renaissance. New York, London: W.W. Norton & Company.

Gillispie, C.C. (1990). The Edge of Objectivity. NJ: Priceton University Press. (이필렬, 1999, 객관성의 칼날: 과학 사상의 역사에 관한 에세이, 서울: 새물결 출판사. 참고문헌 쪽수는 영문판)

Holyoak,K.J., & Koh, K.(1987). Surface and structuralsimilarity in analogical transfer. Memory & Cognition, 15(4), 332-340.

Levy, J.(2016). The Infinite Tortoise: The Curious Thought Experiments of History's Great Thinkers. London: Michael O'Mara Books Limited.

Krauss, L. M. (2005). Hiding in the Mirror. new York: the Penguim Group. (곽영직 옮김, 2007, 거울 속의 물리학, 서울: 영림카디널, 참고문헌의 쪽수는 영문판)

Kuhn, T.S. (1970). *The Structure of Scientific Revolutions*(2nd ed.). Chicago: University of Chicago Press.

Kuhn, T. (1977). A function for thought experiments. In T. Kuhn (Ed.), The essential tension (pp. 240-265). Chicago: University of Chicago Press. 1977

McGrath, A. E. (2010). Science and Religion: A New Introduction (2nd Edition). (정성희, 김주현, 2013, 과학과 종교 과연 무엇이 다른가? 서울: 도서출판 린)

McClellan III, J.E., & Dom, H. (1999). Science and Technology in World History: An Introduction. Johns Hopkins University Press (전대호 옮김, 2006, 과학과 기술로 본 세계사 강의, 서울: 모티브, 참고문헌 쪽수는 한국어 번역판)

McMulin, E. (1985). Galilean Idealization. Studies in History and Philosophy of Science, 16(3), 247-273.

Miller, A. (1998). Insights of Genius. New York: Springer-Verlag. (김희봉, 2005(제3판), 천재성의 비밀, 서울: 사이언스북스, 참고문헌 쪽수는 한국어 번역판)

Norton, J. (1996). Are Thought Experiments Just What You Thought? Canadian Journal of Philosophy, 26, 333-366.

Norton, J. (2004). On Thought Experiments: Is There More to the Argument? *Philsophy of Science*, 71, 1139-1151.

Moreland, J.P. & Crag, W.L. (2003). *Philosophical Foundations for a Christian Word view*. Downer Grove, IL.: InterVarsity

Nersessian, N. (1992). In the theoretician's laboratory: Thought experimenting as mental modeling. In D. Hull, M. Forbes & K. Okruhlik (Eds.), *PSA 1992, Volume 2* (pp. 291-301). East Lansing, MI: Philosophy of Science Association.

Oh, J.-Y. (2016). Understanding Galileo's dynamics through Free Falling Motion. *Foundations of Science, 21*(4), 567-578,

Oh, J.-Y. (2021). Understanding the Scientific Creativity based on various Perspectives of Science. Axiomathes; Online First

Runco MA (2014) Creativity: theories and themes (Second Edition). New York: Elsevier Inc.

Sautoy, M.d.(2011). A Brief History of Mathematics. U.K.: BBC books

Vannucci, F. (2005). QU'EST-CE QUE LA RELATIVITE ? (김성희 옮김, 2005, 상대성 이론이란 무엇인가? 서울: 민음사, 참고문헌의 쪽수는 한국어 번역판).

Welling H (2007) Four mental operations in creative cognition: the importance of abstraction. Creat Res J 19(2-3):163-177

Westfall, R. S. (2009). The Construction of Modern Science: Mechanisms and Mechanics (Cambridge Studies in the History of Science, 32nd Printing). New York: Cambridge University Press

Wolf, F.A. (1989).Taking the Quantum Leap: The New Physics for Nonscientists. New York: Harper & Row.

제7장

케플러의 행성의 법칙

| 요약 | 케플러에게는 그 이전의 천문학의 전통 전체에서 그러했듯이, 오직 완전하고 영원한 천체의 운동만이 기하학적 분석의 대상이었다.
하지만 갈릴레오는 지상계의 운동에서도 기하학을 적용할 것을 제안했다. 이것이 바로 코페르니쿠스의 체계 안에서는 지구가 하나의 천체가 된다는 갈릴레오의 궁극적인 의미이다. 결국 갈릴레오는 마찰력이 지배하는 지상에는 추상화와 이상화에 따른 사고실험이 필요하였다.
케플러에게는 갈릴레오와는 다르게 마찰력이 지배하지 않는 천체에서는 마찰력을 제거하는 이상화가 필요하지 않았다. 즉 이상화세계로 진입할 수 있는 이상화작업이 포함된 사고실험을 사용하지 않았다. 하지만 단순화한 기하학인 타원형을 상정하는 데는 추상화전략은 필요하였다.
지구가 아니라 태양이 태양계의 중심이라는 코페르니쿠스의 기하학적 단순성의 요구를 만족시킬 행성체계의 작업을 시작했는데, 케플러는 그러한 단순성을 그 이전의 천문학의 역사에서는 상상도 하지 못할 수준으로 끌어올리면서 원 궤도라는 코페르니쿠스의 문제를 해결하였다. 또한 케플러는 갈릴레오의 운동학을 넘어서 불완전하지만 동역학의 물리적 원인을 찾고자 하였다.

| 주요어 | 케플러, 코페르니쿠스의 지구중심설, 갈릴레오, 기하학적 단순성

서론

혁명적이라는 코페르니쿠스는 여전히 신이 만든 원 궤도를 생각했기 때문에 행성들의 운동을 설명할 수 있는 완전한 법칙을 찾을 가능성도 발견하지 못했다. 하지만 케플러가 타원을 만나 후, 상황은 완전히 바뀌었으며 천문학의 진정한 혁명이 시작된다. 신은 원을 창조했을 뿐 타원은 만들지 못했다. 초월적 가치가 아닌 또 다른 설명으로 타원이라는 형태를 설명하여야 했다.

케플러는 코페르니쿠스의 체계에 중요한 질문을 하였다.

첫째, 왜, 그 당시 행성은 여섯 개 뿐인가?(Henry, 2012, p.98).

둘째, 왜, 행성들은 태양으로부터 특정한 거리에 있는가?(Henry, 2012, p.98).

셋째, 케플러는 갈릴레오처럼 신이 세계를 창조한 기하학적인 단순성은 무엇인가?

우리의 연구는 세 번째 문제에 집중하고자 한다.

따라서 하나의 연구문제로, 과학과 종교와의 관계를 알아보고, 그들의 관계 속에서 기하학적인 단순성을 케플러는 어떻게 찾고자 했는지를 탐색한다.

1 과학과 종교와의 관계

필자의 견해로는, 과학과 종교는 같은 뿌리에서 출발하였으나, 이미 질적인 세계관의 변화를 가져왔기 때문에 무리하게 과학의 한계를 지적하면서 종교가 그것을 대신한다는 것은 무리인 것 같다. 과학과 종교는 상호보완 관계이지만 결코 같은 영역일 수 없다는 점이다.

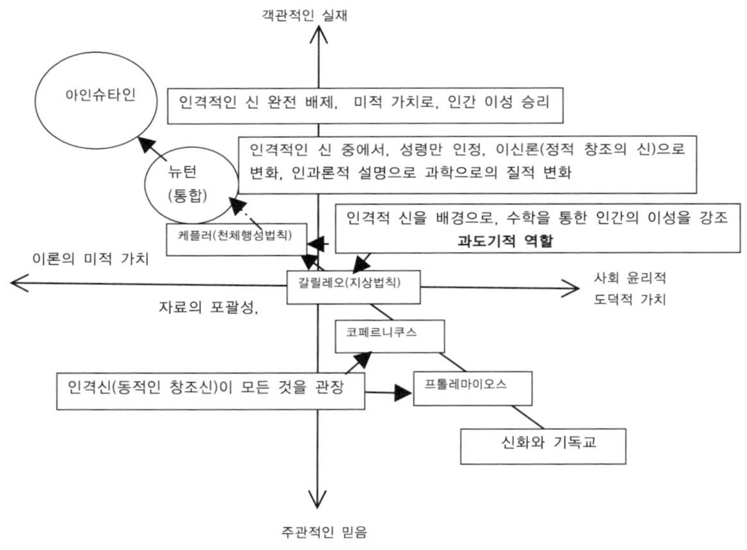

그림 1. 과학사를 통한 종교로부터 과학으로의 세속화

종교에서 과학의 질적 변화란?

기독교적 신(인격적인 신, 동적 창조론), 신은 우리에게 역사한다(언제든지 신은 그 힘을 보여주면서 존재한다)라 것이다. 신의 힘은 지금도 계속 활동하고 있다. 이 세계에는 항상 힘이 시시각각 지금도 계속 활동하고 있다.

자연법칙을 지배하고 있는 자연을 초월한 질서가 더 큰 바탕이 된다는 것이다. 자연 질서를 초월해 존재하는 더 높은 차원의 질서를 정신적 질서로 부를 수 있다. 이러한 질서의 제공자를 기독교는 신이라 부른다. 우리는 그것을 인격신이라 부른다(김형석, 2020, p. 151).

이신론(理神論, 정적 창조론), 신은 모든 것을 알고, 모든 것을 알고, 모든 것을 파악할 수 있는 존재이기 때문에, 최초의 창조 때에만 모든 상황을 파악할 수 있는 존재이기 때문에, 처음 창조 때에 모든 상황에 대한 배려를 할 수 있고, 그 후에는 일체의 수정이나 개입을 할 필요가 없다.

초월적인 실재를 우주의 외재적 실재로, 고대그리스의 플라톤의 철학적인 신, 중세의 우주와 신이 다른 기독교의 인격적인 신으로, 동적인 창조의 신이다.

반면에 초월적인 실재를 우주의 내재적 실재로 생각했다. 그래서 신과 우주를 동일시하는 아인슈타인의 범신론이 탄생한 것이다. 또한 다른 사람들은 신의 존재를 세계 질서와 통하는 이성적 원리와 법칙에서 찾아야 한다고 믿었다. 소위 뉴턴의 이신론이 여기서 탄생한 것이다(김형석, 2020, p. 128).

질적 변화

이신론은, 기독교적인 인격신을 보다 치밀하게 만든 것이다. 데카르트를 출발점으로 17세기 후반부터 18세기 걸쳐 점차적으로 확산되어 스피노자에 이르러 절정에 달하였다. 스피노자는 '신은 곧 자연'이라는 하나의 슬로건을 내세웠다.

이신론은 신을 최초의 창조 장소인 단 한 점으로 인정하고 나머지 자연 그 자체를 바라보는 것이다. 그리하여 신으로부터 자연의 궁극적인 원인을 설명하는 목적론적 설명방식으로 벗어나, 자연 안에서의 시공간의 인과관계로 설명하는 뉴턴역학이 탄생된다. 이를 우리는 종교로부터 과학으로의 질적 혁명이라고 할 수 있다.

그러나 아직도 그 자연을 여전히 '신'이라고 부를 필요가 있을까?

이러한 질문에 대한 답에서 무신론이 등장하게 된다. 창조 때에 신의 힘이 필요할 지도 모른다. 하지만 무에서 무엇인가 탄생되는 것이 아니다. 그리고 실제로 그 부분은 모른다. 모르는 것은 일단 그대로 미루어 보고, 질서 정연한 자연을 보자는 것이다. 그리고는 종교적인 색체를 독립된 체계로서 자연과학을 만들려고 시도한 것이다.

뉴턴은 갈릴레오와 케플러의 양적인 작업을 이어나가면서, 자신의 업적을 이어나간다. 18세기 계몽주의 사상에서 시작하여 아인슈타인의 상대성이론에서 보여주고 있다.

갈릴레오와 케플러는, 인과적인 원인은 침묵 혹은 불완전하게 보류한 채 기계론적이고 양적인 운동학에 초점을 맞추었다. 다음에 올 뉴턴의 동력학적 연구와 종교적인 이신론의 과도적인 역할을 하였다고 할 수 있다.

아인슈타인에게, 신에 대한 질문에 간략하게 대답을 해 달라는 요청에 다음과 같이 답하였다.

“나는 스피노자의 신을 믿습니다. 그는 존재하는 모든 것의 정당한 조화 속에서 자신을 드러내지만, 인류의 행동과 운명에 관여하는 신은 아닙니다.”.

‘자연 법칙’ 이라는 표현은 18세기 초부터 체계적으로 시작하였다. 세상은 한 신성한 입법자에 의해 질서를 얻었고 그 입법자는 바람직한 창조의 방식을 규정하였다는 믿음을 반영한다. 이러한 보편적인 믿음은 서구 문화가 광범위하게 탈-종교화되면서 과학계 내외에서 쇠퇴하기 시작하였다(Shermer, 2011).

케플러 식 태양 중심 천문학에 대한 일반 지식인의 반응은 어떠했을까?

기하학적 가정으로서의 그것의 우수성은 분명했지만, 그것을 실제 우주체계로 받아들일 만한 주된 이유는 무엇인가? 기하학적 단순성에 가장 큰 이유로 작용하였다고 할 수 있다. 하지만 코페르니쿠스와 케플러 우주구조를 받아들이는 데는 기하학적 단순성이 혼자 짊어지기에는 너무 무거운 짐이었다. 순전히 그것만을 위해서 사람들은 극도로 포괄적인 성격의 물리적, 심리적, 종교적인 문제들이 포함하는 전통적인 우주의 관념을 포기하도록 요구받았다. 무엇보다도 이러한 단순성이름으로 요구되는 더 하나의 중요한 희생은, 상식의 재교육을 필요로 하였다.

2 기하학적인 단순성에의 케플러 법칙

케플러의 법칙의 특징

케플러에게 가장 어려운 점은, 티코의 자료 중, 화성의 정확한 궤도를 찾기 위해서는, 지구의 공전궤도도 고려해야한다는 것이다. 티코의 관측결과란 결국 지구로부터 화성을 관측한 지료이며, 지구 자체의 공전궤도도 정확한 원이 아니기 때문이다. 하지만 다행스럽게도 지구의 공전궤도는 거의 원에 가까웠다. 이전의 정성적인 연구가 아니라 기하학적인 단순성을 기반으로 한 양적인 연구였다. 또한 불완전하지만 그 원인을 말하는 동역학적 연구도 진행하였다. 동역학적인 뉴턴역학으로 가는 과도기였다고 할 수 있다.

케플러의 제 1법칙, 각 행성의 궤도를 타원으로 보고 그 한 초점에 태양이 위치하도록 하였다.

케플러 제 2법칙, 행성과 태양을 연결하는 선분은 같은 시간 간격동안 같은 면적을 쓸고 지나간다는 것이다. 행성이 태양으로부터 가까이 있을 때는 더 빨리 움직이고 행성이 태양으로부터 멀리 있을 때는 더 천천히 움직인다는 것이다.

제 1법칙과 제 2법칙으로 케플러는 천체 계를 아주 간단한 것으로 만들 수 있었다. 즉 기하학적 단순성이 강력한 선호의 이유이다.

케플러 제 3법칙, 제1법칙과 제2법칙은 행성들의 운동을 개별적으로 연구해서 얻은 것이지만, 제3법칙은 모든 행성을 종합적으로 비교해서 얻은 것이다. 행성이 궤도를 한 바퀴 도는 데 걸리는 시간, 즉 주기와, 태양으로부터 행성까지의 평균거리 즉 평균궤도반경(궤도 장반경) 사이에는 일정한 관계가 있다는 것이다. 이 덕분에 **케플러는 그토록 원하던 완벽한(그리고 정확하게 계산된) 원(circles) 또는 구(spheres)로 되돌아 갈 수 있었다**(Henny, 2012, p.105). 드디어 그는 천문학에서 기하학적 원형(geometrical archetypes in astronomy)의 정확성을 확인할 수 있다고 생각했다(Martens, 2000, p.173).

신은 세계를 기하학적으로 구성했다는 플라톤의 사상을 충실하게 적용한 것이다. 산출한 궤도반경의 비율이 우연히도 공전주기의 비율과 우연히 잘 맞아떨어진다는 것은, 이러한 케플러는 더욱 확신하게 되었다.

이라한 케플러 제 3법칙으로 인하여, 태양중심설을 물리학적으로 절대적으로 지지하는 근거라고 보았다. 이러한 생각은 태양의 영향이 태양을부터 거리에 따라 감소한다는 것이다. 즉 물리학적인 원격력으로 승화하는 국면으로 보게 된다.

케플러에게는 그 이전의 천문학의 전통 전체에서 그러했듯이, 오직 완전하고 영원한 천체의 운동만이 기하학적 분석의 대상이었다.

하지만 갈릴레오는 지상계의 운동에서도 기하학을 적용할 것을 제안했다. 이것이 바로 코페르니쿠스의 체계 안에서는 지구가 하나의 천체가 된다는 갈릴레오의 궁극적인 의미이다. 결국 갈릴레오는 마찰력이 지배하는 지상에는 추상화와 이상화에 따른 사고실험이 필요하였다.

케플러에게는 마찰력이 지배하지 않는 천체 계에서는 마찰력을 제거하는 이상화가 필요하지 않았다. 즉 이상세계로 진입할 수 있는 이상화작업이 포함된 사고실험을 사용하지 않았다. 하지만 단순화한 기하학인 타원형을 상정하는 데는 추상화전략은 필요하였다.

지구가 아니라 태양이 태양계의 중심이라는 코페르니쿠스의 기하학적 단순성의 요구를 만족시킬 행성의 체계의 작업을 시작했는데, 케플러는 그러한 단순성을 그 이전의 천문학의 역사에서는 상상도 하지 못할 수준으로 끌어올리면서 코페르니쿠스의 문제를 해결하였다. 태양이 태양계의 중심이라는 코페르니쿠스의 처음의 가정을 받아들인다면, 행성들의 궤도는 각기 하나씩의 타원의 단순성 속으로 이심궤도와 주전원들의 모든 복합물을 버렸다(Westfall, 1978).

갈릴레오와 케플러가 강조한 양적인 방법론적 전환은 자연을 바라보는 세계관의 변화를 예고한 것이다. 종래의 목적론적 철학이 그저 세계의 질서를 읽어내는 데 만족했다면, 객관성을 무장한 근대 과학은 단순히 그 질서를 읽어내는 것을 넘고자 하였다. 즉 뉴턴은 자연을 통재할 수 있기에 유토피아를 꿈 끌 수 있었다.

3 케플러 법칙과 뉴턴역학

케플러가 제시한 세 가지 법칙은 간결한 '경험 법칙'이기에, 그런 법칙이 성립하는 이유까지는 제시하지 못한다. 그 뒤에 70여년 후, 이 법칙은 뉴턴이 만유인력 법칙을 도출하기 위한 직접적인 근거로 사용한다.

뉴턴은 케플러 제1법칙을 알고 있기에 행성이 태양주위를 도는 궤도가 타원임을 알고 있었다. 하지만 뉴턴은 행성의 궤도를 우선 복잡한 타원보다 가장 단순한 타원인 원으로 상정하였다. 이렇게 행성이 계속 원운동을 하게 만드는 힘은 무엇일까?

뉴턴은 반지름이 r인 원주위에서 질량이 m인 물체가 원주를 따라 v의 속도로 움직인다. 이로써 직선운동을 하는 물체가 원운동을 하는데 필요한 힘은 물체의 질량에 속도를 제곱한 값을 곱하고, 그 값을 원의 반지름으로 나누면 구할 수 있음을 알았다($F=mv^2/r$). 이러한 힘으로 중력은 행성을 태양계에 묶여 행성이 안정적으로 회전하도록 하는 보이지 않는 끈이다.

케플러 제 3법칙은, 중력과 거리의 관계가 역 제곱 법칙을 따르기 때문에 거리가 멀어지면 중력이 약해진다면 필연적으로 나올 수밖에 없는 결과이다(Chown, 2017).

즉 뉴턴은 만유인력법칙을 발견하기 위해서, 먼저 발견한 제2법칙과 제3법칙을 이용하였지만, 결정적인 근거는 케플러 제 3법칙이었다는 것을 알 수 있다.

4 결론 및 제언

행성인 별들의 정신과 인간의 정신은 하나의 창조주에 의해서 생성되었으므로, 창조주는 조화의 의도를 가지고 우주를 창조했으므로, 이 둘은 서로 조화를 이루고 있다고 케플러는 생각했다. 따라서 별들의 정신과 인간의 정신은 서로 어울려 하나의 조화로운 음계를 형성한다. 이 조화를 이해함으로써 신의 의도를 이해하려 했다(Fischer, 2001).

케플러는 갈릴레오와는 다르게 천체운동의 물리적 원인이 무엇인가를 질문의 시작으로 그의 천체의 운동법칙을 탐색하였다. 케플러 이전까지의 천문학은 기하학적이고 정량적이었지만 존재론을 포함하지 않음으로써 운동 원인을 묻지 않았고, 이에 반해 인과적 설명을 구하는 물리학(자연학)은 정성적인 학문으로 정량적인 파악이나 수학적인 표현을 받아들이지 않았던 것이다.

하지만 케플러는 천문학에 동력의 원인(힘 개념)과 인과적인 이해를 도입하여 '숨겨진 힘'으로 분류되었던 중력을 수학적 관계식으로 파악함으로서 물리학이 정략적인 학문으로 성립하는 길을 열었다.

'기하학으로서의 천문학'과 '힘(영향력)을 과제로 삼는 점성술' 양자가 '동역학적 천문학(천체역학)'으로 통합되고 지양되었다는 점이다. 그리고 뉴턴의 올바른 운동법칙에 도달하여, 근대 물리학이 완성되었다. 따라서 전자기력과 중력을 둘러싼 물리학사는 케플러에서 비로소 시작되었다고 할 수 있다. 하지만 케플러는 동력학적 설명이었지만, 점성술이 개입되고 신비로운 신-플라톤의 사상이 개입되는 목적론적 설명이 주요한 역할을 하고 있기에 뉴턴을 기다려야했다. 즉 뉴턴역학의 인과론적이고 동력학적 설명의 과도기적이라고 할 수 있다.

이 장을 통하여 생각할 주제

1. 케플러는 행성의 운동에 대한 동역학문제에 어떤 제안을 하였는가?

2. 케플러의 행성운동 법칙은 뉴턴의 법칙에 어떤 기여를 하였는가?

3. 케플러의 법칙이 형성에 귀납의 방법을 그대로 적용되었는가?

참고문헌

Chown, M. (2017). The Ascent of Gravity: The Quest to Understand the Force that Explains Everything. New York: W.W. Norton & Company, Inc.

Fischer, E.P.(2001). Die Andere Bildung: Was man von den Naturwissenschaften wissen sollte. Ullstein Hardcover

Henry, J. (2012). A Short History of Scientific Thought. London: Palgrave Macmillan.

Martens, R. (2000). Kepler's Philosophy and the New Astronomy. Prenceton and Oxford: Princeton University Press.

Westfall, R. S. (1979). The Construction of Modern Science: Mechanisms and Mechanics (Cambridge Studies in the History of Science). Cambridge: Cambridge University Press

제8장

데카르트의 기계론적 세계관

| 요약 | 이 장은 데카르트가 어떻게 근대과학의 기계론적 세계관을 주도 했는지를 탐색하는 것이 주요한 목표이다. 첫째는 자연의 사물들을 연장적 실체로 보았다는 점이다. 둘째는 신을 대신하여, 인간이성의 완전성을 강조하여, 생각하는 인간을 내세우는 것이다. 그리하여 인식의 대상을 가능한 우리는 정확하게 밝힐 수 있다. 셋째, 자연의 사물에 관성의 법칙을 개념적으로 분명하게 적용하였고, 연장이라는 실체는 자연의 사물들을 기계론적으로 인식하였다는 점이다. 이러한 사상은 뉴턴 역학과 아인슈타인의 상대성이론과 양자역학에 영향을 주었다.

| 주요어 | 기계론적 세계관, 관성의 법칙, 연장적 실체

1 서론

우리들이 물체에 담거나 생각하고 있던 여러 가지 의미를 제거 했을 때, 대상에서 정신을 제거할 때, 자연은, 비로소 역학적인 인과법칙에 지배되는 것으로 새롭게 드러낸다. 데카르트에서 시작된 근대적 세계관의 이러한 이원론적 사고방식을 인과론적이고 기계론적 세계관이라 부른다. 이렇게 개별 사물에서 영혼이 제거된 자연을 일종의 수동적인 기계라고 생각하게 되었다. 피타고라스에게 영감을 준 것이 천체운동이었듯이, 근대과학에 꺾이지 않는 용기를 준 것이 천체 운동을 지배하는 역학이라는 법칙이었다. 17세기 데카르트의 해석기하학은 뉴턴의 미적분학과 함께 가장 중요한 도구가 되었다. 고대의 형태에 매달려있는 기하학을 해석해 대수적으로 표현하고 계산을 할 수 있게 되었기에, 플라톤의 대칭적 기하학을 뉴턴의 물리적 대칭성으로 진화하는 계기가 되었다.

고대 그리스 이래 최초로 데카르트의 철학은 객관이나 절대자를 근거로 삼지 않고 주관을 근거로 삼는 합리론을 정립한 근대철학의 아버지로 부른다. 그는 수학자이며 자연철학자이기도 하다. 그는 무엇보다도 수학적 방법론을 적용해 철학의 체계를 세웠다. 좌표계를 발명해 해석기하학을 탄생시킨 수학자였다. 하지만 이 연구는 그의 자연 철학을 중점적으로 다룬다.

데카르트는 자신의 물질이론 중, 연장 개념인 물질로부터 정신을 분리하여 인간에게만 사유능력을 부여하였다. 자연에 있는 모든 물질은 수동적으로 변하였다. 무엇보다도 물리학(역학)의 발전에 확실하게 데카르트가 기여한 것은 관성의 법칙이다. 갈릴레오가 원형관성으로 파악한 관성의 개념을 확실하게 개념적으로 이해하였다.

따라서 이 연구의 목적은, 이러한 데카르트의 기계론적 탄생이 어떻게 이루어졌는가에 초점을 맞추어 내용을 구성하도록 한다.

2 근대의 데카르트 이원론적 사상

근대를 여는 명제, "나는 생각한다, 고로 존재한다(Cogito, ergo sum)"는 대부분 알고 있는 내용이다. 데카르트의 '방법서설'에 등장하는 이 명제는 마음과 몸, 그리고 주체(정신)와 객체(대상인 자연)을 구분하면서 철학적 이원론의 기초가 되었다. 정신의 주요 속성은 사유, 즉 생각하는 것이고, 생각의 대상인 물체의 주요한 속성은 연장, 즉 공간을 갖는 것으로 세계를 단순화한다.

베이컨과 데카르트는 고전과학의 두 가지 주요 흐름을 대표하는 인물인데, 데카르트가 추상적인 이론가였던 점에 비하여 베이컨은 상당히 실용적인 인물이었다. 또한 데카르트의 이원론은 인간과 자연을 효과적으로 분리하였다. 그러나 과학적 지식이 자연에 대한 지배를 뜻한다는 신념을 내 세운 것은 바로 베이컨이었다. 그럼에도 베이컨은 데카르트와 마찬가지로, 자연이라는 연구대상으로 데카르트(1596-1650)에게 있어서 "신과 자연의 법칙" 관계로 "신이 우주를 창조했을 때, 자연의 법칙을 만들어 두었는데, 그 후 신은 자연현상에는 관여하지 않고, 자연현상은 단지 법칙에 따라 움직이고 있다" 생각하였다. 그는 자연의 법칙은 역학의 규칙과 동일하다. 이렇게 되면 적어도 자연현상에 대하여, 신은 실질적 의미에서도 별로 불필요하다는 것으로 신의 힘을 약화시켰다. 이러한 자연현상이 단순한 역학법칙에 바탕을 두고 기계적으로 움직여 간다는 생각했던 데카르트는 기계론자였다, 그는 물체의 운동을 역학에 의해서가 아니라, 관념적으로 설명한 아리스토텔레스의 목적론을 배제하였다. 하지만 그는 카톨릭 신자로서 신과 혼을 항상 의식했다. 그리하여 인간의 정신은 동식물과 달라서 자연법칙(역학법칙)에 좌우되지 않는 숭고한 것으로 보았다. 부터 인간의 분리라는 문제를 해결하려고 하였다.

데카르트는 사물 객체들 간의 관계를 지배하는 법칙들에 대한 가정에 기초한 가설을 만들어 '이성'을 이용한 논리를 전개해나갔으며, 이러한 가정들로부터 객체의 기대되는 행위가 연역될 수 있다고 주장했다. 따라서 객체의 기대된 행위와 관찰결과가 일치한다면 그 가정은 옳은 것으로 간주되었으므로, 그의 방법론을 연역법으로 불리게 된다. 그러나 이와 정반대의 귀납법도 사용하였다. 그는 과학자가 우선 자연으로부터 많은 관찰 결과를 얻을 수 있다면, 이 결과로부터 이들의 관계를 지배하는 법칙을 뽑아 낼 수 있을 것이라고 했다. 더 많은 관찰과 실험이 계속되면 좀 더 보편적이고 일반적인 수준의 법칙이 나타날 것이며, 이와 같은 과정이 계속되면 마침내 우주의 모든 현상을 포용할 수 있는 단일 법칙을 찾을 수 있다. 베이컨적 귀납법의 중요성은 '진리는 시간의 딸이며, 과학은 진보한다.'라는 말이 함축에서 찾아야할 것이다.

베이컨은 과학방법에서 수학의 역할을 잘 알지 못했고, 데카르트는 실험의 역할을 미처 깨닫지 못했다고 할 수 있다. 그리므로 두 철학자의 작업방식은 상보적인 셈이다.

과학의 이익은 보편적인 것이므로, 과학자는 보편적인 이익을 위해 일하는 것이 된다. 이것이 바로 과학자가 자기 합리화였으며, 그 자신의 행위를 합리화하려던 어떤 단체에도 손쉽게 받아들여졌던 논리인 것이다. 이와 같은 이론은 과학혁명에 이은 250여 년 동안, 왜 그렇게 고전과학이 우세한 지배적 이데오르기로 성숙할 수 있었는가를 잘 설명해주고 있다(Pepper, 1994, p.100).

데카르트(1644, 1 §51,/AT Ⅷ 24, Principia Philosophiae)에 따르면, "실체란 그것이 있기 위해 다른 것의 존재를 필요로 하지 않는 것을 의미한다." 말하자면 스스로가 존재하기 위해서 다른 것에 의존해야하는 것은 궁극적인 혹은 기본적인 존재라고 보기 힘들다는 것이 데카르트 생각이었다(이서규, 2001, p.237).

데카르트는 엄밀한 의미에서 실체의 정의를 만족하는 대상은 신밖에 없다는 사실을 인정하고 있다. 신만이 진전한 비-의존적인 존재, 완전히 독립적인 존재라는 것이다. 하지만 그는 약화된 의미에서 실체들도 존재라고 주장한다. 이 약화된 실체들이 비로소 이원론을 이루는 정신과 물체이다. 전통적인 기독교 교리에 따르면 모든 피조물은 기본적으로 신에게 의존한다. 정신과 물체가 실체적인 의미를 가지는 이유는 신 이외에는 의존하는 것이 없기 때문이다(이석재, 2015, p.5).

데카르트는 자연사물을 길이, 너비, 깊이를 가진다는 뜻에서의 '연장'이라는 단일한 본질을 고유하는 물질적 실체로 규정했다. 이는 자연세계를 뒤덮고 있는 영적인 요소를 천지간에 사라지게 하여 순수 물질적 사물 개념을 창시하는 효과를 가져왔다. 그것은 자연에 대한 무한한 양적 해석을 정당화하려는 의도를 반영한다. 반면 데카르트는 자연으로부터 증발된 영혼을 인간 내면으로 수렴하고, 그렇게 수렴된 영혼을 의식적 사유를 본성으로 하는 정신적 실체로 규정한다(김상환 등, 2017, p.75).(표 1의 참조)

표 1. 데카르트의 실체

실체	창조자 신, 피조물과 관계		
무한 실체	신		신만이 진정한 비-의존적인 존재, 완전히 독립적인 존재
유한 실체	정신 (영혼): 사유의 실체	물체(연장): 연장적 실체	신 이외에는 의존하는 것이 없다. **연장적 실체**인 자연의 물체들로부터 증발된 영혼을 인간 내면으로 수렴하고, 의식적 사유를 본성으로 하는 **정신적 실체** **<주관적 관념론>**
	플라톤 전통으로, 인간의 이성을 강조	기계론적 전통으로, 자연을 단순화	

플라톤은 영혼은 불멸하는 것으로서 경험적인 현상계와 구분되는 이데아의 세계와 관계하는 것으로 파악되며, 나아가 참된 지식을 가능하게 하는 근본적인 능력으로 간주한다. 이러한 플라톤적인 전통을 잇는 데카르트에게는 인간의 탁월한 영혼을 가진 존재로서 그것이 사유를 가능하게 하는데 있다고 이해된다(이서규, 2001, p.217). 하지만 물체는 비활성적인 연장인 실체로 보기에 근대의 기계론적 유물론과 연결되어있으나, 성찰에서 육체에 대한 정신의 우월성을 그 출발점에서 전제하면서 자신의 철학을 전개시키기 때문에, 필자는 합리적 심신이원론 혹은 **연장적 실체**인 자연의 물체들로부터 증발된 영혼을 인간 내면으로 수렴하고, **의식적 사유를 본성**으로 하는 **정신적 실체를 강조하**

는 주관적 관념론이라 부른다. 경험주의자 로크(1632-1704) 또한 이러한 상식적인 차원의 이원론에 따라 영혼적 사유적 실체와 물질의 연장적 실체 두 실체를 전제하되, 우리가 인식하는 것은 실체 자체가 아니라 그것의 표상일 뿐이라고 한다. 합리론자인 데카르트와 경험론자인 로크는 우리의 인식의 근거나 기원을 설명함에 있어서는 차이를 보이지만 영혼과 물체와 같은 개별자들을 각각의 실체로 간주한다는 점에서는 같이한다.

정신의 주요한 속성은 사유, 즉 생각하는 것이고, 물체의 주요한 속성은 연장, 즉 폭을 갖는 것이다. 아리스토텔레스는 물체의 속성을 10여개의 범주로 분류하고 있다. 하지만 데카르트에 따르면 물체는 연장이라는 것 이외의 의미를 갖지 않는다. 데카르트 눈에는 물체는 연장이라는 단순한 것으로 간주하였다(고사카 슈헤이, 1999, pp.162-163).

첫째, 물체의 속성이 연장으로 생각되기 위해서는 공간의 명확한 정의가 필요하다. 중세적인 세계관은 인간이 살고 있는 장소와 신이 살고 있는 성역은 다른 장소였다. 장소가 다르면 당연히 거기에 존재하는 물체의 의미도 달라진다. 따라서 모든 물체의 기본적인 속성을 연장으로 생각하기 위해서는 모든 장소가 동일해야한다. 데카르트에 이르러 우리들은 비로로 '균질한 공간'이라는 개념을 가졌다. 오늘날 해석기하학이 데카르트로부터 시작되는 것이다. 데카르트는 좌표축을 생각해내고, 도형을 계산과 결합시켰다. 즉 형태가 있는 것과 순수한 두 쌍이 양(X좌표와 Y좌표)으로 나타낼 수 있었다.

둘째, 어떤 물체가 어떤 공간에 위치를 점하고 있다는 것은 그 공간에는 다른 물체가 들어갈 수 없다는 것을 의미한다.

셋째, 물체의 속성은 연장으로 생각할 수 있게 됨으로서 반대로 연장을 갖지 않는 모든 물체는 실체로 고려하지 않아도 된다. 즉 단순하게 정신과 자연이 분리되었다. 우리들이 볼 수 있는 자연은 '복잡한 의미를 제거당한' 자연이다.

이리하여 자연은 물체의 모임인 동시에 데카르트의 좌표공간으로 상징되는 균질한 공간으로 파악되게 되었다. 시계의 리듬으로 상징되는 균질한 시간도 동시에 탄생되었다. 근대의 과학은 자연을 특히 측정할 수 있는 양으로 생각했기 때문이다.

자연은 사람들이 거기에 의미를 담거나 또는 생각하고 있었던 갖가지 의미의 덮개를 제거하였을 때 비로소 역학적인 인과의 법칙이 지배하는 자연의 모습을 드러낸다. 데카르트로 시작되는 근대의 세계관의 최초의 사고방식은, 역학적이고 기계론적 세계관이라 불리고 있다. 근대의 과학은 천체의 운동을 지배하는 역학이라는 '진리'이고 물체는 연장이라는 단순성에서 탄생하였다.

나는 사유하는 한 존재한다는 데카르트의 통찰은 그 자체가 의심 불가능한 확실한 인식이다. 바로 이지점에서 그는 무한 소급에도 독단에 빠지지 않은 채 확실한 인식을 확보하고, 그에 입각해서 현상세계 총체로서 유한성을 논할 수 있었다.

하지만 인간은 유한한 상대적 존재일 뿐이다. 오직 신만이 무한한 절대적 존재라는 스콜라 철학적 사유 전통의 틀을 벗어나지 못한 채 그는 자아가 현상세계를 유한 한 것으로 한계 지을 만한 무한성과 절대성의 존재라는 식으로 논의를 전개하지는 못했다(한자경, 2006, p.79).

표 2. 신과 현상세계와 관계

	신	→	현상세계
플라톤	절대적 무한자: 비가시적인 이데아 (사물의 원형)	복사	상대적 유한자: 가시적 현상 사물 (이데아의 그림자)
스콜라 철학 아퀴나스	절대적 무한자: 신 (세계의 창조자)	창조	상대적 유한자: 현상세계(신의 피조물) (이데아의 그림자)
데카르트	신을 대신하여, 인간이성의 완전성을 강조, 자아의 존재: 정신 (영혼, 신의 피조물)	분리 구분	상대적 유한자: 연장(물체, 신의 피조물)으로 공간을 차지하기에 공간도 구분되는 하나의 실체이다.
뉴턴	절대적 무한자: 절대시간과 절대공간 (사물들의 좌표개념)	공간적 제한과 시간적 출발점, 분리 구분	상대적 유한자: 현상세계(시공간적 사물들), 공간과 물질적인 실체로 구분된다.

데카르트의 사색은 계속된다. 나는 지금 회의를 하고 있지만, 회의란 진리라는 완전성을 결여한 불완전한 상태를 말한다. 무엇인가 불완전하다는 것을 알기 위해서는, 완전한 것을 알아야만 한다. 전체를 알아야 비로소 자신에게 보이는 것이 부분에 지나지 않는다는 것을 알 수 있다는 의미이다. 완전이라 말 할 수 있는 존재는 신 밖에 없다. 그 신으로부터 받은 생득 관념(본유 관념)도 신뢰할 수 있다. 이렇게 데카르트는 수학적 관념(본유관념)을 신뢰함으로써, 학문의 기초를 다졌다.

물체 그 자체에 갖추어지어진 속성으로, "1차 성질"이라 불린다. 이것이 데카르트의 유명한 '물체란 곧 연장(延長)이다.'라는 정의의 의미이다. 틀릴 가능성이 포함하고 있다는 이유로, 색체나 온화함 등의 감각적인 것은 2차 성질로 취급되어 학문적 인식으로부터 배제되었다.

데카르트는 철학의 이론은 근본적으로 실재론적이다. 시간이란 상호독립적인 순간들의 계기이다. 한편 공간은 물체의 고유한 실체를 구성한다. 즉 물질적인 실체 그 자체를 이룬다. 그는 물질에 대하여 이렇게 말한다. "나는 물질의 연장성, 즉 그것이 공간을 차지함으로서 가지는 성질은 그의 우연한 존재가 아니라 그의 진정한 형상, 본질로 간주한다.

뉴턴 개념 역시 실재론적이지만 데카르트 철학의 개념과는 다르다. 뉴턴은 공간과 물질적인 실체와 혼동하지 않는다. 그는 또한 공간의 과학인 기하학과 물질의 과학인 물리학을 혼동하지 않았다. 데카르트 우주에는 공간이 실체로 간주됨으로써, 진공이 존재하지 않는다. **뉴턴**에 있어서 공간과 시간은 실재적이고 절대적인 틀이다. 그들은 자신들 안에 존재하는 대상들이나 자신들안에 일어나는 시간들과는 독립적으로 존재한다.

칸트는 "순수 이성 비판"에서 공간과 함께 시간을 인간이 모든 대상들을 체험하기 위해서 선험적으로 지니고 있는 사유의 틀이라고 한다. 즉 그의 표현에 따르면 시간과 공간은 '선험적 감성의 형식'인 것이다. 어떤 대상을 인식할 때 마다 의식은 나의 선택과 무관하게 '언제(시간)', '어디(공간)'의 '무엇(대상)'이라는 식으로 시간과 공간의 틀에 따라 이해한다. 외적 지각이든 내적 지각이든 우리 의식이 나타나는 모든 것은 항상 시간적으로 정리된다. 시간이 공간보다 인식에 있어 더 필수적이라는 칸트의 이런 통찰은 이후 베르그송, 후설, 하이데거 등에게 이어진다(강순정, 이진오, 2011, p.265).

표 3. 근대 철학의 인식론

	인간지적 능력	인식대상
고대그리스와 중세철학	인간지식의 본성과 한계에 대한 반성 없이,	인식의 대상에만 초점을 맞춤
근대 합리주의 철학	인간의 지적 능력의 한계와 그 원리를 신으로부터 부여받은 무한정한 이성의 능력을 가지고 있기에,	인식의 대상을 가능한 정확하게 밝힐 수 있다.
근대 경험주의 철학	인간의 지적 능력의 한계와 그 원리를 경험적으로 명확하게 밝히는 것이,	자연과학이 확고한 토대를 가질 수 있다고 하였다.

필지가 보기에는 데카르트와 뉴턴은 시공간을 객관적인 실체로 간주하였기에, 유물론적인 자연시공간이라고 할 수 있으나, 칸트는 시공간을 주관적인 선험적 시공간으로 보았기에 관념론적 인식 시공간으로 볼 수 있다.

표 3 에서처럼, 데카르트 덕분에 철학계는 인식론으로의 위대한 전환이 이루어졌다. 고대 철학자들은 "세계는 무엇인가"라는 존재론에 몰두하였고 중세 스콜라 철학자들은 유명론과 실재론을 놓고 논쟁을 벌였다. 데카르트에 이르러서야 어떻게 해야 인간이 진정으로 자연 실재를 파악할 수 있는가라는 것을 깨달았다. 예를 들면, 우리가 어렸을 때는 눈에 보이고 귀에 들리는 것이 곧 세상이라고 믿지만, 나이를 먹고 시야가 넓어지면 학교에서 배운 것이 현실과 다르며 눈이 자신을 속인다는 것을 알게 되고 어떻게 해야 세상을 인식할 수 있는지 고민하는 것과 과정이 비슷하다.

표 4. 대륙의 합리론과 영국의 경험론

	대륙의 합리론, 데카르트	영국의 경험론, 로크	영국의 경험론, 흄
형이상학, 존재의 지위	이성을 우선하며, 이성의 역할은 자연 질서를 공개	경험에 의한 외부에서 들어온 정보(수동적)를 우리 감각이나 내성이 복잡관념(능동적)을 형성한다.	따라서 유리의 지식은 개인적인 것이다.
인식의 한계	신이 창조한 자연 법칙이기에, 신으로부터 전달받은 명석한 판단 능력이 사전에 부여되어 우리들은 세계의 진리에 도달할 수 있다.	사전에 부여받은 능력보다는, 경험이 다르면 관념도 다르다. 하지만, 물체의 일차성질은 단순 관념과 대응된다.	지식은 가설로서 지식으로, 귀납의 지식이며 또한 실험의 정신이다.
	무제한의 이성	경험을 중시하는 실증적 철학으로 겸손하고 한계를 가진 이성	철학은 정신의 존재(우리의 정신은 무엇을 어떻게 인식할 수 있을까)를 탐구하는 것에서 출발한다.
보편 논쟁	플라톤주의의 보편적인 실재론	유명론의 계보	유명론의 계보

환원 과정은 어떤 구조를 갖고 있으며, 환원은 어떤 요건이 충족될 때 가능한가?

표준적인 환원 이론을 제시했다고 인정되는 네이글에 따라 환원을 환원되는 이론(목표이론)과 환원하는 이론(기초 이론)사이의 관계로 보자. 이 두 이론은 사용하는 서술어가 다른 '이질적' 이론들이다. 이질적 서술어를 사용함에도 불구하고 환원, 즉 대체가 가능하려면 목표 이론의 법칙들이 기초 이론의 법칙들로부터 논리적으로 도출 또는 입증될 수 있어야 한다. 그리고 이것이 가능하기 위해서는 양 쪽의 서술어군 사이를 연결해줄 교량 규칙들이 있어야한다. 이 교량의 내용은 실은 목표 이론의 서술어를 기초이론의 서술어로 정의하는 것이거나, 그 서술어들로 표현되는 속성들이 상호 관련됨을 경험적으로 증명되는 것이다. 그리고 이 교량의 역할이 형식적 조건은 그것이 양방향 조건이어야 한다는 것이다. 왜냐하면 이 교량 규칙을 통해 기반 이론의 법칙으로부터 목표 이론의 법칙들이 도출해낼 수 있는 보장을 받아야 하고, 또 기반 이론의 속성을 통해 목표 이론의 속성을 확인할 수 있어야 되기 때문이다. 이렇게 환원을 통하여 우리는 실질적으로 목표 이론의 법칙을 한 걸음 더 포괄성 있게 설명하게 되고 또 존재론적 단순성을 도모하게 된다(손동현, 1999, pp.443-444). 무엇보다도 필자는, 그림 1에서처럼, 우리에게 친숙한 기반영역으로부터, 우리가 알고자하는 목표영역으로 정보를 전이하고자하는 유비추리가 중요한 환원전략이라 할 수 있고 본다.

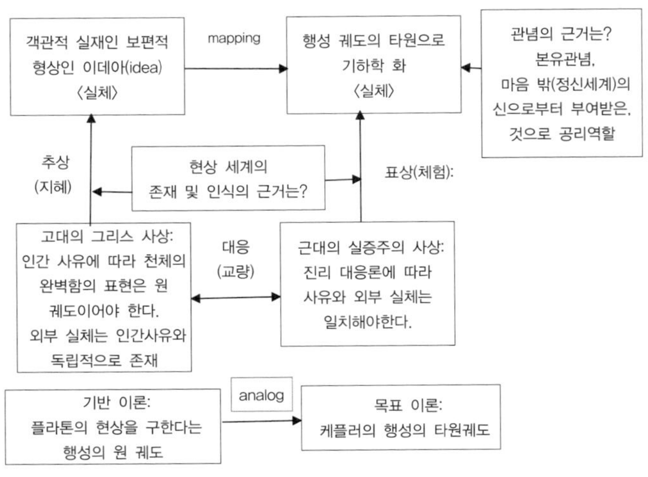

그림 1. 유비추리 전략에 의한 환원

3 유비추리에 따른 플라톤의 이데아에 따른 근대철학의 이해

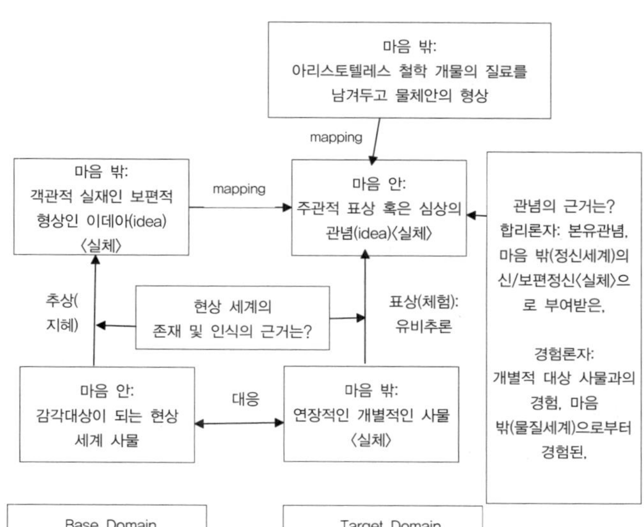

그림 2. 플라톤 철학을 기반영역으로 유비추리를 통한 데카르트 철학의 이해

근대 철학자들의 인식론과 형이상학의 중심개념은 관념, 이데아이다.

이데아는 원래 플라톤 철학의 핵심 개념인데, 고대그리스의 플라톤에서 이데아는 구체적 개별자 너머 그 자체로 존재하는 보편적 형상(eidos)으로서, 감각하거나 사유하는 우리의 마음 바깥에 존재하는 객관적 실재이다. 반면 근대 철학자들에게 이데아, 즉 관념은 그 존재론적 위상이 완전히 달라진다. 이들에게 관념은 감각이나 사유의 미음 활동의 직접적인 대상이 되는 표상(representation) 내지 심상(mental image)으로서 오직 우리의 마음속에서만 존재하는 주관적인 심적 존재이다(한자경, 2019, p.194).

그림 2에서처럼, 고대그리스의 철학은 객관적인 대상을 향하여, 우리가 가지고 있는 이성으로 대상에 접근하는 것이고, 데카르트는 그러한 대상을 우리의 마음으로 표상하여 본유관념으로 파악가능하다는 것이다.

근대에 들어 관념이 플라톤적인 객관적 이데아에서, 인간주관의 심리적 관념 내지 표상으로 바뀌게 되었다. 그 이유는 무엇인가?

무엇보다도 중세의 추상관념 내지 보편자에 대한 '실재론-유명론'논쟁이 중요한 역할이다. 표 4와 표 6에서처럼, 플라톤에서 이데아는 개별적 현상을 가능하게 하는 보편자이다. 그런데 유명론자은 그런 보편자는 개별자 바깥에도 안에도 따로 존재하지 않고 그것은 단지 추상적인 이름뿐이라는 것이다. 그렇다면 사물에 대해 우리가 갖는 개별적인 심리적 표상이 보편자로부터가 아니라면 그럼 어떻게 가능한 것인가? 이것이 바로 심적 표상인 관념의 근거는 어디에서 기원하는가?

근대 철학자 중, 합리론은 그러한 **관념의 기원**을 신적 이성 내지 보편적 정신으로 간주하며. 우리는 태어날 때부터 영혼에 그런 이성으로부터 부여한 '본유관념'을 가지고 있다고 주장했다. 반면 경험론자는 그런 관념의 기원을 오직 개별적 사물과의 경험에 두어, 신적 이성이나 본유관념을 인정하지 않는다. 이처럼 근대철학에서의 본유관념의 논쟁은 우리의 심적 표상인 관념의 근거를 무엇으로 둘 것인가에 대한 논쟁이다.

서양 중세가 신학과 철학이 분리되지 않은 시대였다면, 근대는 신학과 철학이 분리된 둘로 분리된 시기이다. 이것은 무한과 유한, 절대와 상태, 성과 속이 이원화 되었다는 것을 의미한다.

영국 근대 경험론의 진정한 기원은 관찰과 실험을 중시하고, 연역적 추리에 대하여 개별적 경험에 근거를 두는 귀납법을 제창한 베이컨이다. 이 경향은 홉스를 거쳐 로크에 이르러 대륙의 합리론자인 데카르트의 본유관념(nativism)을 비판하여 모든 인식의 경험에 의해 설명됨으로써 명확히 하였다. 로크는 "마음이란 백지 또는 암실이며, 모든 지식은 감각과 반성을 통하여 외적으로 주어지는 문자이며 빛"이라고 하였다. 로크의 경향은 버클리와 흄으로 계승되어 영국의 근대 경험론을 이루었다. 그들은 추상개념, 경험의 배후에 있는 실체개념, 인과율(因果律) 등에 대한 날카로운 비판을 보였으며, 특히 흄은 추상관념을 비판하여 관념의 기원을 감각인상에서 찾음으로써 위의 경향을 극한으로까지 밀고 가서 칸트로 하여금 이성론의 독단이라는 잠에서 깨어나게 하였으나, 회의주의적인 결과도 나타냈다.

4 진리(앎)이란 무엇인가?

철학사에서는 실체란 진실로 존재하는 것에 대한 부여된 호칭이었다. 데카르트는 '나'를 하나의 실체라고 부른다. 데카르트는 철학의 또 하나의 비밀이 있다. 우리들의 정신 속에 주어지는 명석 판명한 직관이 확실한 것이라는 것이 사전에 주어져있다는 점이다. 표 5에서처럼, 데카르트는 "우리가 매우 명석하게 이해하는 사항은 모두 진(眞)이다."라는 일반적인 규칙을 채용한다. 데카르트의 확신을 방법적으로 근거 짓고 있는 것은, 이와 같은 나의 정신에 떠오른 관념의 확실성에 대한 신

되였다. 데카르트는 이와 같은 관념의 존재방식을 객관적 혹은 표상적이라 하였다. 즉 나의 정신이 순수하게 사용할 수 있다는 것이 존재(진실로 있는 것)의 근거였다. 그가 사용한 객관적이라는 용법은 오는 날 사용하는 우리들의 정신을 떠나 독립적으로 존재하는 것, 또는 개개인의 주관에서 독립하여 존재하는 것이라는 내용과는 약간 벗어나 있으나 우리들의 정신 속에 명석판명하게 떠오르는 것은 데카르트에 있어서 객관적이었던 셈이다. 철학사의 흐름에서 말한다면, 관념의 객관성을 존재로 하는 방법은 플라톤주의라고 해야 할 것이다. 하지만 플라톤에 있어서, 탄생 이전의 혼의 상기라는 신비적인 방법으로 이데아가 우리들의 정신을 찾아왔는데, 데카르트에게는 기하학적인 방법, 또는 우리들의 정신에 애당초 내재하는 능력에 의해 우리들은 이 객관적인 관념을 가지다는 것이다. 문제는 이성적으로 생각하는 것은, 만인에게 동일한 것이다. 즉 인간은 평등하게 같은 것이라는 근대의 이념이 여기에서 탄생되어 계몽의 역사가 시작된다(고사카 슈헤이, 1999, pp.174-175).

표 5. 진리를 찾는 인식론

	앎의 인시론적 근거	영향을 준 철학자
플라톤	상기설	소크라테스
중세 스콜라 철학	신의 계시	플라톤, 아리스토텔레스
데카르트 등, 대륙의 합리론	이성의 빛에 의한, 생득관념, 본유관념	플라톤
후설	본질직관	플라톤 + 데카르트
하이데거	탈-은폐	플라톤

근대의 명석함을 잉태한 빛이란 '자연의 빛', 즉 인간의 이성 그 자체였다. 우리들이 스스로의 정신 속에 완전한 것의 관념이 각기 때문에 신은 실재한다는 '신의 존재증명' 방식이다. 즉 우리들의 정신에 대한 신뢰에 기초하기 때문이다. 신의 완전성이라는 환상이 인간 이성의 완전성이라는 환상으로 변해간다. 그러므로 데카르트는 신에 대해 기술하는 것은 실은 인간 이성의 완전성에 대하여 말하는 것이다. 우들의 판단 능력은 신으로부터 '본유관념'으로 부여받은 것이다. 우리들은 이 판단 능력을 바르게 사용한다면 진리에 이를 수 있다. 그러므로 근대란 인간 중심 세기이다. 인간이란 개별적인 인간이라기보다는 공통적인 자연의 빛을 받은 인류라고 부른 것이 적합하였다.

표 6. 실재론과 명목론

	실재론과 명목론	종과 유	앎의 방식
플라톤	보편적 실재론	종과 유는 개물에서 독립적인 실체	
아리스토텔레스	보편적 실재론	종과 유는 개물 안에 내재되어 물체에 종속	정신적 추상화를 통해 일반화
로크	보편적 개념론	종과 유는 개물은 물체에 실재하지 않음, 물체 이후에 인간에 의해 개념이 형성	
오컴	보편적 명목론	종과 유는 이름 속에서만 존재	가상적 존재

데카르트는 4가지 규칙에 의하여 탐구하고자 한다.

확실한 출발점에서 출발하되, 문제를 부분으로 분할하여 단순한 것에서 복잡한 것으로 앞에서 분할한 문제를 구성해 간다. 이것에 실험이라는 방법을 더하면 근대 과학이 출발한 방법적 원리를 얻을 수 있다. 분석적이고 환원론적 방법으로 근대과학의 특징을 말한다.

통상적으로 우리는 어려운 것을 탐구할 때는 구성의 방법보다는 먼저 분석의 방법을 사용해야한다. 분석은 실험과 관찰로 이루어지고, 이것들로부터 귀납에 의해 일반적인 결론을 이끌어 낸다. 그리고 일반적인 결과에서 원인으로, 특별한 원인으로 조금 더 일반적인 원인으로, 마침내 가장 일반적인 원인을 찾아내서 논증이 끝날 때까지 나아간다. 이것이 분석의 방법이다. 종합이란 이렇게 발견된 원인이 원리로 확립되었음을 전제로 삼아, 이것들로부터 일어난 현상을 설명하고, 그 설명을 증명하는 것이다(Wilezek, 2021).

물리학을 크게 발전시킨 중요한 방법론은 추상화와 환원주의다. 예를 들면 뉴턴의 만유인력 법칙은 지구나 달과 같은 천체를 완전한 구형으로 간주하는 추상화 단계를 거친다. 그 결과 만유인력의 법칙이 적용될 수 있도록 지구와 달은 추상화 된 두 개의 점 질량으로 표현할 수 있게 된다. 또 다른 방법론인 환원주의는 전체를 부분으로 나눌 수 있고, 전체에서 나타나는 효과가 부분의 작용과 선형적(linear) 인과성을 가질 때 가능해진다. 하지만 어떤 부분의 작용이 다른 부분의 작용과 결합하는 복잡성 때문에 증폭이나 감쇄효과가 나타나면 적용하기 어렵다.

데카르트의 영향과 한계

데카르트의 '연장"개념은 20세기 상대성이론과 양자역학이 발전하면서 새롭게 조명되고 있다. 연장은 물질의 기본 속성이자 공간과 동일한 개념이다. 따라서 데카르트에 따르면 물질이 없으면 공간이 존재하지 않는다. 이는 곧 아인슈타인의 일반상대성이론이 천명하는 '우주의 사공간은 물질(에너지)에 의해 결정된다.'라는 말과 일치한다. 또한 오늘날 첨단 물리학의 양자장론(Quantum field theory)에 따르면 완전한 진공이란 존재하지 않는다. '직접 경험할 수 없는 공간과 같은 사물에 실재를 귀결시켜서는 안 된다.' 는 데카르트의 철학적 견해는 오늘날 공간의 개념을 이해하는 데 큰 시사점을 준다. 그가 개념적으로 이해하였던 관성의 법칙은 뉴턴의 제1법으로, 아인슈타인 상대성이론의 중요한 전제로 사용되었다.

하지만 데카르트의 기계론적 철학으로는 천체들 사이의 중력을 이해하는 데 한계가 있다. 데카르트의 추종자들은 뉴턴의 원격력인 중력의 법칙을 마술사상과 신비주의를 되살리는 것이라고 주장하였다. 특히 천체들 사이의 원격력인 중력에 대하여서는 이해를 하지 못했다가기 보다는 아예 거부했다고 할 수 있다.

데카르트는 태양의 주변에도 가대한 와동이 있어 지구와 행성들의 운동을 정량적으로 끌어낼 수 없고, 정밀한 관측으로 뒷받침한 케플러 법칙을 엄밀하게 설명할 수 없었다. 바로 그것은 뉴턴을 기다려야 했다.

테카르트의 우주는 무한하다. 즉 우주는 사방으로 무한히 뻗어있다. 데카르트가 우주의 범위가 무한하다는 생각에서 무한의 개념과 무한한 존재는 신이라는 결론을 이끌어낸다. 물론 시간도 수학적인 시간으로 이끌어 낸다. 이러한 개념은 뉴턴의 절대적인 공간과 절대적인 시간은 신의 속성이란 개념으로 발전한다.

5 결론

이 연구의 목적은 데카르트가 어떻게 근대과학의 기계론적 세계관의 주도 했는지를 탐색하는 것인 주요한 목표이다.

첫째는 자연을 연장적 실체로 보았다는 점이다. 인간 사유와 구분하였다.

둘째는 신을 대신하여, 인간이성의 완전성을 강조하여, 생각하는 인간을 내세우는 것이다. 그리하여 인식의 대상을 가능한 우리는 정확하게 밝힐 수 있다.

셋째, 자연의 사물에 관성의 법칙을 개념적으로 적용하였고, 연장이라는 실체는 자연의 사물들을 기계론적으로 다음과 같이 인식하였다는 점이다.

갈릴레오의 원형관성을 직선 관성으로 관성의 법칙을 제대로 이해한 최초의 과학자라는 점이다. 이러한 관성의 법칙은 바로 기계론적 세계관의 기반이다. 관성의 법칙이란 외부의 힘이 작용하지 않는 한, 물체는 이전의 운동 상태를 변화시키지 않는다는 것이다. 근대 과학의 발전은 이 관성의 법칙의 이해부터 시작 되었고 할 수 있다. 갈릴레오가 이를 맨 먼저 포착했고, 데카르트가 이를 개념적으로 완성했으며, 뉴턴은 이를 수학적으로 정식화하였다.

이러한 관성의 법칙은 자연속의 사물들을 철저히 수동적으로 보았다는 점이다. 갈릴레오의 이전의 아리스토텔레스 이론의 물질은 능동성을 가지고 있다. 근대 이전에는 인간은 이른바 물활론적 세계관을 상식으로 받아들이고 있었다(조승현, 2014).

관성의 법칙에 의해 자연은 능동성이 없는 수동적인 대상으로 변한다. 우주를 거대한 기계로 보는 기계론적 세계관이 이때부터 확립된 것이다. 자연을 기계로 간주되었으며, 생명현상까지도 예외가 아니었다.

무엇보다도 데카르트는 실체를 신을 제외한 정신과 물질로 구분하였다. 정신의 속성은 사유이며, 물질의 속성은 연장이다. 자연은 연장의 속성을 가진 물체가 되었고, 정신은 물질로부터 해방되었고 사유의 속성을 가진 순수한 것이 되었다. 연장이란 관념을 통해 자연은 역학적인 인과법칙에 의해 운동하는 수동적인 물질이 되었다.

근대의 힘은 자연에서 정신을 제거한 강력한 단순함에서 생긴다.

데카르트의 인식론적 합리주의라는 독특한 두 가지 주장은, 우선 실재에 대한 우리의 지식은 적어도 이상적으로는 확실한 진리를 기초로 하여 구축된 구조물의 형태이다. 기초적인 이러한 확실성은 의심 할 수 없는, 진리에는 일반적인 원리와 특수한 사실 두 종류가 있다. 일반적인 원리는 "모든 것에는 원인이 있다", "생각은 생각하는 자를 필요로 한다." 와 같은 확실한 진리를 들 수 있다. 특수한 사실에는 어떤 사람이 의심하는 존재로 존재한다거나 어떤 사람이 완전한 존재의 관념을 가진다와 같은 특수한 직관들을 제사할 수 있다. 그리고 감관에 의존하는 다른 모든 지식들은 이런 기초적이고 확실한 진리에서 파생된다는 것이다(Aune, 1970).

참고 문헌

강순정, 이진오 (2011). 생각하고 토론하는 철학 수업. 서울: 학이 시습.

고사카 슈헤이 (1999). 일러스트 서양철학의 기행. (이희구 옮김, 1999, 서울: 한마음사).

김상환, 김성호, 이현복, (2017). 근대철학의 일반적 성격. 서양근대철학회 엮음에서, 서양근대철학(pp.68-88). 서울: 창비. 일러스트 서양철학의 기행. (이희구 옮김, 1999, 서울: 한마음사).

손동현 (1999). 실증과학의 철학적 기초. 한국현상학회 편에서, 문회와 생활세계(pp.424-449), 서울: 철학과현실사.

이서규 (2001). 플라톤과 데카르트의 영혼개념에 대한 고찰. 철학논총, 24집 제2권, 217-240.

이석재 (2015). 정신과 물질의 결합으로서의 인간, 서울대학교 철학사상연구소 엮음에서, 데카르트에서 들뢰즈까지: 이성과 감성의 철학사(pp.01-23). 서울: 세창출판사.

조승현 (2014). 우주관 오디세이: 피타고라스, 플라톤에서 아인슈타인, 보어까지(재 2쇄). 부산: 부산과학기술협의회.

한자경 (2019). 실체의 연구: 서양 형이상학의 역사. 서울: 이화여자대학교 출판문화사.

한자경 (2006). 칸트 철학에의 초대. 서울: 서광사.

후지사와 고노스케 (2012). 철학의 즐거움: 유쾌한 논리, 황홀한 논쟁. (유진상 옮김, 2012, 서울: 휘닉스, 인용쪽수는 번역판).

Aune, B. A. (1970). Rationalism, Empiricism, and Pragmatism. New York: Random House.

Brenowski, J. (1977). A Sense of the future: Essays in Natural Philosophy. MIT Press. (임경순 옮김, 2011, 과학과 인간의 미래, 서울: 김영사)

Pepper, D. (1994). *The Root of Modern Environmentalism (New edition)*. London and New York: Routledge. (이명우, 오구균, 김태경, 최승 옮김, 1997, 현대 환경론(재12쇄), 서울: 한길사.

Wilczek, F. (2021). Fundamentals: Ten Keys to Reality. USA: Penguin Books

제9장

뉴턴 역학: 자연을 시스템화

| 요약 | 이장의 목적은 뉴턴 법칙의 배경이 되는 절대 공간 및 절대 시간 개념의 형이상학적 기원을 설명하고, 이것이 역사적으로 어떻게 형성되었는지 해명하는 것이다. 뉴턴은 현실성을 강조하는 지상역학의 연구자인 갈릴레오와, 목표를 바라보는 천체의 이상적인 기하학의 케플러의 성과를 깊이 연구하고는 그것들을 결합하여 숨어있는 수학적인 보편법칙인 다이아몬드를 찾아냈다. 뉴턴의 우주는 모든 곳에서 항상 동일하게 작동하는 이러한 보편법칙을 따르고 있다. 중력은 우주의 모든 곳에서 항상 동일하게 작용한다. 또한 시간은 모든 곳에서 같은 속도로 흐른다. 이론상으로 운동은 고정된 틀을 기준으로 측정할 수 있기에, 운동은 절대적이다. 우주는 정적이며 무한하다. 우주는 인과적으로 작동되며 영원히 계속된다. 동역학적으로 시간가역적인 뉴턴역학은 강한 결정론이 이론의 가장 큰 미덕이다. 형이상학적 기계론이라고 할 수 있다.

고대 그리스의 아리스토텔레스는 정지된 공간이 운동하는 공간보다 우월하다고 하였다. 하지만 갈릴레오는 이것을 부정한다. 뉴턴도 이러한 아리스토텔레스의 절대적 위치, 즉 절대공간이라는 것은 존재하지 않는 다는 것을 심각하게 염려했다. 그것은 절대자 신에 대한 생각과 조화될 수 없었기 때문이다. 실제로 그는 자신의 관성의 법칙이 절대공간을 함축하고 있지 않음에도 불구하고 절대공간의 존재를 상정 할 수밖에 없었다. 결국 이러한 갈릴레오의 상대성원리는 아인슈타인의 특수상대성 이론을 중요한 전제가 되고, 시간도 절대적이 아님을 보여주고 있었다. 뉴턴은 아리스토텔레스 자연관을 대신하는 근대의 기계론적인 세계상으로 밑바닥 기초부터 체계적으로 수립되어 완전히 조직화하였다.

| 주요어 | 보편법칙, 우주는 정적, 절대공간, 절대 시간, 갈릴레오의 상대성 원리.

1 서론

아리스토텔레스의 경우나, 그 후 코페르니쿠스와 케플러, 갈릴레오의 경우에도, 움직이는 것은 행성이나 천체를 함께 끄는 천구였다. 이런 개념의 장점은 그 회전에 대하여 현대의 과학적 설명이 필요하지 않고 크게 요구되지도 않는다는 점이다. 이러한 천구체가 하는 일은 이미 주어진 또는 이미 존재하는 우주의 조화에 달려있기 때문이다. 아리스토텔레스에게는 목적론적인 설명인 자연스런 운동에 해당한다고 할 수 있다. 인과론적 설명인 중심력이라는 뉴턴역학이 나타나기까지는 변화하지 않는 대칭적인 기하학적 형태로 그들의 관점을 고수 할 수 있었다.

예를 들어, 동력학은 자유낙하는 물체가 등가속도로 운동하는 원인을 힘으로 보지만, 운동학으로는 그 원인을 힘으로 보지 않아도 된다. 갈릴레오는 데카르트와 마찬가지로 운동 속력을 기하학으로 표현하려는 개념이지 힘 개념 없이 운동을 설명하는 운동학(kinematics)이다. 데카르트에게는 소용돌이 같은 힘 개념이 있지만 이 개념은 운동을 일으키는 힘이 아니라 운동하는 물체가 운동 상태를 유지하려는 힘이다. 물체가 자신의 상태를 똑같이 지속하려는 힘을 가진다면 물체는 자신의 상태를 바꾸는 원인을 내부에 가질 필요 없기에 물체는 수동적이다. 뉴턴은 자연현상을 설명하기 위해서 아리스토텔레스처럼 형상이나 목적을 끌어들이지 않고 물체의 운동을 거론한다는 점에서 기계론자이지만, 물체의 운동을 힘으로 환원한다는 점에서 동력학 기계론자이다. 즉, 뉴턴은 중력이나 자기력 등의 기하학적 개념으로가 아니라 보편적인 원리인 힘 개념으로 설명하게 된다. 뉴턴은 갈릴레오와 케플러처럼 자연현상을 단지 수학이나 기하학 개념으로 설명하는 데 그치지 않고 자연의 보편적인 원리에 근거하여 정량적 방정식으로 표현하였다.

뉴턴의 운동법칙은 일단 운동하기 시작한 행성이 왜 궤도 운동을 계속하는지 말해준다. 하지만 뉴턴은 갈릴레오와 다르게, 절대 정지계을 상정했다는 점이다. 물리 현상 바깥에서 부동의 신의 눈으로 관찰하는 형이상학적 믿음에서 출발했다는 점이다. 절대적인 시간과 공간은 관찰자인 우리의 마음과 독립적인 객관적인 물체의 운동만을 대상으로 한다는 강한 실재론자였다.

고정되고 절대적인 시간과 공간이라는 무대를 설정하고 그 안에서 동역학에 의한 물질을 운동을 고려하였기에, 형이상학적이라고 할 수 있다. 또한 자연현상에 의한 자료로 출발한 상향식 방법을 택하였기에 유물론이면서 경험주의라고 할 수 있다. 형이상학적 유물론 혹은 형이상학적 기계론이라고 할 수 있다.

무엇보다, 뉴턴은 왜 힘이 필요하였는가?

고대 그리스 사람들에게는 "어떤 것이 움직이고, 어떤 것이 정지해 있는가?" 라는 것은 부차적인 문제였다. 그들에게 더 중요한 근원적 질문은 "이것들이 왜 움직일 수밖에 없는가?"라는 것이었다(Berman, B. 2014, p.44).

여기에 대한 첫 번째 대답은, 그리스 시대의 원자론과 아리스토텔레스의 철학 모두는 자연에서의 움직임은 그 원인이 물체의 내부로부터 온다고 믿었다. 아리스토텔레스의 주장에 따르면 모든 원소들은 어떤 특별한 장소와 연결되어 있다는 것이다. 원소들은 애초에 그곳에서만 존재하도록 운명 지어져 있다는 것이다. 그로인해 원소들은 늘 언제나 자신과 근원적으로 연결된 장소로 운동하려는 성질을 가지고 있다. 이것이 바로 아리스토텔레스가 주장한 만물에 움직임이 생기는 근본 원리이다. 이로 인해 만물은 각자 선호하는 장소가 있으며 그곳에 도달하기 위해서 계속해서 노력하는 것이라고 여겨졌다. 아리스토텔레스는 지구가 우주의 중심에 고정되어 지구를 중심으로 가상의 기준선이 우주에 그려져 있으며 여러 가지 가득 찬 유한한 공간 안에서 사물의 위치가 바뀌고 시간은 누구에게나 똑같이 순환적으로 흐른다는 것이다 (Cox & Forshaw, 2009, p. 22).

두 번째 대답으로, 뉴턴의 기계론적 세계관로 운동하는 목적이 없는 수동적인 물체만을 다루었다. 운동하는 물체만이 수학적으로 측정될 수 있기 때문이다, 따라서 이 세계관은 기계의 행동에 대한 것이지 목적이 있는 인간의 행동을 위한 것이 아니다. 기계론적 세계관의 창시자인, 갈릴레오, 데카르트 등은 생명의 질을 분리하여 제거하였고, 완전히 죽은 물질만으로 구성된 생명이 없는 우주뿐이다. 순전히 물질만으로 이루어진 기계론적 유물론이다. 그들은 생명, 인식, 정신을 비롯하여 모든 사물과 사건은 물질이나 에너지의 특수한 상태라고 보아야 가장 적절하게 설명될 수 있다고 생각했다.

뉴턴도 운동하는 지구의 중심보다는 절대적으로 정지해 있는 우주의 공간의 장소를 기준으로 삼는 다는 점이다. 임의의 정지된 장소(절대적 위치)를 중심으로 일정한 속도로 운동하는 계를 관성기준계라 하여, 그 곳에서는 모든 뉴턴 법칙이 동일하게 적용된다는 것이다. 그는 공간 자체야 말로 고정된 절대 기준계라고 생각했다. 그는 공간을 정지해 있으면서 움직이지 않는 물리적 실체로 간주했다. 이와 같은 정지해 있는 공간의 절대적 기준을 기준으로 모든 공간은 누구에게나 같은 간격으로 동일하게 펼쳐져 있다는 것이다. 이를 절대공간이라 부른다. 또한, 물체들의 운동은 누구에게나 동일한 절대적 시간의 흐름에 따라서 서로 끌어당기는 절대적 공간위에서 발생하는 현상일 뿐이다.

뉴턴은 자연을 어떤 질서의 규칙에 따라 움직이는 내적으로 상호 연관된 단일한 체계로 보고, 자연현상을 지배하는 법칙으로 세 가지 운동법칙과 만유인력 법칙을 제시하였다. 그리고 이 법칙을 설명하기 위해 그 출발점이자 전제로 무엇을 토대로 시작하였는가? 물체에 힘을 가하면, 움직인다는 것은 누구나 알고 있는 사실이다. 그렇다면 이러한 물체의 운동이 일어나는 배경은 어떻게 되는가?

뉴턴은 데카르트가 주장한 기계적 운동을 실현할 수학적 방법론을 찾아낸 것이다. 플라톤의 이상화의 이데아의 세계를 진입하기 위해서 수학을 사용하였다는 점이다.

우리는 이장에서, 이러한 결정론적 사유인 뉴턴역학의 세계관을 다양한 관점에서 탐색한다.

2 뉴턴의 운동법칙이란?

운동의 제 1법칙은, 관성의 법칙이라고 부르는 것으로, 모든 물체는 외부에서 그 상태를 바꾸려는 힘이 작용하지 않는 한 정지 혹은 등속직선운동 상태를 계속 유지한다는 것이다. 이 법칙은 그 같은 물체에 가해진 힘들이 서로 상쇄되면 아무 힘도 가해지지 않을 때와 같다고 말하는 정역학의 기본원리와 같다는 것이다.

뉴턴은 직관적으로 생각할 때 두 개의 중요한 개념이 있다. 첫째는 위에서 설명한 관성이다. 속도 변화에 저항하는 정도라고 힐 수 있다. 두 번째로는, 운동에는 변화는 어떤 이유가 있다는 것이다. 즉 어떤 물체가 가속되기 위해서는 어떤 종류의 힘이 작용한다는 것을 말해 준다. 제 2법칙인 힘과 가속도의 법칙의 전제가 관성의 법칙으로 제 1법칙이라는 의미를 알 수 있다.

운동의 제2법칙은, 운동의 변화는 가해진 힘에 비례하고 힘이 가해진 직선방향으로 일어난다. 가장 중요한 것은 운동의 변화인 가속도의 개념을 도입했다는 것이다. 운동의 제2법칙은 동역학 기본원리에 해당하는 힘과 가속도의 법칙이라는 것이다. 우리는 어떤 물체의 지량을 알고 있고 어떤 힘이 작용하는지를 알면, 뉴턴의 제2법칙과 미적분을 이용해서 이 물체가 어떻게 움직이는지를 예측할 수 있다.

운동의 제3법칙은, 작용-반작용의 법칙으로 그 내용은 두 물체 사이에 작용하는 크기가 같고 방향은 반대인 반작용이 항상 따른다. 즉 두 물체는 크기가 같고 방향은 반대인 힘을 서로에게 미친다.

이상의 세 법칙만 있으면 물체의 운동에 관하여 많은 것을 설명할 수 있지만, 정작 중요한 그 힘이 무엇인지 알려주지 않는다. 가장 일반적인 물체의 낙하운동에는 적용되지 않는다. 그 법칙은 중력의 법칙 혹은, 만유인력의 법칙이라고 불리는 것으로, 질량을 가진 두 물체 사이에는 그 질량에 비례하고 그 떨어진 거리의 제곱에 반비례하는 인력이 작용한다. 따라서 두 물체 사이의 인력은 거리가 멀어질수록 급속도로 약해진다.

행성 운동에 관한 케플러의 법칙과 낙하하는 물체에 대한 갈릴레오의 법칙은 천문학과 물리학에서 가장 중요한 과학적 지식들을 요약한 것이지만 당시에 겉으로 보기에는 둘은 아무런 연관이 없는 것 같았다. 케플러와 갈릴레오가 동일한 연구를 하고 있다는 사실을 밝히는 데 뉴턴이라는 필용하였다.

그렇다면 달은 왜 지구로 떨어지니 않을까? 뉴턴은 흔히'뉴턴의 산' 으로 알려진 이 그림은 일종의 사고실험(thought experiment)으로, 지구에서 아래로 떨어지는 물체의 궤도운동을 하는 천체가 중력이라는 하나의 법칙으로 통일된다는 놀라운 사실을 보여주고 있다.

예를 들면, 우리가 산꼭대기에서 수평 방향으로 돌멩이를 던진다면, 돌의 속도가 느리면 얼마 가지 못하고 떨어질 것이다. 이런 경우에는 가까운 산등성이에 떨어질 것이다. 돌을 세게 던질수록 지면에 도달하는 지점이 출발점에 점점 멀어지다가 어떤 특정 속도에 도달하면 돌멩이는 떨어지지 않고 지구를 계속 돌게 된다. 떨어지는 것은 사과이고, 계속 회전하는 것이 달이라고 할 수 있다. 지구에서 관측되는 중력은 주로 사과와 같은 일상적 물체가 지구의 중심을 향해 떨어지는'낙하운동(낙하 가속도)'으로 나타는 반면에, 우주 공간의 달과 같은 천체는 '궤도운동(구심가속도)'을 나타낸다. 그러한 궤도운동도 사실은 중력에 의해 끊임없이 낙하하는 운동임을 암시하고 있다. 즉 낙하가속도와 구심가속도는 동일한 중력 가속도임을 보여주고 있다. 뉴턴은 이와 같은 논리로 달의 운동과 사과의 운동을 하나로 통일할 수 있었다.

어떤 대상을 재배열해도 변화지 않는 무엇인가가 존재할 때, 그 대상은 대칭성을 가진다(Kaku, 2021). 지구에서의 불변량은 둥근 지구에 의하여 만들어진 중력 가속도는 천상과 지상의 물리학을 대칭적으로 통합하였다는 것이다. 뉴턴의 산 사고실험에서, 물체가 수평방향으로 지구중심을 기점으로 지구 주위를 회전하는 경우와 포물선을 그리며 낙하하는 경우, 지구와 물체사이에 중력이 변하지 않는다는 것이다. 물체의 위치가 변화해도 법칙 자체는 변하지 않는다는 것을 의미한다. 지구-물체로 이어지는 물리계는 다른 각도에서 바라봐도 운동법칙과 물체의 궤적은 여전히 불변이다. 이렇게 대칭성은 자연의 힘을 통일하는 데 반드시 필용한 도구 중의 하나이다.

또한 이미 시공간은 고정되었기에 그 안에 있는 물체의 운동만을 다룬다. 따라서 뉴턴역학은 우주론이라기보다는. 동역학인 것이다.

3 근대 세계관 출현과 역사속의 뉴턴역학

17세기에 시작되는 근대의 형이상학은 이전의 이론들을 바탕으로 삼고 있지만, 기본적인 관심은 영구불변과 생성변화보다는, 여러 가지로 이해되는 실체들의 관계, 특히 정신과 물질의 상호관계를 설명하는 것이다. 중세나 르네상스 시대에 전개된 형이상학에 대한 논의들은 우주에 관한 새로운 지식들과 잘 맞지 않은 것으로 보여 졌다. 왜냐하면 천문학, 물리학 등의 새로운 이론과 발견은 실재의 세계가 아리스토텔레스나 중세기 철학자들에 의하여 묘사되었던 것과는 근본적으로 차이가 있었다.

유물론에 의하면, 이 우주는 근본적으로 물질로 되어 있고, 정신은 물질에 예속된 부차적인 산물이거나 또는 존재하지 않는다는 것이다. 물질이란 정신에 앞서 미리 존재해왔다고 보는 것이다. 진화론도 유물론적인 세계관과 관계가 있다. 우연한 변화와 적자생존의 원리에 의하여 발전되어가는 우주는 어떤 목적이나 섭리와는 아무런 관계가 없고 자연세계에서의 일들을 이끌어 가는 정신을 인정하지 않는 유물론과 통하는 것이다.

물질은 연장되는 것을 그 본질적인 속성으로, 모든 질적인 대상들은 외부적인 특징, 즉 크기, 모양, 위치, 움직임에 등에 의하여 설명이 가능하다. 이 물질 세계는 단지 연장된 기계적 세계에 불과하기 때문에 그 활동은 물질세계 밖의 어떤 힘에 의하여 움직일 수밖에 없다. 오직 신만이 창조적이고 독립적인 실체이다. 신은 스스로 움직일 어떤 다른 것을 필요로 하지 않는 전지전능한 실체이기 때문이다. 신은 물질적인 부분 등의 거대한 연속에 최초의 충격을 주었고, 전체 세계에 대한 힘의 원천을 제공하며, 모든 사물이 존재하고 작용하도록 한다. 그 뒤에는 자연의 법칙대로 움직인다는 것이다. 신의 힘을 약화시켜 인간의 이성을 신에까지 끌어올렸다는 점이다.

분명한 것은 외부 존재를 인간의 마음 안에 끌어와서 그것을 구성하지만, 신의 능력을 부여받은 인간은 그것을 객관적으로 파악가능하다는 것이다. 이전에는 신의 창조물인 자연은, 우리 인간의 관찰과 관계없이 외부에 객관적으로 존재한다는 것이었다.

아리스토텔레스는 우리가 하나의 유기체처럼, 모든 물체는 하나의 우주적 유기체의 일부라고 주장한다. 각각의 물질이 하나의 유기체에서 떨어져 나왔고, 이들은 곧 유기체라는 본체로 되돌아간다고 한다. 사과가 땅에 떨어지고 썩는 이유는 사과라는 물질이 지구라는 유기체의 본체로 돌아가는 과정이라는 것이다. 그래서 우주는 유한하고, 그 중심에 움직이지 않는 지구가 있었다. 세속적이고 불규칙한 지구와 달리, 천체는 완전한 구이다. 천체들은 지구주위를 완전한 궤도인 원을 그리며 돈다. 달 궤도 바깥의 모든 것은 완전무결하며, 이 완벽함은 육안으로 볼 수 있다.

이와 같이 자연현상에는 자신의 형상을 향하는 목적이 있다고 보는 것이 아리스토텔레스와 중세의 스콜라 철학은 목적론이다. 반면에 자연현상을 물체의 운동으로 설명하고 자신의 목적을 고려하지 않는 것이 기계론이다. 그러한 기계론도 17세기 자연 철학자들 사이의 차이를 운동학과 동력학의 차이로 좀 더 분명하게 구분한다. 그 당시 자연철학의 흐름도 힘 개념 없이 운동을 설명하는 운동학 기계론에서 동력학 기계론으로 이행한다고 할 수 있다.

데카르트의 기계론은 정신과 물체의 이원론이라 부르는 형이상학적 원리가 배경을 이룬다. 데카르트의 이원론에 따르면 정신은 "사유하는 것"이라고 능동형 분사로 표현되듯이 활동성을 지니지만, 물체는 "연장된 것"이라는 수동형 분사로 비활성을 지닌다. 물체의 비활성 속에는 스스로 운동하는 원인이 없다는 뜻이다. 따라서 물체가 본성에 따라 스스로 운동이라고 하는 아리스토텔레스가 규정한 자연운동을 데카르트는 부정한다. 물체가 스스로 운동할 수 없다면 무엇이 물체의 운동을 일으킬까? 데카르트의 해답은 신이다. 태초에 신이 모든 물체를 창조할 때 운동을 부여했다. 그렇다면 그 후 물체가 운동을 지속하게 만드는 것은 무엇일까? 데카르트의 대답은 아무것도 필요 없다는 것이다. 물체 전체의 운동도 신이 처음에 부여한 것과 똑같은 양으로 보존하기 때문이다. 다른 물체와의 충돌이외에는 개별 물체는 운동을 포함한 자신의 상태를 지속하려는 경향이 데카르트의 관성이다. 따라서 데카르트는 갈릴레오의 원형 관성운동의 궤도를 직선(표 1, 참고)으로 수정한다(김성환, 2008, pp.24-25).

표 1. 뉴턴역학의 형이상학적 유물론

세계관의 구조	질문의 형태	질문에 대한 가능한 답	종류
형이상학적 믿음 체계, 존재론	<**형이상학적 믿음**> **일반 형이상학**: 이성적인 우리가 세계를 표상하는 안경으로, 1. 세계에 대한 지식(진리)은 우리의 정신과 객관적으로 존재하며 고정되었는가? 2. 그러한 세상은 무엇으로 이루어져 있으며, 그 중에서 무엇이 우선인가?	1. 세계에 대한 지식(진리)은 고정(형이상학), 2. 이 세상은 나를 중심으로, 신과 자연으로 구성되어 있다. 신을 제외한 구성물 중에서는 물질(유물론)이 우선이며 이것으로부터 다른 것들은 파생된다.	형이상학적 유물론.
	<**형이상학적 개념**> **특수형이상학**: 어떤 영역에 대한 이상(ideal)으로 1. 만물을 담지 하는 우주의 시간과 공간은 불변의 기준 혹은 변화하는가? 2. 시공간은 객관적 혹은 주관적으로 존재하는가?	1. 세계의 구성물을 담고 있는 시간과 공간을 불변의 고정된 기준으로 본다. (형이상학). 2. 시간과 공간은 우리 인식 밖의 객관적으로 존재하는 자연 시공간(유물론)이다.	

첫째, 천상계와 지상계의 구분, 자연운동과 강제운동의 구분은 비활성 물체의 운동 앞에서는 성립하지 않는다.

둘째, 물체의 본성이 연장이라는 데카르트의 관점은 자연철학에서 기하학 추론을 사용할 수 있는 형이상학적 근거를 제공한다.

셋째, 물체가 비활성이라는 데카르트의 관점은 물체에서 능동성을 지닌 모든 원리를 배격한다.

뉴턴의 힘 개념은 근대 역학에 등장하는 거의 모든 힘을 포괄한다. 그 중에서도 핵심은 물체의 고유한 힘과 물체에 강제된 힘이다. 이 두 힘이 합성되어 작용한 힘의 크기와 힘 방향으로 속도의 변화인 가속도의 크기는 비례한다는 제2운동의 법칙을 세운다. 하지만 힘이라는 운동법칙과 독립적으로 원격력과 같은 만유인력의 크기는 정식화하고, 그것을 내재하는 힘으로 설명하고자 시도 했으나 왜 그런 힘이 발생되는지는 설명하기 어려웠다. 결국 아인슈타인의 일반상대성이론까지 기다려야했다.

이와 같이 모든 운동을 뉴턴은 세 가지 운동법칙과 중력이론으로 설명된다.

모든 운동이 이런 방법으로 설명하는 것을 어떻게 증명하는가?

그가 사용한 수학 법칙은 그것을 증명하고 있다. 뿐만 아니라 그러한 법칙은 더 많은 것을 보여준다. 뉴턴의 수학적 분석방법은 모든 운동이 연속적인 것이며 그 운동은 조그마한 부분으로 나누어 분석할 수 있다는 확고한 바탕을 두고 있다. 전체란 부분들의 종합이며 이 우주는 하나의 거대한 기계로 생각되었다.

표 2. 아리스토텔레스의 목적론적 세계관에서 기계론적 세계관

<table>
<tr><th></th><th colspan="2">아리스토텔레스 자연학</th><th colspan="2">근대 기계론</th></tr>
<tr><td rowspan="2">존재의 지위</td><td>달을 포함한 완전한 천상계</td><td>달 아래 불완전한 지상계</td><td colspan="2">통합</td></tr>
<tr><td>원운동이며 최외각의 천구의 지위 높다</td><td>가벼운 물체가 원래의 위치인 위로 갈수록 존재의 지위가 높다</td><td colspan="2">절대적인 시간과 공간이 우선이지만 비활성인 물체들이기에 존재의 지위는 없다</td></tr>
<tr><td>세계관</td><td colspan="2">질적인 세계이며 지상에서는 정지가 우선인. 목적론적이며 유기체적 세계관</td><td>양적 세계이며, 운동이 우선인 운동학 기계론적 세계관</td><td>양적 세계이며 직선운동이 우선인 동력학 기계론적 세계관</td></tr>
<tr><td rowspan="2">운동의 본성</td><td rowspan="2">자연운동:
천체의 원운동은 이미 존재하는 조화운동으로 설명이 필요 없음</td><td rowspan="2">자연운동: 지구 중심을 기준으로 수직 상하운동으로 설명이 필요 없음.
강제운동: 수직 상하운동을 제외한 운동으로 외부의 힘이 작용</td><td>갈릴레오</td><td>뉴턴</td></tr>
<tr><td>원형관성으로 천상과 같이 자연스런 운동이며, 낙하운동도 자연스런 운동으로 설명이 필요 없음.</td><td>데카르트의 직선관성이지만, 가속도 운동인 속도의 변화는 설명이 필요함</td></tr>
<tr><td>지상과 천상의 자연 운동이 다른 이유</td><td>구성 원소:
에테르</td><td>구성 원소:
흙, 물, 공기, 불</td><td>모든 물체가 같은 비활성인 질량이기에 운동이 같다. 동역학적인 설명을 피하고, 운동학적인 정량적 설명</td><td>물체가 비활성, 정량적 설명으로 에테르가설 포기하고 힘 개념도입한 동력학</td></tr>
</table>

4 뉴턴의 기계론적 세계관의 특징

실체, 혹은 기체라는 것은, 철학자에 따라 조금씩 다른 의미로 쓰이지만, 세상의 근원이 되는 것으로 쉽게 말할 수 있다. 데카르트에게는 이 세상의 실체는 정신과 물체 두 가지이다. 정신은 생각(thought)하는 성질을 가지고 있다는 것이다. 그런데 물질이라는 것은 공간을 차지하고 있는, 즉 연장(延長, extension)이라고 하는 성질을 가지고 있다. 실체가 정신과 물질이라는 데카르트 주장을 이원론(二元論, dualism)이라고 한다. 정신을 물질과는 분리되어 생각할 수 있는 또 하나의 실체로 본 것이다. 이러한 정신은 좁은 의미에서는 순수한 지성(수학, 철학을 탐구하는)을 뜻하며 넓은 의미에서는 상상 작용, 감각 작용이 속한다.

이러한 정신과 물질을 동시에 지니고 있다고 생각되는 것은 인간이다. 그래서 정신과 물질의 관계에 대한 철학적인 물음을 철학자들은 심신문제(mind body problem)라고 부른다. 그런데 마음과 몸은 별개의 실체로서 존재한다는 이론을 데카르트의 이원론(Cartesian dualism)이라고 부른다. 그런데 정신과 물질은 서로 상호작용 할 수 없다는 것이 문제이다. 전혀 성질이 다르기 때문이다(최훈, 2014, pp.92-93).

데카르트의 1647년 저작인 <성찰록>의 주제는 바로 '정신을 물질로부터 분리하는 것'이었으며 자연적 물체를 하나의 '연장'으로서 인간적, 생명적 요소가 결여된 수학적 대상이 되었다. 자연에서 '실체 형상', 즉 아리스토텔레스 의미에서의 '영혼'을 완전히 제거하는 것은, 동시에 정신에서 일체의 물질적인 것을 제거한다는 뜻이기도 한다. 영혼이라 불리는 것은 '순수사유'인 것으로 보았다. 이렇게 모든 물체를 하나의 연장으로 환원하여 오로지 '형태', '크기', '운동'이라는 관점으로만 대상을 다루는 것이 그가 구상한 '해석 기하학'의 기초가 된다. "나는 생각한다, 그러므로 나는 존재한다."(Cogito, ergo sum)라는 명제는 그의 형이상학의 제일원리인 동시에, 견실한 과학에 도달하기 위한 제일원리였다. 감각에 기초한 물질세계의 개념과 좀 더 엄격한 수학적인 물질세계의 개념을 구별하는 가운데, 데카르트는 후자가 더 객관적인 것이라는 입장을 취하였다. 그에게 있어서 물질세계를 지각하는 감각적 경험은 주관적이며 자주 착각을 일으키고 외부세계와 동일한지 알 수 없기 때문에 회의의 대상이 되었다. 따라서 그가 취하는 입장은 감각적 경험이 아닌 이성 관념으로, 이는 선험적으로 우리에게 주어지는 것이었다. 데카르트는 자신에게 주어진 선험적 관념에 따라, 실체를 정신적인 것과 물질적인 것 두 가지로 구분했다. 데카르트에게 있어서 물질

표 3. 뉴턴역학의 인식론적 정당화

우리는 세상에 대한 믿고 있는 암묵적인 전제(형이상학적 믿음과 존재론)에 기반에 따라,	인과론적 유물론, 인과론적 기계론	형이상학적 믿음 체계
제안된 명제적 지식을 어떻게 진리라고 정당화시키고, 판단할 수 있는가? **1차적으로 지식의 근원은?** 이론의 형성과정에서 지식을 어디에서 얻는가? (Hosper, 1997)	이론의 형성과정에 필요한 경험적 자료	경험주의
제안된 지식(앎)의 상태(지위, Status)는? (Hosper, 1997: Posner, et al, 1982). 이론의 형성 후, 판단 기준은?	진리의 기준에 따라, 제안된 개념 지위가 상승한다.(인과적인 대응성), 이론의 형성 후, 판단 기준으로, 주로 진리의 대응성,	가치체계

(육체)은 연장을 가지고 있으며, 기하학적 공간에 위치하기 때문에, 섞여있거나 겹치지 않는다. 또한 기하학의 원리에 따라 무한 분할이 가능하며 이러한 모든 물체의 위치와 공간은 기하학적 공간에서 좌표 화가 가능한 것이다.

반면에 그리스 자연은 신과 인간이 함께 어우러져 일체를 이루는 '유기체적인' 자연이었다. 그러나 기독교적 세계관이 지배하는 중세로 들어서면서, 이런 그리스의 '범자연주의'는 타파되고 신, 인간, 자연의 계층적 질서가 나타난다. 그리고 자연은 이제 인간과는 별 개로 신에 의해 창조된 제3자로서, 인간이 전혀 관여할 수 없는 외부적인 것이 되었다. 인간과 자연의 동질성은 타파되고, 자연은 인간의 유추를 허락하지 않는 이질적인 타자로서 존재하게 된 것이다. 이러한 자연관은 인간의 이성을 강조하는 근세에서는 자연의 '비인간화'가 확실하게 진행되어감에 따라 자연은 인간적 요소인 색이나 냄새 같은 '제2성질'과 '목적의식', '생명원리'를 제거당한 채 오로지 '크기', '형태', '운동'등 그 자체의 요소를 인 제1성질을 통해서만 수학적이고 인과적으로 분석되었다.

고대 그리스 사람들과 중세시대 사람들은 우주 전체에 영혼과 정령이 충만하다고 생각했다. 하늘이 신의 영광을 나타내도다(시편 19편 1절).

하지만 코페르니쿠스의 혁명이 하늘과 신의 관계에 충격을 가함으로서 등장한 최초의 결과는 만물의 창조자인 신으로부터 자연을 분리시켰다. 세상은 여전히 신이 창조하였으나, 세상과 신의 성격이 완전히 다른 것이 것이며, 신은 자신의 유한한 작품을 넘어 독자적으로 존재한다고 생각했다.

이렇게 고대의 존재론은 자연의 사물에 대하서 '내 의식 밖의 어디엔가 객관적으로 존재한다.'라는 식으로 이해해왔다. 우리 인간은 이성을 가지고 그것에 접근할 수 있다고 하였다.

데카르트는 영혼을 제거한 자연의 사물은, 사고를 가진 인간이 마음속에 사물을 구성하지만, 신으로부터 부여받은 이성과 수학으로 그들을 파악할 수 있다고 하였다. 인간 밖에 객관적으로 존재하기보다는 인간의 사고 안으로 끌어들인 것으로 인간을 신과 같은 위상으로 끌어 올렸다. 결국 신의 힘을 약화시킴으로서 인간은 과학을 신을 바탕으로 하기보다는 사고와 수학으로 분석하기 시작하였다.

플라톤과 같이 데카르트도 유클리드 기하학의 추리양식에 명확하고 확실한 사고 모델을 찾고자 하였다. 그리하여 그는 해석기하학을 창시하였다. 과학의 발전은 질보다 양이 더 중요하다. 이러한 생각은 데카르트의 좌표의 발명으로 더욱 강화된다. 물리학에서 물리량을 수량적으로 나타내는 경우 소위 기준 좌표(Reference Coordinate)를 사용한다. 공간은 3차원이므로 x y z 방향으로 직각으로 만나는 세 축이 필요하다. 세 축이 만나는 지점을 0으로 잡고 기준점(Origin)이라고 부른다. 16세기 데카르트가 처음 제안 하여 직각 좌표를 카테시안 좌표(Cartesian Coordinate)라고 부른다. 뉴턴은 이러한 좌표에 시간과 공간 축이라는 무대에서 질량을 가진 사물들이 뉴턴역학의 영향 하에 움직인다. 이러한 시간과 공간은 누구나 같은 절대적인 시간과 공간을 가지면 영겁의 시간과 무한한 공간을 신이라 가정했다. 이러한 '시각화' 및 '수량화'가 현대의 서구 문명이 패권을 차지한 근본적인 이유라고 한다. 이와 같이 데카르트는 수학이라는 도구를 사용하는 이성에 의하여 인간의 지식을 얻어진다고 하여 그의 철학을 이성론 혹은 합리론(rationalism)이라고 부른다.

데카르트는 영혼과 같은 생물적인 것이 무시되어 우주와 건강한 인간을 잘 만들어진 기계인 시계에 연결시켰다. 당시 시계는 가장 진보작인 기계 기술이었다. 그러한 흐름은 오늘날에도 계속된다. 종종 실재처럼 적용되는 데, 컴퓨터가 우주와 인간의 생각을 비유하는 데 많이 사용된다(Davis, 2009, p.43).

이처럼 뉴턴 시대 이미 시계에 친숙한 사람들은 지상을 포함한 우주 전체를 기계 혹은 시계에 비유했다. 더구나 운동방정식에 의하여 미래를 예측하게 되어 신의 역할은 우주의 창조에만 국한 되고 온갖 생명을 포함한 전 우주의 현재와 미래의 역사는 뉴턴의 법칙에 의하여 이미 결정되어 있고 무한한 미래도 밝혀지리라는 생각을 낳게 되었다. 창조자인 신으로부터 자연을 분리시킨 것이었다. 세상은 여전히 전지전능한 신이 창조한 것으로 간주하였으나, 그 이후에는 신이 창조한 세계는 신이 확립한 고정된 법칙에 따라 자동적으로 작동하는 일종의 기계로 신의 간섭은 없다고 할 수 있다. 결국 뉴턴은 물리학 자체만으로는 충분치 않고 시학에 의해 모든 학문이 완성된다고 보았다. (Harris, 2000, p.77). 우리는 그러한 자연의 법칙을 탐구하기만 하는 것이다. 이러한 결정론적이고 기계론적 세계관의 뉴턴의 법칙들이 기술하는 우주는 종종 '고전적' 혹은 '시계장치'우주로 불린다. 만일 당신이 어떤 시간에 모든 물체의 정확한 위치와 속도를 알고 있다면, 원칙적으로 뉴턴의 법칙들은 그 모든 물체가 과거나 미래의 어떤 일이 있었거나, 일이 있을 것인지 아무리 멀리 떨어진 시간이라도 정확하게 예측할 수 있다. 이 고전적인 우주는 완벽하게 결정론적이고, 직관적이다.

뉴턴역학은 절대적 확실성이라는 장대한 전망을 주었다. 여기에 깔린 근본가정은 초기 조건을 얼마든지 정확하게 알 수 있기에 원칙적으로 계의 초기조건(처음 위치와 속도)을 뉴턴 법칙에 넣으면, 이후의 계의 시간과 공간내의 운동을 완벽한 정확도로 예측하는 운동방정식을 얻을 수 있다. 이것이 뉴턴의 인과성이다. 계는 확실성을 가지고 경로상의 한 점을 차지하기 때문에 뉴턴의 과학은 결정론적이라 할 수 있다. 뉴턴역학에서 인과율과 결정론은 동일한 것이다. 모든 실험 오차는 측정오차는 측정 장치의 불완전성 때문이라 가정되는 계통오차라고 한다. 결국, 원칙적으로 우리는 모든 물리적 존재에 대한 완벽한 지식을 가질 수 있다(Miller, 1996, p.145).

17세기 물리학자인 아이작 뉴턴은 시간은 언제나 동일하며, 지속적이며 보편적(절대적)이라고 생각했다. 공간도 마찬가지다. 공간은 모든 사물에 보편적인 그릇으로, 영원불멸하며 어디서나 동일하다. 그 안의 물질과 에너지는, 시공간과 관계없이 각각 보존된다.

5 뉴턴의 형이상학적인 공간의 절대성과 시간의 절대성의 특징

공간의 상대성과 절대성

먼저 갈릴레오는 자신의 상대성 원리를 통하여 지구가 운동할 수 있다는 것을 보여주기 위해서 관성의 법칙을 사용합니다. 즉 일정한 속도로 달리는 배위에서는 어떤 속도를 달리든 배안에서는 정지해있던, 혹은 운동하던 똑 같은 현상이 나타난다는 것입니다. 다시 말해 우리는 우리가 움직이고 있다는 것을 느끼지 못한다(Krauss, 2006, p.53). 이것은 관찰자가 존재하는 모든 장소가 공간의 기준이 될 수 있다는 것이다. 이것이 공간의 상대성원리입니다. 결국은 관성의 법칙은 절대적 공간이 없다는 것입니다. 하지만 관찰자와 관계없이 누구에나 똑 같이 흐르는 시간은 존재한다는 것입니다.

갈릴레오에 따르면, 두 관찰자는 각자 자신이 정지해있다고 할 권리(기준틀)를 가지고 있다. 두 관점은 동등하게 수용될 수 있다. 아리스토텔레스가 생각했던 것처럼 어느 한 관점이 다른 관점보다 더 우월하지 않다. 뉴턴도 이러한 절대적 위치, 곧 절대공간이라고 부를 수 있는 것이 존재하지 않는 다는 것을 알고 있었다(그림 1참고).

아리스토텔레스는 정지된 공간이 운동하는 공간보다 우월하다고 하였다. 하지만 갈릴레오는 이것을 부정한다. 뉴턴도 이러한 아리스토텔레스의 절대적 위치, 즉 절대공간이라는 것은 존재하지 않는 다는 것을 매우 심각하게 염려했다. 그것은 절대자 신에 대한 생각과 조화될 수 없었기 때문이다. 즉 뉴턴은 신학적 근거를 바탕으로 그 절대공간을 고집했다. 실제로 그는 자신의 관성의 법칙이 절대공간을 함축하고 있지 않음에도 불구하고 절대공간의 존재를 상정 할 수밖에 없었다(Hawking & Mlodinow, 2005, pp.41-42).

이러한 갈릴레오의 상대성원리는 아인슈타인의 특수 상대성 이론을 중요한 전제가 되기까지 기다려야 했다. 하지만, 결국 뉴턴은 절대적으로 정지해 있는 우주의 공간의 장소를 기준으로 삼는 다는 점이다.

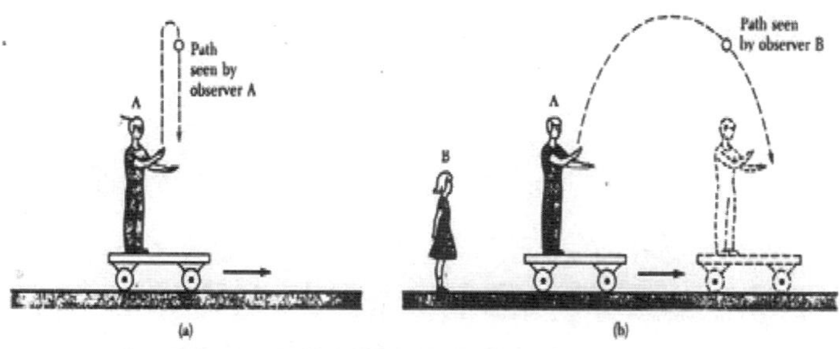

Figure 4.16 (a) Observer A in a moving vehicle throws a ball upward and sees a straight-line path for the ball. (b) A stationary observer B sees a parabolic path for the same ball.

그림 1. (a) 운동하는 수레위에서 관찰자 A가 연직상방으로 공을 던지면, 그 공은 상하 직선운동으로 보인다. (b) 정지되어 있는 관찰자 B는 동일한 공이 하나의 포물선 궤도로 보인다. (c) 정지되어 있는 관찰자 B도 관찰자 A처럼 연직상방으로 공을 던지면, 수레위의 관찰자와 동일하게 그 공은 상하 직선운동으로 관찰된다. 따라서 우리는 정지해있거나 일정한 속도로 운동하는 관성계 안에서의 관찰자에게는 동일한 실험 결과로 관찰된다. 그 결과 이러한 관성계 혹은 관성 기준틀에서는 어떤 관성계에서든 우월한 곳이 없다. 이것을 갈릴레오의 상대성원리, 혹은 공간의 상대성이라고 부른다.

임의의 정지된 장소(절대적 위치)를 중심으로 일정한 속도로 운동하는 계를 관성기준계라 하여, 그 곳에서는 모든 뉴턴 법칙이 동일하게 적용된다는 것이다. 그는 공간 자체야 말로 고정된 절대 기준계라고 생각했다. 그는 공간을 정지해있으면서 움직이지 않는 물리적 실체로 간주했다. 이와 같은 정지해있는 공간의 절대적 기준을 기준으로 모든 공간은 누구에게나 같은 간격으로 동일하게 무한대로 펼쳐져있다는 것이다. 이를 절대공간이라 부른다.

하지만 절대공간의 실재성을 주장한다는 것은 운동하지 않는 절대 정지 계를 가정하는 태도이다, 그런데 과연 고전역학에서 절대공간이 필요한가? 하지만 뉴턴의 운동방정식은 모든 상대운동에 대해 성립하며, 절대 기준계를 필요하지 않는다. 이는 갈릴레오 변환을 통해 증명된다. 이는 바로 역학의 "갈릴레오 상대성 원리"다. 코페르니쿠스의 가장 중요한 문제인 지구가 운동을 하는데 우리는 그것을 느낄 수 없는가라는 난제를 해결할 수 있었다. 그리고 이것은 절대 정지를 부정하는 아인슈타인의 상대성이론의 기반이 되었다.

역학적으로 고립된 어떤 체계의 특수한 존재 방식으로 다음에 올 운동의 전제로 고찰하는 한에서 중요하다고 할 수 있다. 아리스토텔레스는 그러한 존재양식을 정지라고 간주했지만, 갈릴레오는 한 걸음 더 나아가 정지 상태는 운동 상태의 특수한 경우에 지나지 않는다고 하였다. 아리스토텔레스의 견해에 따르는 사람은 물체에 작용하는 외부 힘이 가져다주는 속도크기의 양적인 측정할 수 있으며 이 속도의 방향에 의하여 그 힘의 방향이 정해지는 것이라고 할 수 있다. 반면에 갈릴레오의 입장에 서는 사람은 속도 변화인 가속도의 크기와 방향을 주목할 것이다. 이러한 차이는 케플러와 뉴턴을 대조시킬 때 드러난다. 두 사람 모두 행성의 궤도 운동을 지속적으로 가능하게 하는 힘에 관해 깊이 생각했다. 케플러는 정지 상태보다 운동속도를 가능하게 하는 행성을 떠미는 속도방향인 접선력을 탐구하였으며, 뉴턴은 등속도 보다는 행성의 운동속도 방향을 변형시키는 중심력을 탐구했던 것이다.

시간의 절대성

또한 아리스토텔레스, 갈릴레오, 그리고 뉴턴은 절대적인 시간을 믿었다. 다시 말해서 그들은 두 사건 사이의 시간간격을 명확하게 측정할 수 있고, 좋은 시계로 그 시간 간격은 누가 측정하든지 간에 동일하다는 것이다.

뉴턴역학에서는 시간에 대하여 암묵적으로 두 가지 가정을 한다.

첫째. 시간은 누가 측정하든 시간간격은 동일하다는 것이다. 예를 들여 갈릴레오 시절에 피시의 사탑에서 추가 떨어지는 데 걸린 시간은 지금 현재 걸리는 시간은 같다는 것이다. 1초는 그때나 지금이나 똑 같다는 것을 의미한다.

또 다른 가정은 다른 위치에서 시간을 비교할 수 있다는 것이다. 이는 다른 곳에 위치해있는 시계들을 동기화 할 수 있다는 것이다. 기준좌표계 내의 임의의 시간에는 이들 좌표계 값에 반드시 할당되어야한다. 좌표, x, y, z, t, 는 하나의 기준 좌표계를 정의한다. 이런 식으로 우리는 어떤 물체를 위치를 시간에 따른 위치를 시각화 할 수 있다.

공간과 시간은 그 안에 물질적 인 모든 것이 존재하는 기준틀을 제공합니다.

이런 식으로, 시간과 공간은 우주의 통합의 기반입니다. 이러한 유물론적 우주를 하나의 우주로 만드는 것들은 그 안에 물질들이 자리 잡고 있는 시간과 공간의 기준틀의 통합이다.

뉴턴의 프린키피아에서, 절대 공간과 절대 시간은 그 안에 모든 물체가 존재하는 틀입니다. 또한, 뉴턴의 물리, 공간 및 시간에서 형이상학적 원리의 역할을 하는 것으로 다음과 같이 이해 될 수 있다 (Brading, 2013).

프린키피아의 Book I의 정의에 의해,

신체가 차지하는 공간의 일부입니다 "(Newton, 2004, p. 65). 모든 공간의 움직임은 이 공간과 관련이 있습니다. 그래서 프린키피아에서 통일의 원리로서의 공간과 시간으로 물리학이 구성된다는 직감 우주가 있다.

하나님, 그리고 신으로부터 파생된 모든 종류의 존재는 어떤 면에서 시공간적입니다(Newton, 2004, p. 21) 이것의 특정 기능인 이러한 발산 된 공간은 신의 본성에 따른 결과를 따릅니다. 뉴턴은 '공간은 영원하고 불변의 존재의 발산 효과이기 때문에 공간은 영원하며 본질적으로는 불변입니다.'라고 말합니다. 그것은 하나님과 구별되는 상태로 남아 있지만 (행동 할 수 없고, 의지가없는 등) 그럼에도 불구하고 하나님의 존재의 직접적인 결과입니다.

시간과 공간에 대한 모든 것. 신은 어디에나 있을 뿐만 아니라 어딘가에 있을 때마다 모든 것이 시공간적이라는 것입니다.

뉴턴역학의 특징은,

첫째는 어떤 순간에 하나의 계에 대한 모든 것을 안다면 그리고 그 계가 어떻게 변화하는 지를 지배하는 방정식을 안다면, 미래를 예측할 수 있다는 것이다. 고전 물리학이 결정론적 세계라는 것이다.

둘째는, 만약에 우리가 과거와 미래를 뒤집어서 똑 같은 이야기를 할 수 있다면, 똑 같은 방정식이 과거에 관한 모든 것을 말해 줄 것이다. 그런 계를 가역적이라고 한다(Susskind, and Hrabovsky, 2013, p.17-18).

셋째는 어떤 물체를 위치를 시간에 따른 위치를 동일한 방정식으로 시각화 할 수 있다.

이론명제들의 전제가 되는 공리의 절대적인 기준은, 우주 전체가 필연적으로 하나로 연결되어야 한다는 것이다. 아리스토텔레스의 목적론적이고 유기체적인 설명으로 한계가 있다. 특히 예측이 불가능하다는 점이다. 또한 뉴턴의 역학은 시공간과 물체는 철저하게 분리되어있다는 것이기에 통합적인 사고에는 한계가 있었다.

뉴턴은, 우주의 연극과 물리학의 드라마가 상연되는 텅 빈 무대를 마련하였다. 시간과 공간은 그 자체로, 스스로 실재하며, 영원히 변함이 없고, 물질과 물질의 변화와는 관계없이 독립적이다. 이러한 물리학적인 시간과 공간에 대한 뉴턴의 새로운 형이상학적 견해는 '공간적으로 무한하고 시간적으로 영겁의 하느님의 감각적 장소'라고 하였다 (Frank, 2011).

절대적이고 진정한 시간은 외부 물체와 관계없이, 그리고 물질에서 변화나 시간이 측정되는 방식(예를 들어, 시, 일, 월, 년)과 관계없이 언제나 동일하게 진행되어 간다. 절대적이고 진정한 수학적 공간은 어느 곳에서나 동일하다. 공간의 속성은 물질에서 일어나는 변화와 관계없이 변함없이 동일하게 존재한다. 절대적인 운동은 절대적인 공간의 한 위치에서 다른 위치로 이동하는 움직임이다(pp.156-157).

이렇게 뉴턴은 절대적인 공간(하나의 위치 3차원 축)과 그러한 공간 축과 독립적인 절대적인 시간(하나의 또 다른 축)이라는 우주적 무대와 틀을 설정하였다. 그 틀에서 물체의 운동을 정의하였다. 그러한 틀에서 물체의 운동(미분을 통한 일정하게 변화하는 시간의 물체의 위치 변화율, 적분을 통한 물체의 이동거리)을 정확하게 밝힘으로서, 힘과 운동(가속도)을 연결하는 수학적인 법칙인 역학을 정의하였다. 즉, 힘, 질량, 가속도라는 뉴턴의 제2법칙(미분방정식)으로 완결되었다. 그리고 지구와 우주를 함께 묶을 수 있는 만유인력 법칙을 제안하였다. 경험으로부터 시간과 공간을 추상화함으로써, 뉴턴의 이론적 체계는 영원하고 보편적인 법칙으로 구현된 진정한 의미는 이성을 가진 우리가 지구라는 자연의 정복을 빠르게 시도하게 되었다.

뉴턴역학의 법칙과 초기조건으로 모든 물체의 운동을 정확하게 예측 가능한 기능은 커다란 성공이며 뉴턴역학의 아름다움이다. 인간의 지적 수준이 크게 향상되었으며 인류에 큰 자신을 주었다는 점이다.

아인슈타인의 특수상대성이론에서 관성계에서의 빛의 속도의 절대성과 유한성은 시간과 공간의 결합과, 질량과 에너지의 등가라는 이론들이 귀결된다. 하지만 여전히 시간과 공간, 그리고 그 안에 있는 물질과 에너지는 독립되어 있었다. 뉴턴역학과 근본적으로 유사하다. 그리하여 아인슈타인의 일반상대성이론의 비관성계에서 빛의 속도의 절대성은, 가속계와 중력장의 등가라는 새로운 전제는 시공간과 물질이 서로 연결되는 귀결에 이른다.

뉴턴의 실재론적 가정은 다음과 같다(Cohen, 1958, pp.3-19).

첫째, 대상 계는 우리의 마음과 독립적이기에 객관적으로 존재한다. 관찰자는 대상 세계를 교란시키지 않으며, 단지 대상 체계를 관찰할 뿐이다.

둘째, 물리 세계는 하나의 거대한 세계이다. 개체의 작용방식의 분석을 통하여 전체계의 미래과정을 예측할 수 있다.

셋째, 역학계는 질점역학의 서술계이다. 결국 뉴턴역학의 실재론적 기술방식은 세계를 그대로 그려낼 수 있다는 믿음위에서 이루어졌다. 이러한 믿음, 혹은 과학적 전통은 아인슈타인에게도 그대로 이어졌다.

실제로 아인슈타인은 중력에 대한 방법론적 해석에서만 뉴턴과 차이가 있을 뿐, 그의 인식론적 기반은 여전히 실재론적인 전통적 맥락에 있음을 알 수 있다.

하지만, 아인슈타인은 1905년, 시간과 공간은 절대적이지 않으며 서로 무관하지도 않다. 시공간은 관측자의 운동 상태에 따라 다르게 보일 수 있으며 시공간은 서로 긴밀하게 연결되어 있지 독립적이지 않다는 놀라운 결과를 얻었다. 그로부터 약 10년 뒤에 아인슈타인은 뉴턴의 중력이론 마저 상대론적인 관점에서 재구성하였다. 그의 새로운 중력이론은, 시간과 공간은 한 객체의 부분적 특성에 불과하며, 우주의 진화과정은 시간과 공간의 휘어짐과 연결되어 있다는 점이다. 뉴턴의 영원불변의 절대량으로 여겨졌던 고전적 시간, 공간의 개념이 상대성 이론의 출현으로 얼마든지 변형될 수 있는 역동적 개념으로 수정된 것이다. 그런데 상대성 효과는 아주 극단적인 상황에서 두드러지게 나타나기에(물체의 운동 속도가 아주 빠르거나 중력의 세기가 아주 큰 경우), 대부분의 경우는 매우 정확하게 얻을 수 있다. 어떤 물리학 이론을 적절히 시용하는 것과 그 속에 담겨있는 실체를 인정한다는 것은 분명하게 다른 것이다, 우리는 뉴턴의 세계가 아닌, 아닌 아인슈타인의 세계에 살고 있는 것이다. 우리가 천상처럼 받아들이고 있는 내용들은 대부분 뉴턴의 관점에서 뿌리를 둔 잘못된 상상에 불과하다 (Greene,

2004, p.36). 우리는 실제로 근사적으로만 자연 현상을 설명하는 뉴턴 세계보다는 정확하게 자연현상을 설명하는 아인슈타인 세계에 살고 있는 것이다. 우리가 이해가능하고 과학적 발견이라고 부르고 있는 것이 과거에는 생존을 위한 유리한 조건이 되었음을 분명한 사실이다. 하지만 오늘에도 여전히 그러한지는 분명치 않다. 완전한 통일이론이 우리의 생존에 큰 도움이 되지 않을 수도 있다. 예를 들면, 부분이론인 뉴턴역학이 통합이론인 상대성이론보다 더 실용적일 수도 있다.

그러나 문명이 시작된 이래로 사람들은 서로 연결되지 않은 사건들과 설명할 수 없는 사건들 앞에서 만족할 수 없었다. 사람들은 세계의 근본적인 질서를 이해하고자 갈망하였다. 그러한 지식에 대한 인간의 열망은 우리가 하나의 통합되고 통일된 이론에 대한 지속적인 탐구를 정당화하기에 충분한 근거가 된다.

6 케플러 법칙과 뉴턴역학, 뉴턴의 산 사고실험

뉴턴은 케플러 제1법칙을 알고 있기에 행성이 태양주위를 도는 궤도가 타원임을 알고 있었다. 하지만 뉴턴은 행성의 궤도를 우선 복잡한 타원보다 가장 단순한 타원인 원으로 상정하였다. 이렇게 행성이 계속 원운동을 하게 만드는 힘은 무엇일까?

뉴턴은 반지름이 r인 원주위에서 질량이 m인 물체가 원주를 따라 v의 속도로 움직인다. 이로써 직선운동을 하는 물체가 원운동을 하는데 필요한 힘은 물체의 질량에 속도를 제곱한 값을 곱하고, 그 값을 원의 반지름으로 나누면 구할 수 있음을 알았다($F=mv^2/r$). 이러한 힘으로 중력은 행성을 태양계에 묶여 행성이 안정적으로 회전하도록 하는 보이지 않는 끈이다.

어떤 대상을 재배열해도 변화지 않는 무엇인가가 존재할 때, 그 대상은 대칭성을 가진다(Kaku, 2021). 지구에서의 불변량은 둥근 지구에 의하여 만들어진 중력 가속도는 천상과 지상의 물리학을 대칭적으로 통합하였다는 것이다. 뉴턴의 산 사고실험에서, 물체가 수평방향으로 지구중심을 기점으로 지구 주위를 회전하는 경우와 포물선을 그리며 낙하하는 경우, 지구와 물체사이에 중력이 변하지 않는다는 것이다. 물체의 위치가 변화해도 법칙 자체는 변하지 않는다는 것을 의미한다. 지구-물체로 이어지는 물리계는 다른 각도에서 바라봐도 운동법칙과 물체의 궤적은 여전히 불변이다. 이렇게 대칭성은 자연의 힘을 통일하는 데 반드시 필용한 도구 중의 하나이다.

케플러 제 3법칙은, 중력과 거리의 관계가 역제곱 법칙을 따르기 때문에 거리가 멀어지면 중력이 약해진다면 필연적으로 나올 수밖에 없는 결과이다(Chown, 2017).

뉴턴은 고대 그리스의 수동적 관찰과, 갈릴레오의 능동적 관찰을 조화시킬 수 있었다. 실제로 그의 관점에서 능동적 관찰이란, 만물이 목적에 따라 운동하기에 그의 운동에 영향을 주지 않기에 수동적 관찰을 해야 한다는 고대 그리스 정신의 확장일 뿐만 아니라, 이 두 가지는 관찰방식이 서로 다른 것이 아니었다. 즉 능동적인인 관찰의 실험도구인 기계장치는 단순히 어떤 현상을 인지할 뿐 관찰되는 세계에 어떠한 영향도 주지 못한다. 능동적인 관찰에 대한 이와 같은 사고방식을 통하여 17세기 말과 18새기 초의 과학자들은 진리의 위대한 바다를 발견할 수 있었다(Wolf, 1989).

뉴턴 역학의 대칭성에 의한 아름다움

고대 그리스 플라톤의 기학학적 대칭성과는 다르게, 과학이론에서 통합에 필요한 **물리적 대칭성**(symmetry) 이라는 것은, 변환들이 허용되어진 실질적인 영역들이 존재한다는 생각에 의존해서 통합이 진행된다. 즉 물리학적인 발전이라는 것은, 융합에 의하여 이루어진다는 인식이다. 뉴턴이 갈릴레오의 지상역학과 케플러의 행성역학을 하나로 결합시키는 것처럼 하나의 주어진 법칙 하에 전보다 더 많은 량의 현상들을 설명하는 것이 과학이 발전하는 방법이라는 것이다.

뉴턴의 제 1법칙인 관성의 법칙에서, 모든 물리법칙은 갈릴레이 변환식에 대하여 불변성을 가진다는 것이다. 관성계에서의 실험실에서는 모든 물리법칙이 동일하다는 것이다. 강력한 대칭성을 가진다. 갈릴레이의 원리, 정역학의 원리라고도 한다.

뉴턴의 제2법칙인 힘과 가속도의 법칙은, 동역학 방정식으로 시간에 대하여 가역적이다. 이것은 시간에 대하여 대칭성을 가지기에 강력한 결정론을 가진다. 사과가 지표면으로 자유낙하하면, 지구 쪽으로 가속되지만, 작용-반작용이라는 대칭성에 따라 지구역시 사과 쪽으로 가속된다. 이 가속도는 지구의 질량에 비하여 사과의 질량은 매우 작다. 그러므로 사과에 대한 지구의 가속도는 무시할 수 있다. 하지만 뉴턴의 운동의 제3법칙에 따라 지구-사과의 총운동량은 보존된다. 사실 뉴턴의 중력의 법칙은 우주의 특정 장소에 국한되지 않으며 오직 지구와 사이의 상대적인 위치와 방향에만 관련된다. 따라서 여기 지구에서 사용된 똑 같은 공식이 태양계를 넘어서 외부 은하와 같이 멀리 떨어진 우주에서도 적용된다고 할 수 있다(Lederman, & Hill, 2012). 만유인력 법칙은 공간상으로 병진 불변성이 보여주므로, 시간에 따른 운동량은 반드시 보존된다.

뉴턴역학뿐만 아니라, 상대성이론, 그리고 양자역학은 일종의 동역학이다. 시간되짚기 대칭성은 이러한 동역학 물리법칙에 일반적으로 적용된다. 물론 언제나 시간은 한쪽 방향으로 흐르고 있다. 하지만 모든 물체의 운동은 반대방향으로 진행된다고 가정해도 물리법칙에 전혀 위배되지 않는다.

7 논의와 결론

갈릴레오는 신의 계시에 의한 말씀은 성경이지만, 또 따른 말씀은 그가 창조한 자연에 있기에 자연이 어떻게 행동하는가를 탐색하면, 신의 뜻을 알 수 있다고 하였다. 따라서 운동의 원인인 동력학보다는 단순하게 운동을 간단하게 기술하는 운동학만을 연구하였다.

베이컨은 과학의 예언자이었을 뿐이지만, **데카르트는** 창시자였다. 데카르트는 관성의 원리를 정확하게 기술하였다. “1) 어떤 물체도 가능한 한 동일상태를 유지하려하면, 그 상태는 다른 물체와의 충돌에 의해서만 바뀐다. 2) 어떤 물체도 그 운동을 곡선이 아니라 직선으로 계속하려한다. 모든 곡선 운동은 무언가의 구속을 받은 운동이다." 데카르트에게 운동은 물체와 관계없는 상태이고, 물체를 포함한 과정이 아니라는 것을 가르쳐준 사람은 갈릴레오였다. 갈릴레오는 원이긴 하지만, 운동을 영속하는 것으로 규정하였다. 데카르트는 원으로부터 무한으로 그 방향을 돌렸을 뿐이다. 이처럼 관성의 원리의 자명한 귀결로서, 조용하게 무한의 우주상을 이끌어온 것이야말로 데카르트의 지적 스타일이라고 할 만하다. 갈릴레오는 이 무한 우주까지는 이끌지 못하였다. 데카르트는 유기체의 목적성을 기계의 비인격성을 조직적으로 대체하여 전 자연을 포괄하는 질서의 모델로 삼았다(Gillispie, pp.104-105).

뉴턴 물리학에 의하면, 우주가 영원히 지속되고 시작과 끝을 가지고 있지 않다는 것이다(Carroll, 2010, p. 333). **뉴턴**은 공간과 시간은, 창조보다는 초월적인 신의 무한함과 영원함으로 존재하고 관성의 크기를 나타내는 물체인 질량을 창조했다고 하였다. 그러한 물체는 수동적이기에 좀 더 복잡한 운동의 원인과 그러한 운동과의 관계인 동력학을 완성하였다. 그는 성경의 말씀보다는 신의 존재를 강조하였기에, 갈릴레오보다 신적인 형이상학적인 요소들을 약화시켰다. 사유의 인간과 정신을 제거한 자연과의 관계에서 형이상학적인 기계론을 완성하였다.

뉴턴이 발견한 힘과 가속도에 대한 뉴턴의 운동의 제2법칙은 간단한 등식하나로 표현된다. 그 이전에는 그 어떤 과학도 생각지 못한 위대하고 아름다운 식이다. 뉴턴은 케플러의 행성운동법칙을 통해 만유인력의 원리를 생각해 낸 후, 자신이 직접 개발한 미적분학 방법론을 써서 케플러의 행성 운동법칙을 수학적으로 증명했다. 이러한 만유인력 법칙도 간단한 식으로 표현된다.

무엇보다도 뉴턴의 절대공간과 절대시간을 함유하는 일정한 속도로 운동하는 관성 기준틀 혹은 관성계에서, 제2법칙인 힘과 가속도의 법칙이 어느 관성기준틀에서나 그대로 적용되는 시공간이 되었고, 제3법칙은 그러한 힘이 반드시 쌍으로 발생된다는 것을 말해준다. 관성기준틀에서는 뉴턴법칙이 형태의 변화 없이 그대로 적용된다. 이것을 우리는 과학이론의 내적인 특징인 대칭성이라 부른다.

가속도 운동하는 비-관성 기준틀에서는 관성력을 도입해야 되기 때문에 제2법칙을 그대로 적용되지 않는다. 따라서 제2법칙을 상정하기 전에 관성 기준틀을 먼저 마련하여야한다. 이러한 관성기준틀은 아인슈타인의 특수 상대성 이론의 중요한 전제로 화려하게 나타난다.

그리고 만유인력법칙은 우주의 형성을 잘 말해 준다. 하지만 이 세상의 모든 것은 현재의 모습을 유지한다는 것이다. 이것은 절대공간과 절대시간은 바로 신 자체라는 형이상학적 믿음에서 출발하였기 때문이다. 뉴턴은 자신의 "프린키피아"에서 시간과 공간이 절대불변의 실체이며 이로부터 구성된 우주 역시 절대로 변하지 않는 견고한 세계라고 생각했다. 시간과 공간은 이 우주를 지금의 모습을 유지시켜 주는 절대불변의 구성요소가 된다(Greene, 2004, p.34).

그 시공간에 있는 물질은 신의 창조물이기에 그대로 뉴턴의 법칙과 만유인력법칙에 따라 유지되는, 인과론적 법칙에 따라 작동되는 기계라는 것이다. 결론적으로 뉴턴의 역학은 형이상학적 믿음인 절대공간과 절대시간을 절대적인 기반인, 관성의 법칙으로부터 전개되고 있다.

따라서 뉴턴은 그의 저서를 통하여 관성의 법칙을 제2법칙이 아닌 제1법칙이라 하였다.

이러한 절대 시간과 공간에서 물체 간에 어떻게 작용하는 이유를 설명할 수 없음을 기꺼이 인정하였지만 여러 상이한 조건에서 중력이 어떻게 작용하는지는 상세하게 보여주었다. 무엇보다도 행성운동의 정밀한 수학적 예측도 할 수 있었다(Henry, 2012, p.150). 뉴턴의 업적은 기계론적 철학과 비 의적 힘(occult forces and powers)이 실재한다는 믿음을 결합시켜 이루어진 것이다.

뉴턴의 전제에 따르면, 절대공간은 본질적이며 물질과는 아무 연관이 없이 물체들을 가득 담아낼 수 있는 일종의 용기처럼 하나의 독립적 실체로서 존재한다. 그리고 이것은 무한성, 등방성, 그리고 균일성이라는 특성을 지닌다. 이는 유클리드 기하학의 반영결과이다. 뉴턴의 공간은 이와 같은 특성을 지닌 유클리드의 3차원 공간이다. 절대시간은 자연에서 발생하는 어떤 사건과 무관하며 일정하게 지속적으로 물질세계와는 독립적으로 존재할 뿐만 아니라 영원하다는 속성을 지닌다. 절대적이고 참되고 수학적인 시간은 그 본성상 외부의 어떤 관계없이 일정하게 흐르며, 지속이라고도 불린다. 물질이나 모든 사건들에 선행하여 존재하는 일차적이고 선험적인 것임을 주장한다. 또한 절대공간과 절대시간은 자연법칙의 지배를 받는 창조된 물리적 실체가 아니며, 신에게 속하는 속성으로서 공간의 무한성과 시간의 영원성은 신에게 속하는 속성이다(이중원, 2016, p.109).

뉴턴은 기념비적 저작인 "자연철학의 수학적 원리"에서 우주 전체에 즉각적으로 작용하는 신비로운 중력의 원인을 설명할 수 없다고 고백하였다. 그의 유명한 "나는 가설을 세우지 않는다."라는 경구로 바로 이처럼 중력이 어디서 오는지 설명하지 못한다는 뜻을 나타낸 것이다. 즉 우주론적인 가설을 말한다고 할 수 있다. 이러한 문제를 아인슈타인은 시공간의 휘어짐으로 설명한다.

쿤은 뉴턴역학이 상대성이론의 특수한 경우라는 주장이 옳다면, 상대성이론부터 뉴턴역학을 정확하게 유도할 수 있어야하는 데, 근사적으로만 유도된다. 따라서 뉴턴역학의 법칙들이 상대성 이론의 특수한 경우라고 할 수 없다. 무엇보다도 뉴턴역학과 상대성이론에서의 공간, 질량, 시간의 개념이 의미적으로 다르기 때문이다. 이미 확립된 절대 공간과 절대 시간을 수정해야한다는 것은 상대성이론의 혁명적 성격을 보여준다.

아리스토텔레스의 경우나, 코페르니쿠스와 케플러의 경우에도, 움직이는 것은 행성이나 다른 천체가 아니라 스스로 회전하는 구체라는 점이다. 그 회전에 대한 설명이 필요하지 않고 요구되지 않았다. 구체가 하는 일은 이미 주어진 혹은 이미 존재하는 우주의 조화에 달려있기 때문이다.

케플러의 법칙은, 태양과 행성들 사이의 아름다운 관계법칙을 뿐이지만, 뉴턴 이론은 그러한 행성궤도의 관계법칙을 동역학 방정식으로 설명한다는 점이다. 그리고는 그러한 방정식으로 또 다른 행성들의 궤도를 정확하게 예측한다는 점이다. 케플러의 법칙보다 더 추상화되고 많은 보존 법칙이 숨겨져 있는 대칭성이 내재되어있다는 점이다. 즉 이론 자체의 이름다움이다.

지식인 세계에서 위대한 철학자 칸트는 뉴턴의 물리학을 증명이 필요 없는 원래부터 존재했던 선험적 진리라고 했다. 또한 그는 뉴턴의 시간과 공간의 개념을 수용했다. 칸트는 시간과 공간을 어떤 관찰자뿐만 아니라 그 안에 관련된 모든 사물로부터 독립된 절대적인 것으로 이해하였다. 공간은 독립적으로 무한히 펼쳐져 있으며, 시간은 일정한 속도로 공간속에서 영겁으로 흘러간다고 생각했다. 뉴턴역학을 큰 지극과 충격으로 받아들였다.

이장을 통하여 생각할 주제

1. 뉴턴역학의 세계관의 뿌리가 되는 형이상학적 믿음은 무엇이며, 갈릴레오의 사상과는 어떻게 다른가?

2. 뉴턴 역학에서는 왜 힘이 필요하였는가? 뉴턴역학은 아리스토텔레스의 자연철학과는 어떻게 연결되고 변화를 통하여 설명하시오.

3. 뉴턴역학은 세계를 시스템 화시켰다고 하는 데, 어떻게 그러한 작업이 물리적인 어떤 대칭성으로 진행되었다고 할 수 있는가?

참고문헌

김성환(2008). 17세기 자연철학: 운동학 기계론에서 동력학 기계론으로, 서울: 도서출판 그린비.

서양근대 철학회 (2015). 서양근대 종교철학. 서울: 창비.

송병옥 (2004). 형이상학과 자연과학. 서울: 에코리브로.

이중원 (2016). 아인슈타인의 시공간과 유물론. 이현재 등 저, 공간과 철학적 이해(pp. 105-129). 서울: 라움

최훈(2014). 데카르트 & 버클리: 세상에 믿을 놈이 하나도 없다. 서울: 김영사.

Berman, B. (2014). Zoom: How Everything Moves, from Atoms and Galaxies to Blizzards and Bees. New York: Oneworld Publications (김종명 옮김, 2018, ZOOM 거의 모든 것의 속도. Yeamoon Archive Co., Ltd.)

Brennan, J.G. (1900). Meaning of Philosophy (2nd Edition). HARPER & ROW (곽강제 옮김, 2007, 철학의 의미(제3판), 서울: 박영사)

Brading, K. (2013). Three principles of unity in Newton. Studies in History and Philosophy of Science. 44, 408-415.

Carroll, S. (2010). From Eternity to Here: 쓴 quest for the ultimate theory of time (김영태 옮김, 2014. 현대물리학, 시간과 우주의 비밀에 답하다. 서울: 다른 세상).

Chown, M. (2017). The Ascent of Gravity: The Quest to Understand the Force that Explains Everything. New York: W.W. Norton & Company, Inc.

Cohen, I. B. (1958). Issac Newton's Papers & Letters on Natural Philosophy Cambridge, MA: Harvard University Press.

Cox, B. & Forshaw, J. (2009). Why Does $E=mc^2$? (And Why Should We Care?). Da Capo Press. (이민경 옮김, 2011, $E=mc^2$ 이야기, 서울: 21세기 북스)

Davis, B. (2009). Inventions of Teaching. Routledge (구성주의를 넘어산 복잡성 교육과 생태주의 교육의 계보학, 서울: 씨아이알)

Greene, B. (2004). *The Fabric of Cosmos: Space, Time, and the Texture of Reality.* New York: Random House.

Harris, E. E.(2000). Apocalypse and Paradigm: Science & Every Thinking. (이형휘 옮김, 2009, 파멸의 묵시록: 과학적 패러다임과 일상의 사유양식, 부산: 산지니)

Hawking & Mlodinow (2008). A Briefer History of Time(Paper back Edition. New York: Bantam Dell. (전대호 옮김, 2015, 짧고 쉽게 쓴 시간의 역사 (제9쇄), 서

울: 까치).

Henry, J. (2012). A Short History of Scientific Thought. UK: Palgrave Macmillan. (노태복 옮김, 2013, 서양과학사상사, 서울: 책과 함께, 참고문헌의 쪽수는 영문판)

Kaku, M. (2021). The God Equation: The Quest for a Theory of Everything. New York: Doubleday

Fritzsch, H. (1984). The Creation of Matter. New York: Basic Books, Inc., Publishers. (이희건, 김승연, 옮김, 1991, 철학을 위한 물리학, 서울: 도서출판 가서원)

Greene, B. (2004). The fabric of the cosmos: Space, time, and the texture of reality. Allen Lane (박병철 옮김, 2018, 우주의 구조(제 13쇄), 서울: 도서출판 승산)

Krauss, L.M. (2006). Hiding in the Mirror: The Quest for Alternate Realities, from Plato to String Theory (by way of Alicei n Wonderland, Einstein, and The Twilight Zone). Penguin Books; Illustrated edition.

Luminet, J.-P. & Lachèze-Rey, M. (2005). DE L'INFINL... Mystères et Limites de l'Univers. Paris: Dunod. (이세진 옮김, 2010, 무한 우주의 신비와 한계, 서울: 해나무).

Miller, A.I. (1996). Insights of Genius. New York: Springer.

Rovelli, C. (2014). La realtà non è come ci appare. Reality is Not What it Seems: The Journey to Quantum Gravity (김정훈 옮김, 2018, 보이는 세상은 실재가 아니다. 경기도: 샘앤파커스).

Susskind, L., & Hrabovsky, G. (2013). The Theoretical Minimum: What You Need to Know to Start Doing Physics. Brockman, Inc.

Wilczek, F, (2015). A beautiful Question: Finding Nature's Deep Design. New York: Penguin Press

Wolf, F.A. (1989). Taking the Quantum Leap : the new physics for nonscientists. New York : Harper & Row

Ⅳ

변화와 생성을 강조하는 현대과학과 우주론

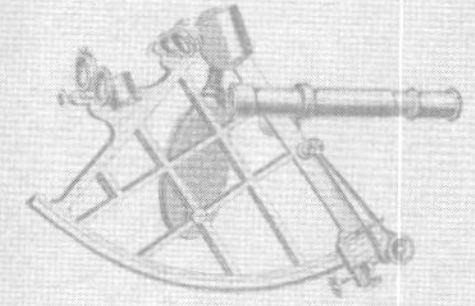

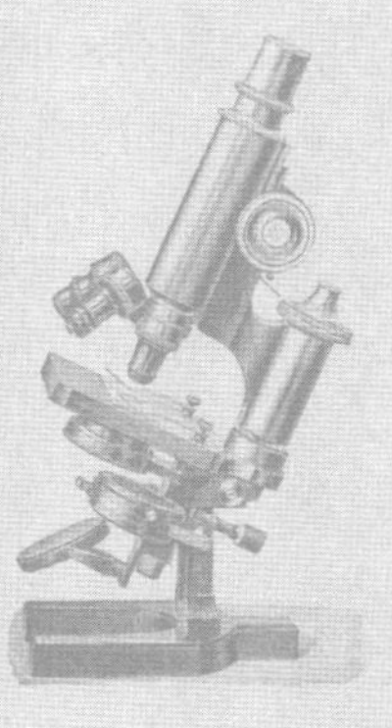

제10장

모든 생명체는 자연선택에 의해 진화 된다: 모든 것을 종합하는 다윈의 진화론

| 요약 | 현재의 과학교육과 교양교육에서는 생물 진화 개념을 생명과학의 전체 개념을 통합하는 핵심 개념으로 제시하지 못하고 있다고 할 수 있다. 따라서 이 연구의 목적은, 서구 사상의 근원인 불변성을 추구보다는 과학적으로 변화와 생성을 강조하는 진화론을 탐색하는 것이다. 17-18세기 근대의 기계적 유물론에서는, 사물은 단순한 역학법칙에 기초를 두고서 기계적으로 움직이는 것이라고 생각하고 있으므로 거기에는 질적인 변화 없고 양적인 변화만이 있으며 시공간은 고정적이며 변화, 즉 진화는 고려되지 않았다.
물리학을 중심으로 한 본질 주의적이고 환원주의적 통합을 의미한다고 볼 수 있다. 하지만 변화와 생성을 말하는 진화론적 입장에서 통합을 요구한다. 그동안 분자 생물학의 만능시대의 분석적인 환원주의 일변도로 나아가던 생물학이 드디어 진화론에 의한 종합적인 차원에 진입한 것이다. 환원주의적 물리, 화학의 접근방법과 생물학은 본질적으로 다르다고 할 수 있다. 진화론은 생물학뿐만 아니라 다른 학문들을 한데 묶어 이른바 지식의 통섭(consilience)을 이루고 있다. 그 중심에는 자연선택에 의한 생물 진화론이라고 할 수 있다.

| 주요어 | 기계적 유물론, 양적인 변화, 불변성, 변화 생성, 진화론, 통합

1 서론

과학이 발달한 현대에서도 우리 사회는 여전히 생명의 기원과 생물진화 과정에 대해 여전히 논쟁하고 있으며, 이러한 갈등은 공교육의 과학교육현장에서도 일어나고 있어서 과학적 세계관의 형성이라는 과학교육의 목표를 이루는데 어려움을 겪고 있다고 한다. 학생들을 비롯한 대부분의 사람들은 이미 다양한 사회 문화적, 종교적 배경에 의해 세계관을 형성하고 있으며, 이미 형성되어있는 기존의 세계관과 기존의 세계관과 과학적 세계관 사이에서 다양한 갈등을 경험하여 생물 진화론을 수용하는 데 어려움을 겪고 있다(신주옥, 2013). 학생들의 진화론에 대한 목적론적 사고의 발달적 특성(신혜은과 최경숙, 2008; 장명덕, 2016)은 우리에게 어떤 관점에서 교육적으로 접근해야하는지를 보여준다.

우리의 과학교육과 교양교육에서는 생물 진화 개념을 생명과학의 전체 개념을 통합하는 핵심 개념으로 제시하지 못하고 있고 할 수 있다(신주옥, 2013).

학습한 지식의 앎이라는 것과 학습자 자신의 형이상학적 믿음인 세계관과 연결되어 있을 때만이 진정한 지식의 이해를 가져올 수 있다고 할 수 있다. 하지만 대부분의 과학교육은 과학 지식의 이해에만 초점을 맞추고 있다(Cobern, 1996, 2000, 오준영, 2019). 과학교육에서는 이러한 세계관, 특히 형이상학적 믿음체계에 관하여 고찰할 필요가 있다.

따라서 이 연구는 과학적 세계관을 정립하기 위해서는 통합 개념으로서의 생물 진화론을 철학적으로 다양한 관점에서 탐색할 필요가 있다고 본다.

고대와 중세로부터 모든 개별적인 선들은 자연의 불변하는 형식으로 간주된 것 안에 설정하려는 견해가 전승되어 왔다. 그러나 이 전승된 견해도 역시 자연의 배후에 항구적, 영속적 가치를 내포하는 초자연적 초월적인 영역이 존재한다고 주장한다.

하지만 어떠한 것이 존재하려면 먼저 생성되어야한다. 그러나 서양의 문화적 전통은 정지와 불변성을 추구하고 있다. 모든 운동의 시작에는 먼저 운동의 확고한 운동의 법칙이 있거나 뉴턴 법칙처럼 모든 변하는 것들의 기준이 되는 절대적인 좌표가 있어야한다.

플라톤의 변하지 않는 이데아라는 개념을 통하여 영원한 불변성에 가치를 두었고, 이는 유클리드를 통해 변하지 않는 기하학적 도형이라는 학문으로 이어지면서, 고대의 사상사의 기초를 이루었다. 이를 바탕으로 아리스토텔레스는 천체의 운동을 부여하기 위해서 스스로 움직이지 않고 다른 여타의 것들을 음직이게 하는 부동의 원동자를 주장하였다. 이 전통은 현재 생물학이나 물리학에서, 불변의 원자가 있다거나, 진화론에서 유전자가 있다는 설명과 일치한다.

이러한 사고의 본질로 인해, 헤라클레이토스 식 변화의 이념을 대표하는 진화라는 사상은, 서구에서 받아들이기 어려웠다. 왜 우리는 진화개념처럼, '변화'를 움직이는 세계의 출발점으로 삼지 않았는가? 진화를 출발점으로 삼는다면, 세계는 불변으로부터 시작될 수 없다.

다윈은 자연선택의 메카니즘이 어떻게 작동하는지 촘촘하게 설명한다. 이를 위해 사고실험을 수행한다. 좋은 사례는, "다양한 동물을 사냥하며 어떤 경우에는 협동으로, 또 어떤 경우는 힘으로, 또 어떤 경우에는 빠른 발로 사냥감을 확보하는 늑대의 사례'이다(Levy, 2016).

각각의 늑대에게 유리한 습관이나 구조에 약간의 실천적인 변화(변이)가 일어났다고 하자. 이는 생존 확률과 후손 출생의 확률(자연선택)을 높일 것이다. 여기에서는 경쟁뿐만 아니라 협동이다.

아마도 이들 늑대의 2세에게는 동일한 습성 또는 신체구조가 (유전)될 것이다. 이러한 과정의 반복을 통해 기존의 늑대를 대체하거나 그와 공존하는 새로운 변종이 나타날 것이다.

이러한 사고실험은 변이에 의한 생성과 변화를 이끄는 변이를 강조하는 다윈의 과학혁명이래로 인간의 삶을 인도하는 어떤 절대적인 목표에 대한 불신이 있어 왔다.

첫째, 과학자들은 자연이 변화한다는 것을 보여주었다. 자연의 변화하는 질서는, 만물의 운동방향으로 생각되었던 어떤 최종적이고 궁극적인 목적에 대한 믿음에 대한 하나의 제약을 가하게 되었으며, 다시 이러한 믿음들은 최종적이며 궁극적인 목적에 대해 의문을 불러왔다. 예를 들면, 다윈의 진화론으로부터 기존의 종으로부터 새로운 종이 생겨나며, 어떤 종은 도태되고 또 어떤 종은 소멸하는 것이다.

둘째, 자연에 대한 과학적 믿음들은 절대적인 것이 아니라 잠정적인 것이다. 자연 자체가 변화하고 진화하기 때문에 자연에 대한 믿음도 변화하여야만 된다.

처음에 다윈은 베이컨주의 방법-미리 정해진 어떤 이론(가설)을 따라 사실을 수집-으로 엄격한 귀납으로 연구하기 시작했다. 하지만 곧이어 자신이 필요로 하는 메커니즘, 즉 그가 "자연선택"이라고 명명한 메커니즘을 고려하기 시작했다. 이것은 육종가가 새로운 품종의 개, 장미

등을 만들기 위해 이용하는 인공선택과 매우 유사하다.

맬서스의 "인구론"에 따른 발상은, 자연 신학의 전통, 즉 이 세상의 고통조차도 전체 체계의 선을 위해 존재한다는 사고에서 나온 것이다(Henny, 2012, pp. 396-397).

이와 같이 상이한 영역에 속하는 문제들을 대상으로 하는 유비 추론은 영역사이의 장벽을 낮추거나 관통하기 위해 세계관, 일반적인 원리 등의 개입이 필요하다. 이렇게 외부적 요인에 의해 유인되는 형태의 유추는 문제가 있을 수 있으나, 과학사적으로 과학자들이 문제 해결능력을 획기적으로 증진시키는 긴요한 전략으로 사용하였다(조인래, 2001, p.401).

과학의 역사에서 통합은 때때로 놀라운 방식으로 일어난다. 과학탐구의 실제 사례를 분석해보면, 정보를 과학이론에 포함시키기 위해 이론을 조정해야할 때 과학 통합이 일어난다는 것을 알 수 있다. 여기에서 사용되는 은유나 유비추리와 같은 수단들은 모두 과학발전의 연속성을 강조한다고 할 수 있다(Miller, 1996, p.314).

다윈의 작업의 특징은 그 종합성에 있다. 고생물의 연구와 지질학의 연구 등의 성과에 바탕을 두고, 다윈은 멸종의 시간적 분포와 생물의 진화 상태를 탐색할 수 있었다. 다윈은 진화의 열쇠가 변이의 연구에 있다는 것을 인식하며, 여러 가지 생물의 변이하고, 그 변이가 유전한다는 것이다. 그리고는 자연선택이라는 주목할 만한 개념을 이끌었다. 따라서 이장의 서술의 목적은, 이러한 서구 사상의 근원인 불변성을 추구하기보다는 과학적으로 변화와 생성을 강조하는 진화론을 탐색하는 것이다.

그러한 목적을 위하여 이 연구는 다음과 같은 연구문제를 두었다.

첫째, 생물진화론의 핵심 요소에 대한 철학적 논의는?

둘째, 이러한 생물 진화론을 현대과학의 관점에서 탐색한다.

셋째, 전통적인 형이상학적 세계관과 진화론적 세계관을 고찰한다.

넷째, 결론의 제언에서 통합과학교육적인 시사점을 제안한다.

2 진화론에 대한 철학적인 논의

생명현상에 관한 아리스토텔레스의 목적론은 질료와 형상에 입각한 그의 4원인설의 필연적인 결과이다. 생물에 있어서 질료는 신체이며. 형상은 생명체의 영혼이다. 아리스토텔레스는 생명체의 영혼이 신체 없이는 존재할 수 없으나 그 자체 물질적인 것은 아니라고 말함으로써 원자론자들의 유물론과는 대비되는 생기론(Vitalism)의 입장을 취하였다. 영혼은 유기체를 움직이고 그것을 도구로 하는 힘이기에 생명체의 모든 활동이 어떤 목적을 향한다는 것은 이상한 일이 아니다. 그러나 영혼은 그 질에 있어서 동일하지 않으며 그 질적 차이 때문에 유기체의 생명활동에 등급이 나타난다.

아리스토텔레스에 의하면 우주에 존재하는 모든 종류들은 연속적인 사다리를 형성하고 있다. 그러한 "자연의 사다리(ladder of nature)"에서 밑에 위치한 종으로부터 상위의 종으로의 진화가 이루어지지는 않을지라도 그것에 의해 종을 계층적으로 분류하는 것이 가능하다. 질료에서 형상으로의 변화가 주어지고 위계적인 종 안에만 이루어진다. 쉽게 말하면, 같은 종끼리는 생명의 탄생이 있지만 다른 종하고는 어렵다는 점이다. 하버드의 동물학자 에른스트 마이어의 정의에 의하면 생물학적 종이란 자연발생적이고 배타적인 번식 공동체를 의미한다. 서로 교배가 가능하며 다른 무리와 구별되는 공통 유전자를 가지고 있는 자연발생적 개체군'이 생물학적 종인 것이다. 그러므로 엄밀히 말해 종이 다른 동물은 자연 상태에서 서로 교배할 수 없다. 하지만 충분히 시간이 주어지면, 자연은 종의 벽을 넘어 선택할 수 있는 가능성은 여전히 남아있다고 진화론자인 다윈(1809~1882)은 주장한다.

진화론적 존재론

세계상을 통일시킬 수 있는 한 가지 가능성이 바로 진화 개념에 있다. 만일 복잡한 체계들이 하나 뿐인 진화과정을 통해 산출되었고, 이에 따라 인과법칙들이 단순한 법칙들로부터 생겨났다면, 당연히 진화 개념이어야 한다(Vollmer, 2008, pp.341-342). 또한 세계는 진화론적인 산출로서 연관되어 존재한다는 것이다.

진화 생물학은 우리에게, 신경계가 진화의 산물이며, 인간 신경계도 예외가 아니라는 사실도 신뢰하도록 한다(Allman, 1999). 또한 마음/뇌 의존성에 대한 발견들이 지속적으로 보여주고 있다(Smith, 2016, p.135).

반면에 이전의 환원론적이고 기계적인 존재론은, 생명 있는 유기체는 과거 생명 없는 물질로부터 생겨났다는 점이다(Vollmer, 2008, p.301). 그 과정은 단순히 물리 화학적인 원리만이 개입된다는 것이다.

진화과정은 확률적이며, 따라서 완벽한 예측은 허락하지 않는다. 이것은 데카르트에서 뉴턴에 이르기까지의 어떤 형태의 결정론과도 양립할 수 없는 것이다(이한구, 2003). 진화론은 어떠한 목적도 가정할 필요가 없다. 환경이 변한다면 생물들은 이러한 변화에 적응해야한다. 이때 자연선택이라는 기제만이 작동할 뿐, 필연적인 방향성도, 필요한 과정도, 어떠한 필연적인 목표도 필요하지 않기 때문이다.

표 1. 진화론에 대한 철학적인 논의

분과	존재론으로, 진화론적 존재론	인식론으로, 이론적 진화 인식론	윤리적 차원으로 진화론적 자연주의
전형적 문제 제기	세계는 어떻게 보이는가?	세계에 대한 우리의 지식은 어떠한가?	그러한 지식은 어떤 윤리적 가치를 가지는가?
진화의 요소에 대한 지식론의 맥락	자연선택은, '반증에 의한 오류 제거'의 기제로 확률적인 존재	유전자 변이는, '새로운 가설 제안' 유전은, '지식 전달'	생존은, 환경에 대한 적응으로 '문제 상황'
종래의 환원론적이고 기계론적인 접근 (Vollmer, 2008, p.301)	생명 있는 유기체는 과거 생명 없는 물질로부터 생겨났다.	우리의 마음과는 관계없이 생물학은 물리학으로 환원할 수 있다.	가치중립
학문 간의 융합론 접근 (오준영 등, 2013; 박만준, 2010: Vollmer, 2008,)	세계는 자연환경에 알맞은 자연선택에 의하여 존재한다. 또한 창의성의 요소인 학문의 유용성과 실용성를 보여준다. 만물은 우주진화의 산물이다.	우리의 마음은 그러한 진화의 산물로 인지구조의 진화로, 가능한 통합을 통한 진화된 지식을 산출하고자 한다. 학문간의 융합 전략으로 유비와 은유를 사용한다.	환경에 적응하기 때문에 생존한다는 열린 유기체적 생존, 통합된 지식과 경쟁보다 협력은 핵심적인 도덕이다 (Smith, 2016, p.80). 융합의 공동 목표가 된다.
변증법적 접근	환경 적응을 위한 노력으로 확률적 (반)	다양성으로 우연적 (정)	변이와 자연선택의 상호작용, 즉 종합으로 생물 간의 상호 의존을 통해 다양성을 보인다(합)

진화론은 어떠한 목적도 가정할 필요가 없다. 환경이 변한다면 생물들은 이러한 변화에 적응해야한다. 이때 자연선택이라는 기제만이 작동할 뿐, 필연적인 방향성도, 필요한 과정도, 어떠한 최종적인 목표도 불필요하다. 즉 현재의 생물들은 그러한 자연선택의 진화 산물로 존재한다는 점이다. 고정보다는 변화만이 있을 뿐이기에, 플라톤의 이상세계의 완전함과 영원함의 허구성을 밝히는 것이 된다.

변화는 끝이 미리 결정된 탓에 목적론적 존재론은“세계는 어떤 모습을 띠고 있는가?”라고 묻는다. 이와는 달리 인식론은“세계에 대한 우리의 지식과 인식은 어떤 모습을 띠고 있는가?”라고 묻는다. 진화론적 인식이란 (주관 내에서) 외부 대상을 적합하게 재구성하이고, 가능한 일치시키는 것이다.

진화론적 인식론

자연선택은 왜 그러한 선택을 하는지, 어떤 방법을 사용하는지 말하지 않는다. 따라서 우리는 그러한 과정을 고찰한다. 어떻게 인간 인식의 (주관적인) 구조들이 (객관적인) 실제 구조에 상응하게 되는가? 인간의 주관적 구조들은 모형, 시공간, 인과적 연관, 논리적 추론 등이다. 이들은 외부 대상을 내부에서 재구성한다. 이들이 없다면 인간 인식은 존재하지도 못할 것이다.

어떻게 주관적 구조가 객관적 구조에 적합할 수 있는가?

첫째, 객관적 및 주관적인 구조들이 서로 적합하다면, 이들이 함께 인식을 가능하게 한다. 이들은 마치 한 도구가 하나의 부품에 적합하듯이 서로 들어맞는다. 이러한 상응성(Passung) 없이 인식은 존재하지 않는다(Vollmer, 2008, p.37).

두 번째, 인식이 유용하기 때문에 그리고 유용한 한에서 이러한 적합성은 유용하다. 다윈의 개념에서 이러한 상응성은 유기체의 적응성(fitness)을 높인다(Vollmer, 2008, p.37).

세 번째, 필자가 보기에는 주관적 구조는 일종의 진화적 시간의 흐름에 따라간다는 점이다. 생존과 관계있기에 통합적으로 변화된다는 점이다.

예를 들면, 우리는 망막에 비추는 것은 평면인 2차원이나, 3차원으로 제구성하고, 개구리눈은 움직이는 것만 포착이 된다는 점이나, 우리 인간의 눈은 정지된 대상과 함께 전체적으로 통합적으로 대상들을 바라본다는 점이다. 그것은 생존과 관계되기에 통합적으로 적응성을 높인다고 할 수 있다. 인간의 눈은 단순한 눈에서부터 복잡한 눈의 순서대로 거쳐서 진화해 왔다고 한다(Sarashina, 2019, p.101).

따라서 진화론의 인식론적인 관점에는 우리인간의 마음도 생존의 진화의 산물이기에, 모든 대상뿐만 아니라 지식도 통합적으로 제구성하여 해석한다는 점이다.

반면에 이전의 환원론적이고 기계적인 인식론은, 우리의 마음과는 관계없이 생물학은 물리학으로 환원할 수 있다는 것이다.

정신을 의식과 동일 시 하는 사람들은 정신도 분명히 진화의 산물이다. 정신은 결국 두뇌가 가지고 있는 특성 중의 하나이기 때문이다. 유기체가 진화하면서 뇌가 생겼고, 뇌의 기능 또한 진화과정을 거치면서 발달 해왔고 볼 수 있다. 따라서 의식이란 의미의 "정신"도 진화의 산물이라고 할 수 있다(Dűrr, et al., 1997, p. 186). 두뇌는 인간의 신체 중에서 가장 많이 진화가 이루어진 부분이다. 높은 지능을 가진 인간은 다른 동물과는 다르게 주어진 환경에 대해 수동적인 적응을 넘어 환경을 창조함으로서 환경을 극복한다. 이에 두뇌에 대한 진화적 압력이 다른 신체보다 더 강할 수밖에 없다. 복잡해져가는 문명 환경에 적응하는데 더 많은 두뇌의 두뇌사용이 필요하다. 문명이 발전하고 확장될수록 다른 신체부분의 진화는 상대적으로 미미해지는 반면에, 두뇌에 대한 진화적 압력은 더욱 강하지게 마련이다.

기원의 신성성이 아니라, 현재의 신성성을 강조한다. 진화의 단계에서 현재가 가장 적절한 수준을 달성하고 있기 때문이다(박승억, 2015, p.170).

이제 이론이나 지식의 진화로 관심을 옮긴다. 인지기관의 진화와는 달리 지식이나 진화는 비유적으로 사용된다. 이론적 진화 인식론자들은 생물학적 진화와 인간 지식의 본성사이에 본질적인 유사성이 있다고 보고, 이론변화를 설명하기위해 진화론을 활용하려고 한다.

지식이론 변화를 설명하기 위해 진화론을 활용하고자 한다. 칼 포퍼는 이런 진화론적 인식론을 제안한 철학자라고 할 수 있다(이한구, 2003. p.28).

예를 들면 그림 1에서처럼, 우리는 문제 상황(P1)에 부딪친다. 이 문제를 해결하기 위해서 우리는 수 많은 잠정적 가설을 창안한다(TT). 그리고 다음 단계로 이런 가설들을 시험하여 잘못된 것들을 폐기하고, 논박되지 않는 가장 최선의 가설을 선택함으로써, 문제를 해결한다(EE).

생명체의 문제 해결은 여러 경로를 통해 나타날 수 있다. 인간에 있어서 새로운 가설의 형성으로, 동물의 경우는 새로운 행동양식의 채택으로, 식물의 경우는 규칙성에 대한 기대의 구체화로, 박테리아나 가장 원시적인 생명체의 경우에는 일련의 화학적 경로를 축적하는 것으로 나타난다. 이 모든 경우에 문제들은 여러 시도 들 중에 하나를 통해서 해결된다.

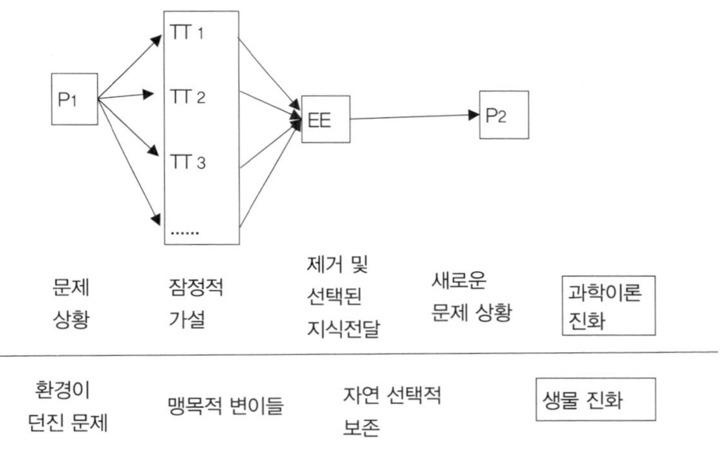

그림 1. 과학이론의 진화 인식론(이한구, 2003, p.26의 수정)

그림 2는 변이와 자연선택에 윤리적 가치를 추가하였다.

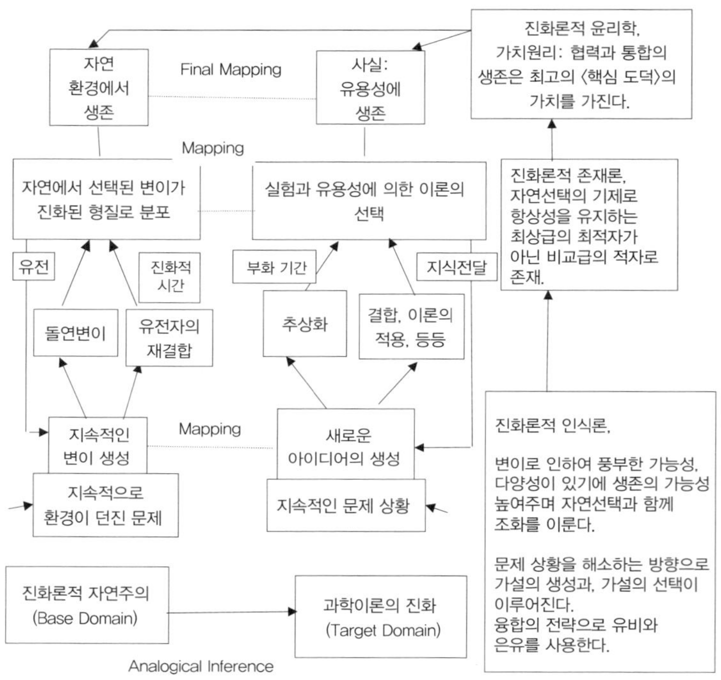

그림 2. 진화론의 철학적 구조를 과학이론의 진화 구조에 사영

진화론적 윤리학

마음은 진화를 통해 설계된 기관이자 '자연선택이 설계한 적응 체계(Pinker, p.51)'이고 그 마음이 생산한 것이 지식이라면, 지식의 존재이유도 당연히 생존과 번식일 수밖에 없다. **핵심 도덕**으로, 도구적 가치(instrumental value)로, 집단과 개별구원에게 생존과 번식은 융합에 의한 협력적 이익을 말할 수 있다(Smith, 2016, p.80).

진화론적 윤리학이란 진화론적 인식론과 마찬가지로 진화론에 기초해서 윤리학을 정초하지는 입장이다. 알렉산더는 다음과 같이 주장한다. "자연 선택은 분명히 유전자의 번식에 의해 생존을 극대화시켜 왔다. 개인들의 활동과 연관시켜보면, 이것은 개인들의 유전자 복제에 대한 영향을 포함한다. 심지어는 다른 개체 속에 존재한다고 할지라도.."

진화론적 자연주의란, 경험적으로 확증된 사실에 기초하는 것이다. 즉 정확히는 진화론적 사실에 기초하는 것이다. 그에 의하면, 정당화는 "우리가 어떤 구조적 맥락 속에 있다는 전제로부터, 우리는 그 맥락에 적합한 방식으로 행위를 해야 한다는 결론을 이끌어 내는" 추론의 규칙에 대한 신뢰에 기반을 두고 있다.

<대전제> 우리는 생존을 위하여 행동하도록 진화되어 왔으므로, 우리는 공동의 선인, 생존을 증진시키도록 협동의 행동을 해야 한다.

<소전제> 협동의 행동을 함은 공동체의 선을 증진시킨다.

....

<주장> 따라서 도덕적 행위자는 협동을 행하여야 한다.

체계성 원리에 따르면(Gentner, 1983), 존재론적 차원은 인식론적 차원에 인과적으로 앞서고, 존재론적 차원과 인식론적 차원은 윤리적 가치를 귀결시킨다. 이러한 철학적인 관계들은 영역간의 구조에 그대로 반영되어 사영(mapping)되어야한다(그림 2 참고).

자연선택의 기제로 항상성을 유지하는 생명체는, 자연환경에서 최상급의 최적자가 아닌 비교급의 적자로 존재 한다(진화 존재론).

이 존재를 정당화하는 것은, 변이와 긴 시간에 따른 유전은 다양성과 생존을 높이는 과정으로 이해된다(진화 인식론).

이 두 가지 존재론과 인식론을 통하여 협동은 무엇보다도 생명 종의 생존에 핵심으로 귀결된다(진화 윤리적 가치).

이러한 진화론의 철학적 차원은, 이론의 생성과 진화에 사영된다.

이론 선택은, '반증에 의한 오류제거'의 기제로 확률적인 존재이다. 즉 창의성의 요소인 학문의 유용성과 실용성을 보여준다(진화 존재론의 사영).

이론의 존재를 정당화하는 것은, 문제 상황을 해소하는 방향으로 가설적 이론의 생성과, 가설의 부화과정이 이루어진다(진화 인식론의 사영).

이 두 가지 존재론과 인식론을 통하여 모든 사물들의 안정성은 무엇보다도 우리 이론의 지속성의 핵심으로 귀결된다(진화 윤리적 가치의 공용).

진화론의 방향에 대한 쟁점

다윈의 진화론은 환경, 유전, 변이, 자연선택이라는 네 가지 기본 개념에 바탕을 두고 있다. 이러한 개념을 지식론의 문맥에서 해석한다면 환경에 대한 적응은 '문제 상황'으로, 유전은 '지식 전달'로, 변이는 '새로운 가설 제기'로, 자연선택은 '반증에 의한 오류제거'로 각각 대응할 수 있다. 이처럼 지식의 발전을 이론이 진화하는 과정으로 본다면, 우리가 현재 공유하는 과학이론은 반증의 시련을 견디고 생존경쟁에서 살아남는 생명 종에 비유할 수 있다. 하지만 진화론은 과거에 있었던 다양한 생물 종의 변화에 관해서는 설명할 수 있지만, 미래에 앞으로 종이 어떻게 변화해갈지 예측할 수가 없다. 즉, 실험 명제를 제기할 수 없다는 뜻이다.

무엇보다도, 진화는 선호하는 방향으로 나아가는 과정이 아니다. 개체군의 진화적 변화는 목적론적이고 목표지향적인 과정이 아니다. 기본적으로 진화는 목표가 없는 기계론적 과정이다. 즉 개체군은 생존하려고 적응하는 것이 아니라, 적응하기 때문에 생존하는 것이라 말한다. 전자를 목적론적 과정인 반면에, 후자를 기계론적 과정이라고 말할 수 있다(Dewit, 2018, p.512). 적존적 설명을 인과론화 했다고 할 수 있다. 다윈은 뉴턴역학의 영향을 받았기에 생물학도 어떤 기계론적 메커니즘에 의한 설명할 수 있기를 바랐다고 할 수 있다. "적자생존"을 마치 생물이 서서히, 조금씩 완전함을 향해 나아가는 현상으로 보는 것에서 찾을 수 있다. 생존했다고 해서, 그 생존한 자가 최적자라고 주장하는 것이 아니라는 것이다. 특정한 맥락의 환경에 적응한 생물이 다른 것보다 어떤 최상의 상태를 갖추었기 때문이라고 할 수 있다.

반면에 본질적인 고정과 불변보다는 변화와 생성이라는 변증법의 사상에서, 다윈의 발견이 의도를 자연화하고 순화시킴으로서, 자연을 보호한다는 측면을 위해서, 어떻게 자연에 의도가 출현하게 되었는가에 대한 최선의 또는 유일한 수용 가능한 이론이 다윈이라는 데 많은 철학자들은 동의한다는 점이다(Smith, 2016, p.67). 연구자도, 다른 자연과학의 이론과의 융합을 설명하기 위해서는 생존이라는 자연의 의도가 절대성 이론이 중요한 전제이론이 되어야한다고 할 수 있다.

생물다양성은 진화의 결과이다. 이때 진화는 유전자의 변이(정)와 환경(반)과의 상호작용(합)으로 이루어지는 다양성의 증가라고 할 수 있다. 그런 다양성은 적자생존이라는 경쟁보다는 상호 협력과 의존에 있다는 점이다.

다윈은 빅토리아시대의 사람이었다. 자연선택이 능동적인 힘의 진보를 가능하게 한다는 믿음이었다. 이는 그의 "종의 기원"에서도 분명히 드러난다(Henry, 2012, p.405).

> 내 이론에 의하면 더 최근의 생명 형태는 더 이전의 형태보다 더 고등함이 틀림없다. 왜냐하면 가각의 새로운 종은 이전의 새로운 형태들보다 생존투쟁에서 더 유리해진 까닭에 생겨나기 때문이다.

확실히 생명 형태들은 자연선택이 진행되면서 더 진보되고 있다. 다윈은 자연선택이 "각 존재의 선을 위해" 작동한다고 말한다. 따라서 다윈에게 자연선택이란 진보를 보장하는 힘이다(Henny, 2012, p.406).

다윈 자신은 자연 속에 발전을 향한 본질적인 추동력이 존재한다고 확신했다. 그는 이렇게 기술하였다. '자연선택'이 오직 개체의 이익을 위해서 그리고 그것에 의해서만 작동하듯이, 모든 육체적, 정신적 특성들은 완벽함을 향해 발전하는 경향이 있다(Darwin, 1860, p.486). 생물학자들은 맨 이래 쪽에 미생물이 그리고 맨 꼭대기에 인간이 있는 '진보의 사다리'에 대해 이야기하기 시작했다. 따라서 진화론은 신이 모든 생물종을 정교하게 설계하고, 각각의 종을 따로 창조했다는 개념을 배격하기는 했지만 신이 설계자로 좀 더 교묘한 방식으로 말하자면 수십억 년 이상의 기간 동안 인간을 향해 (어쩌면 앞으로 인간 이상의 무엇을 향해) 진화의 방향을 잡아주고 그 경로를 지시하는 방식으로 작용할 수 있는 여지를 남겨두었다.

베그로송, 스펜서, 엥겔스, 화이트헤드 등 유럽의 저명한 사상가들은 이 진보적인 철학을 수용하였다. 이들은 모두 '자연은 '자연은 혼돈 속에서 질서를 생성하는 고유한 능력'이라는 관점에 입각하여 지구의 생물권이라는 좆은 울타리에서 벗어나서 전체로서의 우주로 시야를 확장하여 그러한 사실을 입증 하려했다. 이들 철학자와 과학자들의 선형적인 시간은 간혹 비틀거리기는 했지만 간혹 비틀거리기는 했지만 궁극적으로는 확실한 진보를 향해가는 시간이었다(Davis, 1995, p.57).

필자의 생각으로는, 진화론적인 진보와 복잡성의 증가가 아니면 엔트로피 증가의 하는 것은 어떤 우주론을 택하는 가에 달려있다고 볼 수 있다. 하지만 이들 사이는 상호 모순되지 않는다. 이런 과정들은 그 부산물로 엔트로피를 생성시키며, 결국 혼돈 속에서 질서를 획득하는 데는 그만한 대가를 따르르는 셈이다.

한편으로는 다윈의 형이상학적 의미는 매우 뚜렷하다. 그 중에서도 다윈주의는 목적론을 부정하고 예정설을 부정하고, 그 결과 "최초의 창조 원인"을 부정하였다. 임의의 발생 변이, 즉 우연을 통한 변이들은 예정설에 어긋나며 목적론에 반한다. 이런 진보는 결국 이러한 목적론을 옹호한다. 다윈의 진화론은 원래 진보적이 아니라 적응의 의미라는 것이 중요한다. 진보적이라는 개념은 단지 종이 측정한 환경에 더 높은 적응성인 최적을 지향한다는 점에서 받아들이는 것이고, 이상적인 "상위의 형태"를 추구하는 것이 아니다. 다윈이 종의 발전을 언급할 때는 이 점을 두고 한말이었다. 다윈의 진화론에서 열대 늪지에서 생명의 최고 형태는 바로 개구리 일 수 있다(차중희, 2000).

3 자연 선택이 시간의 가역을 억제하는 현대과학

물리학의 기본 방정식은 수학적으로 볼 때 시간이 앞으로, 혹은 뒤로 흐르든 차이가 없다. 원자력이든 전자기력이든 중력이든 상관없이 어떤 것이 앞으로 진행 할 수 있으면 물리학의 법칙은 원칙적으로 시간의 역행도 허용된다. 앞으로 흐르는 시간과 뒤로 흐르는 시간의 대칭은 자연법칙에 잘 나타나 있다.

하지만 우리는 기억하는 과거와 기억할 수 없는 미래를 구분하고 시간에 방향을 부여하는 시간의 화살(arrow of time)에는 최소한 세 가지 종류가 있다(Hawking, 1996, pp.184-185).

첫 번째는 무질서도, 혹은 엔트로피가 증가하는 시간의 방향을 가리키는 열역학적 시간의 화살(thermodynamic arrow of time)이 있다.

두 번째는 심리적 화살의 방향(psychological arrow of time)인데 이것은 우리가 시간이 흐른다고 느끼는 방향, 즉 기억하는 과거로부터 기억할 수 없는 미래로의 방향이다.

마지막으로 우주론적 시간의 방향(cosmological arrow of time)이 있다. 이것은 우주가 수축하는 것이 아니라 팽창하는 시간 시간의 방향이다.

플라톤 사상을 이어받아 수학을 강조하는 시간의 가역적보다는 열역학적 시간의 화살과 우주론적 시간의 화살은 심리적 화살과 일치한다고 볼 수 있기에 관념론적으로 방향지어진다고 볼 수 있다.

고전역학에서는 시간되짚기 대칭성이 있다고 말했다. 이는 뉴턴의 운동방정식에서 시간에 음의 부호를 붙여서 되짚어도 식은 똑 같기 때문이다. 따라서 고전역학은 시간되짚기 대칭성을 지니고 있고, 결국 과거와 미래의 구분이 없다고 할 수 있습니다. 역학 현상은 본래적으로 시간 가역적 이라고 할 수 있다.

양자역학에서 상태함수는 절대값을 제곱해야 물리적 의미를 지니고 물리량을 주기 때문에 상태함수와 그것의 복소컬레를 택하면 결국 음의 부호가 없어지기 때문에 원래 방정식과 같아집니다. 따라서 슈리딩거 방정식도 시간되짚기 대칭을 지녔다(최무영, 2010, p.288).

다윈의 진화론은 아리스토텔레스 이후로 존재론의 왕좌를 지켜온 본질주의에 강력하게 도전함으로써 그 위력을 발휘한다. 변이들은 다윈의 자연선택이 작동하기 위해 반드시 필요한 요소인데, 다윈은 자연 내에 이런 변이들을 선택적으로 보존함으로써 종 분화가 일어난다고 주장하였다. 따라서 정도의 차이는 있겠지만 개체군 내의 구성원들은 이질적이어야 생명의 다양성이 가능해진다(장대익, 2014, p.156). 서구 사상의 근원인 고정되고 변화지 않는 선이고, 생성되고 변화되는 것은 선이 아니다 라는 오랜 전통에 정면으로 도전하는 것이다.

변증법적 유물론자인 마르크스주의자들은 관성의 근본적 성질을 인정하면서 오직 변화만이 '절대적 현상'이라는 것을 인정한다. 물리학자 막스 보른은 자신의 책 <정지하지 않은 우주(1959)> 서두에서 논평하기를, 세상에 없는 것을 지칭하는 '정지'라는 단어가 있다는 사실이 의아하다고 하였다. 독일 물리학자 키르히호프는 "정지는 특별한 운동"

이라고 하였다. 엥겔스는 이 주장을 환영하면서 키르히호프가 "계산할 줄 아는 것이 아니라 변증법적으로 사고할 줄 한다."라고 하였다. 1959년 다윈이 출판한 <종의 기원>은 동식물의 진화에 관한 이전의 추측을 뒷받침하는 증거뿐만 아니라 진화에 관한 새롭고 혁명적인 개념을 제시하였다(Baghavan, 1987, p.34). 그 과정을 다윈은 '자연 선택', '변이' '유전' 등으로 설명하였지만, 그 이후, 연구와 발견 등으로 이론이 보완되고 있다. 결국 그리스이래로 주장되어온 종은 고정불변이라는 믿음은 치명타를 맞은 것이다. 진화론은 오랜 세월 사람들의 생각을 지배해온 '종의 불변성' 테제를 침몰시키는 것이었다. 좀 더 철학적 표현을 쓴다면 이른바 고정된 '실체 혹은 본질'은 변하지 않는다는 믿음에 균열을 일으켰다.

자연선택이라는 단순성을 보여주는 원리로 인하여, 생명체가 주위환경에 적응하고, 그러면서 서로 다른 종으로 갈라질 수 있게 해준다. 그 결과 그들은 단 하나의 종보다 여러 가지 다양성을 보여준다.

진화론이 인간을 창조주 다음의 영예로운 자리에서 다른 생명체들과 마찬가지로 자연법칙의 지배를 받는 자리로 끌어내렸기에 인간중심주의에서 벗어났다고 할 수 있다. 하지만, 여전히 현재의 인간은 우주의 중심에 있다고 할 수 있다. 스펜서의 사회진화론은 기원의 신성성이 아니라, 현재의 신성성을 강조하고 있다(박승억, 2015, p.170). 그 결과, 그 당시 제국주의 사상이 기반이 되었고 할 수 있다. 결국 필자는 생태중심주의와 인간중심주의가 진화론에 혼합되어있으나, 다윈이 공격을 받은 것은 기원의 신성성에 따른 진화론이라고 할 수 있기에 생태중심주의에 과학적인 시작이고 정신이라고 할 수 있다.

생물학적 진화개념은 현재는 과거의 누적이고, 미래는 현재의 누적이다. 그러나 근대가 전재한 물리학적 시간개념은 과거와 현재, 그리고 미래가 동일하다. 역학을 중심으로 하는 근대과학의 세계관은 시간은 균질적이고 나아가 가역적인 것이다. 이러한 시간관에서 적용되는 법칙개념은 생명현상에는 유효하지 않다. 생명현상은 시간을 되돌릴 수 없기 때문이다(박승억, 2015, p.175). 생물학적 지식은 낭만주의적 지식인들에게 중요한 논거를 제공하게 된다. 우선 진화는 진보로 여겨졌으며 그 누적된 시간의 차이는 개체의 특수성을 설명하는 질적 차이를 이해하게 해 주었다. 계몽주의적 보편성과 획일화에 지친 지식인들에게 역사는 생명현상을 설명하는 새로운 틀을 제공해 주었다. 진화론의 지식은 진보하는 과정의 시간 비가역적이다.

다윈의 진화의 방향과 시간의 방향사이에는 하나의 관계가 존재한다. 30억 년의 역사에서 진화가 뒷걸음 친 적이 없었다.

왜 그럴까?

진화의 방향과 시간의 방향사이에는 시간의 흐름에 따라 불규칙적으로 진행되지 않을까?

진화를 진전시키는 추진력은 무엇이며, 최소한 그것이 뒷걸음치지 못하도록 막는 제동장치는 무엇인가?

사전에 계획되지 않고서야 어떻게 메커니즘이 작동할 수 있을까?

진화를 시간이라는 화살에 비끄러매어 같은 방향으로 진행하도록 하는 관계는 무엇인가?

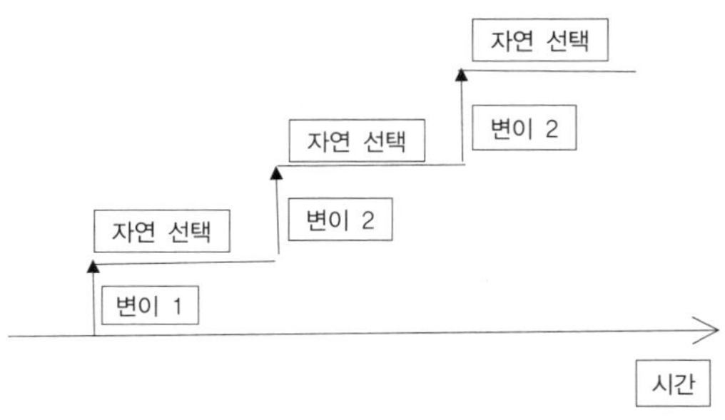

그림 1. 진화의 계단 (Carroll, 2020, p.157)

진화의 계단 그림은 돌연 변이와 자연 선택이 무엇을 할 수 있고 무엇을 할 수 있는지 보여준다. 존재하지 않았던 것을 만들려면(계단을 한 단을 올라가려면) 실효성있는 변이가 일어나야한다. 하나의 변이는 하나의 개체에서 일어나는 것이므로 돌연변이 혼자서는 개체군을 바꾸거나 다수의 변화를 동시에 일으킬 수 없다.

그러므로 우연적 변이는 창조하고, 자연선택은 창조한 발명품을 확산시킨다(Carroll, 2020, p.157). 협력적인 동시에 경쟁적인 방식으로 살아왔다. 그리고 그것을 후손에 유전시킨다.

다윈의 진화론의 중요한 요소들은, 자연선택과, 변이, 그리고 진화론적 시간이다. 변이는 다양성을 보여주는 중요한 기작으로 변화하는 환경에서 생존가능성을 높이는 전략이며, 자연선택은 시간이 가역방향으로 가지 않도록 제한을 가하는 것이다. 따라서 진화론적 시간 속에서 자연선택과 변이는 서로 상호작용하는 것이다.

(1) 돌연변이는 우연히 일어난다. (2) 돌연변이가 일어나는 방향성은 없지만 자연선택의 압력으로 그 축척에는 방향성이 생겨, 그에 따라 '진

화'가 필연적으로 일어난다. 이 두 가지를 근거로 진화는 필연적이지만, 진화의 방향은 우연으로 정해진다고 할 수 있다(다케우치 케이, 竹內啓, 2010).

역학 현상은 본래 가역적인데 비가역적 열 현상을 어떻게 하여 분자의 역학적인 운동으로부터 설명할 수 있을까?

용기의 한 가운데에 칸막이를 설치하고, 한쪽 A에 기체를 넣고 다른 쪽 B는 진공으로 해둔다. 그리고 칸막이에 구멍을 뚫으면 기체는 용기 전체로 확산하여 도처에서 균일한 밀도나 압력이 될 것이다. 그러나 반대로 용기 전체에 퍼져있는 기체가 어느 한 쪽 절반에만 몰리고 다른 절반이 진공이 되는 일은 절대로 일어나지 않는다. 열역학 제2법칙은 원자 배열이 모두 동일한 통계적 법칙을 기술하며, 우연에 의해 이러한 체계의 평균적 상태가 크게 변동하는 일은 없음을 분명히 밝히고 있다. 시간의 화살이라 부른다. 즉 자연현상은 언제나 확률이 큰 상태를 향해 진행한다. 이것이 엔트로피 증대가 뜻하는 바다.

생물은 어떤 특정 물질을 어떤 특정 형태로 모아 놓고 있으며, 어떤 질서 성을 지니고 있다. 생물이 열역학 제2법칙에 반하여 그 질서성을 유지해 가기위해서는 외계로부터 질서성를 받아들여야한다. 즉 질서성을 먹이로 섭취하고 보다 무질서를 배출하는 것이다.

단순한 형태에서 점점 복잡한 형태로 점점 나아가는 진화과정의 관점에서 볼 때 시간은 단지 하나의 관점만을 갖는다. 시간에 방향을 부여하는 것은 진화과정이다. 단순한 것에서 복잡한 것으로의 진보, 즉 성층 화된 안정성의 구축은 진화의 필연적인 특성이며 이러한 특성에서 시간은 자신의 방향을 결정한다. 진화는 시간이라는 열역학 법칙과는 다르게 화살이 역행할 수 없도록 제어하는 기계장치 역할을 한다(Brenowski, 1977, p.286). 하지만 결국 열역학적 방향과 진화의 방향은 같은 방향이다.

4 형이상학적인 세계관으로부터 진화론적 세계관

형이상학적 세계관과 진화론적 세계관

아리스토텔레스가 사용한 형이상학이라는 용어가 어떻게 종교적이고 신비적인 전통과 융합하게 되었는지를 이해하는 것은 어렵지 않다. 플라톤의 이데아라는 영역은 완벽한 신에 의해 통치되는 천국과 개념적으로 크게 다르지 않다. 나아가 이데아 영역이 불완전하게 반영된 물질적 세상은 인류가 신의 은총으로부터 떨어져 나왔다는 믿음과 맞아떨어진다. 진보가 아닌 변화에 대한 혐오이다. 시공간은 변화보다는 고정되어있으나, 그 안에 들어있는 자연은 불완전하다는 믿음이다.

고대그리스로부터 종이라는 생각은 시작도 없고 변하지도 않는다는 것을 전제로 하였다. 다윈은 이러한 영원성과 완전함을 종에서 제거한 것이다. 이상 세계의 완전함과 영원함의 허구성을 밝히고자 한 것으로 매우 급진적이다. 그는 영원불멸한 아리스토텔레스의 분류학, 과학역시 일시적인 것으로 보았다.

뉴턴의 형이상학적 유물론은 신이라고 하는 초자연적 실체가 우주를 창조하였고 주원인이 이지만, 더 이상 관여하지 않는다는 믿음으로서 우주는 초자연적이고 형이상학적 기원을 가지지만, 창조되는 그 순간 설정된 자연적이고 물리적인 법칙에 따라 창조된 순간이래로 우주는 전개되어 왔다는 제안이다(Davis, 2009, p.248). 이성적인 우리인간은 그러한 자연법칙을 알아낼 수 있다고 선형적인 인과관계를 알아내어야한다는 것은 당연하다. 우연적인 요소보다 필연적인 인과관계를 탐색하여 이 세상에서 유토피아를 꿈꾼다. 발생하는 모든 것은 이미 발생한 것에 만들어진 더 높은 힘이나 질서에 의해 완전히 미리 정해진다는 결정론에 따른다.

우주의 시공간과 종은 고정되어 있다는 형이상학적 관점보다는 다윈은 변화는 정상적인 것이며 창조와 그 가능성으로 보았다. 이상의 생각으로 그는 플라톤, 뉴턴과도 결별하였다. 다윈은 지적인 설계자의 감독 없이, 종이 시간을 두고 변할 수 있는 형이하학적 기작을 설명한 것이다. 나아가 자연은 진화가 계획에 의한 것이 아니듯, 임의로 가능성의 경계를 영원히 확장해나가, 자연의 창조물로 새로운 공간을 채워나가면서 새로운 종을 계속 실험해나가는. 언제나 다른 것으로 되어가는 과정으로 보았다(Davis, 2009, p.24).

형이상학적 유물론으로부터 변증법적 유물론

형이상학적 유물론은 자연을 과정으로서, 변화로서 보는 것이 아니라 고정시켜서, 불변의 것으로서 보는 것이다. 이러한 관점은 물리학 등 제반의 자연과학에서 기초적인 인식이 수립되는데 기여했다. 예를 들면 생물학에서 종의 불변성은 종이라는 개념이 수립되는 데 기여했다. 그러나 종의 불변성이라는 형이상학적 유물론은 진화론에 의해 종의 변화라는 관점으로 대체되었다. 즉 형이상학적인 어떤 믿음과 개념이 설정되면 곧 과학적 인식이 이루어진다고 보았다. 자연의 모든 과정이 변증법적 과정이라는 것이 성립되면서 변증법과 유물론의 통일은 하나의 세계관으로 정립되었다(문영찬, 2018, p.314). 물질과 운동으로부터 파생되는 것이 주장이 변증법적 유물론이다. 변증법적 유물론은 물질은 운동을 기본적 속성으로 하고 운동은 시·공의 본질을 이루기 때문에 시·공·운동·물질은 서로 분리할 수 없는 일체(一體)로 파악한다. 그리고 이러한 입장은 20세기의 물리학의 발전에 의해 입증되었다. 아인슈타인의 상대성이론의 주요한 결론은 시·공이 물질에서 떨어져 독자적으로 존재하는 것이 아니라, 그들은 전체적으로 서로 떨어질 수 없다는 것이었다. 거기에서 시간의 경과, 물체의 확장은 그 물체의 운동 속도에 의존하게 되고 시·공을 통일한 4차원의 입장에서 설명되었다.

지역적인 적응의 압력과 시간에 의해 진화가 일어난다는 주장은 마치 엉터리 같은 진화의 기작으로 보이지만 이는 생명체의 변화를 설명해줄 새로운 기작을 탄생을 알리는 것이다. 즉 진화론은 형이상학적 유물론에서 변증법적 유물론으로의 시작을 선언하는 것이다.

다윈은 여전히 창조자 신을 믿었으며 진화는 오직 세상을 창조한 신이 진화적 법칙을 만들었다는 가정 이래에서만 이해된다고 생각했다. 그러나 이러한 법칙들은 단 한번도 신으로부터 방해받지 않았다는 이신론 주장을 하였다. 과학적 자연주의로 불리는 주장하는 촉진하는 계기가 되었다.

아리스토텔레스는 존재를 두 가지 기본적 종류로 구분하였다. 그것은 (1) 변할 수 없는 존재, (2) 변할 수 있는 존재다. 첫 번째 존재 즉 변할 수 없는 변할 수 없는 존재를 주제로 하는 연구가 신학이다. 왜냐하면 '영원하고 움직일 수 없는 "존재는 오직 하나 있는 데, 그것이 바로 신이기 때문이다. 반면에 두 번째 존재 변할 수 있는 존재에 관한 연구는 이른 바 자연학, 즉 자연철학의 주제에 속한다. 아리스토텔레스는 우리 주변에서 볼 수 있는 것은 모두 일시적 존재뿐이라고 하였다.

변하지 않는 존재 양상이 있다는 신념은 고대 그리스의 형이상학에서 주류를 이루고 있는 전통의 특징이다. 아리스토텔레스는 "참다운 존재"는 변화와 소멸의 지배를 받지 않는 것이라고 믿었던 스승 플라톤에게서 존재에 대한 이원적 부류를 물려받았다. 플라톤에 따르면 이 세계는 모든 것이 생겨나고 또 없어져가고 어떤 것도 참으로 실재하지 않는다고 하였다. 영속(permanence)과 변화(change)라는 두 가지 기본적 존재 양상에서 변화는 파생적이고 이차적이며 덜 실재적인 반면에 영속은 일차적이고 더 실재적이므로 변화보다 중요한다.

영속이 "보다 더 참답거나 더 좋은 존재 양상이고, 변화는 파생적이며 "덜 참답다"라는 고대 그리스 사람들의 생각은 최근의 형이상학이 보여주는 특징과는 전혀 다르다. 헤겔, 베르그송, 화이트헤드 같은 철학자들의 세계관에서는 변화, 과정, 전이가 일차적인 것으로 인정되고, 사물의 영속적이고 고정적인 면은 오히려 파생적이며 이차적인이며 덜 근본적인 것으로 간주된다. 우리시대의 형이상학자들은 영속이 변화보다 우위에 있다는 일반적인 개념뿐만 아니라 실체라는 개별적 개념도 버리는 경향이 있다. 이 철학자들은 우주를 고정적이며 정적이며 지속적인 기본 단위들로 분해해서 보는 우주관은 실체라는 생각과 분리될 수 없다고 본다. 현대 과학은 근본적인 물리적 실재가 영구적인 물질의 정적인 조각이 아니라 전기적인 동요상태 즉 동적인 과정이라는 것을 발견하였다. 이 발견은 이 세계를 형성하고 있는 궁극적인 단위는 실체가 아니라 사건(event)라고 보는 "과정 철학자들"의 확신을 강화시켰다. 그래서 이들은 사물이 아니라 사건이 참으로 실재한다고 주장한다.

고전적 형이상학으로부터 현대적 형이상학으로 넘어 오면서 영속의 우위에서 변화의 우위로 바뀌게 가장 큰 이유는, 생물학의 진화라는 개념은 과학자와 철학자로 하여금 성장과 발전의 개념에 입각하여 우주와 우주의 과정을 해석하도록 자극함으로써 유럽과 미국의 지적 구조를 흔들어 놓았는데, 이것 역시 변화의 흐름을 촉진시킨 커다란 요인이다(Brennan, 1967, p.226).

영원불변한 아리스토텔레스의 분류학, 근대의 뉴턴 과학 역시 변화하지 않는 진리를 말한다. 진화론은 이러한 이상 세계의 완전함과 영원함의 허구성을 밝히고자 한 것은 매우 급진적인 사상이었다.

다윈의 관점은 기독교 신학, 특히 윌리암 페일리(William Paley)의 영향을 받았다. 페일리는 우리 주위에서 확인될 수 있는 명백한 질서와 목적은 시계의 정교한 작동이 시계 제조자를 암시하듯이 창조자를 말해준다고 생각하였다. 하지만 다윈은 신의 목적이 아니라 자연선택과 관련하여 생물학적 세계의 질서를 설명하였다. 신의 의식적인 창조를 맹목적이고, 무의식적이며, 기계적인 과정으로 대신한다고 하였다. 목적이 우연으로 바뀌었다고 할 수 있다(Trigg, 1988, p.181).

표 2. 다윈의 진화론의 세계관의 구조

세계관의 문화적 구조	질문의 형태	질문에 대한 가능한 답	
형이상학적 믿음체계 (존재론)	1. 이세상은 신을 포함하여 무엇으로 구성되어 있는가? 2. 구성요소 중 무엇이 우선인가?(일반 형이상학, 실체란?),	1. 신의 존재는 불명확하다. 물질과 생명체인 인간과 자연으로 구성되어있으나, 2. 생명이 있는 물질이 우선이다.	형이하학적인 변증법적 유물론
	1. 그들을 담지 하는 우주의 시간과 공간은 실체와 무관하게 존재하는가? 2. 그들을 우리는 객관적으로 인식가능한가? (특수 형이상학)	1. 진화론적 시간과 공간에 따라 생명체는 존재한다. 2. 진화적인 시간과 공간은 인간과 생명체와 마찬가지로 시공간이 우리 인식과 관계없이 현실적이고 객관적으로 존재하지만, 일정한 목적 없는 변화로 인식한다.	
인식론적 정당화	우리는 믿음에서 이끌어진 산출물들이 참이라고 어떻게 정당화하는가? 첫째는, 이론의 형상과정에서 사용한 인식론적인 정당화근원은? 둘째는 이론 형성 후, 이론이 참이라고 선택한 기준은?	1. 변이는 시간과 공간에서 나타나는 다양성을 통하여 생산성을 높이며 존재 가능성을 향상시킨다. 외부 환경 하에서 바람직한 변이가 보존되는 결과로 새로운 종이 탄생된다. 자연선택은 진화론적 시간의 가역성을 억제시킨다. 2. 목적성과 필연성보다는, 우연성과 확률이 본질적이다.	경험주의에 이성주의를 결합한 자연주의

윤리적 가치론	그러한 자연의 법칙이 적용되는 자연은 우리에게 어떤 가치가 있는가?	인간은 다른 생명체보다 우위의 종의 위치에 있지만 자연선택의 원리는 평등하게 적용된다.	인간중심에서 생태 중심적 가치로 이동
행동양식 및 시대정신	우리는 그러한 가치에 따라 어떻게 행동하는가?	자연은 우리가 개발할 때만 가치가 있기보다는 모든 생명체는 현재 다양하게 생존되어있다는 것으로 가치가 있다. 즉 자연의 선택으로 인하여 세계는 점점 다양성을 유지하고 낙관적으로 사상이 된다.	비-목적론적이며, 비-결정론적이지만 낙관적.

다윈의 이론 중 두 개의 핵심요소는 실용주의적 자연주의자들의 자연개념과 인간생활이라는 개념에 중대한 영향을 끼쳤다. 그 첫 번째는 자연의 형태나 종은 변화한다는 것이었고, 그것은 자연 안에 절대 불변한다는 주장에 대한 부정이었다. 두 번째는 다양한 종의 생존과 관련이 있는 것이다. 어떤 종의 생존은 수백만의 자손을 산출함으로서 발생하는 것이지만 이렇게 번식된 자손들이 모두 살아남는 것이 아니다. 한 종은 다른 종을 먹이로 삼아 생존하고, 변종이 생겨나고, 환경 조건이 변화하고, 또 어떤 종은 사멸한다. 목적론적이라는 불리는 자연관, 즉 각각의 자연 종 또는 자연 전체는 어떤 목적을 갖고 있다는 관점에 회의를 불러왔다. 듀이는 진화의 개념이 세계 안에서 인간의 적응에 관심을 가진다(Eames, 1977, pp.40-43).

다윈의 진화론은 마르크스의 변증법적 유물론, 그리고 아인슈타인의 상대성이론의 근거를 마련한 셈이다. 양자역학 이론이 정비되면서 결정론적이고 고전 물리학적인 세계상이 그대로 성립하지 않는다. 양자역학 이론에 따르면 미시적인 세계의 법칙에는 항상 확률이 관련되어 있다. 이는 고전물리학의 세계상에 '엄밀한 인과율이 지배하는 우주'라는 관념을 근본부터 변화시킨 것이다.

칼 포퍼는 "언뜻 보기에는 결정론인 것처럼 보이는 물리이론과 그 이론의 성공으로 보이는 라플라스식 결정론이 인간의 자유, 창조성, 책임감을 설명하는 데에서 심각한 어려움이 있다."라고 했다(Popper, 1963, Preface, Ref.1). 베그로송는 "시간은 창조성과 선택을 실어 나르는 자동차가 아닐까? 시간의 존재가 자연이 비결정론을 증명하는 것이 아닐까? 라고 하였다(Begroson, 1959, p.1331). 결정론은 잘 정의된 메커니즘에 해당하고, 뉴턴, 슈리딩거, 아인슈타인이 정립한 자연법칙에서 볼 수 있는 것처럼 '수학화'라고 할 수 있다. 이와는 반대로, 결정론으로부터 벗어나게 되면 '가능성'이니 '우연'과 같은 의인화 된 개념이 필요한 것처럼 보인다.

물리에서의 시간 가역적 입장과 시간을 핵심으로 하는 철학 사이의 모순은 결국 충돌할 수밖에 없다. 인간 경험의 기본적인 부분을 포용할 수 없다면 과학에 흥미를 가질 이유가 없지 않은가? 하이데거의 반과학적 자세는 잘 알려져 있다. 니체도 사실이란 없고 해석만 있을 뿐이라는 결론을 주장하였다. 또한 포스트모더니즘 철학은 진리, 객관성, 실존의 성격에 대한 서양 합리주의 전통에 대한 도전이었다. 더욱이 자연을 설명하는 데에서 확률적이며 비가역적 설명을 하는 진화의 역할이 점점 중요해졌다. 와인버그는 진화적 패턴이 물리적 법칙에 포함되어야한다고 주장하였다(Prigojine, 1996, p.25). 그러한 생물 진화개념은 Darwin에 의해 1859년에 발표된 이 후 지금까지 약 150년 동안 논쟁의 중심에 있었으며, 그 덕분에 생명과학 영역에서 뿐만 아니라 자연과학의 전 영역에서 수많은 검증과정을 거쳐 과학이론으로 자리매김 하였다. “진화개념은 인류를 포함하여 지구상의 모든 생명체와 이들의 연관성, 그리고 이들을 둘러싼 세계에 대해서 이해할 수 있는 통합적 원리로 생명과학의 모든 개념들을 통합하는 중심원리이다” 라고 한 Dobzhansky의 말처럼 현대 생물학에서 진화개념의 위치는 점점 더 핵심적이고 중요한 자리를 차지하고 있다 (Dobzhansky, 1973, AAAS, 1989, Sober, 1993).

진화론은 변화만이 ‘절대적’ 현상이다.

변증법적 유물론자인 마르크스주의자들은 관성의 근본적 성질을 인정하면서 오직 변화만이 ‘절대적 현상’이라는 것을 인정한다. 물리학자 막스 보른은 자신의 책 <정지하지 않은 우주(1959)> 서두에서 논평하기를, 세상에 없는 것을 지칭하는 ‘정지’라는 단어가 있다는 사실이 의아하다고 하였다. 독일 물리학자 키르히호프는 “정지는 특별한 운동”이라고 하였다. 엥겔스는 이 주장을 환영하면서 키르히호프가 “계산할 줄 아는 것이 아니라 변증법적으로 사고할 줄 한다.”라고 하였다. 1959년 다윈이 출판한 <종의 기원>은 동식물의 진화에 관한 이전의 추측을 뒷받침하는 증거뿐만 아니라 진화에 관한 새롭고 혁명적인 개념을 제시하였다(Baghavan, 1987, p.34). 그 과정을 다윈은 ‘자연 선택’, ‘변이‘ 등으로 설명하였지만, 그 이후, 연구와 발견 등으로 이론이 보완되고 있다. 결국 그리스이래로 주장되어온 종은 고정불변이라는 믿음은 치명

타를 맞은 것이다. 진화론은 오랜 세월 사람들의 생각을 지배해온 '종의 불변성' 테제를 침몰시키는 것이었다. 좀 더 철학적 표현을 쓴다면 이른바 '실체 혹은 본질'은 변하지 않는다는 믿음에 균열을 일으켰다.

자연선택이라는 단순성을 보여주는 원리로 인하여, 생명체가 주위환경에 적응하고, 그러면서 서로 다른 종으로 갈라질 수 있게 해준다. 그 결과 그들은 단 하나의 종보다 여러 가지 다양성을 보여준다.

진화론이 인간을 창조주 다음의 영예로운 자리에서 다른 생명체들과 마찬가지로 자연법칙의 지배를 받는 자리로 끌어내렸기에 인간중심주의에서 벗어났다고 할 수 있다. 하지만, 여전히 현재의 인간은 우주의 중심에 있다고 할 수 있다. 스펜서의 사회진화론은 기원의 신성성이 아니라, 현재의 신성성을 강조하고 있다(박승억, 2015, p.170). 그 결과, 그 당시 제국주의 사상이 기반이 되었고 할 수 있다. 결국 필자는 생태중심주의와 인간중심주의가 진화론에 혼합되어있으나, 다윈이 공격을 받은 것은 기원의 신성성에 따른 진화론이라고 할 수 있기에 생태중심주의에 과학적인 시작이고 정신이라고 할 수 있다.

생물학적 진화개념은 현재는 과거의 누적이고, 미래는 현재의 누적이다. 그러나 근대가 전재한 물리학적 시간개념은 과거와 현재, 그리고 미래가 동일하다. 역학을 중심으로 하는 근대과학의 세계관은 시간은 균질적이고 나아가 가역적인 것이다. 이러한 시간관에서 적용되는 법칙개념은 생명현상에는 유효하지 않다. 생명현상은 시간을 되돌릴 수 없기 때문이다(박승억, 2015, p.175). 생물학적 지식은 낭만주의적 지식인들에게 중요한 논거를 제공하게 된다. 우선 진화는 진보로 여겨졌으며 그 누적된 시간의 차이는 개체의 특수성을 설명하는 질적 차이를 이해하게 해 주었다. 계몽주의적 보편성과 확일 화에 지친 지식인들에게 역사는 생명현상을 설명하는 새로운 틀을 제공해 주었다. 진화론의 지식은 진보하는 과정의 비가역적이다.

전통적인 진화론의 입장에서 생물 상호간의 관계를 설명하는 일차적인 원리로 경쟁 (competition)을 드는 것이 보통이다. 그래서 적자생존의 원칙이 다윈에 의해서 확립되었고 자연계는 만인에 의한 만인의 투쟁의 장으로 규명되었다. 이러한 입장은 환원론적 사고를 충실히 반영하는 것이라 하겠다. 하지만 보다 넓은 시각에서 바라보면 세계는 서로 먹고 먹히는 단순한 관계가 아니라 상호 의존하는 협조적인 관계이다. 따라서 새롭게 제기된 진화이론은 진화가 생물 종들 사이의 치열한 경쟁에 의해서가 아니라 바로 협조와 공생에 의해서 추진된다고 설명한다(Augros & Stanciu, 1994: Margulis, & Sagan. 1986).

Bohr는 "기계론적 입장과 목적론적 입장은 서로 모순되는 것이 아니라 상호 보완적인 것이다."라고 지적하였다. 또 Lorenz는 "생명 활동이 목적 지향적이라는 사실과 동시에 인과율에 의해 결정된다는 사실을 인식한다는 것은 서로를 배척하기보다는 오히려 결합될 때 의미를 갖는다."라고 설명한다(서유현 외, 1995).

전일론의 관점에서 보는 생명시스템은 무한히 다양한 실체이다. 생명 시스템은 그 전체로서나 그 속에 내재하는 한 개체로서나 복잡하기 그지없는, 결코 환원론의 방법론으로는 파헤쳐질 수 없는 존재이다.

필자가 보기에는 유전자에 의하여 생물 진화가 결정된다는 환원론적이고 엄격한 결정론이 아니라, 우연성과 확률이 지배하는 변이가 진화의 중요한 시작이라는 약한 결정론과 생존을 위하여 협력이 중요한 목적론적인 설명으로 진화론의 고려(가, 우리가 희망하는 전일론적이고 자연주의 관점이다.

진화론을 통한 학문 간의 융합으로, 진화론을 철학적으로 분석한 후, 다음과 같은 전략을 제안한다. <표 1, 학문 간의 융합 참조>

첫째, 진화론적인 존재론인, 자연선택은 학문의 유용성과 실용성을 강조하는 방향성을 준다.

둘째, 진화론적인 인식론은, 유비와 은유를 통한 학문 간의 확장전략이다.

셋째, 진화론적인 윤리적 가치인 협동은, 융합의 공동 목표가 되어 학문 간의 연결 고리가 된다.

5 결론 및 제언

고대와 중세로부터 모든 개별적인 선들은 자연의 불변하는 형식으로 간주된 것 안에 설정하려는 견해가 전승되어 왔다. 그러나 이 전승된 견해도 역시 자연의 배후에 항구적, 영속적 가치를 내포하는 초자연적 초월적인 영역이 존재한다고 주장한다. 고대 그리스 시대의 플라톤은 현상계의 불완전성을 주장하며, 영원한 이데아의 세계를 추구했다. 진정으로 영원히 불변으로 존재하는 것은 이데아의 말과 식물이지, 현실에 있는 말과 식물이 아니다.

1809년 라마르크는 획득형질이 유전된다고 주장하였다. 물론 영원한 이데아의 동물과 식물로 향하는 것이다. 예를 들면, 기린은 높은 나무에 달린 앞을 먹기 위해서 자신의 목을 의도적으로 늘릴 것이다. 그렇게 되면 그 기린이 살아있는 동안 어느 정도 목이 길어질 것이다. 이 획득형질은 그 기린의 자손에 유전될 것이다. 이런 방법에 의하여 플라톤의 이상적인 기린을 향하여 목이 긴 형질을 가지게 된다.

하지만 다윈은 의도적인 것이 아니라, 우연적인 변이에 의하여 이루어지며, 이는 자연선택으로 이어진다는 것이다. 그 과정은 협동과 경쟁이다. 어떤 목적으로 향해지는 것이 아니라는 점이다.

첫째, 과학자들은 자연이 변화한다는 것을 보여주었다. 자연의 변화하는 질서는, 만물의 운동방향으로 생각되었던 어떤 최종적이고 궁극적인 목적에 대한 믿음에 대한 하나의 제약을 가하게 되었으며, 다시 이러한 믿음들은 최종적이며 궁극적인 목적에 대해 의문을 불러왔다.

둘째, 과학적 믿음들은 절대적인 것이 아니라 잠정적인 것이다. 자연 자체가 변화하고 진화하기 때문에 자연에 대한 믿음도 변화하여야만 된다.

우주 만물은 진화의 산물이라는 존재론과, 이렇게 진화된 인간의 마음과 연결된 인식론과 통합된 방법론에서의 유비와 은유라는 방법론을 사용하는 것이다. 생물학에서 진화론은 실로 통합적인 분과이다. 즉 모든 생물학은 진화 생물학이다(Vollmer, 2008, p.251). 좀 더 확대하면 모든 과학이론과 연결할 수 있는 만능 키라고 볼 수 있다. 미국의 철학자 데넷(D. Dennet) 진화론을 일컬어 '보편 산(universal acid)'이라고 지칭했다. 그가 어릴 적 상상한 '보편 산'은 모든 것을 녹여버리는 강력한 산(acid)을 뜻한다. 이처럼 진화론은 모든 전통적 사상과 가치를 녹여버리는 개념이다, 따라서 통합과학은 진화론적인 관점인 협력의 가치를 공유할 필요가 충분하다.

현대의 우주론은 일반적으로 이러한 진화관념에 기초하며, 시간의 흐름에 따라 발전하는 하나의 자연종(Species)으로, 시간에 따라 발전하는 자연으로부터 정신의 발전까지도 합의한다(Collingwood, 1960, p.131)

자연선택과, 변이, 그리고 진화론적 시간이다. 변이는 다양성을 보여주는 중요한 기작으로 변화하는 환경에서 생존가능성을 높이는 전략이며, 자연선택은 시간이 가역방향으로 가지 않도록 제한을 가하는 것이다. 따라서 진화론적 시간 속에서 자연선택과 변이는 서로 상호작용하는 것이다.

첫째, 돌연변이는 우연히 생성과 변화가 일어난다. 둘째, 돌연변이가 일어나는 방향성은 없지만 자연선택의 압력으로 그 축척에는 방향성이 생겨, 그에 따라 '진화'가 필연적으로 일어난다. 이 두 가지를 근거로 진화는 필연적이지만, 진화의 방향은 우연으로 정해진다고 할 수 있다. 무엇보다도 생존을 위하여 협력이 중요한 목적론적인 설명으로 진화론의 고려는(신혜은과 최경숙, 2008; 장명덕, 2016), 우리가 희망하는 전일론적이고 자연주의 관점이다.

이 연구는 가치론적인 관점인 협동에 생물학 진화론을 기반으로 근거하여 우주의 생명과 기원에서 시작하는 생물학과 물리학, 그리고 화학을 통합하는 교육과정이 필요하다고 주장한다. 엔트로피 법칙에 따르면, 무질서가 증가하는 방향으로 진화가 일어나야한다는 것이다. 하지만 진화와 엔트로피 법칙은 모순되지 않는다. 엔트로피 증가는 닫힌계에서만 유효한데, 진화는 열린계에서 일어나기 때문이다.

이장을 통하여 생각할 주제

1. 다윈의 진화론을 형이상학적 믿음을 통하여, 어떻게 자신의 세계관을 펼쳤는가?

2. 다윈의 진화론의 요소들은 어떤 역할을 하는가?

3. 다윈의 진화론은 뉴턴의 불변의 우주와는 어떻게 다른가?

참고문헌

고등학교 교육과정 별책 4 (2018, 162호) '통합과학' 총론 도입 부분 발췌.

김승호, 박일수 (2020). 통합교과의 이론과 실제(2판). 서울: 교육과학사.

다케우치 케이(竹內啓, 2010). 우연의 과학. Toyo: Iwanami Shorten, Publishers. (서영덕, 조민영 옮김, 2014, 우연의 과학: 자연과 인간역사에서의 확률론, 서울: 윤출판)

문영찬, (2018). 세계관과 변증법적 유물론. 서울: 노사과연

박만준 (2010). 지식의 융합과 마음의 문제. 철학연구, 113, 73-109.

박승억 (2016). 학문의 진화: 학문 개념의 변화와 새로운 형이상학. 서울: 글항아리.

서울대학교 기초교육원 편 (2010). 창조적 지식인을 위한 권장도서 해제집: 문학에서 과하기술까지(제10쇄). 서울: 서울대학교출판문화원.

서용헌, 홍욱희, 이병훈, 이상원, 황상익 공저 (1995). 인간은 유전자로 결정되는가. 서울: 명경.

신주옥 (2013). 통합 개념으로써 생물진화론을 수용하여 과학적 세계관을 형성하기 위한 목표로 구성된 교양과학 수업의 적용. 교양교육연구, 7(2), 301-339.

신혜은, 최경숙 (2008). 아동의 목적론적 사고를 아동과 성인은 어떻게 지각하는가? 아동의 목적론적 사고의 적응적 가치. 인간발달 연구, 15(2), 53-68.

오준영 (2018). 서양 고대 그리스와 중세의 철학적 세계관, 그리고 근 현대의 과학적 세계관의 영향. 서울: 연세대학교 대학출판 문화원.

오준영, 김용기, 김영호 (2013). 융 복합 기초교양교육을 위한 과학의 본성교육- Kuhn의 과학철학의 이해를 중심으로. 한국교양교육학회, 7(1), 103-150.

유한구 (2002). 교과이론과 교과정책. 서울: 성경제.

이한구 (2003). 진화론의 관점에서 본 철학. 철학연구회 편에서, 진화론과 철학(제1장). 서울: 철학과 현실사.

장대익 (2014). 인간에 대하여 과학이 말해준 것들(초판 4쇄). 서울: 바다출판사.

장명덕 (2016). 교육에 대한 진화론적 관점이 과학교육에 주는 시사점. 한국과학교육학회지, 9(2), 107-122.

장회익 (2009). 물질, 생명. 인간. - 그 통합적 이해 가능성. 서울: 돌베개.

조인래 (2001). 과학적 방법으로서의 유추. 철학연구회, 제54집. 375-404.

최재천, 주일우 (2011). 지식의 통섭: 학문의 경계를 넘다. 서울: 이음

최무영, (2010), 최무영교수의 물리학 강의. 서울: 책갈피

Allman, J. (1999). Evolving Brains. New York: Scientific American Library.

Augros, R. & Stanciu, G. (1994). The new Biology: Discovery the Wisdom in Nature, Boston & London: Shambhala.

Bronowski, J. (1977). A sense of the future: Essays in natural philosophy. Massachusetts Inst of Technology Pr.

Carroll, S. B. (2020). A Series of Fortunate Events. Princeton University Press.

Cobern, W.W. (1996). Worldview theory and conceptual change in science education. Science Education, 80(5), 579-610.

Cobern, W.W. (2000). Everyday thoughts about nature. Dordecht. The Netherlands: Kluwer.

Cobern, W. W. (2014a). Belief. In R. Gunstone (Editor), Encyclopedia of Science Education, New York, Loden: Springer.

Cobern, W. W. (2014b). Worldview. In R. Gunstone (Editor), Encyclopedia of Science Education, New York, Loden: Springer.

Collingwood, R. G. (1960). The Idea of Nature(Paperback). New York: Oxford University Press.

Darwin, C. R. (1860). On the origin of species by means of natural selection, or the preservation of favoured races in the struggle for life(second edition). London: Murray John.

Davis, B. (2009). Inventions of Teaching. Routledge. (심일섭역, 2015, 복잡성 교육과 계보학, 서울: 씨아이알)

Davis, P. (1995). About Time: Einstein's Unfinished Revolution. Penguin Books, Simon & Schuster, (김동광 옮김, 1997, 시간의 패러독스, 서울: 두산동아)

Dawkins, (1976) The Selfish Gene. USA: Oxford University Press.

Derry, G.N. (1999). What Science is and How it works. Princeton University Press. (김윤택 옮김, 2011, 그렇다면, 과학이란 무엇인가. 서울: 에코리부르.)

Dewitt, R. (2018). Worldviews: An Introduction to the History and Philosophy of Science(3rd Edition). John Wiley & Sons Limited. (김희주 옮김, 2020, 세계관: 당신 지식의 한계. 서울: 세종)

Duschl, R. A., & Grandy, R. (Eds.) (2007). Establishing a consensus agenda for K-12 science inquiry. Rotterdam, The Netherlands: Sense Publishers.

Dűrr, H.-P., Meter-Abich, K. M., and Mutschler, H.-D. (1997). Gott, der Mensch und die Wissenschaft. (여상훈 옮김, 2000, 신, 인간, 그리고 과학, 서울: 시유시).

Eames, S. M. (1977). Pragmatic Naturalism: An Introduction. Cabondae, Ill: Southern Illinos University Press. (조성술, 노양진 옮김, 1999, 광주: 전남대학교출판부).

Fischer, E.P. (2001). Die andere Bildung Was man von den Naturwissenschaften wissen sollte Cover: Die andere Bildung Ullstein Verlag, München (김재영, 신동선, 나정민, 정계화 옮김, 2015, 세상과 소통하는 교양인을 위한 과학 한다는 것. 서울: 반니)

Hawking, S. & Mlodinow, L. (2008). Brief history of time. London: Bantam.

Henry, J. (2012). A Short History of Scientific Though. UK: Palgrave Macmillan.

Kosso, P. (2007). Scientific Understanding. Foundations of Science, 12, 173-188.

Kuhn, T.S. (1970). The Structure of Scientific Revolutions: 50th Anniversary Edition. Chicago: The University of Chicago Press.

Levy, J. (2016). The Infinite Tortoise: The Curious Thought Experiments of History's Great Thinkers. London: Michael O'Mara Books Limited.

Margulis, L. & Sagan, D. (1986). Microcosmos. New York: Summit Books.

Oh, J.-Y. (2021). Understanding the Scientific Creativity based on various Perspectives of Science, *Axiomathes*. Online First

Oh, J.-Y., & Jeon, E.C. (2017). Greenhouse Effect in Global Warming based on Analogical reasoning. *Foundations of Science*. 22(4), 827-847

Oh, J.-Y. (2016). Understanding Galileo's dynamics through Free Falling Motion. *Foundations of Science*, 21(4), 567-578,

Perkins, D. N. (1998). In the country of the blind: An appreciation of Donald Campbell's vision of creative thought. Journal of Creative Behavior 32(3), 177-191.

Sarashina, I. (2019). Zankoku Na Shinkaron (残酷な 進化論). NHK Publishing.Inc. (황혜숙 옮김, 2020, 잔혹한 진화론: 우리는 왜 불완전한가. 서울: 까치.)

Simonton,D.K.(1995), Foresight in insight: A Dawinian answer. In R.J. Sternberg & J.E. Davidson (Eds.), The nature of insight(pp.. 495-534). Cambridge, MA: MIT Press.

Simonton,D.K.(1996), Creative expertise: A life-span developmental perspective. In K.A. Ericsson (Ed.), The road to excellence (pp.. 227-253). Lawrence

Erlbaum Associates.

Simonton,D.K.(1998), Donald Campbell's model of the creative process: Creativity as blind variation and selective retention. The Journal of Creative Behaviour, 32, 153-158.

Simonton,D.K. (1999). Talent and its development: An emergenic and epigenetic mode. Psychological Review 106, 435-457.

Slingerland, E. (2008). What Science Offers the Humanities: Integrating Body and Culture. Cambridge University Press (김동환, 최영호 옮김, 2015, 과학과 인문학: 몸과 문화의 통합. 서울: 지

Smith, D. L. (2016). How Biology Shapes Philosophy: New Foundations for Naturalism. Cambridge: Cambridge University Press (뇌신경철학연구회 옮김, 2020, 생물학이 철학을 어떻게 말하는가? 서울: 철학과 현실사).

Tomasello, M. (2016). A Natural History of Human Morality. Hard University Press (유강은 옮김, 2018, 도덕의 기원: 영장류 학자가 밝히는 도덕의 탄생과 진화, Seoul: IDEA Book Publishing Co.,)

Toulmin, S. (2001). Return to Reason. Cambridge, MA: Harvard University Press.

제11장

지구과학의 혁명인 대륙이동설

| 요약 | 연구의 목표는 지구과학의 혁명 과정으로 설명되는, 20세기 베게너의 대륙이동을 정당화하는 과학자들의 과학 활동이, 이론의 제안 전략과, 이론 선택의 과정이 어떻게 이루어지는지를 방법론적으로 분석하는 것이다. 이전에는 지구는 정적인 지구모형으로 지각의 상하 운동을 만을 고려하였다. 하지만 대륙이동설은 지구의 동적 모형으로 지각의 수평운동을 제안하여, 수많은 문제들을 제거하며 현재의 판구조론이 형성되기까지는 수많은 과학자들의 합리적인 활동을 탐색한다. 이러한 대륙이동설은, 기존의 정적모형인 뉴턴이 제안한 지구 수축설과 갈등을 가진다고 할 수 있다. 지구는 이미 완성되었다는 정적 모형 보다는 생성되고 변화된다는 것으로 고정되고 변화가 없다는 뉴턴의 기계론적 세계관에서 벗어난다. 이러한 과학혁명의 결과, 옛 지질학은 약화되고 새로운 지구물리학의 탄생을 가져왔다. 베게너가 사용한 유비추리과정과 이론의 단순성은, 과학철학뿐만 아니라 지구과학교육에서 좋은 탐구대상이라고 할 수 있다.

| 주요어 | 지구과학의 혁명, 베게너의 대륙이동, 육교설, 판구조론, 지구물리

1 들어가기

19세기 생물학자들은 결정적인 공헌은 플라톤이래로 2천년 이상 이어져온 고정관념을 사고과정에서 과감하게 걷어낸데 있다. 플라톤은 이상에서 관찰되는 생명체의 가변적인 모습들은 비본질적적인 것이며, 그 속에 자리 잡은 불변의 이데아만이 본질적인 것이라고 설명한다.

플라톤의 철학의 높고 굳건한 장벽이 무너지기 시작한 것은, 18세기 중반에서 시작된 영국인 찰스다윈의 생물 진화론에서 부터이다. 그 뒤에 19세기 오늘날 판구론으로 발전한 알프레드 베게너(Alfred Wegener)의 대륙이동에 대한 통찰은 지구과학에서 과학적 사고의 급격한 변화를 보여주는 대표적인 사례이다. 그 이전에는 지구는 고정되어있다는 전통적인 정적인 사고가 지배적인 생각이었다.

1920년도 그린란드를 연구하던 알프레드 베게너(Alfred Wegener)는 "대륙과 해양의 기원"에서 하나의 개념을 발표하였다. 이 개념은 원래 베게너기 1912년에 처음 제안하였지만, 그 때까지 누구도 주목하지 않았다. 지표면이 움직여서 새롭게 자리 잡을 수 있는 판들로 구성되어 있다는 것이다. 대륙이동설이라는 이름을 얻은 이 생각은 지구 내부의 역동적인 생성을 다루며, "판구조론"이라는 형태로 많은 현상을 설명할 수 있어 오늘날 큰 호응을 얻고 있다.

베게너의 생각은 아프리카와 남아메리카의 해안선이 눈에 띄게 서로 맞는다는 관찰에서 출발하였다. 하지만, 어떤 지질학자도 베게너 자신조차도 대륙의 일부를 움직이게 하는 원동력인 어떤 힘도 상상하기 어려웠다. 오늘 날에는 100여 년 전보다 더 많은 문제를 던지지만, 베게너의 개념이 근본적으로 타당하다는 데 누구도 의문을 제기하지 않는다. 1960년대 이래로 대륙이동은 모든 지질학자에게 정설이 되었으며 과학의 일반상식이 되었다. 무엇보다도 판구조론은 모든 역사적인 반증을 견디어냈고 이제는 흔들이지 않는 과학의 혁명으로 간주한다.

지구과학을 공부하게 되면서 가장 중요하게 학습하는 것 중 하나는 판구조론이다. 이 때 학생들은 판구조론의 모태가 된 베게너의 대륙이동설 역시 함께 배우게 된다. 이에 대해 흔히 듣는 설명은, 베게너의 대륙이동설은 당시 대륙이동의 원동력을 제시하지 못해 받아들여지지 못했다는 것이다. 논리적으로 그 답을 스스로 찾아나가기 위한 시도라고 할 수 있다. 대륙이동설에서 시작하여 40년 후 판구조론의 성립에 이르기까지 지구과학 혁명 과정은 다른 과학혁명만큼 적지 않은 수의 학자에 의해 분석되어 왔다. 지질학 혁명 과정에서 초창기 과학자 사회가 보여준 격렬한 반대와 또 그에 대비되는 판구조론의 수용은 많은 과학철학자들과 과학사학자들에게 흥미로운 모습이다. 그 과정은 교육적이다. 귀추법(Oh, 2014), 그리고 다양한 방법론(Paixăo, et al., 2004)을 사용한다. 단순한 귀납이 아니라 창의성에 따른 가설의 제안 과정이라는 것이다.

우리의 연구는 대륙이동설을 통하여, 어떻게 새로운 이론의 제안과 확립과정을 고찰하는 것이다.

연구의 목표는 이러한 과학혁명 과정에서 관찰되는 과학 활동에서의 합리적 과정에 대해 탐구하는 것이다.

첫째, 대륙이동설의 확립과정은 과학 혁명적 인가?

둘째, 베게너의 대륙이동설의 제안과정에서 사용된 전략은 무엇인가?

셋째, 결과적으로 어떤 세계관의 변화인가?

넷째, 과학교육에 대한 시사점은 무엇인가?

2 유비 추리

'유비 추리(analogical inference)'란 '새로운 내용이나 문제를 이해하고 해결할 때 이미 알고 있는 내용을 이용하는 인지 과정'을 뜻한다. 물리 문제를 풀 때 전에 풀었던 비슷한 문제를 생각해내고 그 해법을 새 문제의 해결에 맞도록 바꾸어 문제를 해결하는 것이 유추의 좋은 예이다. 유추는 과학개념의 학습은 물론 창의적인 문제 해결, 비유 등에 관여하는 핵심적인 인지 과정이다.

인간은 항상 과거 경험과 새로운 상황의 유사성을 활용하여 나아갈 길을 찾는다. 대개 구체적인 단어 선택은 빠르게 잊힌다고 할 수 있다. 현실적인 구절로 현실적인 상황을 묘사하지만 그 구절을 초래한 개념이 문맥적으로 상황과 동 떨어질 때 구체성이 추상성과 만난다. '그들의 연애는 물거품이 되었어.' 같은 숙어적인 표현에 깃든 생각은 고도로 추상적이기 때문에, 물리 싱크대나 욕조로 흘러들어가는 모습을 상상하지는 않는다.

우리가 온갖 주제에 대한 사고를 표현하려고 끊임없이 사용하는 단어와 구절의 구체성은 사고방식이 지닌 뛰어난 구체성의 징표이자 표면적으로 완전히 무관한 대상을 가리키는 것처럼 보이는 단어들을 사용하여 상황을 설명하는 추상화를 실행하는 특별한 징표이다.

유비 추리

동일한 종류에 속하는 대상들을 전제로 하는 사례논증과는 달리, 유비 논증은 서로 다른 대상이 특정한 점에서 서로 유사하다는 사실을 근거로 한쪽이 갖는 성질을 다른 쪽도 갖는다는 추론이다.

하지만 동질성을 강조하는 유비추리는 새로운 영역으로 전이하는 과학의 발견에는 한계가 있다. 따라서 우리는 관계를 사상하는 유비추리를 탐색하도록 한다. 다음과 같이 간단한 예를 보여주고 있으나, 젠트너 등이 인지과학에서 개발한 유비추리이다.

구조-대응원리(Structure-mapping theory, SMT, Gentner, 1983, p.160; 1989): 관계가 다수인 경우, 관계를 사상하는 유비추리이다.

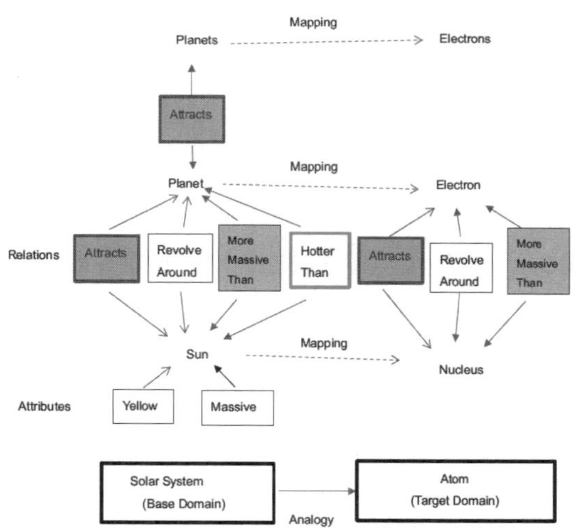

그림 1. Rutherford 원자모형의 구조-대응원리 적용: 원자는 태양계와 유사함 (Oh, 2017에서)

3 지구과학혁명 과정으로, 대륙이동설의 확립과정

1960년대 판구조론이 전반적으로 수용된 것은 지구과학 분양에서 일어난 혁명이라고 한다. 지구물리학에서 혁명이 일어났다. 동시에 새로운 증거가 계속 발견되면서 이론적 혁명을 촉진하면서 새 이론을 수용하기를 반대하던 옛 지질학계 영향력은 비로소 약화되었다(Bowler, & Morus, 2005, p.251).

이러한 일련의 과학혁명 과정은, 대륙이동설 - 맨틀대류설 - 해저확장설- 판구조론 까지 여러 가지 학설들이 오고 가면서 현재의 지구물리학적 이론들이 기정사실화가 되었다고 할 수 있다. 따라서 이 연구는 이러한 과정을 Kuhn의 과학혁명 과정에 적용 탐색하는 것이다.

1) 베게너의 대륙이동설에 의한 지구과학혁명의 시작

기존 이론인 구운 사과이론 패러다임: 대륙이 움직인다는 사실은 모두가 인정하였지만, 수평이 아니라 아래위로 움직인다는 것이었다. 그 중에서도 쥐스(Eduard Suess, 1831-1914)가 주장했던 구운 사과 이론에 따르면, 바다와 산은 지구가 냉각되면서 마치 구운 사과처럼 주름이 생겨서 만들어 졌다는 것이다. 지구가 냉각되고 수축됨에 따라 지구 내부에 생성된 공간으로 커다란 땅 덩어리가 가라앉으며 서로 연결되어 있던 땅덩어리 사이에 새로운 해저분지가 형성되었다는 것이다(Gribbin, 2003).

문제점으로 변칙의 증가로 기존 패러다임의 위기: 쥐스의 이론이 옳다면, 산악지방은 지구상에 균일하게 분포하여야하고 그 생성연대도 대체로 동일해야한다. 물론 실제로 그렇지 않다. 이제 새로운 이론이 등장할 시기가 온 것이다. 그 당시 아인슈타인의 상대성이론은 뉴턴역학처럼 우주가 고정되어있지 않다는 새로운 변화가 오고 있었다.

새로운 이론의 패러다임의 제안으로 기존 패러다임의 위기고조: 1920년대에 나온 자신의 책에서 베게너는 학문을 넘나드는 학제간의 연구자의 모습을 보여준다. 지구의 역사를 이해하기위해서는 한 인물 안에 지질학자, 고고학자, 기상학자, 대기물리학자, 그밖에 더 많은 모습이 있어야 했던 것이다. 이 모든 압력 속에서도 판들의 운동은 너무 느려서 그의 살아생전에 베게너가 이를 측정 할 수 없었다. 코페르니쿠스의 사례에서 보듯이 우주의 새로운 그림을 확인하기 위해서는 과학 측량 기술이 충분히 발견하기 까지는 시간이 필요하다는 것이다. 그 사이에 지구에 대한 새로운 그림은 늦어도 1957년부터 1958년까지 있었던 국제 지구 관측년이후에 실증적으로 확인되었다. 하지만 베게너는 이 부족한 증거 때문에 동료들로 부터 인정을 받는데 어려움을 겪었다.

무엇보다도 베게너의 학문적 배경도 어려움을 가중시켰다. 당시 지질학자들은 지형의 형태와 위치를 다루었지만, 물리학자인 베게너는 역학으로 논증하려했다. 오래된 지구에 대한 이 새로운 시각은 지평선 너머를 보기위해 과학이 지속적으로 새로운 관찰을 감행하는 이유를 잘 보여준다(Fischer. 2020).

베게너는 아프리카와 남아메리카의 해안선 사이의 명백한 "맞춤"이 마치 대서양이 대륙이 분리되면서 생성된 것처럼 보이게 한다는 사실에 주목하였다.

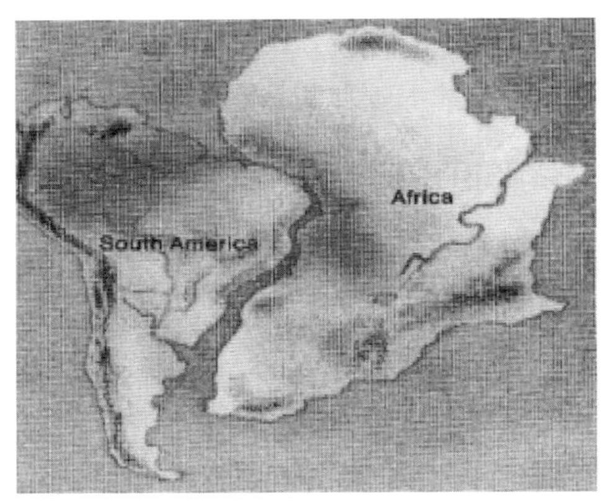

그림 2. 아프리카와 남아메리카의 해안선 사이의 명백한 "맞춤"(Oh, 2014)

그림 1에서처럼, 베게너는 1910년 세계지도를 조사하면서 본격적으로 대륙 이동을 생각했다. 그러나 그 아이디어를 공개적으로 제안하기에 충분한 데이터를 수집하는 데 많은 시간이 걸렸다. 베게너의 증거는 대륙의 모양이 일치하는 것을 훨씬 뛰어넘었다. 그는 발견된 특이한 화석들 사이의 유사점을 제안했다. 남아메리카와 아프리카의 특정 지역에서는 이 두 대륙이 한 번에 연결되었음을 나타낸다.

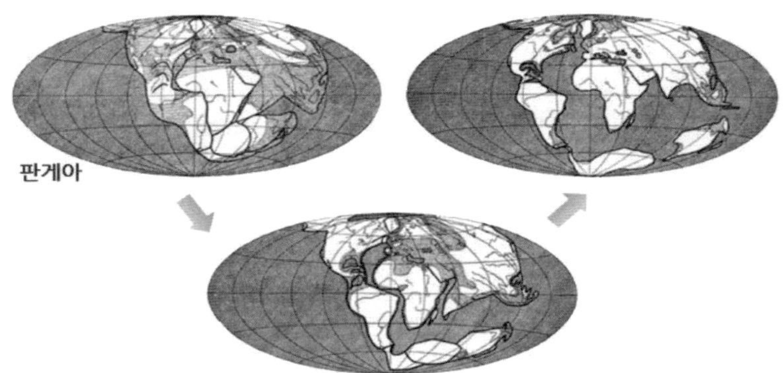

그림 3. 초 대륙 판게아로부터 현재 대륙의 형성과정(에듀넷, 2015)

그림 3에서처럼, 5억 4천만 년 전에 시작된 고생대 말과 중생대 전기에는, 여러 개의 작은 대륙들이 또 다른 초 대륙 판게아(Pangaea)를 형성한다. 초 대륙 로디니아의 분리와 태평양의 확장은 필연적으로 대륙의 분포를 바꾸어 곤드와나 대륙이 형성된다. 곤드와나 대륙은 남아메리카, 아프리카, 마다가스카르, 인도, 오스트레일리아, 그리고 남극대륙을 합친 대륙을 말한다.

유비를 통한 베게너의 대륙 이동설 제안

베게너가 지구물리학회에 발표한 내용으로 신문을 찢게 되면 그 간격이 발생하게 되며, 그 원동력이 힘인 것이다. 그리고는 그것을 짜 맞추고자 하면, 신문을 발행한 시기의 글씨를 맞추어야 한다. 그것은 그 당시 동식물의 화석인 것이다.

그림 4. 유비를 통한 베게너의 대륙이동설 제안 (Oh, 2014; Forty, 2004, p.138)

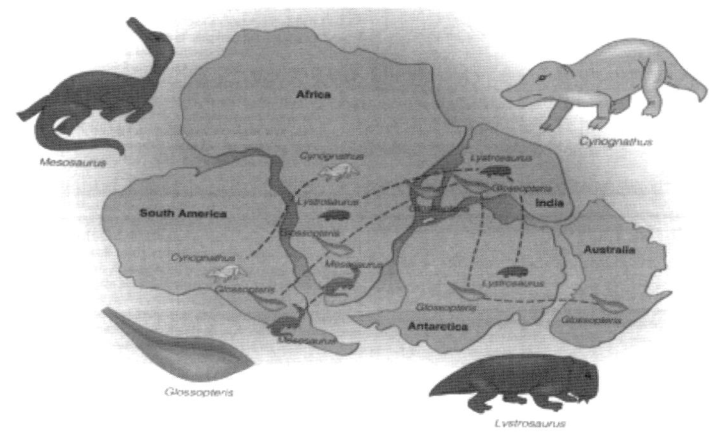

그림 5. 신문을 맞추면, 그 당시 기사인 문자의 그림이 일치 (**Wicander**, & Monroe, 2006, p.32).

그림 4처럼, 베게너는 인쇄된 신문이 조각으로 찢긴 것으로 비유하면서, 만일 인쇄된 조각들을 다시 붙여 인쇄된 단어들로 앞뒤가 통하는 문장들을 만들어 낼 수 있다면, 이는 조각들은 적어도 그 가사를 생성한 그 시기에는 하나였다는 주장이었다.

마찬가지로, 현재 대륙들을 판게아 대륙으로 재조립할 때, 그 가 수집한 자료는 앞뒤가 맞는 지질학적 증거가 되었다.

그림 5에서처럼, 이러한 생물 화석의 분포 등을 감안하면 과거에 대륙이 붙어있었다는, 남극, 호주, 남아메리카에 똑같은 동물화석뿐만 아니라 식물화석이 나타난다.

베게너는 대서양 양쪽 대륙의 해안 굴곡이 서로 일치하는 점, 지금은 멀리 떨어져 있는 남아메리카·아프리카·오스트레일리아·인도·남극에서 동일한 화석이 발견된다는 점, 3억 년 전의 빙하에 의해서 생성된 빙퇴석이 지금은 열대나 온대지방인 남아메리카·아프리카·인도·오스트레일리아에서 발견된다는 점, 그리고 대서양 양쪽 대륙에서 나타나는 지질구조가 연속적이라는 점 등을 들어 대륙이동설을 주장했지만, 대륙이동의 원동력을 명확히 설명하지 못하고 있었다.

표 4. 관계를 사상하는 유비추리 전략에 의한 베게너의 대륙이동 제안

	기반영역 분리되어 손으로 찢어진 어떤 시기의 신문		목표영역 베게너의 대륙이동설	
관계	현재 수평으로 찢어 분리된 신문의 모서리를 맞춤. <현재 찢겨진 신문>	그러한 신문의 문자의 연결로 그 당시의 기사 내용을 분별됨. <과거 어떤 시기에 하나의 신문>		
관계			현재 수평으로 이동하여 분리된 것처럼 대륙의 경계가 잘 일치 <현재 대륙분포>	경계가 일치되는 하나의 대륙인 팡게아 대륙으로, 고생대말과 중생대 전기의 동식물의 화석들이 잘 연결되어 분포 <과거 고생대 말의 팡게아 대륙>
관계를 인과적으로 연결하는 원동력	손에 의한 찢어져 분리시킨 힘		현재의 대륙으로 이동할 수 있는 원동력은(조석력 ?)	

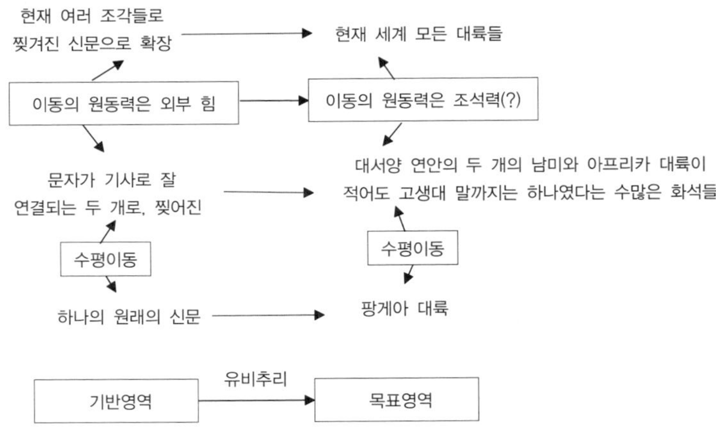

그림 6. 베게너의 이동 모형의 관계 사상:
현대 대륙의 분포는 찢어진 신문의 상태와 유사함

동일한 사실이 어떻게 다른 가설(예: 대륙이동설 및 육교설)로 설명: 단순성

1915년에 베게너의 가설이 아주 그럴듯하다고 생각한 과학자는 거의 없었다. 아무도 대륙이 어떻게 대륙을 지구의 표면에서 이동할 수 있는지 설명할 적절한 물리적인 원동력을 제공할 수 없었기 때문이다.

대신에 대부분 그 당시 주도적인 수축설에 의하여 과학자들은 초대륙의 일부가 함몰되거나 침강하면서 대서양과 인도양이 형성되었기 때문에 대륙이 분리되었다고 생각했다. 즉 베게너처럼 초대륙의 존재를 주장하는 과학자들도 있었지만, 그들은 초 대륙의 일부가 함몰되거나 침강하면서 대서양과 인도양이 형성되었기 때문에 대륙이 분리되었다고 생각했습니다. 또한 일부 대륙을 연결하는 대륙 다리가 있어 식물과 동물이 한 장소에서 다른 장소로 쉽게 이동할 수 있었다. 이것은 동일한 사실이 어떻게 다른 가설(예: 대륙 이동설 및 육교설)로 이어질 수 있는지 보여준다.

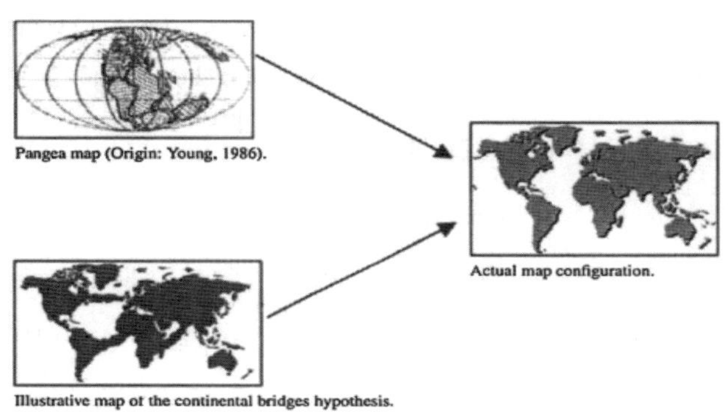

그림 7. 동일한 사실이 어떻게 다른 가설(예: 대륙이동설 및 육교설)
(Paixˇ ao et al. 2004, p. 206)

단순성은 동등한 설명을 가진 가설의 개념적 복잡성 수준의 문제를 처리합니다. "이 평가는 Ockham의 면도날에 의해 크게 영향을 받았습니다. 단순성은 경쟁 설명 가설을 구별할 때도 매우 관련이 있을 수 있습니다"(Magnani 2001, p. 26).

이 두 경쟁 가설은 보조 가설에 추가하여 동일한 예측을 일으킬 수 있습니다. 그러나 이것이 두 가설의 근본적인 차이다. 이 정도 규모의 대륙교는 존재하지 않았고 계속해서 추가되는 대륙교의 숫자가 있었으나, Wegener의 이동설(Mobilism)의 보조 가설은 육교설의 가설보다 간단합니다. 따라서 이동설은 육교설보다 더 그럴듯한 설명이다 (Oh, 2014).

과거의 동식물 분포를 설명하는 데 있어 베게너의 대륙이동설이 적어도 육교설보다는 보다 합리적이라는 점이다. 따라서 홈스 등과 같은 학문 후속세대에게는 베게너의 대륙이동설이 매력이었다.

새로운 이론의 문제점으로 인해, 혁명의 과도기 단계
"대륙이 이동한다면 그럼 대륙이 이동하는 원동력은 무엇인가?

처음에 베게너는, "달에 의한 조석의 영향에 의해 대륙들이 서쪽으로 움직일 수 있다"고 제안했지만, 이내 "조석이 대륙을 이동시킬 만큼 크다면 아마도 몇 년 뒤에는 지구의 자전이 멈출 것이다"라는 반론에 부딪혔다. 다시 베게너는 "쇄빙선이 얼음을 부수며 나아가는 것처럼, 크고 단단한 대륙이 해양지각을 부수며 움직일 수 있다"고 제안했지만, 또다시 "지구의 내부물질이 고체인데 어떻게 대륙이 움직일 수 있냐"는 반론에 부딪혔다. 대륙의 움직임에 의해 시마층인 해양지각이 부서지거나 변형을 받은 증거들은 관찰되지 않았다. 그는 대륙이동에 알맞은 증거만을 수집한 인상이 짙으며, 대륙을 분리시키는 힘의 근원을 밝히는 데 어려움이 있었다.

베게너의 이론을 비판하는 이들은 해안선이 서로 들어맞는 조각 퍼즐처럼 보인다는 데에는 동의했으나, 우연의 일치일 뿐이라고 하였다. 대륙의 이동을 일으키는 힘에 대한 그의 가정은 믿기 어려웠다(Shubin, 2013). 베게너는 대륙이 대양의 시마층인 해저 지각을 헤치고 수평으로 이동한다고 설명하였으나 당시의 대부분의 학자들은 해저 지각이 단단하고 유연성이 없기 때문에 베게너의 이론이 역학적으로 옳지 않다고 반박하였습니다.

베게너는 달이나 태양에 의한 조석력(潮汐力, tidal force)을 제시했다. 간단하게 말해 조석력 때문에 지각도 이동력을 받는다는 것이다. 그런데 지각부분에 작용하는 조석력은 그 힘이 매우 작은 것은 물론 힘의 방향이 조석의 주기(週期)와 같은 주기로 변화하기 때문에 한 방향만의 힘이 되기 어렵다. 즉 조석운동으로 지각을 당기고 서쪽으로 움직이게 한다는 것은 있을 수 없다는 지적이다. 영국의 지구물리학자 제프리즈 경은 대륙을 움직일 정도의 조석력이라면 지구의 자전은 1년도 못되어 멈추게 된다고 주장했다.

2) 학문 후속 세대들의 지속적인 연구

처음에는 소수이지만 과학자들은 베게너의 대륙이동설, 자체 이론의 단순성에 매료되었기에 지속적인 연구자들이 출현하였다.

Holmes의 맨틀대류설 (mantle convection hypothesis)

1927년 12월, Holmes는 Edinburgh Geologist Society에 보낸 논문에서 자신의 대륙이동의 원동력을 공개했습니다. 그것은 이례적인 프레젠테이션이었고 앞으로 일어날 일들을 많이 예상했습니다. 그는 "대륙이동"이 발생했다는 것을 받아들였을 뿐만 아니라 그 파악하기 어려운 원동력을 제안했습니다. Holmes는 방사성 원소에 대한 연구를 통해 그것이 열원이 될 수 있다는 가능성을 깨닫게 되었습니다. 무엇보다도 이동원인을 지구내부에서 얻은 점이 독창적이며 1960년대의 판구조론의 선구적인 발상이었다.

그러나 Holmes가 대륙이동의 에너지원으로 제안한 맨틀대류는 실험이나 관측에 의해 증명될 수 있는 것이 그다지 많지 않았기 때문에 당시의 과학자들은 이러한 Holmes의 주장을 받아들이지 않았다. 특히 맨틀 대류에 의하여 해양지각의 생성에 대하여 해저 실험 자료들이 필요하다.

그 후에는 대부분 과학자들의 뇌리에서 사라졌다. 그러나 1950년대와 60년대에 깊은 바다 속에 대한 해저 탐사가 가능해지면서 새로운 증거가 밝혀져 지구의 성질과 활동에 대한 생각이 바뀌었고 대륙이동설에 대한 관심이 다시 일어났다.

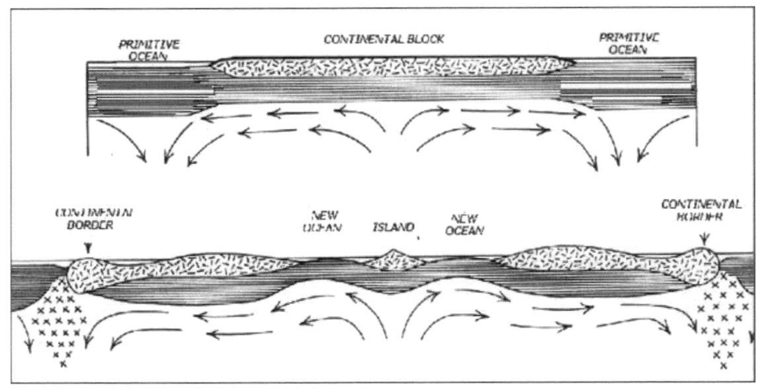

그림 8. 맨틀 대류설: 생성된 해양 지각 위에 대륙지각이 올려 져서 이동 (Holmes & Holmes 1980).

해저 확장설(Sea-Floor Spreading hypothesis)

그 당시 해결해야할 문제가 있었다. 그 많은 해양 퇴적물이 어디로 간 것인가? 처음에는 단순히 무시하였다. 그렇지만 결국은 더 이상 무시할 수 없는 상황에 도달하였다(Bryson, 2004).

1962년 해리 헤스(Harry Hess, 1906-1969)는, 새로운 장비인 음파 탐지기를 이용하여 대양저의 지각이 대륙의 지각보다 더 젊고 대양의 중심에 일련의 해령이 있다는 사실을 이용하였다. 열 탐지 장비는 해령의 균열 양쪽에서 강한 열흐름을 탐지했다. 중력계는 중력이 약해진 것을 탐지했는데, 이는 물질들이 지표 밑으로부터 해령의 표면으로 나와서 지각에 계속해서 첨가되고 있다는 것이다. 이 새로운 물질이 대양저 지각을 대륙으로 향하여 대양저 지각을 옆으로 밀어내어, 그 결과 해안선의 해구에서 대양지각이 대륙지각 밑으로 미끄러져 들어간 것이다. 이것은 대양에 새로운 지각이 형성되고 있다는 것이다. 왜냐하면 지구의 표면적이 증가하지 않기 때문에 어느 곳에서는 지각이 소멸되어야 하기 때문이다. 지진계는 해령부근에서 진원지가 얕은 수 많은 천발 지진을 기록하였다.

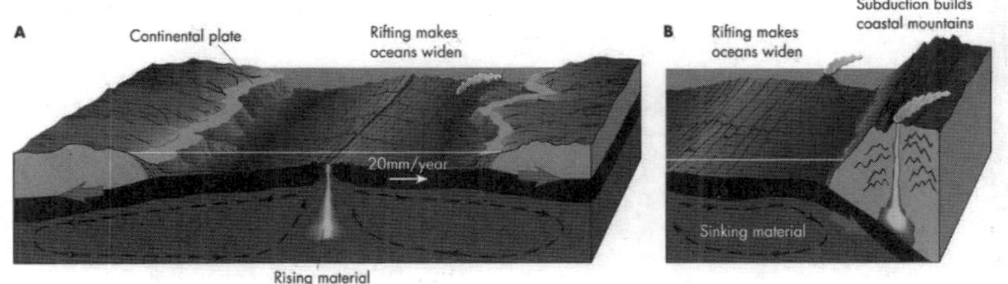

그림 9. 해저 확장설 (http://www.astro.virginia.edu/class/oconnell/astr121/im/plate-motions-illus.jpg)

대륙이동을 최종적으로 해결한 것은 암석속의 나침판이었다.

1963년 바인(Frederic Vine)과 매튜스(Drummond Mathews)에 의하여 암석이 생성될 당시의 자성을 분석해 대륙의 이동을 추적하는 고

지자기학이 등장하면서 상황이 급반전했다. 또 해저에서 일어나는 활발한 화산활동 때문에 바다가 확장되고 있다는 '해저확장설(Sea Floor Spreading Formation)'이 인정을 받으면서 대륙이동설이 새롭게 조명을 받게 됐다.

암석이나 퇴적토는 과거의 지자기를 보존하고 있다. 이것을 고지자기(paleomagnetism)라고라고 하며, 자연 상태의 암석에 자기를 보유하고 있는 자기를 자연잔류자기라고 한다.

자극의 이동

대부분의 퇴적암은 해저나 호수 밑에 쌓인 지층이 후에 수면 위로 출현한 것이다. 그런데 퇴적층 중에 강자성의 광물입자가 수중에 퇴적하는 동안에 각 입자의 자화방향이 당시의 지구 자기의 영향을 받아 평행하게 굳어진다. 이러한 퇴적 잔류자기를 측정함으로써 그 지층이 퇴적당시의 지구 자기의 방향을 측정 할 수 있다.

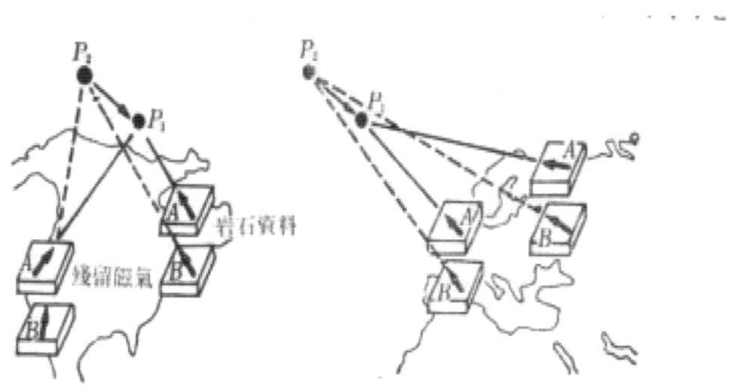

그림 10. A시대 암석의 잔류자기로부터 자극 P_1 을 결정하고, B 시대의 암석에서 P_2 을 결정한다. 자극은 P_2 에서 P_1 인, 화살표 방향으로 이동한다(신재욱, 1983).

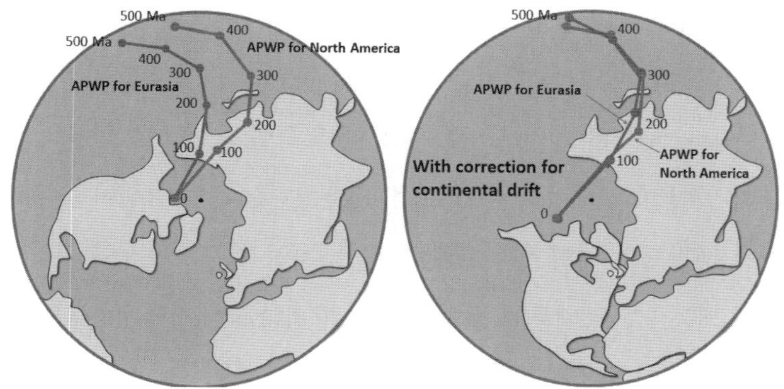

그림 11. 왼쪽은 북아메리카와 유라시아 대륙에서 측정한 고지자기의 북극의 이동 경로를, 오른쪽은 두 대륙에서 측정한 지극의 이동 경로를 일치시켰을 때의 대륙분포를 보여준다. (단위 100만 년 전)
https://opentextbc.ca/geology/chapter/10-3-geological-renaissance-of-the-mid-20th-century/

정 자극(부 자극일수 있지만)으로 이동하지 않기에 대륙이 이동한다. 예를 들면 하나의 정지된 가로수(자극)가 움직인다면 지표면(해양지각)을 기준으로 관찰자(대륙지각)가 움직이는 것과 같다. 만약에 자극의 이동을 하나로 일치시키면 두 대륙은 하나가 되어 이동한다.

이를 통해 우리는 과거에 두 개의 지자기 북극이 존재할 수 없기에, 두 대륙이 분리되어 이동하였음을 알 수 있다.

고지자기장의 역전 줄무늬

암석이 고결한 시대를 안다면 용암의 잔류자기로부터 그 시대의 지자기 역사가 명확해진다. 이 그림을 보면 어떤 기간은 어떤 기간은 현재의 지자기와 반대방향을 역전된 상태를 나타낸다. 화산에서 분출한 용암이 냉각되어 Curie 온도에 이른 곳에서 고결할 때, 자성 광물은 그 당시의 지구자장의 방향으로 자화되는데 이를 **열 잔류자기**라 한다. 그러므로 암석의 열 잔류 자기는 화산분출 당시의 지구자장의 화석이라 할 수 있다. 자화된 암석은 맨틀 대류에 의하여 운반되어 해령의 축으로부터 멀어진다. 해령의 축으로 점차 새로운 고온의 암석이 솟아나와 거기서 냉각되어 자화된다. 한편 그림 10처럼 지구자기장의 뒤바뀜이 되풀이 되는 데, 이 때문에 해령의 축에 평행하고 대칭인 정, 부의 지자기 띠무늬가 만들어 진다.

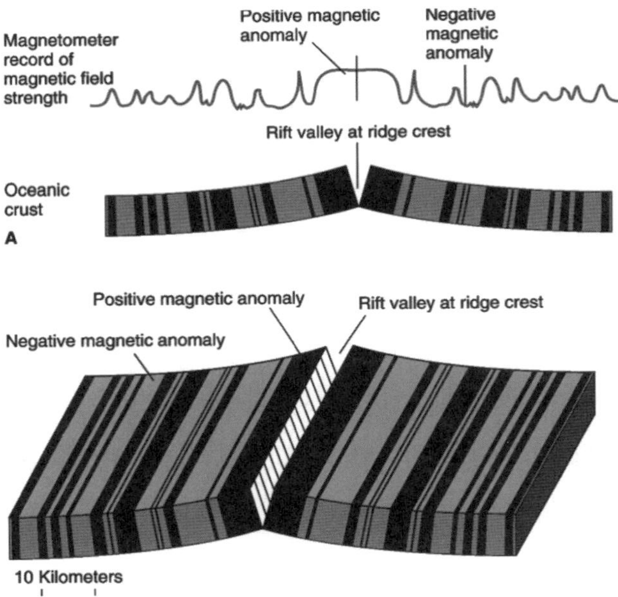

그림 12. 해령부근의 고지자기 역전 줄무늬
http://www.astro.virginia.edu/class/oconnell/astr121/im/plate-motions-illus.jpg

고지자기의 역전 줄무늬는 해령을 중심으로 대칭적이고, 해양지각의 연령은 해령에서 멀어질수록 증가한다. 이것은 해저 확장설을 뒷받침하는 강력한 증거이다. 자기장 역전이 일어날 때마다 새로운 대양지각은 마치 자기 테이프처럼 주도적인 극성을 기록해 놓았다. 대양지각이 확장 넓어진다는 것은 더 이상 의심할 여지가 없어졌다. 단, 극이 이동하지 않고 정 자극에서 점점 약화되어 사라진 후, 부 자극이 된다. 그 후 계속해서 순환 변화된다.

해저확장설을 주장하는 Harry Hess는 해저를 컨베이어벨트(belt conveyer)로 보았으나, Vine, Mathems에 의하면, 해저의 해령은 녹음하는 레코더 테이프 (Tape recorder)의 성질과 같은 것이라고 할 수 있다. 그들이 제안하는 원동력은 맨틀의 대류로 에너지 사용이 베게너보다 적을 뿐만 아니라, 그 에너지 원이 지구 외부보다 지구내부에서 발생된 것이다.

3) 판구조론(Plate Tectonics)에 의한 기본적인 베게너의 대륙이동의 과학혁명 완성과, 완성 후의 결과

1960년 후반에 이르러, 베게너의 대륙이동설은 헤스의 해저확장설은 결합하여 더욱 완벽한 이론인 판구조론(Plate Tectonics)으로 발전했다. 특히 보존 경계인 변환단층을 설명하는데 해저확장설로는 문제가 있기에, 판구조론을 제안한다. 윌슨의 '변환단층'의 개념은 판끼리의 상대운동의 경우의 수를 완성시켰으며 같은 해 1965년 이에 대한 심포지움이 열려 지질학회는 마침내 판구조론이라는 새로운 패러다임을 수용하였다.

“현재 판구조론은 지구의 다양한 지질현상을 이해하기 위해 당연히 받아들여야 하는 이론”이기에, “베게너는 대륙이 움직인다는 혁명적인 주장을 내세워 지구과학계에서의 코페르니쿠스, 다윈과 같은 역할을 한 인물”이라고 할 수 있다.

제이슨 모건(Jason Morgan), 댄 메켄지(Dan Mckenzie)는 해저확장설을 더욱 발전시켜 현재 우리가 알고 있는 판구조론을 완성하게 된다. 그들이 완성한 판구조론은 지구 표면은 수백km 정도의 두께를 가진 10여 개의 판으로 덮여있고 이들 판의 움직임이 각종 지질현상을 일으키는 원동력이 된다는 것이다.

판구론이란?

섭입대와 화산과 지진

수억 년 전에 존재하였던 판게아라는 초 대륙이 맨틀의 다양한 두께와 열의 차이 때문에 생기는 대류 열에 의해 어떻게 분리 되어질 수 있는지, 현재에는 더 잘 이해하고 있다. 먼저 지각이라 부르는 약 100km 두께의 강 상층부가 쪼개졌다. 이 쪼개진 지각이 지괴가 되어 이동하게 되었다. 판구조라는 지구가 스스로 만들어낸 이런 역동성을 통해 해저산맥인 해령에서 끈적한 맨틀이 위로 올라와 새로운 해저를 만든다는 사실도 이해하게 되었다.

이처럼 해양의 지각은 대륙의 지각보다 훨씬 어리다. 그밖에 지구물리학은 섭입 대(subduction zone)도 알고 있다. 섭입이란 두 판이 만났을 때 한 판이 다른 판 아래로 밀려들어 가는 현상이다. 이러한 섭입대는 대부분 바다 속 깊은 해구에 있으며, 그곳에서 다시 해저는 맨틀

속으로 잠긴다.

과학의 추측에 따르면, 40억년이 넘은 오래된 지구의 대륙 덩어리들은 약 5억년마다 초 대륙으로 붙게 되며, 이 때 충돌지역에 오늘날 히말라야 같은 거대한 산악지대를 생겨나게 할 수 있다. 현재도 히말라야에 있는 세계에서 가장 높은 산들은 여전히 해마다 1 cm 이상씩 상승하고 있다. 두 개의 판, 유라시아판과 인도 판이 늘 움직이면서 서로를 누르고 있기 때문이다.

또한 대륙판이 움직여 서로 스치듯 부딪치다가 서로 걸릴 수도 있는데, 이때 수직 방향으로 작용하는 응력이 만들어져 지진이 생길 수도 있다. 가장 큰 응력은 지층들에서 만들어 지는 데, 지표면에서 몇 킬로미터 밖에 떨어져 있지 않고, 깨지기 쉬운 암석이 이 지층에 포함되어 있다. 지구물리학자들은 이곳에서 지진의 화로도 발견하는데, 이를 진원이라 부른다. 진앙은 진원의 바로 의에 있는 지표면을 뜻한다.

판의 구조와 경계

지각과 상부 맨틀로 이루어진 암석권(lithosphere plate)은, 지구 전체를 하나의 껍질로 둘러싸고 있는 것이 아니라, 크고 작은 여러 개로 나누어진다. 각각을 판(plate)이라고 부르게 된 것이다. 이 판들은 마치 봄날 강물 위를 떠도는 얼음 덩어리처럼 맨틀 상부의 저속도층을 위를 이동하면서 서로 떠밀며 충돌한다고 설명하였다. 이 저속도층을 연약권(asthenosphere)이라고 부른다.

해양 지각을 포함하는 판을 해양판, 대륙지각을 포함하는 판을 대륙판이라고 한다. 이러한 판의 상호 운동을 통하여 모든 지각의 활동을 설명한다.

수렴형 경계: 서로 접근하는 판의 한 쪽이 해구에서 민틀 쪽으로 침강하여, 지표로부터 사라져버리기 때문에, 소멸 형 경계라고 한다. 한 쪽 판이 다른 쪽 판의 아래로 경사지게 밀려가면서 맨틀 쪽으로 침강하는 현상을 섭입이라 한다. 섭입의 과정에서는 항상 해양판이 대륙판 아래로 기어들어간다. 이는 해양판이 대륙판보다 밀도가 크기 때문이다. 섭입 해 들어가는 판은, 천발지진부터 심발 지진을 계속 일으키며, 적어도 수 백 km의 깊이까지 내려가는 데, 그것은 주위의 상부 맨틀보다 비중이 크기 때문이다.

반면에 수렴하는 두 개의 판이 모두 가벼워서 맨틀 속으로 섭입되지 않는 대륙판의 경우에는, 지각이 서로 부딪쳐 올라가 히말라야 산맥, 티벳 고원 같은 조산대가 생긴다. 이곳에서는 천발지진이 발생한다.

발산형 경계: 마그마는 지표(즉 해양저)에 이르게 되면 해수에 의해 냉각되고 고화되어 해양지각을 만든다. 이렇게 생성된 해양 지각은 멀어져가는 판에 부가되어 그 일부가 되어 이동해 간다. 이것이 해저 확장의 과정이다. 이곳에서는 천발지진이 발생한다.

보존형(변환) 경계: 두 개의 판이 서로 밀착되어 어긋나게 된다. 상대 운동은 이 경계에 평행하기 때문에 평행이동 형 경계라고 한다. 일반적으로 변환단층 경계라고 한다. 변환단층의 생각은 판 구조론을 확립하는 데 있어 본질적으로 중요한 역할을 한다. 이곳에서는 천발지진이 발생한다. 해령 근처나, 미국 캘리포니아의 샌 안드레아스 단층이 유명하다.

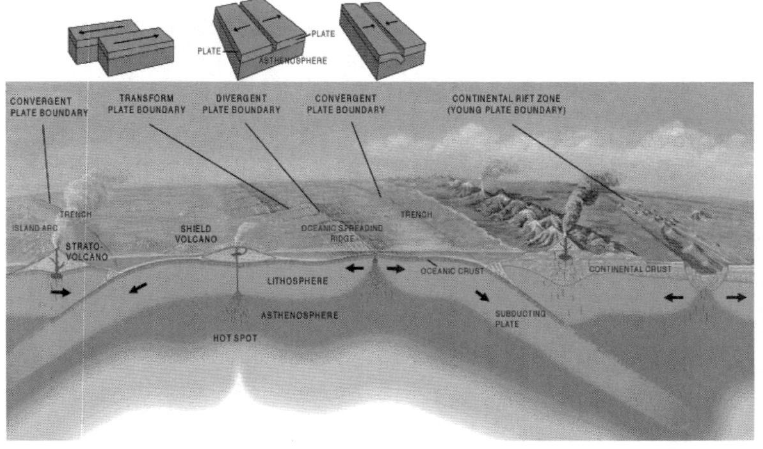

그림 13. 이상적인 판구조론의 구조 (Wicander, & Monroe, 2006, p.32).

그림 13처럼, 지구는 유동학적 관점에서는 최상부의 암석권(Lithosphere)과 그 하부의 연약권(Asthenosphere), 그리고 그 아래로 이어지는 하부 맨틀, 그리고 그 아래의 핵으로 구성된다. 판구조론에서 관심을 갖고 있는 시스템은 바로 암석권과 연약권인 것이다. 암석권은 위치에 따라 다르지만 두꺼운 곳은 거의 200km 가까이 된다. 특히 대륙을 구성하는 암석권은 지각 아래에 두껍고

단단한 맨틀이 붙어있는데 이를 특히 대륙 하부 암석권 맨틀(Sub-Continental Lithospheric Mantle, SCLM)이라고 부른다. 판(plate)이라는 단어는 이 암석권의 수평적인 움직임과 이에 따라 암석권이 여러 조각으로 나뉘어있음을 강조할 때 쓰는 표현이다. 암석권은 연약권에 대비되는 표현으로서, 수직적 분포를 유동학적으로 고려할 때 도입되

는 단어이다. 결국 용도는 다르지만 판과 암석권이라는 단어는 같은 물리적 대상을 지칭하는 표현이다.

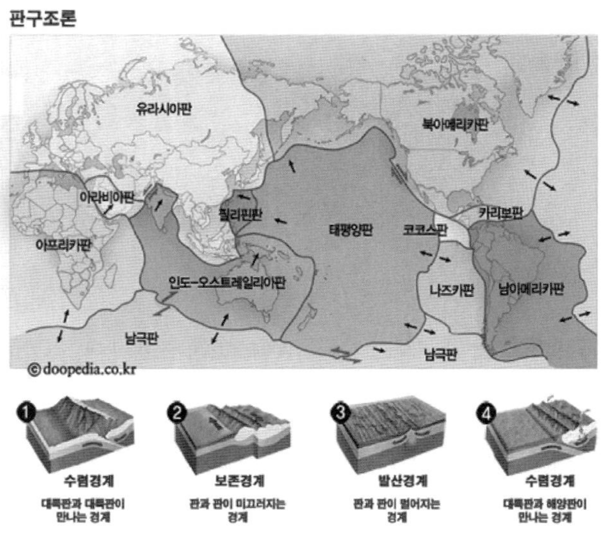

그림 14. 판 구조론에서 전체적인 판의 경계와 판의 이동방향 (연세춘추, 2016, 1773호)

전 지구에서 방출되는 지진 에너지의 98% 이상을 방출하는 판의 경계 지진활동(interplate seismicity)은 판구조론으로 설명된다. 그러나 판 경계에서 멀리 떨어진 판 내부에서도 지진들이 발생해 이러한 지진 활동은 판 내부 지진 활동(intraplate seismicity)이라 한다. 예를 들면 중국이나 한반도에서 발생하는 지진들은 각기 유라시아판 내부에서 발생하고 있는 지진들이다.

판구론에 따르면 판은 물리학적 강체로서 외부에서 아무리 큰 응력이 판 내부에는 어떠한 변형도 일어나지 않으며 따라서 지진도 발생하지 않는다. 따라서 판 경계에서 방ㄹ생하는 지진들과는 달리 판 구론이 아직까지 판 내부에서 발생하고 있는 지진들의 메커니즘을 잘 설명하지 못하고 있다(이기화, 2015, p.98).

판 경계에서 발생하는 지진과 화산활동은 상부 맨틀의 운동에 의한 판의 이동에 따른 결과로 설명할 수 있다. 하지만 하와이 열도에서 일어나는 화산 활동과 같이 판 내부에서 발생하는 화산활동은 판의 운동만으로는 설명하가 어렵다. 이를 위해서는 플룸(mantle plume) 구조론이 새롭게 등장하였다. 이처럼 해령이 아닌 곳ㅇ[서 용암이 나오는 길을 맨틀 플룸(mantle plume)이라고 하며 플룸의 용출 구를 열점(hot spot)이라한다.

하지만 지구형 행성인 수상, 금성, 화성, 그리고 우리의 달은 변화가 없는 세계이다. 이러한 행성들은 그 크기가 작아서 방사능에 의해 열이 발생하지마자 곧 발산하고 만다. 이미 오래전에 운동을 중단하고 차갑게 굳었다. 이러한 행성에서는 내부에서 열이 발생한다 해도 너무나 빨리 표면으로 올라와 발산되고 만다. 따라서 이들에게는 판의 충돌이 없고 지진대나 산맥 같은 것도 없는 이유이다.

이러한 지구과학의 혁명의 결과는 옛 지질학은 약화되고 새로운 지구물리학이 새롭게 시작되었다(Bowler, & Morus, 2005, p.251). 하지만 이러한 혁명은, 논란이 되었던 지질학적 방법론의 원리가 부활되는 데도 일조하였다. 19세기에 라이엘(Charles Lyell)의 동일과정설(uniformitarianism)이 바로 그것이다. 그 당시 지구가 냉각되지 않는다고 믿는 사람은 거의 없었기 때문이다.

근대과학의 기계론적 패러다임에서는 관찰자나 지식을 획득하는 과정과 상관없는 객관적 관찰이 이루어진다고 믿었지만, 현대과학에서는 지식이 어떤 과정을 거쳐 획득 되는지를 연구하는 인식론도 자연현상을 기술하는데 명시적으로 포함되어야한다. 표상주의 관점에서 인간의 창의성이 먼저 고려되는 구성주의와 자연주의적 관점으로 전환하여 앎을 이해하여한다(유권종, 2021). 대륙이동설의 확립과정은 철저한 귀납주의 보다는 비형식 논증이라는 유비추리와 귀추 등을 사용하였으며, 가설의 변화가 우선이었다는 점이다.

4 연구의 논의와 과학 교육에 대한 시사점

베게너의 대륙이동설이 현대의 판구조론으로 확립되어가는 과정은,

첫째, 원동력을 탐구하는 과정은, 에너지원이 적은 비용을 사용하는 방향으로 탐구된다. 즉, 베게너의 대륙이동설은, 시마층의 해양지각을 시알층의 대륙지각이 미끄러져서 이동하였으나, 맨틀의 대류설에서 가장 중요한 원동력이 제안되고, 해저확장설에서는 대륙지각이 생성된 해양지각에 의하여 실려 가고 확장되어간다. 그 결과 베게너 보다 상대적으로 적은 이동의 원동력이 사용된다.

둘째, 그 과정은 논리적이고 합리적이다. 먼저 증거를 찾고 증거를 설명하는 원동력을 지속적으로 찾는다. 그 과정을 유비추리와 이론의 단순성을 사용하였다.

셋째, 그 과정은 교육적이다. 귀추법(Oh, 2014), 그리고 다양한 방법론(Paixăo, et al., 2004)을 사용한다. 단순한 귀납이 아니라 창의성에 따른 가설의 제안 과정이라는 것이다.

넷째, 그 과정은 세계관의 변화로, 진리는 고정되고 변화가 없다는 전통적인 기계론적 경험주의(지구 수축론, 뉴턴도 주장하였다)에서, 변화되고 진화된다는 새로운 자연주의(대륙 이동설)로의 변화되는 혁명적인 과정이다.

그 결과 옛 지질학은 약화되고 새로운 지구물리학이 새롭게 시작되는 혁명의 결과이다(Bowler, & Morus, 2005, p.251).

베게너가 제안한 신문을 찢게 되면 그 간격이 발생하게 되며, 그 원동력이 힘인 것이다. 그리고는 그것을 짜 맞추고자 하면, 신문을 발행한 시기의 글씨를 맞추어야 한다거 하였다. 이것은 과학교육에서 비유수업에 적절한 자료라고 할 수 있기에, 그 당시 대안보다는 설명 방식이 단순하다는 점이다. 과학교육에서 적절한 방법론을 제공한다고 할 수 있다.

무엇보다도 과학의 힘은 축척된 정보의 힘이다. 정보가 축척되지 않는다면, 후대의 과학자들은 계속 전지하기보다는 머물 수밖에 없다(이종필, 2021). 판구조론의 형성은 지구과학자들뿐만 아니라 모든 영역의 과학자들의 집단 지성이라고 할 수 있다. 과학은 수많은 과학자들의 협력과 융합이 필요함을 시사한다.

베게너의 대륙이동설의 이전에는 지구는 불변이고 상하운동만을 말하기에 일종의 정역학이라고 할 수 있다. 반면에 베게너의 대륙이동설은 운동의 보다는 대륙에서의 화석이나 산맥의 분포의 대륙 간의 연속성을 설명하기에, 즉 어떻게(how)을 말하기에 일종의 운동학으로 불완전하지만 동력학의 시작이라고 할 수 있다. 판구조론은 대륙의 이동원인인 왜(why)를 명확하게 말하기에 동역학으로 발전했다고 할 수 있다.

5 결론 및 제언

독창성은 동일한 사실을 보고 새로운 설명을 볼 수 있는 능력일 수 있습니다. 예를 들면, 이전에 사용되었던 동일한 증거의 대부분이 Wegener에 의해 완전히 다른 지도를 그리고 다른 것으로 예측하기 위해 다시 진행되었다. 대륙이동설(Continental Drift)에서 판구조론(Plate Tectonics Theory)까지의 이론 형성 과정은 다양한 과학적 추론 전략(Oh, 2014)과 관련이 포함되어있다.

또한 20세기 지구과학의 코페르니쿠스 혁명이라는 이론인 대륙 이동설을 판구조론으로 정립하는 데 결정적인 기여를 한 것은, 해양 지각의 잔류자기와 지구 내부에서 발생한 지진을 분석했기 때문이라고 할 수 있다.

무엇보다도 이전에는 지구를 완성된 작품으로 본 정적인 지구 모형이었지만, 변화와 생성인 동적인 지구 모형으로 변화되었다. 즉 고정되었다는 기계론적 사상에서 변화되고 있다는 진화론적인 사상으로 변화와 생성을 말한다. 그것은 오랜 시간동안 지구의 역사를 통하여 보여준다.

이러한 대륙이동설은, 정적모형은 뉴턴이 제안 수축설과 갈등을 가진다고 할 수 있다. 또한 지구과학의 대륙이동설은 아리스토텔레스의 종은 고정되었다기보다는 종은 변화된다는 생물의 진화론과도 연결된다고 할 수 있다. 지구는 이미 완성되었다는 정적 모형 보다는 생성되고 변화된다는 것은 고정되고 변화가 없다는 뉴턴의 기계론적 세계관에서 벗어난다. 따라서 이러한 대륙이동설은 생물학의 진화론처럼 지속적으로 생성 변화된다는 관점에서 자연주의라고 할 수 있다.

원동력을 찾아는 과정은 과학 교육적이다. 증거를 먼저 제시되면, 그 뒤에 원리를 찾는 다는 귀추법(Oh, 2014), 그리고 다양한 방법론(Paixão, et al., 2004)을 사용한다는 점이다. 따라서 이러한 대륙이동설의 확립과정에서 산출되는, 그 방법론에서 다양한 교육적 연구가 필요하다.

이 장을 통하여 생각할 주제

1. 베게너의 대륙이동설은 서양과학사에 어떠한 위치에 있는가?

2. 대륙이동설을 제안하는 고정에서 어떠한 논리적인 방법론을 사용하였는가?

참고 문헌

신재욱 (1983). 지구과학 개론. 서울: 형설출판사.

연세대학교 연세춘추 (2016). 제 1773호.

이기화 (2015). 모든 사람을 위한 지진 이야기. 서울: ㈜사이언스북스.

이종필 (2021). 우리의 태도가 과학적일 때. 서울: 사계절.

한국지구과학회 (2021). 지구과학개론. 서울: 교학 연구사.

유권종 (2021). 앎과 진실에 관한 동양철학 연구와 현대과학의 상호 연관에 대한 모색. 한국철학회 엮음, 현대 과학과 철학의 대화(제 9장). 서울: 한울 아카데미.

Bowler, P. J. & Morus, I. R. (2005). Making Modern Science: a Historical Survey. Chicago and London: The University of Chicago Press.

Bryson, B. (2004). A Short History of Early Everything. New York: Broadway Books.

Chalmers, A. F. (1999). What is This Thing Called Science ?(3rd Edition). Cambridge: Hackett Publishing Company.

Gribbin, J. (2003). Science: A History 1534-2001(reprint edition). New York: Penguin Books.

Fischer, E. P. (2020). Das Wichtiste Wissen. Munchen: Verlag C.H.Beck oHG.

Fortey, R. (2004). The Earth: An intimate history. London: David Godwin Associates.

Holmes, A. & Holmes D.L. (1980) Geologia Fisica, Ediciones Omega, Barcelona.

Oh, J.-Y., & Jeon, E.C. (2017). Greenhouse Effect in Global Warming based on Analogical reasoning. Foundations of Science. 22(4), 827-847

Oh, J.-Y. (2014). Understanding Natural Science Based on Abductive Inference: Continental Drift. Foundations of Science, 19(2), 153-174.

Paixǎo, I., Calado, S., Ferreira, S., Alves, V., & Moras, A. M. (2004). Continental drift: A discussion strategy for secondary school. Science & Education, 13,

201-221.

Shubin, N. (2013). The Universe within: Discovering the Common History of Rocks, Planets, and People. New York: Pantheon Books.

Wicander, R. & Monroe, J.S.(2006). Essentials of Geology. USA; Tomson Brooks/ Cole.

제12장

과학법칙에는 특정한 장소가 없다는 관성계에 빛의 속도 절대성를 추가한 아인슈타인의 특수 상대성이론

| 요약 | 물리적인 극한 상황인 빛의 속도에 접근하는 세계에서는, 우리 인간이 생활하는 세상에서는 대립되고 모순되는 공간과 시간, 질량과 에너지의 구별이 모호해져서 지금의 뉴턴 법칙의 한계가 드러나고, 아인슈타인의 특수상대성이론이 생성되었다. 즉 대립되는 개념은, 적절한 환경에서는 서로 구분되고 대립되는 개념도, 극한상황에서 서로 통합되는 변증법적 논리가 성립된다. 즉 물체의 운동에 따라 공간은 수축되고 시간은 지연되기 때문에 어떠한 운동 상태에서도 광속도는 동일하다는 것이다. 모든 관찰자가 상대적으로 운동하는 관성계의 시공간이 다르다는 것이 피장파장이라는 것은, 코페르니쿠스의 상대성원리에 해당한다고 할 수 있다. 또한 속도변화에 저항하는 정도인 관성인 질량은, 모든 물체는 빛의 속도를 돌파할 수 없다는 한계로, 힘 혹은 일을 해주면, 그 물체는 속도변화보다는 관성의 크기인 질량이 증가한다.
또한, 하향적으로 인간의 마음이 개입이 되어 이론을 구성하였기에, 경험적 정확성을 찾는 경험주의에, 이러한 관념론을 결합한 자연주의라고 할 수 있다.

| 주요어 | 물리적인 극한 상황, 대립되는 개념, 특수상대성이론, 통합

1 서론

빛의 속도를 넘어선다는 것은 무한대의 에너지가 넘어설 수 없는 경계에 부딪치게 될 가능성을 상상할 수 있다. 이 경계는 죽음을 면치 못하는 덧없는 이 세계에서는 극복될 수 없는 것이다. 이 경계가 바로 광속으로 주어졌다는 것이다. 이 우주에는 끝없이 큰 속도도 없으며 사라져버릴 만큼 작은 속도도 없다. 절대적인 정지는 없다는 점이다. 양자역학에서 원자의 절대적 정지의 상태는 허용되지 않는다. 또한 열역학 제 3법칙은 절대 0도는 상상할 수는 있으나, 도달 할 수 없다는 것이다. 물론 관성이라는 개념은 절대정지보다 운동이 있을 뿐이라는 것을 함축한다. 우리는 조금도 움직이지 않는 정지와 결코 넘어설 수 없는 광속사이에서 살아가는 것처럼, 이 양자역학과 상대성이론 사이에서 아무런 문제없이 잘 살아간다. 따라서 이 장에서는 뉴턴역학에서 상대성이론의 세계로 들어간다.

관찰자가 현실의 밖(신의 관점)에 있는 뉴턴역학의 절대공간과 절대시간개념을 포기하고, 관찰되는 현실 안으로 들어오면, 전자기학의 빛의 속도가 절대적 지위를 얻게 되는 셈이다.

아인슈타인은 뉴턴이 생각한 시간과 공간의 절대적이며 영원한 실재성을 버리고 그 대신 광속의 불변성을 택한다. 빛의 속도가 상대적이지 않기에 시간과 공간은 상대적이 된다. 우리에게 상대적으로 움직이는 임의의 관찰자의 시계는 우리의 시계보다 느리게 간다. 또한 우리가 바라보는 관찰자도 우리와 똑같이 생각한다는 것이다. 언뜻 역설적인 것 같지만 우리 모두가 실제로 동일하게 관찰해야한다는 코페르니쿠스의 원리가 타당 하려면 이 기이한 대칭성은 성립되어야한다(Potter, 2009). 결국 모든 관찰자는 평등하다는 것이다.

"광속도는 누가 보아도 일정한 속도이다."라는 것에서 출발해서 과정을 하나하나 쌓아 올라가면 누구든지 같은 결과에 다다를 수 있다는 점이다. 따라서 이러한 아인슈타인의 탐구 과정을 연구한다는 것은 현 시대에 필요한 것이라 할 수 있다. 일종의 인간의 마음이 우선이며 경험적 자료를 이용하여, 자신의 이론을 구성하고 나서 경험적 정확성을 이루었다는 점이다. 일종의 뉴턴의 경험주의에 인간의 마음이 개입된 자연주의라고 할 수 있다.

이장에서 아인슈타인의 이전에 주장했던 시공간의 개념을 먼저 알아보고, 아인슈타인의 특수상대성이론의 형성과정을 이해한다, 그리고는 다양한 관점, 특히 이론의 대칭성의 관점에서 특수상대성이론의 특징을 알아본다.

2 Newton 역학은 시간과 공간은 서로 독립적이라 하였다

Aristotle는 지구가 우주의 중심에 고정되어 지구를 중심으로 가상의 기준선이 우주에 그려져 있으며 여러 가지 가득 찬 박스 안에서 위치가 바뀌고 시간이 똑같이 흐른다는 것이다. 따라서 절대 시간에 따라 절대 위치(공간, 좌표)가 바뀌는 운동이 존재하는 것이다(Cox &

Forshaw, 2009, p. 22). 절대 시간은 외부의 어떠한 것으로부터 영향을 받지 않고 균일하게 흐른다. 더불어 절대 공간은 외부의 어떠한 것과는 관계없이 항상 똑 같은 상태로 정지해 있다. 공간과 시간을 완전히 독립된 절대적 개념으로, 고전 물리학자의 완성 자 Newton은 1687년 출판한 자신의 명저 Principia에서 언급하였다(Cohen, 1985, p. 209). 대신 절대 위치의 기준은 고정된 지구가 아닌 물질이 없는 공간을 전제, 그것을 관성 기준계라 하여 자신의 법칙을 정식화 하였다. 그 뒤에 빛의 전파하는 매질을 생각하여 정지해 있는 에테르로 차있는 우주공간을 기준으로 생각할 수 있게 되었다.

아리스토텔레스는 정지된 공간이 운동하는 공간보다 우월하다고 하였다. 하지만 갈릴레오는 이것을 부정한다. 뉴턴도 이러한 아리스토텔레스의 절대적 위치, 즉 절대공간이라는 것은 존재하지 않는 다는 것을 심각하게 염려했다. 그것은 절대자 신에 대한 생각과 조화될 수 없었기 때문이다. 즉 뉴턴은 신학적 근거를 바탕으로 그것을 고집했다. 실제로 그는 자신의 관성의 법칙이 절대 공간을 함축하고 있지 않음에도 불구하고 절대 공간의 존재를 상정 할 수밖에 없었다(Hawking & Mlodinow, 2005, pp. 41-42).

결국 뉴턴은 절대적으로 정지해 있는 우주의 공간의 장소를 기준으로 삼는 다는 점이다. 임의의 정지된 장소(절대적 위치)를 중심으로 일정한 속도로 운동하는 계를 관성기준계라 하여, 그 곳에서는 모든 뉴턴 법칙이 동일하게 적용된다는 것이다. 그는 공간 자체야 말로 고정된 절대 기준계라고 생각했다. 그는 공간을 정지해 있으면서 움직이지 않는 물리적 실체로 간주했다. 이와 같은 정지해 있는 공간의 절대적 기준을 기준으로 모든 공간은 누구에게나 같은 간격으로 동일하게 펼쳐져 있다는 것이다. 이를 절대공간이라 부른다.

뉴턴 물리학에서 관찰자는 모든 행동이 일어나는 현실의 밖(즉, 신의 관점)에 있었다. 하지만, 아인슈타인은 관찰자를 관찰되는 현실 안으로 끌고 들어왔다(Baggott, 2018). 그리고는 모든 관찰자는 평등하다는 것을 말한다.

3 Galileo의 상대성 원리란 무엇인가?

Copernicus(1473-1543)는 태양이 우주의 중심이고, 지구는 태양 주위를 돌고 있다는 태양중심설을 주장하였다. 그러나 당시 지구중심설을 지지하는 사람들은 이렇게 반박하였다. 만일 지구가 움직인다면 지상에 떠 있는 공기는 멈추어 있기 때문에 지상에는 언제나 강한 바람이 불 것 이다. 그리고 공을 위로 던지면 공이 공중에 떠 있는 동안에도 지구가 운동하기 때문에 공은 결코 제자리로 돌아오지 않는다는 것이다.

그러나 Galileo(1564-1642)는 배가 정지해 있든 조용히 움직이고 있든, 배의 돛대 위에서 무거운 물체를 떨어뜨리면 언제나 그 물체는 돛대 바로 밑에 떨어진다. 즉 그는 정지해 있는 장소이든 일정한 속도(등속도)로 움직이고 있는 장소이든, 그곳에서 일어나는 물체의 운동에는 차이가 없다고 생각했다. 이것을 관성계에서의 물체의 운동은, 갈릴레이 변환에 대한 불변성이라고 말한다. 어떠한 방법으로도 절대 운동을 확인할 수 있는 실험은 존재하지 않는다는 것이다(Cox & Forshaw, 2009, p. 61). 이것이 절대공간개념을 버리는 Galileo의 상대성 원리이다. 그러나 그는 시간은 공간과 달리 변하지 않을 거라고 생각하였다.

아리스토텔레스의 지구중심설에 따르면, 지구가 정지되어 있고, 모든 물체들은 그 중심으로 각자 자신의 고유한 위치가 정해져 있기에 정지된 공간이 운동하는 공간보다 우월 하다는 정적인 우주였다. 하지만 갈릴레오의 태양중심설은 어떠한 공간도 우월한 공간이 없다는 점이다. 장소의 일반화라고 할 수 있다. 이것은 모든 물리법칙이 어떠한 장소에서도 동일하게 적용된다는 대칭성이라는 과학이론의 아름다움의 표현이다. 또한 이것은 아인슈타인의 상대성이론에까지 관통한다.

아인슈타인은 갈릴레오의 상대성원리와 거기에 담긴 일정한 속도로 움직이는 모든 관찰자에게 현상이 똑 같게 관찰되어야한다는 코페르니쿠스의 생각을 계승한다.

4 맥스웰 방정식은 빛이 무엇이라 전해주는가?

1863년 James Clerk Maxwell은 존기와 자기현상을 모두 설명하는 여러 방정식을 발표하였다. 이러한 맥스웰 방정식은 전기장이 어떤 식으로 자기장으로 바뀌는지, 자기장이 어떤 식으로 전기장으로 전환하는지를 보여준다. 전기와 자기를 하나로 통합하였던 것이다. 하늘과 지상을 하나로 통합한 '뉴턴의 통합'과, 사람의 세계와 동물의 세계를 한

데 합친 '다윈의 통합'에 이어 전기와 자기를 하나로 통합한 세 번째 위대한 과학의 '통합'으로 인정하고 있다(Chown, 2018).

이러한 우아한 방정식대로라면 진공 공간속을 자기장과 전기장으로 빛의 속도로 퍼져나가는 파동이어야 한다는 것이다. 빛은 반드시 '전자기 파'여야 한다는 것이다. 즉 전기력과 자기력의 관계뿐만 아니라 빛의 관계까지 밝혀진 것이다.

하지만 물리학에 심각한 문제를 하나 던져졌다. 맥스웰 이론은 갈릴레오와 뉴턴의 운동 법칙과 공존할 수 없었다. 이상하게도 빛을 운반하는 매질에 대하여서는 어떠한 언급도 하지 않는다. 맥스웰이 방정식이 담고 있는 속도는 오직 하나, 진공 속을 움직이는 빛의 속도뿐이다. 빛의 속도는 변하지 않고 일정하며 빛이 속한 진공의 세상에 의해 전혀 영향을 받지 않는다.

아인슈타인은 맥스웰 방정식의 이름다움에 매혹되어, 맥스웰 방정식은 분명히 옳다는 믿음이 있었다. 빛의 속도가 운동하는 관찰자와 관계없이 언제나 일정하다면, 결국 빛의 속도로 이동하는 물체는 이 세상에 아무 것도 없다는 점이다.

또한 이 세상에서 우리가 살아가는 세상은 어떠한 세상인지를 말해준다. 뉴턴역학에 어떤 제한을 주는 것이다.

아인슈타인은 갈릴레오의 상대성 원리와 거기에 담긴 일정한 속도로 움직이는 모든 관찰자에게 실재가 똑 같이 보여야한다는 코페르니쿠스의 생각을 계승했다고 할 수 있다. 무엇보다도 관성계에서는 빛의 속도 불변성도 동일하게 성립한다고 보았다.

5 Einstein은 무엇을 전제로 자신의 이론을 전개하였는가?

아이슈타인의 특수상대성이론을 정식화하려고 내세운 전제(Postulate, 일종의 공리 혹은 공준)로 두 가지가 있다. 영어로 'assumption'(가설)하고는 다르다. 가설이라면 보통 잠정적인 결론이기 때문이다.

모든 물체(실험실)는 등속도 운동하고 있다(관성계)는 전제이다.

두 개의 시스템이 서로에 대하여 등속도 운동을 한다면 물리법칙들은 물리 법칙들은 기준틀에 따라서 변화하지 않는 다는 것이다. 아인슈타인은 자신의 이러한 가정을 상대성이라고 불렀는데 여기에서 전체 이론의 명칭이 유래했다.

Einstein은 우주 안에 정지해 있어도, 그곳에 대해서 등속 직선 운동하는 장소(실험실 안의 관찰자)도 똑 같이 정지해 있다고 주장 할 수 있다고 하였다. 따라서 Einstein은 우주에는 완전히 정지해 있는 곳은 없다. Newton의 절대 정지인 절대 좌표는 없다. 정지해 있거나 등속 직선 운동을 하고 있는 공간은 똑 같다. 이것이 특수 상대성 원리의 토대의 하나이다. 이것이 갈릴레오의 상대성 원리이다.

갈릴레오에 따르면, 등속도로 운동하는 두 관찰자는 각자 자신이 정지해 있다고 할 권리(기준틀)를 가지고 있다. 두 관점은 동등하게 수용될 수 있다. 아리스토텔레스가 생각했던 것처럼 어느 한 관점이 다른 관점보다 더 우월하지 않다. 절대 공간이라는 절대 기준이 무너진 것이다. 절대적으로 정지된 절대 공간을 부정한다는 점이다. **관성계에서의 물체의 운동(뉴턴의 역학)은, 갈릴레이 변환에 대한 불변성**이라고 말한다. 어떠한 방법으로도 절대 운동을 확인할 수 있는 실험은 존재하지 않는다는 것이다. 아인슈타인은 뉴턴의 절대적인 신의 위치에서, 현실 안으로 관찰자를 끌어들인 것이다.

광속도 불변의 원리이다.

Newton에 의하여 절대 좌표의 기준이 되는 에테르가 존재하지 않는다면 빛은 무엇에 대하여 초속 30만 Km로 나아갈까? Einstein은 빛은 누구에 대해서나 진공 속에서 같은 속도로 나아간다는 Maxwell 방정식을 따른다((Cox & Forshaw, 2009, p. 61). 이것이 특수 상대성이론이 또 하나의 토대로 **광속도 불변의 원리이다**. 이 가정이 Galileo와 Newton과 다른 점이다. **역학과 전자기학**을 동시에 다루어 통일하고자 하였다. 절대 기준이 절대 시간과 공간이 아니라 빛의 속도의 절대성으로 변화하였다.

아인슈타인은 과학의 통합에 대한 믿음과 그에 따른 물리학의 여러 부분에서 얻은 정보들의 대칭(일치)에 대한 믿음이다. 만일 광속이 지금 관측하고 있는 계에서 일정하다면, 다른 계에서도 마찬가지로 일정해야한다. 만일 이 조건을 충족시키기 위해서 역학의 체계를 다시 세워 뉴턴역학을 교체하여 새로운 체계로 가야한다.

결론적으로 아인슈타인은 등속운동에 대한 대칭성에, 빛의 속도를 불변량으로 간주함으로써 또 하나의 대칭성을 추가하였다. 즉, 빛의 속도는 관측자의 속도변환에 대하여 대칭성을 가진다.

그 시대의 푸엥카레 그리고 다른 이들은 맥스웰 결론을 수정하여 뉴턴역학에 맞추고자 하였다. 반면에 아인슈타인은 전자기이론의 결론인 광속도 불변을 채용하고 뉴턴의 상대속도 개념을 수정하여, 특수 상대성이론을 제안하였다. 무엇보다도 아인슈타인은 맥스웰 전자기 이론의 아름다운 단순성에 매료되었기 때문이다.

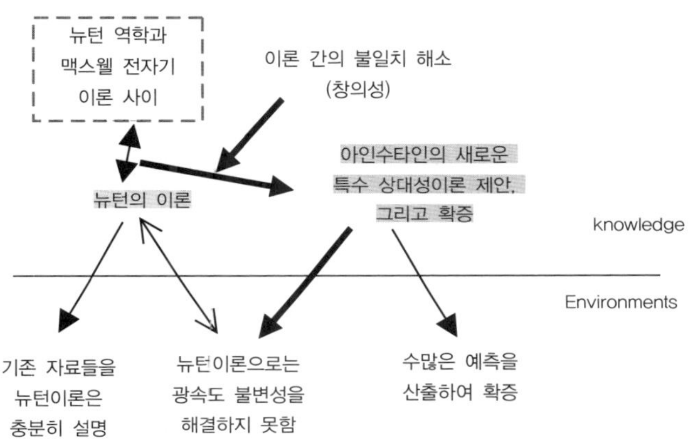

그림 1. 아인슈타인의 특수상대성 이론의 제안 과정

뉴턴은 오직 인간의 마음과 독립된 경험적 자료를 통하여, 과학이론을 발견하는 상향식 방법을 택하는 경험주의로, 인간 외에는 모든 물체에서는 영혼 혹은 마음을 제거한 기계론적 세계관이다.

아인슈타인은 인간의 마음이 개입되는 맥스웰 전자기 이론을 통한 광속도 불변성과, 경험적 자료를 기반으로, 과학이론을 구성하고, 현상들을 설명하는 하향식 방법의 자연주의로, 세계는 인간의 영혼을 제거한 유물론이지만, 인간의 미적 감각을 중요시하는, 경험주의에 관념론을 추가한 형이상학적 자연주의이다.

표 1. 아인슈타인의 특수상대성이론의 자연주의적 특성

	산출된 이론	이론의 예측 능력	이론의 전제인 형이상학적 믿음 체계
아리스토텔레스	만물이 4원소로 구성	예측하기 어렵다.	각 물체의 선험적인 변화충동이라는 형이상학. 목적론적 설명의 이성주의, 정합성(하향적)
뉴턴의 중력이론	뉴턴의 운동법칙과 만유인력법칙 동-역학	행성들의 운동에 매우 정확하게 예측	절대적 시공간의 전제라는 형이상학이지만, 경험적 자료에서 출발, 인과론적 설명의 경험주의, 경험적 정확성(상향적)
아인슈타인의 특수 상대성이론	시공간과, 물질의 본질 시-공간 학	뉴턴의 중력이론보다 더 넓은 영역 예측	관성계에서 빛의 속도가 일정하다는 전자기 이론에서 출발한, 변증법적 설명의 자연주의, 정확성+정합성(하향적)

특수상대성 이론의 창의성

자연 과학은 보통, 실험 결과에서 기존의 이론과의 불일치를 발견하고 그 불일치를 단서로 새로운 이론을 찾아내 발전해간다. 지금까지의 이론으로 설명하지 못하는 실험 결과가 먼저 발생하면, '왜' 이론과 불일치가 있는가?' '왜' 이런 현상이 발생하였는가? 라는 답을 위하여 과학자들은 창의적으로 이전의 이론을 포괄하는 새로운 이론을 제안한다.

하지만, 특수상대성이론은, 뉴턴역학으로 설명 할 수 없는 사실인 빛의 속도가 언제나 일정하다는, 관측결과뿐만 아니라, 맥스웰 방정식의 결과인 빛의 속도가 관측자의 운동과 관계없이 일정하다는 뉴턴역학과의 양립할 수 없는 이론적인 불일치가 있었는데, 오히려 아인슈타인은 후자의 문제에서 출발하였기에 그의 창의성을 보여준다고 할 수 있다(그림 2 참조).

관측 시, 절대공간이 아닌 비록 운동하는 세계로 관찰자가 존재하지만, 과학이론은 관찰자와 무관하게 객관적으로 존재한다는 형이상학적 믿음을 바탕으로, 통합과 단순성이라는 이름다움이라는 가치를 중요하게 생각하고, 관측 자료를 예측하고 수집하였다. 즉 형이상학적 자연주의라 할 수 있다.

각자가 관측자가 되어 각각의 운동을 파악하는 것이 "상대적인 운동의 견해"이다. 자신이나 상대가 머물고 있는지는 절대적으로 정할 수 없지만, 자신을 기준으로 한 시간(자신이 정지해 있다고 생각한 시간)에 상대가 어떠한 움직임을 하고 있는지는 알 수 있을 뿐이다.

무엇보다도 탁월한 창의적인 생각으로, 아인슈타인은 특수상대성이론의 논문 중에서 먼저 "같은 시각의 상대성"이라는 것을 설명하였다. 어떤 사람에게 있어서 "두 가지 사건이 동시에 일어 발생되었다고 해도, 다른 사람에게는 시간에 차이가 있게 일어나는 것처럼 보이는 일이 있다."라는 것이다. 그것은 빛의 속도가 유한하기 때문이다. 따라서 우리는 "빛의 속도는 누가 봐도 일정하다."라는 사실을 가지고, 장소의 일반화라는 갈릴레오의 상대성원리를 결합하여, 새로운 대칭성으로 나아간다. "운동하고 있든, 운동하지 않든 시간은 흐름이 다르다." 이것은 상식적으로 믿을 수 없지만, 다음에 곧 사고 실험을 통하여 확인한다.

<운동학적 전략>

6.1 Einstein은 물체의 속력에 따라 공간과 시간(시공간)은 서로 종속되어 있다고 하였다.

<시공간>

시간 없이 공간만 기술하는 것은 무의미하다. 왜냐하면 공간과 시간은 반드시 같이 연결되어있다.

상대적으로 정지되어 있다면 두 관측자는 같은 기준 계를 사용하므로, 시간과 공간이 같다. 그러나, 서로 상대 운동이 있다면, 즉 서로 다른 **등속도 운동이라면**, 다른 시공간에서의 측정은 서로 다르다. 그러나 측정한 공간 대 시간의 비율은 항상 같다. 왜냐하면 아인슈타인의 가설 중의 하나인 관측자의 상대 운동과 관계없이 자유공간에서 **광속은 같다**.

공간/사간 = 공간/시간= c (빛의 속도로 일정: 맥스웰은 어떤 경우든 전자파의 속도는 일정)

관성계에서 빛의 속도가 일정하다면,

시간 팽창: 상대 속도가 증가하면, 시간은 지연된다. 즉 천천히 흐른다.

그림 2에서처럼, 우주선이 수평으로 움직임에 따라 섬광은 훨씬 더 긴 거리를 왕복한다. 그러나 어떠한 상황에도 빛의 속도가 일정하기 때문에, 걸린 왕복 주기도 더 길어진다. 긴 대각선의 길이를 더 긴 시간으로 나누어야 광속이 같다. 이렇게 시간이 길어지는 현상을 상대적으로 정지된 관측자의 시간(고유한 시간)을 기준으로 '시간 팽창', 혹은 **'시간 지연'** 이라고 부른다.

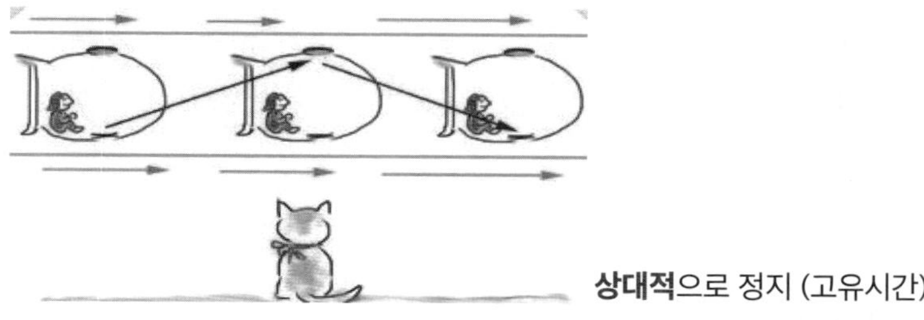

그림 2. 지상의 관측자 좌표계에서 본 우주선 안에서의 광 시계

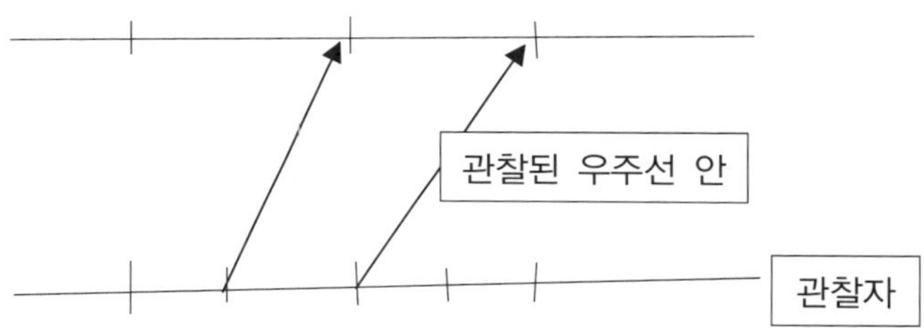

그림 3. 관측자 좌표계(고유시간)에서 본 상대적으로 운동하는 우주선 안에서의 광 시계 시간 팽창(시간 눈금이 팽창)되거나, 시간이 지연(시계의 침이 천천히 돌아간다)된다.

하지만 자신을 기준으로 하여 상대의 운동이나 시간의 흐름을 생각한다. 상대편도 자신을 기준으로 하여 이쪽의 운동이나 시간을 생각한다. 이것이 '시간의 상대성'이다. 정지해있는 사람, 움직이는 사람, 모두가 독자적인 시간의 기준을 가지고 있어도 된다. 특수 상대성 이론의 가정인 상대성 원리에 따르면, 등속 운동하는 두 기준계의 운동은 상대속도로만 파악되고 한곳에서 성립되는 물리법칙은 다른 곳에서 물리법칙은 다른 곳에서도 동일하게 적용된다. 그러므로 광시계의 작동원리는 두 곳에서 동일할 수밖에 없다(조승현, 2014, p.347).

6. 2 길이 수축:

관성계에서 빛의 속도가 일정하고, 상대속도를 가진 관성계에서는 시간이 느리면,

물체가 시공간을 상대적으로 움직이면 시간은 물론 공간도 변한다. **공간이 수축되어** 상대적으로 움직이는 물체가 짧게 보인다. 길이 수축은 운동하는 방향으로 일어난다. 관측자에게 빛의 속력이 변하지 않기 위해서이다.

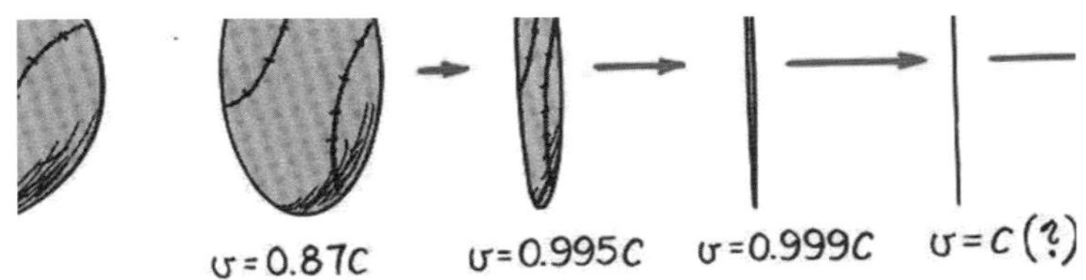

그림 4. 고속으로 운동하는 야구공 안의 공간이 수축되며 측정자도 운동방향으로 눈금이 촘촘하게 축소되기 때문에 상대적으로 운동하는 야구공 실험실안의 관찰자는 수축된 것을 알 수 없다. 하지만 상대적으로 정지된 관람자의 자로 측정하면 야구공의 길이가 진행방향으로 수축된다.

고정된 뉴턴의 좌표로는 상대적으로 운동하는 빛의 속도는 당연히 다르다. 하지만 **자신의 좌표로는 빛의 속도가 동일하게 관측된다고 이해한다.** 모든 좌표계는 운동 상태에 있기 때문에 관측된 빛의 속도만이 기준이 되는 셈이다. 고정된 뉴턴의 좌표로는 상대적으로 운동하는 빛의 속도는 당연히 다르다. 하지만 **자신의 좌표로는 빛의 속도가 동일하게 관측된다는 점이다.** 모든 좌표계는 운동 상태에 있 때문에 관측된 빛의 속도가 기준이 되는 셈이다.

빛의 속도 일정(c) = 길이/시간,

정지해 있는 사람은 움직이는 막대(측정 자)를 짧게 관측하게 된다. 즉 길이는 줄어든다. 길이를 시간으로 측정했으니까, 길이가 줄어든 정도는 정확하게 시간이 늘어난 정도와 똑 같다. 결과적으로 모든 관측자가 관측한 빛의 속도가 동일하게 관측되기 때문이다.

상대적으로 움직이는 곳의 시간이 늦게 가기 때문에, 빛의 속력이 일정하게 관측되기 위해서는 시간만이 아니라 길이도 달라져야한다.

운동하는 방향에서 공간이 수축한다고 하는 것,

예를 들면, 정지된 지상에서 우주선을 관찰하여 길이를 측정한다면, 앞쪽을 먼저 재고 뒤쪽을 잰다. 빠르게 운동하는 우주선의 길이는 당연히 뒤쪽이 그 시간 동안 진행되기에 원래보다 짧게 측정된다. 분명히 측정 시간이 동시가 아니지만, 상대론적으로는 동시이다.

그런데 지상에 정지된 사람이 이 우주선을 보면 어떻게 될 까? 어느 순간에 우주선의 중앙에서 빛이 나온다, 빛은 우주선의 앞과 뒤쪽으로 일정한 속력으로 달린다. 그런데 우주선은 앞으로 움직이고 있기 때문에 빛은 먼저 맨 끝에 도달하고 잠사 후에 맨 앞에 도달한다. 빛이 우주선 끝에 도달하는 시간에 차이가 생긴다. 그러므로 빛이 맨 앞에 도달하였을 순간에는, 맨 뒤는 빛을 받은 위치보다 다소 전진 힐 것이다. 따라서 그만큼 우주선의 길이는 수축한 것이다.

공간/사간 = 공간/시간= c (빛의 속도로 일정: 맥스웰은 어떤 경우

든 전자파의 속도는 일정)

빛의 속도가 절대적이기 때문에, 대신 시간과 공간은 상대적이다.

관찰자의 운동 상태와 관계없이 공간은 빛의 속도에 맞게 축소되고 시간은 느려지기 때문에 관찰자 모두에게 주어진 시간에 이동한 거리의 비는 모두 같아진다. 마치 빛의 속도를 일정하게 유지하려고 우주가 존재하는 것 같다.

이 통찰의 귀결은 우리에게 상대적으로 운동하는 임의의 관찰자의 시계는 우리가 보기에 우리의 시계보다 더 느리게 간다. 이상한 점은 우리가 바라보는 그 관찰자는 우리의 시계가 느려졌다고 생각한다. 역설적인 것 같지만, 우리 모두가 실재를 동일하게 관찰해야한다는 코페르니쿠스의 원리가 타당하려면, 이 이상한 대칭성은 성립되어야한다.

<동역학적 전략>

시간과 공간이 변한다면, 물질과 에너지를 포함하여 우리가 측정할 수 있는 모든 것도 변해야한다. 빛의 속도는 곧 자연계에서 낼 수 있는 한계 속도이다. 어떤 물체에 속도를 얼마나 더하든지 간에 그 물체가 빛의 속도를 넘어서는 것은 불가능하다. 즉 뉴턴의 제2법칙이 부정확한 것이 된다.

4.3 속도의 변화에 저항하는 정도인 관성인, 질량은 변화(증가)한다.

물체가 빠르게 운동할수록 질량은 증가한다고 한다. 그런데 이런 초과된 질량은 어디서 온 것인가? 초과 질량의 출처는 바로 운동에너지

가 아닐까?

광속도 불변의 원리에 의하여, 빛은 우주 최고의 속력이라는 관점에서, <수정된 뉴턴 2법칙, 질량은 속도변화에 저항하는 관성의 척도로 변화, F∝ma>

질량: 관성의 크기이다. 가속되기 어려운 정도이기에 빛은 질량이 없기에 최고의 속력이라는 점이다. 따라서 질량을 가진 모든 물체는 당연히 그 관성 때문에 빛의 속력을 넘을 수 없다.

물체에 아무리 큰 힘을 가해서 일을 해도 광속을 절대로 추월 할 수 없다. 또 광속에 접근할수록 물체를 가속하기 위해서는 큰 힘이 필요하게 된다. 이것은 물체의 질량이 속력이 증가할수록 커진다는 것이 자연이다. 그러나 이것은 질량 보존의 법칙이라는 이 기본 법칙을 특수 상대성 이론은 깨뜨려 버렸다.

속도의 증가에 의한 관성인 질량의 증가는 이론의 자연스런 결론으로 이끌어진다.

물체의 속도가 광속이 되면 그 질량은 무한대가 된다. 이렇게 되면 아무리 큰 힘을 가해도 물체는 빨라지지 않는다. 광속도가 자연계 최대 속도라는 이유가 된다.

여기에서 “빛 자체는 어떻게 될까?” 광속으로 달려가는 빛의 질량은 무한대가 되지 않을까? 빛은 정지 질량이 없는 것으로 질량 증가의 식은 따르지 않는다.

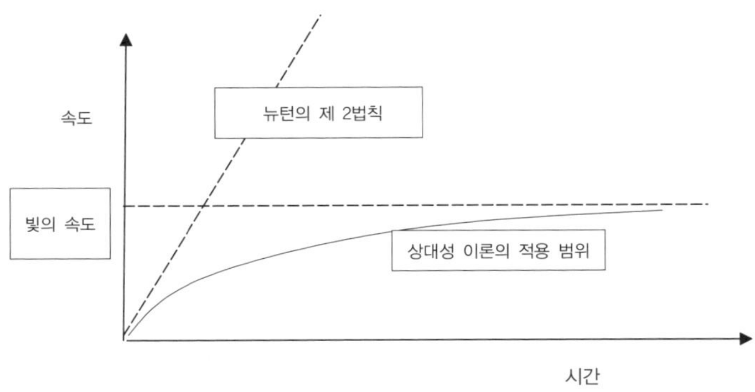

그림 5. 일정한 힘을 작용할 때 시간에 따라 속도 변화

우리에게 익숙해진 느리게 움직이는 세상에서는 자유롭게 움직이는 물체에 일정한 시간 동안 일정한 힘을 주면 그 물체의 속도는 일정하게 증가할 것이다. 즉 등가속도 운동을 한다. 하지만 특수상대성이론에서는 물체의 속도가 빠르면 빠를수록 증가하는 속도(가속도의 크기)는 점점 작아질 것이다. 그러면 그 힘이 작용한 힘은 어디로 가는 것인가? 뉴턴의 제2법칙은 힘과 가속도의 법칙이라고 한다. 힘이 일정하게 가하면 가속도는 일정하다는 것이다.

하지만 이러한 뉴턴의 2법칙에서, 질량이 보존되지 않고 질량이 증가하면 가속도가 점점 감소할 것이다. 결국 빛의 속도에 접근하면 질량이 무한대로 되면 드디어 가속도는 0이 되어 빛의 속도를 돌파하지 못한다(그림 5참조).

F= ma, a= F/m에서 m이 무한대가 되면, a(그림 5의 접선의 기울기)

는 0이 되기 때문이다.

6.4 질량과 에너지는 등가이다

광속도 불변의 원리에 의하여, 빛은 우주 최고의 속력이라는 관점에서,

< 수정된 뉴턴의 일과 에너지 관계로 질량은 속도변화에 저항하는 정도로 변화, $F \times S \propto mv^2$ >

물체에 계속 일을 해주면, 뉴턴 역학에서는 가속하면 속력만 증가하여 운동에너지가 계속 증가하여 속력이 무한대가 될 수 있다, 그러나 특수 상대성이론에 의하면, 동시에 질량도 증가하여 대신 속도의 증가는 천천히 증가하여 결국 질량이 무한대에 접근하면 빛의 속도에 접근하지만, 결국 질량이 무한대가 되면 빛의 속도를 넘어가는 가속도를 얻기 위해서는 뉴턴의 힘과 가속도 법칙에 의하면 무한대의 힘이 필요하다. 또한 해준 일도 무한대가 된다. 결국 우주에는 한 물체가 광선을 따라 잡을 만큼의 에너지는 존재하지 않는다.

결국 해 준일이 계속 증가해도 모든 물체는 빛의 속도를 넘어설 수 없으며, 해준 일이 관성의 크기를 나타내는 질량으로 변화하기 때문에 에너지와 질량은 근본적으로 같다는 것이다.

$$E = m c^2$$

그러나 빛의 속도보다 아주 작은 세계인 우리 세계에서는 해준 일이 거의 질량은 거의 변화 없고 속력이 변화하여 운동에너지를 변화시키는 것처럼 보여 뉴턴역학(일과 에너지와의 관계)이 근사적으로 적용된다. 따라서 저속인 세계에서도 근사적으로 특수상대성이론이 적용된다.

질량은 에너지이고 에너지는 질량이다. 질량과 에너지의 등가성은 질량의 본질에 대한 발견이며, 동시에 갈릴레오의 등가 원리를 확장시킨 것이기도 하다.

여기에서 빛의 속도는 질량을 에너지로 전환하는 일종의 환산인자이다. 즉, 질량은 에너지로 전환할 때 높은 교환 가치가 있기에 많은 에너지가 산출된다. 반면에 에너지가 질량으로 전환될 때는 그 반대가 된다는 것을 의미한다.

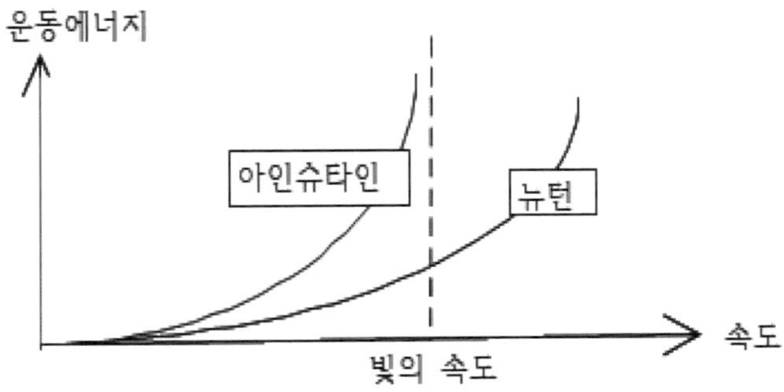

그림 6. 상대론적 운동에너지와 뉴턴의 운동에너지

아인슈타인은 빛의 속도는 유한할 뿐만 아니라 우주의 한계 속도인 것이다. 그의 주장은 질량-에너지 등가식인 $E= m c^2$ 에서 저절로 도출된다. 하지만 이러한 질량-에너지 등가법칙에 따르면, 외부애서 에너지를 얻으면 속도뿐만 아니라 질량도 증가한다. 즉 더 빠른 속도를 얻으면 더 무거워진다. 무거운 물체일수록 관성이 커져서 운동하기 더 어려

우므로 속도를 더 높이려면 더 많은 에너지가 필요하다. 만일 무거워진 물체가 더 빨리 운동한다면 더욱 더욱 무거워진다. 결국 빛의 속도에 접근하는 빠른 속도로 움직이는 물체는 대단히 무거워져서 조금이라고 조금이라도 속도를 내려면 무한히 많은 에너지가 필요하다. 따라서 이때의 한계속도가 빛의 속도이다. 한 물체가 이미 높은 속도를 지니고 있으면 그 물체를 가속시키는 데는 그 만큼 더 많은 힘, 즉 더 많은 에너지가 필요하다. 관성은 에너지에 따라 증가하기 때문이다.

물리적인 극한 상황인 빛의 속도에 접근하는 세계에서는, 대립되고 모순되는 공간과 시간, 질량과 에너지의 구별이 모호해져서 지금의 뉴턴 법칙의 한계가 드러나고, 아인슈타인의 특수상대성이론이 생성되었다. 즉 대립되는 개념은, 적절한 환경에서는 서로 구분되고 대립되는 개념도, 극한상황에서 서로 통합되는 변증법적 논리가 성립된다.

6 융합과 대칭성의 관점에서 특수 상대성이론의 특징

좋은 이론들의 특징들이 무엇인가 하는 물음으로, 매우 통상적인 답들 중에서 쿤은 다섯 가지를 선택한다.

첫째, 이론은 그 자신의 영역 내에서 정확해야한다. 즉, 이론으로부터 유도될 수 있는 귀결들이 기존의 실험 및 관찰들과 일치함이 입증되어야 한다.

둘째 이론은 내적으로 일관 되어야 할 뿐만 아니라, 현재 받아들이는 이론들과도 일관적이어야 한다.

셋째, 이론은 넓은 적용범위를 가져야한다. 특히 이론은 그것이 애당초 설명하도록 고안된 개별적인 관찰, 법칙 혹은 하부 이론을 넘어서는 귀결들을 제공하여야 한다.

넷째, 세 번째 특징과 관련되는 것으로서, 이론은 그것이 없이는 제각기 고립되고 전체적으로 혼란스러울 현상들에게 질서를 가져다준다는 의미에서 단순해야한다.

다섯째, 이론은 새로운 연구결과들을 많이 낳아야 한다. 필자가 보기에는 후속 연구에서 새로운 연구가 산출되는 다산성을 말한다고 볼 수 있다. 이 다섯 가지 특징 중들- 정확성(accuracy), 정합성(consistency, 일관성), 포괄성(scope, 넓은 적용 범위), 단순성(simplicity), 그리고 다산성(fruitfulness)-은 모두 한 이론의 인지적 가치를 평가하기 위한 표준적인 기준 틀이다(Kuhn, 1977, pp.321-322). Kuhn이 제시한 인식적 가치들을 내용면에서 들여다보면, 설명력과 경험적 적합성과 긴밀한 연관이 있는 것으로 확인된다. 내적 가치에 해당하는 정합성도 이러한 설명력과 경험적 적합성의 목표를 위한 전제조건이다(조인래, 2017, p. 293).

만약 빛보다 빠른 신호의 발견은 역학, 열역학, 원자물리, 우주론 등등에서 근본적인 수정을 요구한다. 빛에 대한 주장은 자연에 대한 이론적인 기술의 구조에 깊고 엄격하게 박혀있다. 이것은 필연적인 결과를 이끈다(Kosso, 2011). **필연성**(inevitability and necessity)이란 사실들을 통하여 광범위한 연결의 아주 넓은 특성을 가진다. 필연성은 일종의 **정합성**(coherence)이다. 우리는 이론적인 시스템에서 연결에서 유도된 비-경험적인 것으로 필연성을 이해할 수 있다. 더 많은 관찰들은 더 많은 지식을 얻는 것이지만, 더 많은 이해를 얻는 것은 아니다(Kosso, 2007). 예를 들면, 보데의 법칙과 광속의 절대성의 원리사이에는 하나의 중요한 차이가 있다. 많은 것들이 **광속의 절대성의 원리**에는 시공간의 결합, 질량의 증가, 질량-에너지 등가로 귀결되지만, 보데의 법칙은 거의 연결되는 내용들이 없다.

특히 정확성과 보편성은, 자연법칙이 모든 장소와 시간에 관계없이 유효해야한다. 즉 포괄적으로 적용되어야한다. 그러한 정확성과 보편성의 바탕에는 절대적이고 영원한 수학적 실재에 관련이 있는 대칭성이 있다는 것이다(McGrath, 2010). 즉 Kuhn의 다섯 가지 조건에 우선하여 이론의 대칭성이 가장 중요하다는 것을 말한다.

이러한 자연과학에서 대칭성(symmetry)이라는 것은, 변환들이 허용되어진 실질적인 영역들이 존재한다는 직감에 의존해서 발견된다. **특수상대성이론은 로렌츠 변환에 대하여 불변성을 가진다는 점이다**.

물리학적인 발전이라는 것은, 대칭성을 기반으로 통합에 이루어진다는 인식이다. 뉴턴이 지상과 행성역학을 하나로 결합시키는 것처럼 하나의 주어진 법칙 하에 전보다 더 많은 량의 현상들을 결합하는 것이 과학이 발전하는 방법이라는 것이다. 아인슈타인은 중요한 것은 바로 물리학의 통일(unity)에 대한 신념과 그에 따라 물리학의 여러 영역에서 얻은 정보들의 대칭(일치)에 대한 믿음이다. 만일 광속이 지금 보고 있는 하나의 시스템에서 일정하다면, 다른 시스템에서도 똑 같이 일정해야한다(Fischer, 2001, p.173). 아인슈타인은 갈릴레오와 뉴턴의 관성계에 대한 대칭성에 빛의 속도 불변량으로 간주함으로써 또 하나의 대칭성을 추가하였다. 광속도의 불변량이 상대성이론의 기초라고 볼 수 있다. 즉 모두 광속도가 절대적(불변, 한계)인 것에 기인한다고 볼 수 있다. 광속도라는 불변량에 대하여 시간과 공간은 상대적이라는 것이다. 하지만 빛의 속도보다 매우 느린 상황에서는 근사적으로 뉴턴역학으로 변한다. 따라서 뉴턴역학과 특수상대성이론은 **상보성의 원리**(correspondence priciple)라고 부르는 또 하나의 대칭성의 원리이다.

정지된 모든 절대좌표에서 똑 같은 공간에서 똑 같은 시간이 흐른다는, 절대 좌표와 절대 시간, 절대 질량의 Newton 역학과는 다르게, 모든 물체는 등속도 운동한다는 특수 상황에서 광속도 불변의 원리에 의하여 모든 우주의 공간과 시간은 관찰자에 따라 다르다, 또한 질량도 다르다. 즉 관찰자 개개인의 우주가 있다는 점이다.

뉴턴역학은 시간이나 공간이 변화하지 않는다는 전제로 물체의 운동을 생각했다. 즉 뉴턴역학은 절대적으로 크기가 변화가 없는 '상자' 안에서 태양이나 달, 그리고 사과 같은 물체의 운동을 관찰하는 것이지 상자 그 자체를 연구대상으로 삼지 않는다.

하지만 광속이 일정하다는 전제로 삼으면, 뉴턴역학에서는 모순이 생긴다. 시간이나 일정하다면, 합성 법칙에 의해 빛의 속도가 무한대가 될 수 있다. 그 결과 아인슈타인은 물리 현상이 일어나는'상자'을 변화시켜야 한다고 생각한 것이다. 광속이 일정하기 위해서는 시간이나 공간이 변화되어야 상대적이 되어야 한다는 것이다. 즉 시간과 공간은 서로 영향을 주면서 변화한다는 것을 말해준다.

뉴턴역학에서 나뭇가지에 매달려 있는 사과는 '위치에너지(potential energy)'가 있고, 가지에서 떨어지기 시작하면 '운동에너지(kinetic energy)'로 변화한다. 지면에 낙하하면 그 에너지는 소리 에너지, 열에너지 등등으로 쓰이지만, 그것의 합의 에너지는 처음 위치에너지와 같다는 것이다. 바로 이것은 에너지 보존의 법칙이다.

이와는 별도로, 뉴턴역학에서는 물질의 질량이 보존된다는 것을 함의한다. 즉 뉴턴의 제 2법칙에는, 질량은 보존되고 수동적이라는 것이다. 프랑스의 라부아지에(Lavoisier)는 화학실험에서 화학반응의 전과 후의 질량 총합은 변화하지 않는다는 '질량 불변의 법칙'을 발견했다.

하지만, 아인슈타인은 에너지와 질량이 별도로 보존되는 것이 아니라고 주장하였다. '에너지'와 '질량'은 'E=mc²의 방정식으로 환산이 가능하다는 것이다.

그런데 1915년 아인슈타인은 일반상대성이론을 통하여 질량에 의한 중력장은 시간과 공간을 왜곡시킨다고 하였다.

종합하면, 처음의 전제체계에서 연역된 이론들이 추가되어 새로운 전제 체계를 만들어서 계속해서 새로운 이론들이 산출된다. 산출된 이론들이 하나라도 제거된다면 전체의 이론체계가 무너지기에 아인슈타인의 이론의 아름다운 특징은 필연성이다. **전혀 관계없는 물리량이 서로 관련이 있다는 것은 서로 통합된다는 대칭성을 향하고 있다는 것이며,** 뗏목이 서로 묶여있는 것처럼 구성 이론 간의 정합성을 보여준다. 시간과 공간, 또한 질량과 에너지가 하나의 행으로 연결되어있다는 점이다. 식을 이끄는 과정도 결코 복잡하거나 괴이한 것도 아니다. "광속도는 누가 보아도 일정한 속도로 보인다."라는 것에서 출발해서 과정을 하나하나 쌓아 올라가면 누구든지 같은 결과에 다가를 수 있다는 점이다. 일종의 단순성이다. 여기에서 시공간과 물질의 연결은,"물

표 2. 특수 상대성이론의 형이상학적 믿음

<table>
<tr><th>세계관의 구조</th><th>질문의 형태</th><th>질문에 대한 가능한 답</th><th>종류</th></tr>
<tr><td rowspan="2">형이상학적 믿음 체계, 존재론</td><td><<b>형이상학적 믿음</b>>
<b>일반 형이상학:</b> 이성적인 우리는, 인간이 세계를 표상하는 안경으로,

1. 이러한 세계에 대한 지식(진리)은 어떻게 존재하는가?(존재의 양상)
2. 그러한 세계는 무엇으로 이루어져 있으며, 그 중에서 무엇이 우선인가?
(존재의 상태)</td><td>1. 우리의 마음(인간 세계)과 독립된 자연 세계에 대한 객관적인 지식(진리)은 서로 통합되어 있으나, 인간 정신이 미적으로 통합된 지식을 변증법적 방법론을 사용하여 알 수 있다(형이상학적 실재론).
2. 이 세계는 우리인간과 자연을 포함하여 물질(유물론)이 우선이지만, 미적 감각을 가진 진화된 우리의 마음이 개입된다(자연주의).</td><td rowspan="2">형이상학적 자연주의,

변증법적 유물론, 등

다양한 사상이 연합되어 있다.</td></tr>
<tr><td><<b>형이상학적 개념</b>>
<b>특수형이상학:</b> 어떤 영역에 대한 이상(ideal)으로
1. 만물을 담지 하는 우주의 시간과 공간은 불변의 기준 혹은 변화하는가?

2. 시공간은 객관적 혹은 주관적으로 존재하는가?</td><td>1. 세계의 구성물을 담고 있는 시간과 공간은 변화되는 기준으로 본다. 하지만 구성방법은 일정한 패턴으로 정해져 있다. (자연주의)
2. 시간과 공간은 우리 인식 밖의 객관적으로 존재하는 자연 시공간(유물론)이다.
하지만, 시공간 안의 물질과는 분리되어 우주론으로 발전이 어렵다.</td></tr>
</table>

질이 있으면 주위는 일그러진다는 일반상대성이론에서 완성된다. 과

학적 사실이나 법칙을 자연적, 기술적 맥락에서뿐만 아니라 과학이론 자체의 미의 맥락에서 본다면, 그것은 과학의 의미를 확대하는 것이다. Feynman(2007, p. 16-4)에 따르면, 상대성이론을 통하여 우리는 **'물리 법칙의 대칭성'**이 얼마나 유용한 개념인지를 이해하게 된다. 일반적으로 기본적인 법칙의 형태를 바꾸지 않는 변환들은 우리에게 유용한 정보를 제공한다고 하였다.

우리가 명심하여야할 것은 자연의 법칙 자체와 빛의 속도는 상대적이 아니라 불변적이라는 사실이다. 모든 관측자에게는 똑 같이 적용되며 한 사람에게는 이것이, 다른 사람에게는 저것이 적용되지 않는 빛의 속도 불변성을 기준으로 시간과 공간은 상대적이라는 말이다.

아인슈타인은 자신이 세계에 대해 특별한 이미지를 그리려고 하는 과정에서 일찍부터, 빛의 속도가 일정하다는 독특한 생각을 머릿속에 잡았다고 말했다. 즉 뉴턴은 자료를 중심으로 뉴턴역학의 방정식을 형성하였지만, 아인슈타인은 이러한 빛의 속도가 일정하다는 생각으로 방정식을 만들어 갔다는 것이다. 즉 우리인간의 마음이 먼저 개입되었다는 자연주의사상이다.

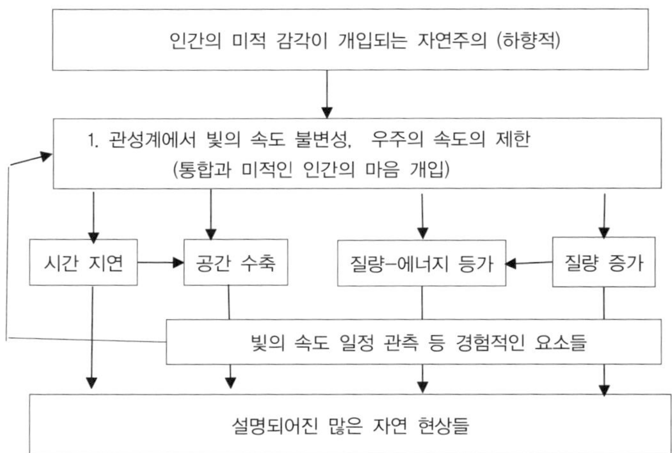

그림 7. 아인슈타인은 먼저 맥스웰의 전자기이론을 통한 빛의 속도 불변성을 기반으로 과학이론을 구성하고 나서 현상들을 설명하는 하향식 방법.

사람이 빛만큼 빨리 움직일 수 없는 이유는 무엇일까?

이 질문에 대한 답은 얻었는데, $E=mc^2$라는 꼴로 나타내는 이 공식은 아주 미소한 질량에 막대한 에너지가 잠재되어 있다는 것이다. 한 물체의 관성이 물체의 에너지에 따라 달라지는가에 따른 질문에 대한 답을 얻을 수 있다.

에너지와 질량은 등가라는 유명한 공식은 무엇을 촉발 했는가?

한 물체가 이미 높은 속도를 지니고 있으면, 그 물체를 가속하는데 더 많은 힘, 즉 더 많은 에너지가 필요하다. 속도변화에 저항하는 척도인 관성으로 질량은 에너지에 따라 증가하기 때문이다.

이제 우리는 무한대의 에너지가 아니고서는 넘어설 수 없는 경계가 있다는 것을 상상할 수 있다. 이 경계는 결코 극복할 수 없는 우리의 세계이다. 그리고 이 경계가 광속으로 주어져 있다는 것이다. 광속은 고정되어 있으며, 우리의 세계를 운동의 속도로 한정한다.

운동의 우주에는 빛보다 큰 속도도 없고, 사라져 버릴 만큼 작은 속도도 없다. 우주 어디에서도 정지 상태, 즉 속도가 정지된 상태는 볼 수 없다.

결국은 이러한 속도의 한계로 인하여, 질량과 에너지는 대칭성을 가진다고 할 수 있다.

그림 8는 좀 더 높은 **대칭성이 기반이 되어, 좀 더 추상적이고 보편적인 방정식의 형태로 진행되어** 일반상대성이론은 최고의 대칭성에 따른 최고의 보편성을 가진다.

특수 상대성이론이 정말로 밝혀낸 것은 공간과 시간이 바뀌는 방식에 대한 이해이다. 그 방식에 따르면 서로 연관된 등속도 운동을 할 때, 물리학 법칙들은 모든 기준틀에서 도일하게 적용되고, 빛의 속도는 변화하지 않는다. 뉴턴 역학에서처럼 일상생활에서 시간과 공간은 절대적인 신성불가침한 것으로 보이지만 그 절대성과 항상성은 물리학의 법칙과 빛의 속도라는 더 큰 절대성으로 대치된다. 우리가 확실하다고 믿는 것이 그렇게 확실하지 않다는 것을 깨닫는 과정은 혼란스러운 일이지만 우주에 대한 견해 전체가 관찰한 곳에 따라서 달라진다면 그것은 더욱 혼란스러운 일일 것이다(Heriot, 2000, p.393).

우리가 가장 널리 알려진, 질량과 에너지 등가성($E=mc^2$)은 빛이 가지고 있는 파동과 입자의 이중성과, 열과 기계적 일이 갖고 있는 등가성을 겉보기에는 관련이 없어 보이지만 실제로는 같은 양의 다른 표현이라는 관점이다. 우리는 대립물의 관점보다 등가성과 이중 표현이라는 관점에서 사고해야한다. 대립물은 인간 관념이 만들어 낸 구성물이므로 자연 속에서는 존재하지 않을 수 있다는 점을 말해 준다.

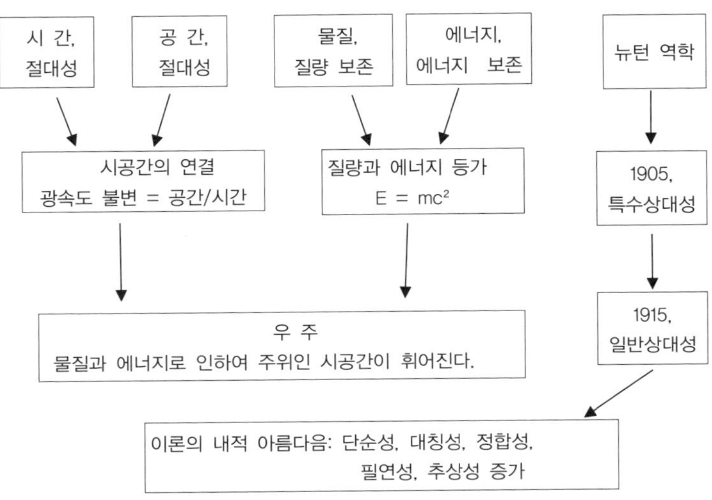

그림 8. 과학 이론 단순성, 일관성, 필연성 및 추상성, 특히 대칭성 등의 내적 미적 특성이 점차 증가하고 있습니다.

물리학자들이 물리학의 '아름다움과 우아함'에 대해 이야기할 경우 그 진정한 의미는 수많은 현상과 다양한 개념이 **대칭성**을 통해 경이로울 정도의 단순한 형태로 통합(보편성)된다는 사실을 가리키는 때가 많다. 식이 아름다울 수로 더 많은 대칭성을 가지며, 가능한 최소한의 길이로 쓰였으면서도 더 많은 자연현상을 설명할 수 있다.

아인슈타인은 맥스웰의 방정식을 갈릴레오의 상대성 원리와 결합함으로써 에테르 가정을 추가하지 않고도 모든 역설을 풀 수 있음을 보여 주었다(Krauss, 2006). 상대성 이론에 관한 1905년 논문에서 아인슈타인은 다음과 같이 썼다. "여기서 발전된 견해가 특별한 속성을 가진 '절대적으로 정지된 공간'을 필요로 하지 않을 것이기 때문에 '에테르'의 도입은 불필요한 것으로 판명될 것입니다." 즉, 아인슈타인은 에테르를 불필요하다고 여겼지만 그 존재를 부정하지는 않았습니다. 오히려 실험적인 사실보다는 아름다움과 단순함을 향한 이론을 발전시켰다고 할 수 있다.

특수상대성이론은, 빛의 속도 절대성을 기반으로, 상대적으로 등속운동하는 세계에서 상대적으로 운동한다는 정지된 관찰자를 중심으로 한 역학이라는 점이다. 비록 시공간은 결합되었지만, 그 안에 존재하는 질량과 에너지는 아직은 시공간과는 독립적이고 무관하기에, 특수상대성이론은 일반상대성이론의 우주론보다는 뉴턴역학의 연장이라 할 수 있다.

반면에 완전한 시공간으로서의 우주론은 시공간과 그 안의 물질과 에너지가 하나로 결합하는 일반상대성이론을 기다려야했다. 일반상대성이론 전체적인 단순성과, 일반상대성이론을 구성하는 이론 간의 정합성이 다른 이론에 비하려 상대적으로 높기에 가장 아름다운 이론이라고 할 수 있다.

7 요약 및 결론

요약한다면, 나의 속도가 빠를수록 상대방이 볼 때 나는 길이가 짧아지고 무거워지며 시간이 느려집니다. 그러나 나의 입장에서는 내가 정지해 있고 상대가 반대 방향으로 빠르게 움직입니다. 따라서 나의 눈에는 상대와 마찬가지로 길이가 짧아지고 무거워지면 시간이 느린 것으로 관측됩니다.

뉴턴역학에서는 시간과 공간은 절대적으로 독립된 실체였습니다. 하지만 특수상대성이론에 의하면, 물체가 운동함에 따라 시공간으로 묶어서 동일한 비율로 변화합니다. 그래서 우주의 모든 물질들은 빛 앞에서 평등 해진다. 이러한 시공간은 변화는 순수한 정역학적인 면(전자기학을 포함한 관성의 법칙)만을 보았지만, 속력에 따른 질량의 변화와 질량과 에너지 등가는 상대론의 동역학적인 결과(수정된 뉴턴의 제2법칙의 결과)를 주목할 만하다. 특수상대성 이론은 우리에게 질량과 에너지가 등가임을 알려줍니다. 뉴턴역학에서는 우주에 존재하는 것은 물질 아니면 에너지라고 나누었지만 이제는 모두 에너지로 환원될 수 있게 되었습니다. 물질이란 정지되었을 때도 에너지를 가지는 존재일 뿐이다.

상대성 이론은 의미론적으로는 뉴턴 역학을 벗어난 혁명적인 변화였지만, 형식적으로 말한다면 뉴턴역학의 개선이었다.

첫째, 특수상대성 이론의 전제는 무엇을 의미하는가?

아인슈타인은 놀랍고도 대담한 방식으로 뉴턴역학과 전자기학의 모순이라는 딜레마를 두 가지 가설로 해결했다.

첫 번째 가정은 모든 관성계 내에서 물리 법칙이 동일하다는 갈릴레오의 상대성원리를 일반화한 것이다. 역학, 즉 운동의 법칙에 한정되었던 상대성원리를 전기, 자기, 빛과 같은 모든 현상으로 확장한 것이다. 절대적이고 특별한 공간이 없다는 것이다. 장소의 일반화이다.

첫 번째 가설에 따라 필연적으로 두 번째 가정이 나왔다. 빛은 광원의 운동이나 관찰자의 운동에 관계없이 언제나 속도 c로 공간에 전파된다는 것이다. 그러한 의미는 빛의 속도를 측정할 특정한 기준계는 존재하지 않는다. 빛의 속도는 관측하는 기준계에 따라 달라지지 않으며 빛은 어떤 기준계에서도 정지해 있을 수 없다. 이러한 빛의 속도가 변하지 않는 다는 생각은 절대적인 기준계 또는 더 특별한 기준계가 있다는 개념을 결정적으로 깨 버렸다. 빛의 속도가 정확하게 c가 되는 기준계는 하나만 존재하는 것이 아니다. 그리고 모든 관측자가 빛을 동일한 속도로 관측되기 때문에 모든 관점은 똑 같이 옳다고 볼 수 있다. 이는 갈릴레오 기준계(관성계)에서 이미 보았던 결론이다. 하지만 그 경우는 이러한 원리가 공간에만 관계되어 있었고 시간은 여전히 누구에게나 동일하게 흘러가는 절대적인 것으로 남아있다. 하지만, 아인슈타인이 세운 가정은 빛의 속도에 대해서는 특별한 공간이 없을 뿐만 아니라 특별한 시간도 없다(Vannucci, 2005, p.36). 오직 빛의 속도의 절대성으로 전환된다는 것이다.

아인슈타인은 뉴턴이 생각한 시간과 공간의 절대적이며 영원한 실재성을 버리고 그 대신 광속의 불변성을 채택한다. 빛의 속도에 대한 절대적으로 정지한 좌표계는 없다. 모든 관찰자는 동등한 것이다.

우리는 어떤 것도 빛보다 빠를 수 없다고 단정할 수 있습니다. 빛보다 빠른 것이 있으면 인과관계의 법칙이 깨지기 때문입니다. 속도 제한이 있어야할 아주 좋은 구실이 있습니다. 속도 제한은 국소적(local)이고 인과적인(causal) 우주를 갖는데 유용합니다. 국소성(locality)이란 우리에게 영향을 미칠 수 있는 물체의 수는 우리 자신에게 가까운 물체들의 수로 제한한다는 개념입니다. 우주의 속도 제한이 없었다면 어디서나 일어나는 일들이 지구에 즉각적으로 영향을 미쳤을 겁니다. 즉 국소적인 환경 안에 있는 것들 것 여러분과 인과관계를 맺을 수 있다는 것이다. 빛의 속도가 빠르고 인과관계의 법칙을 따른다면 우리 우주보다 국소성이 적을 겁니다. 반면 빛의 속도가 느리고 인과관계의 법칙을 따른다면, 우리 우주보다 국소성이 높을 것이다. (Cham, & Whiteson, 2017, pp. 222-223).

둘째, 특수상대성 이론의 과학 이론의 연속성은 무엇인가?

이것이 대응 원리(상보성 원리)라 한다.

대응 원리: 새로운 이론이나 새로운 자연의 기술이 이전의 올바른 이론이나 기술과 일치해야 한다는 것이다. 특수 상대성이론이 유효하다면, 광속보다 한참 낮은 저속에서는 고전 역학인 뉴턴역학과 일치해야 한다.

특수 상대성이론에 어떤 특수한 조건 즉, 저속이라는 조건을 붙이면, 뉴턴 역학이 되지만, 뉴턴 역학에 어떤 조건을 붙여도 특수 상대성 원리는 나오지 않는다. 따라서 특수 상대성 이론은 뉴턴 역학을 포괄한다. 그러나 뉴턴역학은 특수 상대성이론을 포괄한다고는 할 수 없다.

뉴턴의 기술은 근사적으로 매우 훌륭하다. 하지만 근사적인 기술일 뿐이다. 그 기술이 광속에 가까운 속도에서 타당하지 않다는 말은 틀린 말이다. 엄밀히 말하면 그 기술은 어떤 속도에서도 타당하지 않다. 다만 낮은 속도에서는 그 기술이 타당하지 않음을 알아채기 더 어려울 뿐이다. 과학이 추구하는 것은 근사적인 측정이 아니라 측정의 정확도를 점점 높이는 것이다.

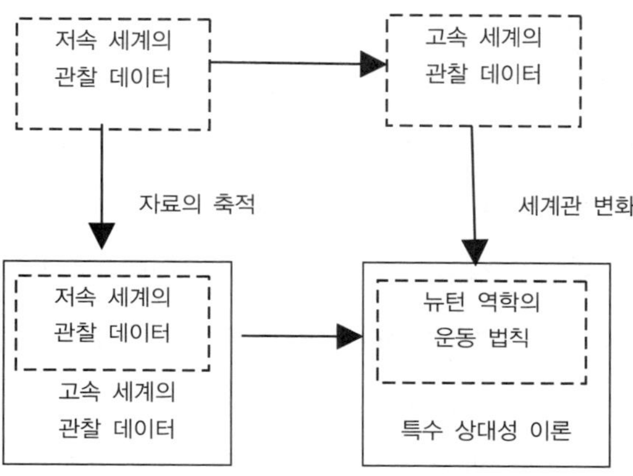

그림 9. 새로운 이론과 이전 이론 사이의 대응 원리

뉴턴의 연구를 아인슈타인의 언어로 해석할 수 있다면 아인슈타인의 체계가 뉴턴의 체계보다 뛰어나다는 결론은 문제없이 내릴 수 있다. 하지만 아인슈타인의 체계를 뉴턴 체계로는 부분적으로는 해석할 수 있으나 전체적으로는 해석하기에는 문제가 있다. Kuhn의 과학혁명 결과를 약하게 설명한다면, 시간의 흐름에 따라 연속성을 가지고 있으며, 의미가 좀 더 넓은 영역으로 확장되었고 할 수 있다.

예를 들면, 같은 태양이지만, 아리스토텔레스 체계와 뉴턴체계에서의 의미는, 영혼 같은 생명력의 차이보다는 태양과 지구의 질량의 크기와 중요성에서 차이가 있으며, 질량에서 뉴턴체계와 아인슈타인의 체계에서의 차이는 질량보존보다는 질량변화라는 더 넓은 영역에서의 확장에서 의미가 다르다고 할 수 있다.

셋째, 특수상대성이론의 형성과정에서 개입되는 내적 가치인 이론의 아름다움의 특징은?

뉴턴역학의 우주, 즉 공간은, 고전적 유클리드 기하학의 3차원 공간이었다. 이것은 그 안에서 발생하고 있는 물리적 현상과는 독립적인 절대공간이다. 시간도 역시 절대적인 것으로서 물질적 세계와 아무런 연관 없이 과거에서 현재를 거쳐 미래로 일정하게 흐른다. 신은 이 세상의 인간과 자연을 창조하였고, 그 창조한 물질이 우선이다. 그러한 물질들이 인과법칙과 함께 의존하고 있는 것은, 시공간이 고정되었기에 뉴턴은 우주론보다는 동역학에 머문다.

아인슈타인은 시간과 공간은 절대적이지 않으며 서로 무관하지도 않다. 이들은 관측자의 운동 상태에 따라 얼마든지 다르게 보일 수 있으나, 서로 긴밀하게 연결되어 있다고 하였다. 즉, 과학이론의 이론의 대칭성에 따라서 시공간 통합과 변화라는 우주론이다. 하지만, 시공간과 그 안에 있는 물질과 에너지는 서로 무관하고 독립적이기에 엄격하게는 뉴턴역학처럼 역학에 머무르고 있다고 할 수 있다. 완전한 우주론으로는 시공간과 그 안에 있는 물질과 에너지는 서로 연결되어있다는 아름다움이다.

이장을 통하여 생각할 주제

1. 형이상학적 믿음을 통하여 아인슈타인의 특수상대성이론의 세계관을 논하시오.

2. 특수 상대성이론이 생성되는 과정을, 과학이론의 대칭성의 관점에서 통합되는 과정으로 탐색하여 보시오.

3. 특수상대성이론은 갈릴레오 상대성원리와 어떻게 연결되는가?

4. 특수상대성원리는 뉴턴역학에 어떤 제한을 가하였는가?

이장은, 저자 자신의 연구(단독 저서)를 수정 확장한 연구임을 밝힌다.
Oh, J.-Y. (2021). Understanding The theory of Special relativity, *United Kingdom: Book Publisher International.* ISBN: 978-93-90516-56-8

참고 문헌

조송현 (2014). 우주관 오디세이: 피타고라스, 플라톤에서 아인슈타인, 보어까지(제2판 1쇄). 부산: 부산과학기술협의회.

조인래 (2017). 토머스 쿤의 과학철학: 쟁점과 전망. 서울: 소화

홍성욱 (2012). 홍성욱의 과학에세이: 과학, 인간과 사회를 말하다(초판 7쇄). 서울: 동아시아.

Baggott, J. (2018). Quantum Space: Loop Quantum Gravity and the Search for the Structure of Space, Time, and the Universe. USA: Oxford University Press.

Cham, J. & Whiteson, D. (2017). We Have No Idea: A Guide to the Unknown Universe. (고현석 옮김, 2018, 코스모스 오디세이, 서울: 사회 평론)

Chown, M. (2018). The Ascent of Gravity: The Quest to Understand the Force that Explains Everything. New York: W. W. Norton & Company, Inc.

Cohen, B. (1985). The Birth of A New Physics(조영석 옮김, 1966, 새 물리학의 태동: 코페르니쿠스에서 뉴턴까지. 서울: 도서출판 한승).

Cox, B. & Forshaw, J. (2009). Why Does E=mc^2? (And Why Should We Care?). Da Capo Press. (이민경 옮김, 2011, E=mc^2 이야기, 서울: 21세기 북스)

Krauss, L. M. (2006). Hiding in the Mirror: The Quest for Alternate Realities, from Plato to String Theory. New York: Penguin Books.

Hawking, S. and Mlodinow, L.(2005). A Briefer History of Time. The Book Laboratory Inc. (전대호 옮김, 2015. 짧고 쉽게 쓴 시간의 역사. 서울: 까치)

Heriot, K. (2000). Who We Are. (정기문 옮김, 2009, 지식의 재발견: 인류의 탄생에서 빅뱅에 이르기까지, 서울: 이마고)

Henry, J. (2012). A Short History of Scientific Thought. UK: Palgrave-Macmillan

Feynmam, R.P. (2007). The Feynman Lectures on Physics. The Finitive Edition Volume 1(2nd Edition). California Institute of technology.

Fischer, F. (2000). Citizen, Experts, and the Environment: The plotics of Local Knowledge. Durham: Duke University Press.

Kosso, P. (2011). A Summary of Scientific Method. New York: Springer.

Kosso, P.(2007). Scientific Understanding. Foundations of Science, 12, 173-188.

Kuhn, T. (1977). Objectivity, Value, and Theory Choice. In The Essential Tension(pp. 320-39). Chicago: University of Chicago Press.

McGrath, A.E. (2010). Science and Religion: A New Introduction(2nd Edition). Rondon: Wiley-Blackwell

Miller, A. I. (1996). Insights of Genius: Imagery and Creativity in Science and Art. New York: Springer-Verlag.

Oh, J.-Y. (2021). Understanding The theory of Special relativity. United Kingdom: Book Publisher International. ISBN: 978-93-90516-56-8

Potter, C. (2010). You Are Here: A Potable History of the Universe. New York: Windmill Books.

Stuart, C. (2020). The Universe in Bite-Sized Chunks. UK: Michael O'Mara Books Limited.

Vannucci, F. (2005). QU'EST-CE QUE LA RELATIVITE ?

제13장

세계를 미적으로 디자인한 아인슈타인의 일반상대성이론

| 요약 | 이장의 목적은, 초자연적인 신으로부터 출발하기보다는, 미적 감각으로 인간의 마음이 개입된 기존의 이론과 관찰 사실로부터 상대성이론을 어떻게 도출하는 가이다. 심리적인 요인인 미적 감각을 포함하는 일종의 초자연적인 것보다는 자연주의적인 것이다. 힘이 작용한 것이 아니라 질량과 에너지에 의하여 시공간이 휘어지는 것으로 모든 물체는 관성에 의하여 휘어진 시공간에 반응하여 운동한다는 것이다. 중력과 시공간에 대한 단순성과 정합성을 시종일관 유지하는 보석과 같다고 할 수 있다. 즉 우리를 포함한 세계에 대한 지식은 통합된 지식으로 볼 수 있지만 이러한 지식은 우리의 이성으로 접근 가능하다는 것으로 형이상학적 자연주의라고 할 수 있다. 상대성이론으로 통합하는 과정은 변증법적 과정으로 볼 수 있다. 이러한 변증법적 구조는 결국 인간 사유의 변증법으로, 과학적 이론을 조직하는 원리라고 할 수 있다. 모순되는 대립을 넘어선 통일성과 대칭성 원리라고 할 수 있다. 또한 일반상대성이론은 보석처럼 단단한 정합성의 원리가 미덕이다.

| 주요어 | 자연주의, 단순성, 정합성, 통일성의 원리

1 서론

뉴턴의 만유인력법칙은 예상외로 정확하였다. 하지만 뉴턴도 여전히 해결하지 못한 중요한 문제가 있었다. 뉴턴이 풀지 못한 문제에 도전하기로 결심한 사람은 앨버트 아인슈타인(1879-1955)이었다. 특히 자신의 특수상대성이론이 뉴턴의 중력법칙과 직접적으로 충돌하였기 때문이다. 뉴턴은 중력 작용이 즉시 일어난다고 믿었다. 이와 달리 아인슈타인의 특수상대성이론의 중심개념은 그 어떤 물체나 에너지 정보도 빛의 속도보다 빨리 움직일 수 없다는 것이다. 그러므로 중력도 즉시 작용할 수 없었다. 무엇보다도 물체와 물체사이에는 아무것도 없는 데 왜 인력이 작용하느냐하는 문제였다.

이런 모순을 피하기 위해, 아인슈타인은 새로운 중력이론을 탐구하였다. 이 새로운 이론은 뉴턴의 이론에서 타당한 부분을 포함할 뿐만 아니라, 중력이 어떻게 작용해야하는지를 설명해야하며, 이 설명은 특수상대성 이론사이에 모순이 있어서도 안 되었다. 그 목표를 일반상대성이론으로 달성하였다. 아인슈타인은 일반상대성이론에서 시공간이 왜곡되어 있고 중력이 정확히 빛의 속도로 이동한다는 것으로 뉴턴 이론과 특수상대성이론 사이의 모순점을 해결하였다(Libio, 2009, pp.327-328). 중력장에서 자유 낙하하는 관성계에서는 빛의 속도가 일정하게 진행되어 특수상대성이론이 그대로 적용되지만, 중력장 안에 있는 관찰자에게는 그 빛이 휘어지게 보인다. 전자의 관성계에서는 주력과 가속도가 등가로 발현된다는 점이다.

통상적으로 지금까지의 이론으로 설명하지 못하는 실험 결과가 먼저 발생하고, 이런 이론과 현상간의 불일치 현상을 해소하기 위하여 새로운 이론을 제안한다. 그러나 이론 간의 불일치인 뉴턴역학과 특수상대성이론 간의 통합이론인 일반상대성이론이 맞는지 확인하기 위해서 실험을 했다고 할 수 있다. 관찰자는 이론 간의 통합과 통합이론 자체의 미적인 아름다움과 같은 단순성에 가치를 두어 자료들을 수집한다고 할 수 있다. 즉 뉴턴역학은 상향적 방식이지만, 상대성이론은 하향식이라고 할 수 있다. 그 결과 뉴턴으로는 부분적으로 제한적인 설명으로만 이루어지는 현상들이 일반상대성이론이 예측 그대로 뉴턴역학보다 완전한 결과가 산출되었다. 하지만 그러한 이론은 형이상학적으로 인간의 마음과 독립된 객관적인 존재라고 그는 믿었다. 또한 경험주의에 인간의 관념론을 결합한 분명히 형이상학적 자연주의자다.

20세기 자연과학은 전체론(holism)이 우리의 모든 사유를 개념이라고 할 수 있다. 뉴턴 패러다임의 전형적인 사고방식인 원자론(atomism), 개인주의(individualism), 분리주의(separatism), 환원주의(reductionism), 등은 오래 전에 낡은 것이 되어 버렸기에, 반드시 포기해야 된다. 바람직한 설명의 원리는 관계 복합체 전체의 조직을 설명 대상으로 삼아야한다.

이러한 전체론 적 사고는 변증법적 방법에 의한 통합을 이루어야한다고 할 수 있다. 이러한 변증법적 사고는 뉴턴역학으로는 전혀 관계를 가질 수 없는 대립관계이지만, 통합되어야한다는 전체론적인 사고를 향하는 것은 강력한 추진력이 될 수 있다.

이장에서 변증법적 사고로 통합되는 과정을 유비추리과정을 통하여 이해하고, 이렇게 통합된 이론을 경험적 정확성에서 정당화 되는지를 탐색한다.

그 결과 아인슈타인은 중력장 안에서의 물체의 행동을 뉴턴역학에서처럼 끌어당기는 힘이 아니라, 물체가 따라가는 경로로 묘사하고 있다. 그들이 따라가는 경로는 공간의 구조적 성질에 의해 결정된다고 하였다.

뉴턴의 우주관에서는 공간을 직선과 직각으로 이루어진 크고 네모난 상자로 묘사하였다. 그 상자에서는 어떤 상호작용도 없이 천천히 일정하게 시간이 흘러간다. 사람들은 이런 것을 쉽게 상상할 수 있고 시각적으로 눈앞에서 그려낼 수 있는 것이다.

무엇보다도 상대성이론은 물리학에 의한 민주주의라고 할 수 있을 것이다. 관찰자 나는 우주의 중심이 될 수 있다. 단, 특수 상대성이론은 관성계. 즉 일정 속도로 운동하고 있는 실험실 위에서의 물리 현상이 정지 상태와 같다는 것을 기술하는 것에 지나지 않는다.

2 관성력과 중력은 동일하다는 등가원리를 어떻게 이끌어 왔는가?

아인슈타인이 일반상대성이론을 생각하게 된 것은 뉴턴의 재2법칙과 만유인력의 법칙에 똑 같은 물리량(질량)이 포함되어있다는 사실에 주목하면서였다. 아인슈타인은 이 두 법칙이 독립적인 법칙이라면 각각의 법칙에서 언급되는 질량의 정의가 다를 것이라고 생각했다. 뉴턴의 제2법칙($F=ma$)에서는 관성질량을, 만유인력의 법칙($F=Gm_1m_2/r^2$)에서는 중력 질량을 정의한다.

하지만 중력질량과 관성질량은 언제나 같다. 중력이 얼마나 많은지는 중력질량에 비례하고, 관성이 얼마나 큰지는 관성질량에 비례한다. 이렇게 중력질량과 관성질량은 아무런 관련이 없는데 왜 똑 같을까?

아인슈타인의 등가원리로 당연한 것이다. 관성력과 중력은 본질적으로 같은 것이므로 관성질량과 중력질량은 같은 것이 자연스럽다. 결과적으로 일반상대성이론은 중력과 가속이 일어나는 기준좌표계를 설명할 수 있도록 물리학을 확대시켰고, 공간은 '휘어' 있다는 결론을 도출하였으며 공간과 시간이 서로 연결되어 있을 뿐만 아니라, 우주를 완전히 설명하기 위해서는 공간과 시간 그리고 물질 혹은 에너지를 결합해야함을 보여주었다.

자유낙하의 실험실안의 무중력상태에서 등가원리 발견

실험실이 통째로 어떠한 속도로 등속운동을 한다 해도, 실험실 안에서의 관측결과를 설명하는 물리법칙은 달라지지 않는다. 즉 갈릴레오는 이러한 대칭성이 존재한다는 것을 알고 있었다.

더 나아가, 일종의 병진 대칭인 등속운동에 대한 대칭성과 "빛의 속도는 그것을 바라보는 관측자의 운동 상태에 관계없이 항상 일정하다."는 가정을 한데 묶어 특수상대성이론을 탄생시켰다. 아인슈타인은 빛의 속도를 불변량으로 간주함으로써 또 하나의 대칭성을 추가했다. 즉 빛의 속도는 관측자의 속도변화에 대하여 대칭성을 갖는다는 것이다.

아인슈타인의 일반상대성이론은 이러한 특수상대성이론을 더욱 큰 대칭성의 세계로 확장시킨 것이다. 특수상대성이론은 서로에 대하여 등속운동을 하고 있는 관측자들 사이에 대칭성에 기반을 두고 있으나,

일반상대성이론은 더 나아가 관측자들이 서로에 대하여 가속 운동하는 경우까지 고려한다.

특히 자유 낙하하는 실험실 안에서 중력과 관성력이 등가이기에 무중력 상태가 되어, 특수상대성이론과처럼 아무런 힘이 작용하지 않는 상태가 된다. 즉 그 실험실 안, 관성계에서 특수상대성이론에서처럼 빛의 속도의 불변성이 나나타난다. 결국 이러한 불변성은 중력과 관성력은 등가이며, 대칭적이다.

하지만 자유낙하하지 않는 곳에서의 중력장과 가속계는 동일한 물리법칙이 적용된다. 단, 중력장이 약화되면, 수학적으로 근사로 뉴턴역학이 된다. 중력장이 없어지면, 특수상대성이론이 된다. 즉, 일반상대성이론의 대칭성 범위는 뉴턴의 고전과학과 특수상대성이론의 대칭성 범위를 중력장이 강한 곳으로 확장하였다. 무엇보다도 일반 상대성이론은 모든 물체와 시공간의 영향을 미치는 중력의 근원을 설명하고 있으므로, 특수상대성이로보다 훨씬 강력할 뿐만 아니라 또한 대칭성이 높다.

중력장에서의 공간의 휘어짐

관성력과 중력의 유사성은 일반상대성 이론을 전개하는 가장 중요한 전제인 것이다.

예를 들면, 창문이 없는 아인슈타인의 우주선이 우주 공간을 위쪽으로 향하는 중력가속도로 가속운동을 한다면, 우주선 내부에서는 관성효과를 관찰 할 수 있다. 그렇다면 아랫방향으로 중력과 같은 관성력이 생성되게 된다. 하지만 이 경우에는 전 우주가 모든 성운과 함께 승강기에 대하여 아래쪽으로 가속도 운동을 하고 있는 것이 된다. 우주선을 이론적으로 고정된 기준계로 보면, 이와 같이 우주의 가속도 운동으로부터 중력장이 발생한다. 만약에 직진하는 빛이 있다면, 일정한 속도로 운동하는 우주선안의 관측자에게는 빛은 그대로 직진하는 것과는 다르게, 가속하는 우주선 안의 관측자에게는 관성력이 작용하는 방향으로 휘어지는 것처럼 보일 것이다. 중력과 관성력을 같은 것으로 본 것이다. 우주선을 기준계로 보면 그 장은 중력장일 것이고, 우주가 기준계라 하면 관성장이 될 것이다. 관성도 중력도 똑 같은 상황에 적용되는 두 가지 다른 단어에 불과하다. 절대운동이라는 것은 없기 때문이다. 존재하는 것은 승강기와 우주의 상대 운동뿐인 것이다. 상대성 이론의 기본 전제란, 운동은 등속이든 비등속이든 어떤 기준계에 의해서만 판단할 수 있으며, 절대운동은 존재하지 않는다는 뜻이다(Barnett, 2014, p.137).

표1은 철학에서 전형적인 유비추리 단계로 등가원리를 확장함을 보여주는 것이다.

전형적인 유비 논증은 서로 다른 두 대상이 특정한 점에서 서로 유사하다는 사상을 근거로 기초영역이 갖는 성질을 목표 영역도 갖는다고 추리하는 논증으로 과학의 역사에서 과학이론의 생성 발전시키는데 가장 중요한 역할을 하였다(Oh & Jeon, 2017).

과학발견의 원리인 유비추리의 전형적인 형식

<전제1> x에 해당하는 거의 대부분이 y에도 해당된다.

<전제2> x는 A를 갖는다.

<결론> 따라서 y도 A를 갖는다.

이 연구에서 이러한 유비추리를 사용, x는 가속계, y는 중력장이라 하자.

<전제1> 가속계(기반영역)와 중력장(목표영역)은 모든 물리법칙이 동일하게 적용되기에 등가이다.

<전제2> 가속계(기반영역)에서 빛이 휘어진다고 할 수 있다. 이러한 사고실험은 관성계가 아닌 가속계에서만 발생된다.

<결론> 따라서 중력장(목표영역)에서도 빛이 휘어지는 것이 당연히 발생될 것이다.

또한 빛은 측지선으로 이동하는 성질이 있기에, 질량에 의하여 시공간이 휘어져 있어야한다(새로운 일반 상대성 이론의 형성). 또한 이러한 중력에 의하여 시공간이 휘어진다는 이론에 의하여 다양한 현상들이 예측된다.<표 1의 결론>

논리적으로 강한 유비추리로, 제1전제가 되는 유사체가 진정한 등가원리가가 되기 위해서는 단순한 사례보다는 그들 관계들(relations)의 인과적인 과학이론의 연결여부에 있을 수 있다(Oh, & Jeon, 2017).

예를 들며, 기반영역인 가속계안의 관측자가 있다면(초기조건), 관성력을 느끼는 것뿐만 아니라 우주선 바깥에서 정지해있다는 운석들이 있다면, 우주선 관측자는 상대적으로 동일한 가속도로 접근하고 있다고 느낀다(결과들). 또한 목표영역인 중력장에 있는 관측자는(초기조건), 중력을 느끼고 있을 뿐만 아니라, 지표면위에서 공기저항이 없다면 동일한 중력가속도로 운석들이 낙하한다는 것을 이미 알고 있다(결과들). 관성력과 중력이라는 적용되는 인과법칙이 등가라는 것이다. 따라서 두 영역은 유사체를 넘어서 "등가"라는 주장이다. 결국 관성력과 중력이 별개라는 뉴턴의 이론을 물리적 대칭성 방향으로 통합하고자 한 것이다.

이렇게 유비적으로 강한 등가원리에 따라, 관측자가 가속도운동을 함으로써 중력이 작용하는 상태를 만들어 낸다. 그림 1에서처럼 관측자가 가속도 운동을 하는 경우와 물체에 중력이 작용하는 계에서는 언제나 동일한 법칙이 적용된다. 이러한 경우를 전제로 할 경우, 광자의 경우 시공간이 휘어져 있는 측지선을 따라 빛의 속도로 움직이기 때문에 중력에 의한 시공간이 휘어진다는 새로운 과학이론이 성립된다. 그 결과 그 보다 질량이 훨씬 큰 행성이 태양의 질량으로 인한 휘어짐이 태양의 중력 홈을 벗어나는 것을 막을 수 있을 정도로 충분히 크기 때문에 행성의 궤도 안에 묶여있다. 결국 관성계에서만 적용되는 특수상대성이론을 포괄하여 비관성계로 확장하고자 하였다.

로켓의 추력을 조절하는 스위치를 돌려서 지구의 중력장에 따른 경험과 동일하게 만들 수 있다는 것은 명백하다. 결국 가속하는 기준틀은 중력장에 속한 정지한 기준틀과 전혀 구분할 수 없다는 결론에 이르렀다. 즉 가속 기준틀은 어떤 종류의 물리실험을 활용하더라도 중력장과 관성계는 구분할 수 없다.

유추에 기초한 개념적 도약을 목격한다. 도약은 우주적 통일성을 보여주는 것이다.

만일 로켓이 가속 운동하지 않고 단순히 등속직선 운동한다면 빛의 진행방향은 수평에서 일정한 각도로 기울어져서 빛이 곧바로 일정한 방향으로 진행하는 것처럼 보일 것이다. 하나의 예는 지구가 등속도로 공전한다면, 관측되는 빛의 광행차가 하나의 예이다. 그러나 로켓이 가속운동하고 있으면, 단위 시간당 이동거리가 점점 커져서, 빛의 경로는 직선이 아니라 휘어진 곡선이 된다. 앞에서 언급한 것처럼 가속계에서 빛이 휘어져 보이면, 등가 원리를 인정하면 중력장속에서도 빛이 휘어져 보일 것이다.

이것은 비관성인 가속계에서 중력장으로 장소를 바꾸어도 물리적 현상은 동일하다는 것이다. 관성계서의 특수상대성이론을, 비관성계의 일반상대성이론의 병진대칭을 확장한 셈이다. 가속하는 우주선 안에서 빛이 분명 휘어진다면, 지표면의 중력장 안에서도 광선이 지면 쪽으로 약간 휘어진다는 생각은 당연하다. 이것이 상대성이론은 비관성계에서 등가원리를 이용한 대칭성의 원리이다. 하지만 뉴턴역학에 의하면 질량이 없는 빛이 중력의 영향을 받는다는 것은 납득하기 힘든 것이다. 그 해답은 아인슈타인은 공간이 휜다고 생각했다. 정확하게 말하면, 시공간이 휘어진다. 질량이 없는 빛은 중력에 이끌려가지 않는다. 하지만 시공간의 휘어짐에는 거스를 수 없다.

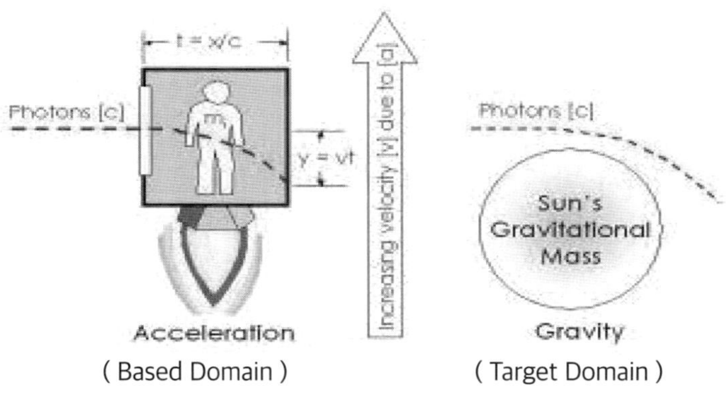

그림 1. 가속도 시스템과 중력장은 동일한 물리 법칙을 적용한다.

이론의 미결정에 따르면, 어떠한 자료들의 집합에서도 그것을 설명할 수 있는 이론의 수는 원칙적으로 무한하다. 이것을 피할 방법은 없는 것으로 보인다. 하지만 상대성 원리와 같은 특정한 가정을 포함하는 이론들은, 대응원리와 유비를 통하여 다른 이론과의 연결을 통해 살아남을 수 있는 것이다. 과학 사상의 역사는 과학의 개념과 가정의 연속성의 증거를 보여 준다.

뉴턴역학

전제: 질량이 있는 물체끼리만,

서로 중력이 작용하여 가속도를 가진다.

소전제: 빛은 질량이 없는 물체이다.

결론: 따라서, 빛은 중력이 적용하지 않는 물체이기에 관성의 법칙에 따라 직진 운동한다.

아인슈타인의 일반상대성이론,

전제: 질량이 있는 물체는,

그 질량 때문에 그 주변 공간이 휘어진다.

소전제: 빛은 질량이 없는 물체이다.

결론: 따라서, 빛은 질량이 없는 물체이기에 주변을 휘게 할 수는 없으나, 질량이 있는 물체 주변의 휘어진 경로를 따라 휘어지는 운동을 한다.

아인슈타인은 중력, 그리고 관성력 등 물체에 힘이 작용하는 현상을 모두 공간의 상태 때문이라고 하였다. 만유인력에 대하여서는 그것이 발생되는 원인이 되는 질량이 어디엔가 있다고 생각되지만 관성력에 대해서는 힘의 원인이 되는 원천이 없다. 그래서 뉴턴이 관성력을 가상적인 힘(Fictitious Forces)이라고 하였다. 따라서 아인슈타인은 이 둘을 통일적으로 논의하고자 힘의 원천이 되는 뉴턴의 방식을 부정하였다.

뉴턴은 지상의 물체는 지구 중심방향으로 향하는 중력이 작용한다. 반면에 아인슈타인은 이 현상을 지구가 물체에 힘이 작용한다고 생각하지 않고 지구 주위의 공간이 변화하고 있기 때문이라고 생각하였다. 즉, 지구나 태양 부근에서는 시공간이 휘어졌다고 생각한다. 지구 주위에 먼저 중력장이 존재하고 이것이 질량을 기진 물체와 서로 작용하여 중력이라는 힘이 출현한다. 마찬가지로 가속되는 관찰자 주위에서도 공간이 변화하여 중력장과 같은 역할을 한다고 말할 수 있다.

3 등가원리로부터 어떤 원리들을 귀결시켰는가?

등가원리는 일반상대성원리를 전개하는 과정에서 핵심적인 역할을 했다. 이것이 사실일 때만 어떤 상황에서 중력이 발생할 수 있다.

첫째, 중력이 시공간을 일그러지게 만든다는 것이다. 그 시공간의 일그러진 영향력으로 최단거리인 측지선을 따라 진행하면 빛의 진로가 휘어진다는 것이다. <예측>

나아가 아인슈타인은 '일그러진 시간과 공간'이라는 것을 확인하고, 중력이라는 것은 이 시공의 일그러짐이 초래하는 현상일 뿐이라는 생각에 이르렀다.

물질이 있으면 시공간이 일그러진다. 물질에는 질량이 있습니다. 특수상대성이론에서 질량과 에너지는 등가라는 말을 유명한 말입니다. 물질이 에너지라고 한다면 그 에너지가 주위에 영향을 준다는 것은 당연한 것입니다. 그 영향을 시공간의 휘어짐이라고 생각하면 됩니다. 물질은 제각기 그냥 놓여 있는 것이 아니라 제 각각 시공간을 휘게 한다. 물체가 무거울수록, 즉 에너지 많을수록, 가까울수록 많이 휘고, 먼 곳은 적게 휘고 특수 상대성 이론에서는 가속도를 고려하지 않으므로 편평한 시공간을 다룹니다. 그러나 가속도, 곧 중력을 다루는 일반상대성이론에서는 중력이 시공간을 휘게 만듭니다. 이렇게 휘어진 시공간 안에서 물질 입자와 마찬가지로 빛은 최단 경로(측지선)를 따라 움직인다고 생각한다(Hawking, & Mlodinow, 2005, p.44).

일반 상대성이론의 중요한 의미는 결국 시간과 공간자체도 동력학적인 양이라는 점입니다. 뉴턴 역학처럼 시공간이 먼저 주어져있고, 물질이 그 공간에 존재해서 어떻게 하는 것이 아니라, 물질이 에너지이기에 시공간을 휘게 하여 중력의 효과를 만듭니다. 그런가 하면 반대로 그러한 시공간이 물질의 운동을 결정합니다. 시공간이 어떻게 휘었는지에 따라 물질은 휘어진 시공간에 맞추어 움직입니다.

아래 식은, 물질이 공간의 곡률을 결정한다는 아인슈타인의 중력장 방정식이다. 이러한 중력장 방정식은 수학적 대칭성을 완성한 것이다. 아인슈타인의 일반 상대성 이론은 다음 형식의 방정식을 산출합니다.

(space-time curvature) ∝ (mass-energy density),

$R_{\mu\nu} - \frac{1}{2} G_{\mu\nu} R = T_{\mu\nu}$

시공간의 곡률을 의미 = 물질이나 에너지의 존재

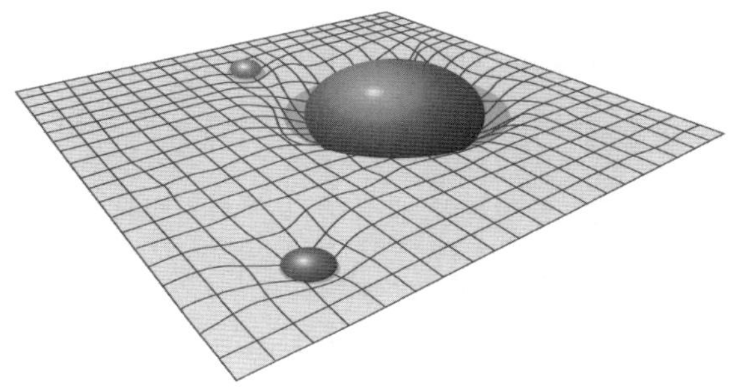

그림 2. 중력이 클수록 시공간은 더 크게 휘어진다. 4차원 시공간을 2차원 공간으로 표현. 이 기본 시공간은 또한 실제 시공간 사이의 중요한 모든 속성을 나타낼 수 있다.

시공간이란 자체가 장이고, 장은 에너지를 지니고 있습니다. 특수상대성이론에서 에너지 또한 물질입니다. 따라서 결국은 시공간, 에너지, 물질 등이 모두 밀접하게 연결되어 있어서 그 전체가 자연의 본질을 이룹니다. 분리되어 있는 것이 아니라 모두 연결되어 있다는 사실을 일반상대성 이론이 말해줍니다.

우주에 중력이 존재하지 않으면 유클리드 기하학이 성립하는 평평한 4차원 시공간인데, 여기저기에 물질이 존재하므로 중력장이 형성했고, 그 결과 휘어진 시공간이 되어 일반적으로 비-유클리드 기하학이 성립합니다. 일반 상대성 이론의 장방정식을 풀면, 빛이 중력장에서는 똑바로 가지 않고 휘어져 간다. 최근에 멀리 떨어진 퀘이사에서 나온 빛이 태양의 중력 작용으로 휘어진 현상을 관측해 정밀한 경과를 얻었습니다. 이렇게 중력이 빛의 경로를 구부리는 마치 렌즈와 비슷한 효과를 주므로 중력렌즈라고 부른다.

태양이 먼 항성과 거의 직선상에 놓이면 태양의 중력장이 항성의 빛을 휘어지게 하여 항성의 겉보기 위치가 달리지게 보인다. 보통의 경우, 이 효과를 관찰하는 것은 매우 어렵다. 왜냐하면 태양 빛이 태양근처의 하늘에 나타나는 항성들을 관측하기 어렵기 때문이다. 그러나 달이 태양 빛을 가리는 일식 때에는 관측이 가능하다. 1919년에 서아프리카에서, 아인슈타인이 예측한대로 일식을 관찰한 영국의 탐사대가 빛이 태양의 중력에 의해 휘어짐을 입증했다(Hawking, & Mlodinow, 2005, p.44). 특수상대성이론에 의하면, 에너지와 질량은 동일한 실체로서 에너지가 있는 곳에는 반드시 질량이 존재한다(여기서 질량이란 중력에 의해 끌리는 중력을 의미한다). 심지어는 빛조차 질량을 가진다. 빛은 에너지를 실어 나르기 때문이다. 그래서 빛이 태양근처를 스쳐 지날 때 태양의 중력에 끌려서 빛의 경로가 휘어진다고 할 수 있다.(Feynman, 1995, p.200).

중력과 가속도가 같은 의미를 가진다는 것을 토대로 하여, 물질이 있으면 주위의 시공이 일그러지는 것을 밝히고 물질과 시공을 정확히 같게 취급하는 것을 가능하게 하는 이론이다.

1) 위로 가속하는 승강기 안에서는 수평으로 지나가는 빛은 휘어져 보인다. <가속계에서의 사고실험>

2) 가속하는 승강기와 중력이 미치는 승강기는 같은 물리법칙이 적

용된다. <등가원리와 대칭원리>

3) 등가원리를 적용하면, 중력이 미치는 승강기 안에서도 빛은 휘어져 보일 것이다. <중력계에서의 사고실험>

4) 질량이 없는 빛은 중력의 영향이 없이 항상 직진하기 때문에, 빛이 휘어진 것이 아니라 공간이 휘어진 것이다. 특수상대성이론에 의하면 빛은 직선경로에 따라 일정한 속도로 달린다. 일직선으로 나아가면서 또한 곡선으로 운동하기 위한 한 가지 방법은 휘어진 표면에서 일직선으로 나아가면서 또한 곡선으로 운동하는 하나의 방법은 휘어진 표면에서 일직선으로 운동하는 것이다. 하지만 자유 낙하하는 승강기 안에서 수평으로 입사하는 광선은 직선 운동하는 것처럼 보인다. 연직성분은 함께 낙하하기에 보이지 않고, 수평성분만 보이기 때문이다. <질량은 공간이 휘어지게 한다. 광속불변의 법칙 적용>

5) 질량과 에너지는 등가이고 시공간은 결합되어있기에, 질량과 에너지는 시공간을 휘어진다.

단순하게 편평하지 않은 휘어진 2차원 공간을 곡면, 1차원 공간을 곡선이라 한다. 그런데 휘어져 있다는 것은 어떤 의미일까? 수학적으로는 각 점마다 그것의 아주 작은 근처(neighborhood)이 구면(sphere)의 일부와 거의 같으며 곡면, 원의 일부와 같으면 곡선이라 한다. 곡면이나 곡선의 각점에서의 휘어진 정도를 곡률(curvature)이라고 하는데, 이 때 곡률이란 그 점의 근방을 이루는 구면이나 원의 반지름의 역수이다. 즉 곡률이 클수록 반지름이 작아서, 그 점에서의 곡률이 클수록 그 점 근방에서, 그 곡면이나 곡선이 많이 휘어진 것이다. 곡면에 사는 개미는 그 곡면이 휘어짐을 느낄 수 없고, 그것이 놓인 3차원 공간에서 그 곡면을 바라보아 느낄 수 있다. 우리가 살고 있는 3차원의 우주도 그렇다. 우주 안에 살고 있는 우리는 우주의 휘어짐을 느낄 수 없다. 4차원에서 바라보아야 느낄 수 있다(송용진, 2021, p.367). 질량과 에너지에 의하여 공간이 휘어진다는 것은 시간도 휘어진다는 것이다. 즉 시간이 느려진다는 것을 의미한다.

중력이 강하면, 시간이 느려지고 빛의 파장이 길어진다(사고실험).

도플러 효과라는 말을 들으면 사이렌 소리를 떠 올리는 사람도 있을 것이다. 경찰차나 구급차의 사이렌 소리는 관찰자에 접근할 때는 고음(소리의 속도가 일정하면, 진동수가 커지고, 파장은 짧아진다)으로, 멀어질 때는 저음(진동수가 작아지고, 파장은 길어진다)으로 들린다.

속도가 점점 빨라지는 가속되는 상당히 긴 우주선 안(가속계)에서 일어나는 현상들을 사고실험으로 고려한다. 그리고는 등가 원리와 대칭성에 의하여 중력이 강한 우주선안의 후방과 상대적으로 중력이 약한 전방을 고려한다.

우선 우주선의 전방과 후방에서 동시에 빛을 발사했다고 하자, 전방에 있는 관측자는 후방에서 발사한 빛의 파장이 자신의 빛의 파장보다 길어졌다고 측정될 것이다. 관측자 자신의 속도가 가속되어 이전의 시점에서의 광원의 속도가 일정하다면, 시간이 지나 그들과의 거리가 점점 멀어지기 때문이다(도플러 효과). 즉 한번 진동할 때 진행한 파장이 길어진다는 것은 그 진동 주기가 길어진다는 것(빛의 속도 일정)으로 후방이 전방의 자신보다 시간이 지연된다는 것을 의미한다.

반면에 전방에서 발사한 빛은, 후방의 관측자에게는 자신의 것보다는 파장이 짧아질 것이다. 가속되는 관찰자와 이전의 광원의 발사 시점에서 시간이 지나 일정한 속도의 이전의 광원으로부터 거리가 점점 가까워 접근하기 때문이다. 파장이 짧아진다는 것은 주기가 짧아진다는 것을 의미(빛의 속도 일정)하므로 후방의 관측자에게는 전방은 시간이 자신보다 빠르다는 것을 알 수 있다.

이와 같이 가속계와 중력계가 등가라는 원리에 따라, 중력이 더 강한 후방에서는 전방에서보다 시간이 느리게 흐른다는 것을 알 수 있다. 즉 중력이 강할수록 시간이 느리게 흐른다.

또한 별빛이 어떤 별의 강력한 중력장을 빠져 나올 때, 파장이 길어져서 적색편이현상이 나타난다는 것 또한 알 수 있다. 즉 에너지를 잃기 때문이다.

모든 물체는 관성의 법칙에 의해 직선(두 점 사이의 최단거리)을 따라 움직이는 데, 휘어진 시공간에서는 측지선(geodesic)을 따라 움직인다. 측지선은 두 시공 사이를 잇는 최단 시공간 거리이다. 휘어진 시공간에서는 직선이란 개념 대신 측지선이란 개념을 쓴다. 물체가 4차원 시공인 어떤 지점에서 어떤 지점까지 측지선을 따라 나아가는 경우, 그 물체는 등속직선운동을 하게 된다. 즉, 등속직선운동이라는 것은 한 장소에서 한 장소로 가장 짧은 거리를 가장 많은 시간이 걸려 나아가는 방법이다. 두 점을 연결하는 선중에서 측지선이외의 선은 반드시 측지선보다 거리가 길고, 시간이 짧아진다. 측지선에서 빗나가 가속도 운동을 하는 것은 측지선위에서 등속직선 운동하는 것보다, 시간의 흐름이 지연되는 것이다. 평면상에서 점 과 점을 지나는 직선이란 두 점을 잇는 가장 가까운 거리의 선이다. 하지만 구면상에서는 주점을 잇는 직선은 실제로 없지만 기징 짧은 선은 존재한다. 두 점을 통과하는 대원이 그것이다. 예를 들면, 지구의 경도선은 모두 대원인데, 위도는 적도만 대원이다. 구면상에서는 직선(측지선)이라 부르는 것은 대원뿐이다.

유클리드 기하학의 공리는 대부분은 리만 기하학에서 성립하지 않는다. 예를 들면, 유클리드 기하학은 두 평행선이 만날 수 없다고 정의하지만 리만 기하학에서는 두 평행선이 만날 수 있다. 그러므로 리만 기하학과 유클리드 기하학은 완전히 다른 기하학이다. 리만 기하학으로 일반상대성이론으로 공간수축효과와 시간 지연효과를 쉽게 해석할 수 있다.

먼저 시공간의 곡률(Curvature)은 시공간의 휘어짐 정도를 반영하는 물리량이다. 시공간의 휘어짐은 질량이 큰 천체일수록 주변 시공간이 더 많이 휘어져 더 큰 곡률을 갖는다. 블랙홀 주변의 공간을 휘어짐으로, 블랙홀 안쪽으로 가면, 가로 눈금 간격이 줄어든다. 또한 시간도 압축된다. 따라서 강한 중력장에서는 시간이 압축되어 시간이 천천히 흐른다.

둘째, 수성공전 궤도는 뉴턴 물리학으로 계산한 궤도에서 벗어난다는 것을 설명한다.

태양주위로 공전하는 수성의 근일점이 조금씩 이동합니다. 이것은 태양 질량 분포의 불균일성이나 근처에 있는 다른 행성들의 영향으로 공전 궤도 자체가 이동하기 때문입니다. 이러한 근일점의 이동은 뉴턴역학을 이용하여 계산할 수 있다. 하지만 태양과 가장 가까운 궤도를 도는 수성의 근일점 이동은 뉴턴역학을 이용하여 뉴턴역학에 의하여 계산한 값과 실제로 관측한 값과는 차이가 있다. 이 차이를 아인슈타인은 일반상대성이론에 적용한다면, 거대한 질량을 지닌 태양근처에서는 공간이 크게 휘어지어 그 영향으로 수성궤도가 휘어진다는 것입니다. 이것은 다른 행성들의 영향을 고려하지 않고 태양과 수성만이 존재한다고 하는 질점의 2체문제로 가정했을 경우, 뉴턴역학에 의한다면 닫힌 타원궤도를 이루기에 차이가 나타나지 않아야 된다. 반면에 수성의 행동을 일반상대성이론에 따라 계산하면 닫힌 궤도가 아니기에 차이가 당연히 나타난다. 태양의 중력장을 질량으로 보고, 또 다시 이 질량이 만들어낸 중력장이 수성의 근일점을 이동시켰다고 보았기 때문이다. 태양 주변의 큰 중력장은 새끼를 쳐서 또 다른 작은 중력장을 만드는데 이 작은 중력장까지 계산해야 수성의 근일점이 풀린다. 수성 근일점 이동 현상에서 보았듯이, 중력이 크면 클수록(즉 공간이 크게 휘어질수록) 만유인력법칙의 오차는 커진다.

일반 상대성 이론에 의하면, 중력의 작용으로부터 생긴 위치에너지는 뉴턴역학에서 수정된 형태의 방정식인,

$U= -GmM_{\odot}/r +(-3/2 \cdot v^2/c^2 \cdot GmM_{\odot}/r) + \ldots$

여기서 첫째 항은 뉴턴의 이론에 의한 것과 같다. 둘째 항은 일반 상대성 이론에 의한 수정 값인데, 첫째 항보다 훨씬 작지만, 수성처럼 태양에 매우 가까운 경우(r)에는 다른 행성들에 비해서 큰 효과가 발생된다는 것을 알 수 있다. 둘째 항에는 행성의 자전속도(v)도 영향을 준다는 것을 알 수 있다. 하지만 빛의 속도(c)에 비하여 매우 작기에 태양계에서는 대부분 행성들에 무시된다.

이것은 예측된 자료보다는 이미 알려진 자료들을 설명하는 데 아인슈타인의 상대성이론을 적용하였다. 하지만 사람들은 제안된 예측된 자료가 아니기에, 빛의 행동을 예측하는 1919년 5월 29일 개기일식이 일어나 영국의 천체물리학자인 에딩턴이 이끄는 두 천문학 연구팀의 빛이 태양에 의해 얼마나 휘는지를 측정할 때까지 기다려야했다.

셋째, 일반상대성 이론에서 또 하나의 예측은, 중력장에서 우주공간으로 빛이 나오면 에너지를 잃기에 파의 길이가 길어지는 중력적색편이(Gravitational Red-shift)현상을 보인다. 예를 들면 지구에서 우주로 로켓을 발사하면 지구의 중력은 당기는 힘으로 작용하여 로켓을 아래로 당긴다. 따라서 로켓아 중력을 극복하려는 과정에서 에너지가 상실된다. 아인슈타인은 태양에서 방출되는 빛도 이와 마찬가지로 태양의 중력을 뿌리쳐야하므로 그 과정에서 에너지가 상실된다. 아인슈타인은 태양에서 방출되는 빛도 이와 마찬가지로 태양의 중력을 극복해하는 것처럼 에너지를 일을 것이라 유비적으로 추론하였다. 다만 이때 빛의 속도란 변하지 않고 그 진동수가 감소한다. 그 결과 빛의 파장은 길어진다. 또한 빛의 한 파장에 해당하는 시간의 주기도 길어져서(빛의 속도= 파장/주기) 우주공간보다 강한 중력장에서는 절대적으로 시간도 천천히 흐릅니다. 이를 중력 시간 지연 이라고 한다(Hawking, & Mlodinow, 2005, pp. 44-45).

또한 빛이 휜다는 것은 공간이 휘어져 있다는 의미다. 중력이란 '공간이 휘어져 있다'는 말과 같다. 물론 공간만 휘는 것이 아니라 시간도 휜다. 시간이 휜다는 것은 시간이 변한다는 말이다. 따라서 중력이 강한 곳에 있는 시계는 느려진다. 즉 강한 중력장에 의하여 공간이 늘어난 공간이지만, 빛의 속도가 빨라질 수 없고 동일하기에, 빛은 늘어난 거리를 감당할만한 충분한 거리를 확보하는 방법은 늘어난 공간 안에서는 시간이 천천히 흘러가는 것 밖에 없다. 중력장에 의해 시공간이 휘어지면 이동거리가 늘어나 도달시간도 길어지면 파장도 길어지는 것이다. 일종의 빛의 도플러 효과(Doppler Effect)라고 할 수 있다. 특수상대성이론도 상대적으로 움직이는 우주선 안에서의 광 시계에서 빛의 이동거리가 상대속도의 크기에 따라 길어지기 때문에 빛의 파장이 길어지고 시간이 지연되는 현상을 설명할 수 있다. 하지만 특수상대성이론과 다르게 상대적인 것이 아니라 중력이 강할수록 공간이 늘어나서, 절대적으로 천천히 흐른다는 점이다.

결국, 빛의 속도는 관찰자와 광원의 속도에 관계없을 뿐만 아니라, 강한 중력장과 가속도에도 영향을 받지 않는다는 것은 무엇을 의미할까? 빛은 속도를 변화시키는 것보다는 파장을 변화시킨다는 것을 알 수 있다. 그 결과를 우리가 관측할 뿐이다. 독특한 빛의 파동이라는 성질을 보여주는 것이다. 이인슈타인의 상대성이론은, 빛의 속도의 절대성원리에 기반을 두고 있다는 것을 알 수 있다. 아인슈타인은 자신이 이론이 상대성이라는 명칭으로 불리는 것에 대하여 문제가 있다고 하였다.

중력에 의해 시간이 느려지는 것은 두 가지 이유로 설명될 수 있습니다.

하나는, 일반상대성이론에서 중력은 가속과 구분할 수 없다는 등가원리가 성립합니다. 가속은 점점 빨라지는 수많은 등속운동이므로, 결국 속도와 관련된 물리량이므로 가속계 또한 시간이 느려지는 것으로 설명될 수 있습니다.

지표면에서 지구의 곡률을 거의 무시할 수 있는 아주 작은 곳에서, 두 상황을 고려합니다. 예를 들면 높이가 다른 두 지점에 시계를 두고 시계로부터 아주 가까운 두 지점에 자유 낙하하는 승강기가 통과할 수 있다고 하자. 이제 높은 위치를 A, 낮은 위치를 B라고 하자,

결국 중력은 A에서의 중력가속도가 B보다 작을 것이다. 그럼 자유 낙하하는 승강기와 함께 낙하하면서 이 시계를 관찰한다고 하자. 승강기 안에서는 이미 무 중력상태기이에 관성기준계라는 것을 알 수 있다. 이러한 관성기준계에서는 당연히 특수 상대성이론을 적용할 수 있다. 특수상대성이론의 시간지연효과는 상대운동 속도가 빠를수록 시간은 느리게 간다. 따라서 자유낙하 하는 승강기 안의 관측자는 느끼는 시계의 상대 속도는 가속도가 큰 B 지점의 시계가 A지점의 시계보다 훨씬 클 것이다. 따라서 승강기를 타고 있는 관측자는 지표면에서 가까운 B 지점의 시계가 상대적으로 A보다 느리게 흐른다고 느낄 것이다. 이것은 중력이 작은 곳보다는 큰 곳에서 시간의 흐름이 늦어진다는 것을 의

미한다.

특수상대성이론이 "등속"에 대해서만 성립한다는 것은 느려지는 시간(량)을 구할 때 사용되는 로렌츠변환식이 등속일 때만 적용할 수 있기 때문입니다. 이것을 가속계에도 성립하는 방정식으로 발전된 것이 일반상대성이론이다.

또한, 특수상대성이론에서 설명되는 좌표계에 따라 빛의 관측거리가 달라지는 것으로도 설명될 수 있습니다. 중력에 의해 휘어진 시공간을 지나는 빛의 경로와 그것을 외부에서 관측하는 경우 각각 다르다는 것을 알 수 있습니다. 강한 중력장 내에 존재하는 경우 빛은 3차원적 공간의 최단경로를 따라 이동하는 것으로 관측되는데, 외부 관찰자에게는 휘어진 먼 경로를 돌아 나오는 빛의 관측거리가 더 길다는 데서 같은 원리로 설명될 수 있게 됩니다.

넷째, 가속을 일으킨 거대한 질량으로부터 빛의 속도로 발산되는 중력파가 존재한다.

중력파란 커다란 질량을 가진 천체가 폭발이나 충돌에 의해 급격한 질량 변화가 있을 때 발생하는 시공의 일그러짐이 파도처럼 전달되는 것입니다. 그러나 중력파는 매우 작기 때문에 그 검출이 매우 어렵다. 따라서 검출에 100년이 걸렸다고 할 수 있다.

비유적으로 설명하자면 고무판 위에 무거운 물체를 없애면 곧바로 평평해지지 않을 거라고 짐작할 수 있다. 그런데 곧바로 평평해지지 않을 거라고 짐작할 수 있다. 그러한 고무판도 출렁거릴 것이다. 물체가 없어진 효과가 점차 고무판 멀리까지 파동처럼 출렁이며 전달될 것이다. 바로 이런 일이 우주에서 일어난다고 아인슈타인은 설명한다. 실제로 아인슈타인의 장 방정식을 풀어보면 이런 파동이 있어야 한다는 것을 알 수 있다. 이것이 바로 중력파다. 중력파의 속도는 빛의 속도와 같다. 즉 중력파는 우주에 놓인 어떤 물체의 변화를 우주의 모든 곳에 빛의 속도로 전파한다. 그러므로 시간이 전혀 걸리지 않고 순식간에 힘을 작용시킨다는 뉴턴역학에는 문제가 있다.

다섯째, 우주에서 상상할 수 있는 극단의 천체인, 블랙홀은 거대한 별의 마지막 모습이다. 태양보다 훨씬 무거운 별은 핵융합 반응으로 빛을 방출하면서 에너지를 잃고 스스로가 지닌 중력수축을 시작합니다. 별은 점점 수축하게 되어 밀도가 무한하게 높아지면 그에 따라 별 표면의 중력은 점점 커져서 주위의 공간을 심하게 비틀어집니다. 이렇게 되면 물질은 물론 빛조차 앞으로 나갈 수가 없습니다. 블랙홀은 물체가 너무 무거워서 주위 시공간이 휘어지다 못해 구멍이 간 것이다(김수찬, 2019, p.44).

우리가 빛이라는 것은 질량이 없기에 중력의 영향을 받지 않는다고 할 수 있다. 하지만 아인슈타인의 특수상대성이론에 의하면 에너지와 질량은 서로 교환 가능한 것이다, 즉 빛은 질량과 본질적은 같은 것이다. 빛이 똑바로 위로 보내면 몇 초 뒤에 빛의 속도는 지구 중력장을 벗어나게 된다. 한 시간 뒤에는 태양계의 중력장을 벗어나 영원히 우주를 향하여 날아간다. 하지만 아주 막대한 밀도를 가진 천체가 있다면 그 질량과 같은 빛은 탈출 할 수 없다는 점이다. 그 천체가 블랙홀인 것이다.

우리는 사고실험을 통하여, 중력에 의하여 공간이 늘어나면, 시간이 지연되고, 중력이 더 강할수록 그 지연효과가 더 크다. 즉 물체는 시간이 지연되는 방향으로 이동한다는 것이다.

만약, 별의 수축으로 점점 별의 밀도가 크고 중심에 가까워지면, 그가 경험하는 중력장은 점점 커질 것이다. 별에서 나오는 신호는 마루와 마루가 도착하는 주기가 점점 길어져서 빛은 점점 더 붉어질 것이다. 또는 점점 약해질 것이다. 결국, 별은 매우 희미해져서 더 이상 별 밖 아주 먼 곳의 있는 우리에게는 볼 수 없게 될 것이다. 그리고 남아있는 것은 공간 속에 검은 구멍(블랙 홀)뿐이다. 사건의 지평선은 탈출속도가 빛의 속도가 되는 경계로, 블랙홀의 질량이 클수록 그 반경이 커진다. 만약에 어떤 물체가 사건의 지평선 안으로 들어간다면, 우리가 보기에는 영원히 빠져들지만, 시간이 무한대로 늘어져 있어, 관찰가능하다면 즉 시간이 흐르지 않기에 그대로 존재하는 것처럼 보인다.

2020년 노벨 물리학상은 우주에서 가장 극적이고 낭만적인 현상으로 꼽히는 블랙홀 연구자들에게 돌아갔다. 블랙홀이 우주에 실제로 존재하고 있음을 이론으로 예측한 물리학자와 우리은하 중심부에 위치한 거대한 블랙홀의 존재를 실제 관측을 통해 입증한 천체물리학자들이 주인공들이다. 이러한 블랙홀은 아인슈타인조차도 확신 못한 '개념'에 불과했으나 이들은 블랙홀이 실존한다는 사실을 밝혔다.

특히, 엘리베이터가 지구에서 자유 낙하하는 경우를 상상하자. 그러면 엘리베이트 안의 실험자는 물체들이 더 이상 어떤 힘을 받지 않게 되고, 가속운동이 사라지게 된다. 즉 물체들은 소위 '무중력'에 도달하게 된다. 또한 엘리베이트가 가속하는지 그 안에서는 알아낼 수 없다.

마치 갈릴레오가 배 안의 관측자가 그 배가 움직이고 있는지 정지해있는지 알 수 없는 것과 같다. 우리는 어떤 국소(local)영역에서, 모든 중력 효과가 완전히 제거되는 기준계(아인슈타인의 엘리베이터)를 발견할 수 있는데, 이것이 중력만이 가장 중요한 특성이다. 물리학에서는 어떠한 힘도 이러한 특성을 가지지 않는다.

4 아인슈타인의 창의력과 장반정식 의미

시간과 공간은 누구에게나 똑 같이 뉴턴의 절대적인 것이 아니라 상대적인이다. 시공간의 왜곡에 의해 중력이 발생한다는 일반 상대성이론은, 뉴턴의 일반적인 상식과는 다르기 때문에 쉽게 받아들이지 못했다.

물리학은 보통, 실험결과에서 기존의 이론과의 차이를 발견하고 그 차이를 단서로 새로운 이론을 찾아내 발전해간다. 지금까지의 이론으로 설명하지 못하는 실험결과가 먼저 발생하고, '왜' 실험결과는 기존이론과 차이가 있는가? '왜' 이런 현상이 발생하는가? 라는 것을 과학자가 생각하여 새로운 이론을 만들어서 제안한다. 특수 상대성이론이 빛의 속도가 항상 일정하다는 관측결과를 계기로 생겨났다는 점에서는 평범한 물리학 발전의 과정을 따르고 있다고 할 수 있다. 하지만 아인슈타인은 그러한 관측사실을 모르고 있었다. 뉴턴역학과 맥스웰의 전자기 아론의 비대칭 성에 문제를 생각하고 있었다.

또한 아인슈타인이 일반 상대성 이론을 생각해냈을 때는 뉴턴의 만유인력법칙으로 설명할 수 없는 기존 이론과의 차이가 현실에서는 아직은 발견되지 않았다. 일반 상대성 이론이 아니리면 어떻게 해도 설명할 수 없는 관측결과가 있었던 것은 아니다.

물체와 물체사이에 아무것도 없는 데 왜 인력이 작용하느냐는 소박한 의문이 들자 아인슈타인은 큰 문제성을 발견하였다. 그리하여 시간과 공간이 왜곡되어있다고 생각하면 앞뒤가 맞는다는 번뜩이는 아이디어로 일반 상대성이론인 장방정식을 만들어 냈다. 그리고 그것이 정말로 맞는지 확인하기 위해서 과학자들이 실험을 했는데, 지금까지의 뉴턴 이론이라는 기존 이론과의 차이가 발생하는 현상이 일반 상대성이론이 예측하는 그대로 결과가 나왔다.

보통과는 반대의 과정으로, 특수상대성이론과 일반상대성이론이 생겨났다. 그렇기 때문에 아인슈타인의 특별한 창의성이 발휘되었다고 할 수 있다.

아이슈타인의 장방정식은 공간 안에서 움직이고 있는 물체의 에너지와 운동량 그리고 공간의 곡률사이의 관계를 나타낸다.

시간과 공간을 하나로 묶어낸 특수상대성에서와 같이 질량과 에너지를 하나로 묶여져 에너지도 중력의 원천이 된다. 하지만 일반상대성이론에서는 그러한 에너지가 공간 자체의 기하학적 형태에 영향을 주기 때문에 이 이론은 뉴턴의 민유인력 법칙보다 흥미 있는 것으로 만든다. 그것은 에너지가 중력장과 상호작용을 통해 공간의 곡률에 영향을 받고, 동시에 공간의 곡률에 영향을 주기 때문이다.

아름다운 아인슈타인의 중력장 방정식은 무엇인가?

아인슈타인은 중력에 대하여, “중력은 힘이 아니라 본질적으로 시공간의 곡률체이다." 즉 행성이 태양 주위를 도는 것은 태양이 이 행성을 끌어당기는 것이 아니라, 태양을 둘러싸고 있는 곡선 형태의 시공간 때문이다. 즉 일반 상대성이론은 뉴턴의 신비로운 중력을 시공의 기하학으로 대체하는 성과를 올렸다.

특수 상대성이론이 뉴턴역학에서 독립적인 물리적 실체로 여겼던 시간과 공간을 시공간으로 통합했다면, 일반상대성이론은 그때까지 다르게 취급했던 물질과 시공간을 통합한 이론이다. 필자가 보기에는 특수상대성이론은 뉴턴의 역학처럼 시공간과 독립된 물질의 역학이지만, 일반상대성이론은 바로 시공간과 물질이 연결된 우주론이라고 할 수 있다. 이 이론은 중력장 방정식은 시공의 휘어짐이 에너지(물질)에 의해 결정된다는 의미를 가지고 있다. 현재의 물리학자들은 이러한 장 방정식으로 우주의 창조와 진화를 재현할 수 있다는 사실에 찬탄을 하고 있다.

전문 용어로 표현하면, 일반 상대성이론은 '비선형적인' 이론이다. 이것은 해석학적인 방법으로는 방정식 해를 구하기 어렵다는 것이다. 물리적으로는 질량과 에너지 분포가 한 점에서의 중력장의 세기를 결정하여 그 점에서의 공간의 곡률을 결정한다는 것이다. 그리고는 다시 그러한 중력장의 세기에 의해 결정되는 공간의 곡률은 질량과 에너지 분포를 다시 결정하고, 그러한 질량과 에너지 분포는 또다시 공간과 곡률을 결정하는 반복적인 구조를 가지고 있다는 것이다. 이 관계는 마치 닭이 먼저냐 알이 먼저냐 하는 것과 비슷하다.

이렇게 중력장이 중력장을 만든다는 아인슈타인의 생각을 증명한 것이 수성의 근일점 이동 현상이다.

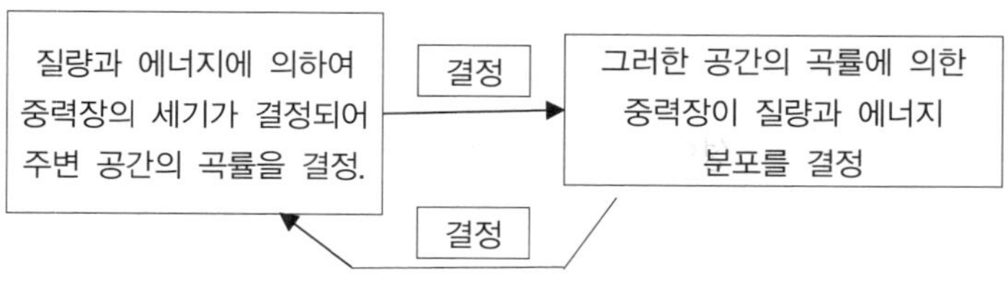

그림 3. 중력장이 또 다른 중력장을 만드는 과정

물질이 어떻게 분포하고 있는가에 따라 시간 공간의 구조적 성질이 결정되고, 반대로 시간 공간이 어떤 구조적 성질을 갖고 있는가에 따라 그 속에 물질들이 어떻게 분포하는 가를 결정된다는 뜻이다. 이 관계는 마치 닭이 먼저냐 달걀이 먼저냐 하는 것과 비슷하다.

공간의 특정 장소에 물체가 존재하면 그 주변의 공간을 왜곡시키고, 그렇게 왜곡된 공간은 물체의 운동을 야기한다. 그리고 물체가 움직이면 공간은 또 다른 형태로 왜곡되고.. 이런 과정이 끝없이 계속된다.

상대성이론은 하나의 현상만을 묘사하는 것이 아니라, 상대성이론은 세계에 대한 우리 생각의 많은 부분을 통합하는 한 세트의 원리이다. 그는 자연의 과정을 해명하려고 하는 시도하는 가운데 '우리의 직접적인 경험'을 넘어서야할 필요성을 제시하였다. 20세기 피카소의 입체파 운동이 화폭에 세계를 그리는 새로운 방법을 찾던 그 시기에 아인슈타인은 마음속에 그리던 새로운 방법을 찾았다. 20세기 화가, 작가, 음악가들처럼, 우리들이 감각으로 직접 인식할 수 없는 것만큼 이성에 근거하여 인간이 직접적인 경험을 뛰어넘어 세계를 형상화할 수 있었던 것이다.

절대공간과 절대시간을 말하는 유클리드 기하학은 비유클리드 기하학의 특수한 경우라고 해서 비 유클리드 기하학이 더 보편성을 띤 것이라고 말 할 수 있다.

리만 기하학은 뉴턴의 절대공간과 절대시간 위에서 성립되는 것이 아니라, 상대공간과 상대시간의 관점에서 나온 것이다. 물질 또는 에너지로 채워진 경험공간에서 그 의미를 가진다. 절대공간에서 공간의 힘이 영(0)이기 때문이다. 리만이 말하는 공간의 휨 현상은, 절대공간 그 자체를 기준으로 하는 것이 아니라 벡터 공간을 기술하는 공간과 시간을 기준으로 하는 것이다. 상대 공간은 벡터 공간을 말한다.

벡터공간이란 물질 또는 에너지가 분포된 공간, 즉 물질 또는 에너지로 채워진 공간으로 만곡이 영이 아니며, 만곡의 정도는 물질 또는 에너지 분포 밀도를 나타낸다. 이때 공간의 위치에 따라서 달라지는 공간의 휨 현상은 물질 또는 에너지 분포에 의한 것이다. 그리고 역으로 물질이란 시간, 공간의 휨 정도의 성질에 지나지 않는다(송병옥, 2004, p.94).

아인슈타인의 일반 상대성이론에서는 시간과 공간, 그리고 물체들의 운동이 상호관계에 있다. 뉴턴이 이해했던 물질의 운동과 무관한 절대공간 및 시간으로부터 탈피하고 있을 뿐만 아니라, 갈릴레오가 배에서 제시한 갈릴레오 상대성 원리를 훨씬 능가하고 있다. 시공간이라는 것은 물리량을 가진 물체들로부터 분리되어 자발적으로 존재할 수 있는 것이 아니다. 물체들은 공간의 한 중앙에 있는 것이 아니라, 공간의 영역을 차지한다. 따라서 갈릴레오와 뉴턴의 빈 공간이라는 개념은 그 중요성이 잃고 있다. 무엇보다도 관성질량과 중력 질량이 동일하다는 것을 보여준다. 또한 같은 위치에서는 모든 물체는 동일한 가속도를 가질 수 있다는 갈릴레오의 생각을 실현한다.

단순성에 의한 일반상대성이론의 아름다움

과학적 방법론의 가장 오래된 격률중의 하나는 일반적으로 이렇게 기술된다. 만일 두 가설이 유관한 사실들을 동일하게 설명하게 된다면, 우리는 당연히 둘 중 더 단순한 가설을 선호한다. 하지만 이러한 전통적인 격률도 수정을 필요로 한다. 왜냐하면 한 개별 가설의 단순성은 일반적으로 그 가설을 받아들이는 데서 생겨나는 체계 전체 혹은 이론 전체의 단순성보다는 중요하지 않기 때문이다. 예를 들면, 일반 상대성 이론을 완성시키는 과정에서 아인슈타인은 아주 단순한 유클리드 기하학을 훨씬 더 복잡한 구조를 지닌 비-유클리드 기하학으로 대치하였다. 하지만 물리학자들의 전체 체계를 위해서는 단순성이 증대되는 결과를 가져왔다. 아인슈타인은 카르납이 표현했듯이 다음의 사실을 분명하게 깨닫고 있었다(Carnap, 1966, Aune, 1970, 재인용).

> "비-유클리드적인 접근 방식을 채택하자마자, 물리적인 법칙들은 아주 단순화될 것이다..... 단단한 물체들의 수축과 광선의 굴절을 설명하기 위해 더 이상 새로운 법칙을 도입할 필요가 없을 것이다. ... 그리고 태양의 주위를 공전하는 행성들의 궤도와 같은 물리적인 물체들을 지배하는 이전의 법칙들은 대단히 단순해지는 것이다.... '중력' 대신에 오로지 어떤 대상이 자연적인 '세계-경계선'을 따라서 하게 되는 운동만이 존재한다. 이것이 바로 시간-공간 체계에 대한

비-유클리드 기하학이 요구하는 방식이다(p.164)."

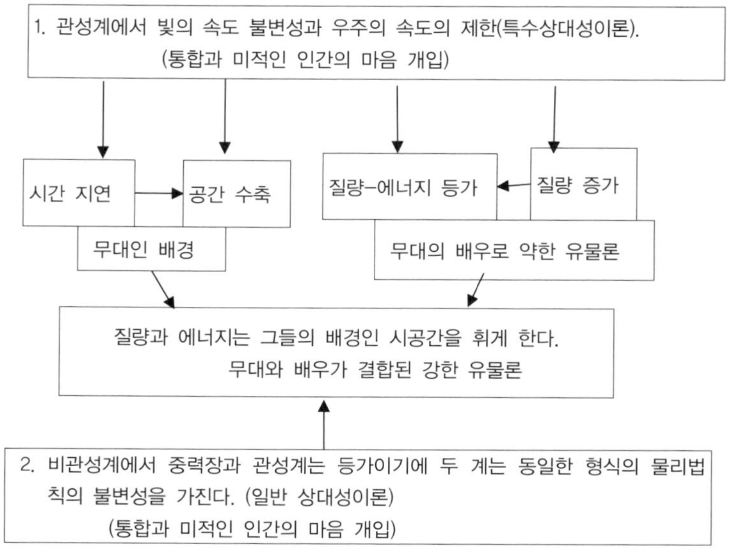

그림 4. 상대성 이론의 과학이론의 통합으로 향하는 단순성과 정합성

아인슈타인의 특수상대성이론은 뉴턴역학처럼 물질과 에너지의 배우라는 역할과 무대인 시공간이 서로 독립적으로 엄격하게 분리되어 있다.

그 결과 뉴턴처럼 고정된 시공간이 아니지만, 아직도 그 안에 있는 물질과 에너지는 시공간과 연결되지 못하기에 우주론보다는 아직은 물질의 운동을 다루는 역학이라고 할 수 있다. 뉴턴 역학에서처럼 물질은 시공간에 영향을 주지 못하기에 뉴턴역학과 함께 약한 유물론이라고 할 수 있다.

하지만 일반상대성이론은 물질과 에너지는 중력장을 형성하는 데 그 중력장이 시공간을 의미한다. 따라서 진정한 우주론이라고 할 수 있다. 또한 물질이 중요한 역할로 강한 유물론이라 할 수 있다.

아인슈타인 이전 사람들은 모든 사물(그 사물들의 질량과 에너지)이 공간과 시간에서 사라지면, 빈 공간만 남는다고 생각했다. 하지만 아인슈타인 이후에는 모든 사물이 공간과 시간에서 사라지면 공간과 시간도 함께 사라지면서 오작 한 점만 남는다는 것을 알게 되었다.

5 일반상대성 이론의 과학적 세계관

이러한 아인슈타인의 일반상대성 이론에 대한 이론 제안과 정당화에 대하여 구체적으로 알아본다.

우리의 마음 외, 자연세계는 고정된 진리가 있다는 점이고, 우리인간이 생활하는 비교적 저속세계에서는 뉴턴역학이 적용되는 절대적인 시간과 공간. 또한 질량과 에너지는 서로 독립적인 고정된 존재이다<기존의 뉴턴역학의 형이상학적 믿음과 법칙>,

아리스토텔레스는 목적론적이고 유기체적인 설명으로 한계가 있다. 특히 인과론적으로 예측이 불가능하다는 점이다. 뉴턴의 역학은 시공간과 물체는 철저하게 분리되어있다는 것이기에 통합적인 사고에는 한계가 있었다. 이론명제들의 전제가 되는 공리의 절대적인 기준이라는 것은, 우주 전체가 필연적으로 하나로 연결되어야 한다는 것이다.

관성계에서의 빛의 속도의 절대성과 유한성은 시간과 공간의 결합과, 질량과 에너지의 등가라는 이론들이 귀결된다. 빛의 속도에 접근하는 극한 상황에서는, 그들의 관계는 독립적일 수 없다. 하지만 여전히 시간과 공간, 그리고 그 안에 있는 물질과 에너지는 독립되어 있었다. 뉴턴역학과 근본적으로 유사하다. <기존 뉴턴 역학 이론과 특수 상대성이론의 문제점>

하지만 비관성계에서 빛의 속도의 절대성과 가속계와 중력장의 등가라는 새로운 전제는 시공간과 물질이 서로 연결되는 수학적이고 논리적인 귀결에 이른다. 아인슈타인의 상대성이론은 우주 전체는 필연적으로 하나로 연결되어있기 때문에, 통합적인 이론을 지향한다는 것이다. 하지만 어떤 정해진 질서 안에서 그것이 작동한다고 할 수 있다. 일종의 변증법적 사고라고 볼 수 있다 <유비추리와 변증법적 논리에 의한 새로운 이론의 제안>.

아인슈타인은, 아리스토텔레스의 "왜"와, 뉴턴의 "어떻게"를 다른 방식으로 실체를 이해할 수 있다고 믿었다. 초자연적인 신으로부터 출발하기보다는 기존의 이론과 관찰 사실로부터 상대성이론을 도출하였다. 심리적인 요인인 우리의 마음인 미적 감각을 포함하는 일종의 초자연적인 것보다는 자연주의적인 것이다. 힘이 작용한 것이 아니라 질량과 에너지에 의하여 시공간이 휘어지는 것으로 모든 물체는 관성에 의하여 휘어진 시공간에 반응하여 운동한다는 것이다. 아인슈타인의 장-방정식은, 초월적인 어떤 것도 전제하지 않고, 절대적인 빛의 속도를 바탕으로 에너지 밀도에 의한 시공간의 휘어짐을 설명하는 단순성이 미적 아름다움이다.

=물리학자들이 물리학의 '아름다움과 우아함'에 대해 이야기할 경우 그 진정한 의미는 수많은 현상과 다양한 개념이 대칭성을 통해 경

이로울 정도의 단순한 형태로 통합된다는 사실을 가리키는 때가 많다. 식이 아름다울 수로 더 많은 대칭성을 가지며, 가능한 최소한의 길이로 쓰였으면서도 더 많은 자연현상을 설명할 수 있다.

중력과 시공간에 대한 단순성과 정합성을 시종일관 유지하는 보석과 같다고 할 수 있다. 즉 우리를 포함한 세계에 대한 지식은 통합된 지식으로 볼 수 있지만 이러한 지식은 우리의 이성으로 접근 가능하다는 것이다. <형이상학적인 실재론과 자연주의>

아인슈타인은 우주에 어떤 가장 고귀한 보편성이 반드시 존재한다고 굳게 믿었다. 그는 우리 인류가 태어난 자연의 기묘한 조화에 대해서 감탄과 스피노자 신앙적 믿음을 가슴에 푸고 있었다.

상대성이론으로 우리의 마음이 미적으로 통합하는 과정은 변증법적 과정으로 볼 수 있다. 이러한 변증법적 구조는 결국 인간 사유의 변증법으로, 과학적 이론을 조직하는 원리라고 할 수 있다. <변증법적인 방법론>

뉴턴역학을 통한 아인슈타인의 일반상대성 이론의 우주의 함의

일반 상대성이론이 가지는 가장 광범위한 함축은 정통 견해와는 달리, 우주가 정적이지 않으며 수축하든 팽창하든, 동적이라는 사실이다. 하지만 아인슈타인은 동적인 우주라는 개념을 선뜻 받아들이기 어려웠다. 과학 분야에서 혁명적 변화를 이끈 많은 인물들은 그 본질에서 전통주의자들이였다 코페르니쿠스도 중세적 우주관의 핵심적인 특징인 원(타원이 아닌) 궤도를 주장하였다. 그와 마찬가지로 아인슈타인도 기존의 우주관에 뿌리를 두고 있어서 동적 우주라는 급진적인 사고

일반상대성이론의 세계관(Oh, 2022)

세계관의 구조	질문의 형태	질문에 대한 가능한 답	종류
형이상학적 믿음 체계, 존재론	<**형이상학적 믿음**> **일반 형이상학**: 이성적인 우리, 인간이 세계를 표상하는 안경으로, 1. 이러한 세계에 대한 지식(진리)은 변화되는가? (존재의 양상) 2. 그러한 세계는 무엇으로 이루어져 있으며, 그 중에서 무엇이 우선인가? (존재의 지위)	1. 우리의 마음(인간 세계)과 독립된 자연 세계에 대한 객관적인 지식(진리)은 서로 통합되어 있으나, 인간 정신이 미적으로 통합된 지식을 변증법적 방법론을 사용하여 알 수 있다(형이상학적 실재론). 2. 이 세계는 우리인간과 자연을 포함하여 물질(유물론)이 우선이지만, 미적 감각을 가진 우리의 마음도 중요하다(자연주의).	형이상학적 자연주의, 변증법적 유물론, 등 다양한 사상이 연합되어 있다.
	<**형이상학적 개념**> **특수형이상학**: 어떤 영역에 대한 이상(ideal)으로 1. 만물을 담지 하는 우주의 시간과 공간은 불변의 기준 혹은 변화하는가? 2. 시공간은 객관적 혹은 주관적으로 존재하는가?	1. 세계의 구성물을 담고 있는 시간과 공간은 변화되는 기준으로 본다. 하지만 구성방법은 일정한 패턴으로 정해져 있다. (자연주의) 2. 시간과 공간은 우리 인식 밖의 객관적으로 존재하는 자연 시공간(유물론)이다.	

를 받아들이기 어려웠다. 그 결과 "우주 항"이라는 그 성질이 알려지지 않은 힘으로 우주 공간속의 물질들의 인력을 상쇄시키는 힘이다. 자신의 방정식이 동적인 우주를 예견하고 있음에도, 당시에는 팽창하는 우주를 뒷받침할 만한 강력한 증거가 전혀 없었기에 정적인 우주라는 철학적 믿음에 안도했을 뿐이다. 후일 그는 자신의 방정식을 신뢰하지 않고 우주항을 삽입한 행동은 "일생일대의 실수"라고 말했다(Smoot & Davidson, 1993, p.49-55).

뉴턴은 무엇 때문에 사물이 추락하고 행성들이 회전하는지를 설명하고자 했습니다. 그는 모든 물체는 서로 당기는 힘이 있을 거라 생각했고, 이 힘을 만유인력이라 불렀습니다. 그리고 물체들이 움직이는 공간이 텅 빈 거대한 빈 통, 우주를 담은 하나의 거대한 상자를 상상했습니다. 당시 뉴턴은 이 공간, 즉 세상이 하나의 거대한 통과 같은 공간이라는 생각은 했으나 이 공간이 무엇으로 이루어져있는지 알지 못했습니다. 하지만 아인슈타인이 태어나기 전, 영국의 패러데이와 맥스웰, 두 사람이 뉴턴의 세상에 차가운 성분을 추가했습니다. 바로 전자기장이었지요. 이러한 질량이 있는 중력에도 중력장이 전기장과 마찬가지로 존재한다고 인식하였습니다. 그는 이 중력장이 어떻게 만들어지고 어떤 방정식을 이용해야하는지를 탐색하였습니다. 중력장이 텅 빈 공간속에서 확산되는 것이 아니라 중력장 자체가 공간이라는 것이다. 이것이 일반 상대성 이론의 개념입니다. 즉 사물이 이동하는 뉴턴의 공간은 중력을 가지고 있는 중력장과 같은 것입니다. 이제 공간도 물질과 다를 바 없는 것이 된 것입니다. 이러한 공간은 전체적으로 넓게 확장되고 팽창할 수 있습니다. 아인슈타인 방정식은 공간은 정지된 상태로 있을 수 없으며 항상 확장하고 있다고 예측하였습니다. 이 모든 것은 기본적인 직관, 즉 공간(space)과 장(field)이 같다는 개념에서 만들어진 결과입니다(Rovelli, 2014, pp.16-25).

무엇보다도 뉴턴은 용기로서 공간이 먼저 존재하고, 그 용기 속에서 물질이 존재하거나 물체가 운동한다고 생각했다. 이와는 반대로, 아인슈타인은 물질이나 물체가 존재하기 때문에 용기로서 공간도 의미가 있다고 주장했다.

성경에서 물리법칙으로

신은 인간에게 자신의 뜻을 전할 두 권의 책을 주었는데, 그 하나는 성경이고, 다른 하나는 자연이라는 책이다. 성서는 천국에 도달하는 방법을 알려주고, 자연이라는 책은 하느님의 창조물인 하늘이 어떻게 운행하는 지를 알려준다는 갈릴레오의 언급이다. 자연을 연구하는 것은 신의 뜻을 파악하는 길 중의 하나이다. 자연이라는 책은 수학이라는 언어로 기술되어 있고 도형과 숫자라는 글자로 쓰여 있다. 갈릴레오 이후, 이 자연이라는 책이라는 개념은 많은 자연철학자들에게 받아들여졌다. 뉴턴도 자연에 대한 철저한 연구가 신의 뜻을 밝히는 지름길이라고 주장하였다. 과학혁명기의 학자들은 대부분 신의 뜻을 밝힌다는 명분을 가지고 자신의 연구를 수행하였다(임경순, 정원, 2014, pp.144-145).

그리스도에는 " 세계의 창조자인 신이 그 백성에게 도덕과 의식의 법을 주었을 뿐만 아니라, 물리세계에도 법칙을 주었다." 신이 자연법칙을 만들었다는 생각이 계승되어 왔다. 하지만, 오늘날에는 물리법칙이 신의 명령에 관계되고 있다거나, 그것이 법적인 비유에 뿌리를 두고 있다는 형이상학적이고 종교적 믿음에서는 점점 멀어지고 있다.

하지만, 당시의 철학자와 과학자가 흥미를 갖기 시작한 물리적 사건에 대하여 탐색한 결과 반복해서 표현되는 결과가 신의 명령이라는 것이 해석되어 자연법칙이라고 불리었다. 이와 같이 자연법칙이라는 개념은 신학사상에 뿌리를 두고 있다. 나중에 이러한 비 경험적인 믿음은 차츰 줄어들었다. 이것이 근대과학을 낳게 하는 큰 원동력이 되었다. 과학자들은 차츰 수량적인 방법으로 자연의 법칙을 표현하려도 노력하였다. 중세의 질서는 아리스토텔레스와 마찬가지로 목적론적인 것이다. 그와 다르다면, 모든 것은 그 당연한 목적인 신의 명령을 수행하기 위해 움직인다는 것이다. 정통 교의는 신학 속에 단단한 기초를 내리고 있다. 기독교적 우주는 작고 아늑한 곳이었다. 인간들은 모든 창조의 중심에 있었고, 문자 그대로 신과 천사의 보호와 감독을 받고 있었다.

근대의 물리법칙은 그러한 목적론적으로부터 인과론적으로 전환기에서 생성된 것이다.

Kant 영향

경험적인 사실이 확실한 인식으로 유도될 수 없기에(흄), 인과 관계, 시간, 공간, 등의 일반 개념 없이는 사고가 불가능하므로 결국은 확실한 지식은 경험에서 독립적인 보편적이고 필연적인 선험적(a priori)성격을 가진다고 칸트는 결론을 지었다. 시간과 공간에 대한 뉴턴의 형이상학적 전제들을 떨쳐 버리려고 시도했기 때문이다.

하지만 아인슈타인은 칸트의 그런 측면이 아니라, 아인슈타인은 칸트가 인간에 빠져있는 딜레마를 해결하는데 일조를 했을 뿐만 아니라 감각을 통한 지각 자체는 외부 세계에 있는 물질의 본질에 대하여 필요한 관념을 제공하지 못한다는 사실을 받아들인다. 그는 칸트의 명제를 이용해, 경험론자들, 즉 지식은 정신적인 활동에 의존하는 것이 아니라 경험적인 자료로부터 직접적으로 획득된다는 주장하는 사람들을 논박하였다. 그는 인간을 둘러싸고 있는 세계는 우리의 의식과는 별개로 객관적으로 존재하고 있다는 생각을 강력히 고수하였다(Gribanov, 1987, pp. 63-65). 아인슈타인의 생각은 과학의 개념과 원리, 그리고 이론들은 역사적 범주에 속한다. 세월이 흐름에 따라 그것들은 다시 검토되고 현실에 맞게 재조정 되어 통합되어야한다. 아인슈타인은 마흐와 칸트의 입장과는 반대로 원리와 범주는 객관적인 성격을 지닌다는 것을 주장하면서도, 마흐가 고전 역학에 대해 역사적인 접근 방법을 보이자 그것을 높이 평가한 것이다(Gribanov, 1987, pp. 62-70).

아인슈타인이 보기에는 두 가지 입장에 있다고 하였다. 그 두가 입장은, (1) 물리적 실재라는 것이 있지만, 그것에 관한 법칙들은 통계적 표현 이외의 다른 표현이 없다는 입장(통계역학)과, (2) 물리적 상황에 대한 기술에 "실재적으로" 대응하는 것은 아무것도 없고, 오직 "개연성(확률)"만 존재할 뿐이라는 입장(양자역학)이다. 하지만, 아인슈타인은 이 두 입장에 반대하여 분명하게 낙관적인 "실재론적 입장"을 주장하였다. 아인슈타인은 "나는 실재에 대하여 완전히 기술 할 수 있는 이론이 가능하다는 것을 믿고 있다."라고 심증을 밝힌 적이 있다(Brennan, 1967). 실재론적인 입장이며 형이상학적 자연주의다.

6 결론 및 제언

탐구는 초월적인 신으로부터가 아니라 자연 속에서 인간이 할 수 없다면 그러한 통합에는 무슨 의미가 있는가라는 자연주의적인 사상이 존재한다. 우주는 끊임없이 변화하고 있으나 그것이 혼돈을 의미하지 않는다는 뜻으로, 엄밀하기보다는 확률 세계상을 말하는 양자역학과는 다르기에, 통합이라는 의미에는, 고전 아리스토텔레스, 근대의 뉴턴과는 다른 변증법적인 사상이지만, 엄밀한 결정론적 사상은 뉴턴 사상을 계승하고 있다고 볼 수 있다. 따라서 필자는 아인슈타인의 철학의 위치는 특수상대성 이론은 뉴턴의 형이상학적 유물론에, 일반상대성이론은 변증법적 유물론에 자리 잡지만, 뉴턴 고전물리학의 시공간의 절대적인 위상이 빛의 절대성에 따른 종속적인 위상으로 존재론적 위상이 변해간다는 것을 알 수 있다. 하지만 아인슈타인의 미적 탐구는 모든 가능한 세계 중에서 현재의 세계는 이론의 아름다움을 향하는 절대성의 기준에 따라, 최선의 세계라는 점이다. 뉴턴의 시공간이 절대적인 독립적인 변인이라면, 아인슈타인의 시공간은, 특히 일반상대성이론에서는 빛의 속도의 절대성에 따른 물체에 의한 종속변인이라는 것을 알 수 있다. 존재론적으로 위상이 변화된 것을 알 수 있다. 하지만 따라서 인식론적으로는 절대적인 상대성을 보여주고 있다고 할 수 있다.

상대성이론은 진리의 상대성을 말하는 것이 아니라 진리의 불변을 위한 현상의 상대성을 말하는 셈이다. 대부분의 과학자들은 진리나 법칙이나 원리가 바뀌는 것에 대체로 큰 거부감을 가지고 있다. 과학자들이 궁극적으로 추구하는 것이 본래 보편적이고 항상 적용 가능한 무엇이기 때문이다. 이런 이유 때문에 아인슈타인의 본인도 '상대성 이론'이라는 이름 자체를 좋아하지 않았다고 한다.

광속으로 이동하는 관찰자에 대해, 특수 상대성 방정식에서는 시간이 완전히 정지하고 공간이 0이 될 것이라고 예측된다. 물리학자들은 광속만큼 빠른 게 없다고 말함으로써 이처럼 이상한 상태를 연구하려 하지 않으려 한다. 그래서 그 속도에서 어떤 이상한 일이 일어날지 걱정할 필요 없다. 빛은 광속으로 이동한다. 그리고 빛이 그렇게 이동할 수 있는 것은 빛이 물질적 대상이 아니기 때문이다. 빛의 질량은 정확히 0이다.

우리가 물리적 빛을 그 자체의 좌표계에서 고려할 때, 우리는 시간과 공간이 사라짐을 발견한다. 아무튼 빛의 영역은 시간과 공간을 초월하는 것처럼 보인다. 물리학에서는 빛이 절대적인 것으로 밝혀졌다(Russell, 2002, p.110).

이러한 앎의 과정인 인식론적인 정당화 과정은 뉴턴역학의 하향적(up-down) 방식이라기보다 우리가 실제 관측사실로부터 진행되는 자연화 된 인식론으로 명백하게 상향식(bottom-up)이다.

뉴턴의 고전역학과 아인슈타인의 특수상대성이론에서 시간과 공간은 사건이 발생하고 진행되는, 단순히 우주의 무대로 간주되었다. 하지만 일반상대성이론에서는 시간과 공간은 우주의 진화과정에 개입하는 변화의 장본인이 되었다.

이장을 통하여 생각할 주제

1. 형이상학적 믿음을 통하여, 일반상대성이론의 세계관을 설명해보세요.

2. 일반상대성이론이 형성되는 과정을 유비추리와 변증법적 논리로 설명하시오.

3. 일반상대성이론이 가장 아름다운 이론이라고 과학자 사회에서 공통적으로 말하고 있다. 그 이유는 무엇인가?

이장은 저자 자신의 국제출판 된 제 6장을 확장하였다.
Oh, J.-Y. (2022). *Conceptual Features of Einstein's Theory of General Relativity based on the Philosophy of Science(Chapter 6).*
New York: Nova Science Publishers, Inc. ISBN: 979-8-88697-107-1

참고문헌

김수찬 (2018). 어느 물리학자의 세상보기. 서울: 우리교육.

송병옥 (2004). 형이상학과 자연과학. 서울: 에코리브로.

송용진 (2021). 수학은 우주로 흐른다. 경기도: 브라이트.

임경순, 정원 (2014). 과학사의 이해. 서울: 다산출판사.

최무영 (2010). 최무영 교수의 물리학 강의(일곱째 판). 서울: 책갈피.

Barnett, L. K. (2014). The Universe and Dr. Einstein (renewed by T. L., Barnett),

New York: Dover Publications

Aune, B.A. (1970). Rationalism, Empiricism, and Pragmatism, New York: Random House.

Bojun, Y. (2020). Physics in a Hexagram. China: Jieli Publish House Co., Ltd.

Brennan, J. G. (1967). The meaning of Philosophy: A Survey of the Problems of Philosophy and of the Opinions of Philosophers(2nd edition). New York: Harper and Row.

Feynman, R. P. (1995). Six Easy Pieces: Essentials of Physics Explained by its Most Brilliant Teacher, New York: Basic Books

Gillispie, C. C. (1990). *The Edge of Objectivity*. Princeton: Princeton University Press.

Gribanov, D.P. (1987). The Einstein's Philosophical Views and the Theory of Relativity. Moscow: Progress Publisher.

Hawking, S., Mlodinow, L. (2005). A Briefer History of Time: The Science Classic made more Accessible, New York: Bantam Books

Kuhn, T. (1970). Postscript-1969. In T. Kuhn (1962/2012), pp. 174-210.

Oh, J.-Y. (2022). *Conceptual Features of Einstein's Theory of General Relativity based on the Philosophy of Science(Chapter 6)*. New York: Nova Science Publishers, Inc. ISBN: 979-8-88697-107-1

Oh, J.-Y., & Jeon, E.-C., (2017). Greenhouse Effect in Global Warming based on Analogical Reasoning, Foundations of Science, 22(4), 827-847.

Saitou, K. (2021). 상대성이론 노트. Tokyo: Asuka Publishing Inc. (조사연 옮김, 2022, 서울: 시그마북스)

Smith, G. J. W. & Amner,G. (1997). Creativity and perception. In M.A. Runco (Ed.), creativity research handbook, Vol. 67-82. Cresskill, ZNJ: Hampton Press.

제14장

양자역학의 확률적 세상의 이해

| 요약 | 우리와 독립적으로 객관적인 과학지식이 존재한다는 형이상학적 믿음의 결과인 결정론으로 잘 정의된 메커니즘에 해당하고, 뉴턴, 아인슈타인이 정립한 동역학의 자연법칙에서 볼 수 있는 것이다. 이와는 반대로, 현대 과학인 양자역학으로 전통적인 엄격한 결정론으로부터 벗어나게 되면 '가능성'이니 '우연'과 같은 의인화 된 개념이 필요하다. 근대의 엄격한 결정론으로 고정되고 변화 없는 정적인 세계로부터 우연적인 사고인 확률론으로의 변화와 생성이라는 동적인 세계라는 관점이다. 미시세계에서는 소립자를 입자보다는 파동으로 보는 관점으로 필연적으로 위치와 운동량은 애매함이 나타난다. 따라서 확률파동이라는 입장과, 측정상에 관측자가 개입된다는 입장을 고려하여, 불확정성 원리에 기반 한 양자역학의 확률적인 입장에서 보면, 확률분포를 나타내는 파동함수라는 것이다. 파동함수의 시간에 변화를 알 수 있기에 과거가 원인이 되어 미래는 결정된다는 약하지만 인과론이 그대로 적용된다. 물리적 실체를 설명하는 데에서 서로 대립되는 두 개념, 입자와 파동 중 어느 하나를 배제하고 다른 하나를 선택할 것이 아니라 모두 상호보완적으로 적용해야한다는 주장했다. 이를 상보성원리라고 한다. 상보성원리는 일종의 대칭성으로 양자역학의 중요한 아름다움이라고 할 수 있다.

| 주요어 | 미시세계. 확률파동, 불확정성 원리, 파동함수, 상보성원리

1 서론

뉴턴으로 대표되는 고전역학은 '물질'이 세계의 주인공이다. 물질의 운동을 예상, 예측하고 이를 실험으로 확인하는 것이다. 물질의 세계관은 우리가 그것을 관찰하거나 실험하는 것과 관계없이 언제나 독립적으로 '실재'하는 것이다. 하지만, 양자론에서는 물질의 존재방식은 '관측'에 의존한다. 물질이 혼자서 존재할 수 없기 때문이다. 즉 물리상태는 물질이 독립적으로 '실재'하는 것이 아니라 관측 장치와 맺은 상호관계에 따라 '실증'된다.

통상적으로 작은 입자라고 여겼던 전자가 사실은 실험에 의하여 파동이었다. 이러한 미시세계가 입자라고 알고 있는 물질이 관측에 의하여, 파동이라는 사실은 우리의 상식적 물질관이나 세계관을 근본부터 뒤집어엎은 너무나도 기묘한 '자연 원래의 모습'을 보여주는 것이다. 관찰시, 관찰자는 여러 성질이 중첩되어 있는 대상에서, 그 중에서 어떤 특정한 성질을 보여주는 실험을 관찰자가 적절하게 선택하여야한다는 것이다. 도구적인 관점을 보여주는 것이다. 따라서 방법론적 자연주의자라고 할 수 있다(제 1장, 그림 2).

빛뿐만 아니라 물질도 파동이라는 양자역학의 양대 원리는 중첩의 원리(principle of superposition)와 불확정성 원리(uncertainty principle)이다. 이러한 양자역학의 세계관의 위치로 간략하게 살펴보는 것이 이장의 목표이다. 이러한 목적에 따라 다음과 같은 연구 문제를 두었다.

첫째, 세계관의 관점에서 양자역학은?

둘째, 확률파동을 통한 양자역학의 특징은?

셋째, 불확정성 원리를 통한 양자역학의 특징은?

2 양자역학의 과학적 세계관

뉴턴 역학은 비교적 큰 물질들의 운동을 다루기 위해 개발된 이론인데 그것이 미소세계에서도 유효하게 적용된다는 검증된 적이 없다.

이러한 미소 세계를 기술하는 슈뢰딩거의 연구는 보어가 가정으로밖에 처리할 수밖에 없었던 원자의 전자궤도 안정 문제에 답을 제시한다. 확률 파를 이용함으로써 원자 내에 어떤 전자가 특정 에너지 준위에 있을 때 진동하가나 가속하는 전하를 발견할 확률을 계산하는 것이 가능하다. 확률파가 지니는 중요한 의미 중의 하나는, 파동을 공간상의 어느 지점에서 전자를 발견할 수 없다는 점이다. 파동을 공간상의 어느 하나로 국한 할 수 없기 때문이다. 전자의 존재가 희미해졌다고 할 수 있다.

물리적 상황을 이야기 할 때, 확률을 도입하는 것은 거기에 불확실성이 개재한다는 것을 의미한다. 양자 역학에서는 불확실성이 사물의 본질 자체에 내재하고 있다는 점이다. 그 결과 원인이 어떤 결과를 정확하게 가져온다고 할 수는 없다. 따라서 우리는 이러한 관점에서 양자역학은 어떠한 세계관을 가지고 있는지 탐색하고자 한다.

자연주의 입장에서 양자역학

이론들 사이에서 적절한 이론을 선택을 할 때, 관찰적 증거가 어떤 정보에 편향되지 않은 중립적인 원천일 수 있는지, 아니면 이런 중립적 역할을 갖지 못하게 하는 방식으로 관찰이 이론적 가정에 의해 "오염되는" 경향이 있는지 여부 이다. 이러한 쟁점은 자연주의 철학이 실제에 있어서 어떻게 작동하는 에 좋은 사례를 제공한다. 경험주의자들은 관찰이 세계에 대한 세계에 관한 지식의 원천뿐만 아니라, 그들에게는 관찰은 일반적으로 이론 중립적인 것으로 보였다. 이러한 중립성은 종종 관찰이 이론 간의 불일치를 해결하는 "객관적" 방식이라는 주장의 토대이다(Godfrey-Smith, 2003).

쿤과 같은 사람들은 우리 경험들 자체는 이론을 포함하여 우리의 믿음에 영향을 받는다고 주장한다. 더 나아가 과학의 관찰 과정에는 이론이 역할을 하지 않는 단계는 없다고 한다. 만일 관찰이라는 것이 과학 이론을 실재와 접촉하게 만드는 통로라면, 그 통로는 어떤 종류의 통로인가? 그것은 우리가 관찰과 지각을 다루는 경험적 과학들에 의존해서 답할 수밖에 없는 물음이다.

관찰대상에 대한 우리와의 관계 사이에서 비롯되는 접촉 한계가 과학 활동의 동기로 작용한다. 우리는 세계의 많은 것들을 일상적인 관찰을 통해서만 접촉 할 수 없기 때문에 과학 활동을 필요로 한다. 과학은 이론적 사상을 받아들이고 그것을 관찰에 노출시키는 방식을 발견하려고 활동함으로써 작동한다고 할 수 있다. 만일 과학에 관해 경험주의가 이러한 방식을 옹호한다면, 전통적 형태와 다른 형태의 경험주의다. 전통적인 경험주의는 과학의 이러한 관찰의 역할을 객관적인 관찰 자료의 수집이라는 이름으로 무시했다(Godfrey-Smith, 2003)..

전통적인 경험주의와 다르게, 과학에 따라 자연 현상을 관찰할 때.

우리의 미음이 어떻게 연결되는 다양한 전략에 따라 다양한 자연주의로 나타난다고 할 수 있다.

형이상학적인 자연주의는 자주 '철학적인 자연주의' 또는 '존재론적인 자연주의'로 불리며, 자연주의에 대한 존재론적인 접근을 취한다. 존재론은 존재에 대해 연구하는 형이상학의 분과이며, 그것은 초자연적인 것은 존재하지 않는다는 관점이다. 따라서 강한 무신론이 뒤따르게 된다. 일종의 "근본적 창발" 방식을 사용하여 비-경험적 실재로부터 경험적 실재로 발전시켜야 된다는 것이다. 현대 물리인 상대성이론과 양자역학은 수학적 추상화를 통한 비-경험적 실재로부터 시작하였다. 그리고는 경험적 실재로 나아가고 있다. 이것은 결정론을 옹호하는 물리 주의적 자연주의이다. 진화론적 인식론에서. 과학적 지식은 무작위 변이와. 선택의 메커니즘을 통해 진화된다. 생물에서 본질주의를 포기하고, 변이와 같은 창발을 중요하게 자료를 수집하는 실험시에 중요하게 고려한다는 점이다.

<u>**방법론적인 자연주의**</u>는 과학은 형이상학적이지 않고, 그것의 성공을 위해서 형이상학이 주장하는 궁극적인 진리를 수호하지도 않는다(비록 과학이 형이상학적인 함축을 지니기는 하지만 말이다.). 하지만 형이상학적인 자연주의는 과학으로 성공하기 위해서 전략적이고 작업가설적 성격을 반드시 수용해야만 한다. 실재론을 옹호하는 아인슈타인은 형이상학적 자연주의라고 볼 수 있다. 반면에 실재론논쟁 보다는 과학적 방법론을 중요하게 다루는 양자역학은 **방법론적 자연주의**라고 볼 수 있다. 관측 시, 양자역학은 물리학 이론에서 다루는 것은 관측 장비의 데이터뿐이며, 이론으로 계산한 값이 실험 데이터와 수치와 맞아

떨어지면 그것으로 충분하다는 실험전략이다. 실험의 정밀도에 한계가 있다는 것이 오히려 자연스럽다는 여긴다.

아인슈타인의 형이상학적 실재론의 입장과, 양자역학의 방법론적인 자연주의를 설명하기 위해서 자주 예로 등장하는 것이 달의 존재에 관한 질문이다.

질문: 달을 등지고 있을 때, 달은 존재하는가?

이 질문에 대한 아인슈타인 같은 실재론자들은 '당연히 존재 한다'라고 주장한다. 그러나 양자역학에서는 '관측하지 않아서 일 수 없다'고 주장한다. 달처럼 큰 물체에 관해서는 실재론의 주장이 더 타당하게 보이지만 양자와 같은 작은 물체에 관해서는 관측으로 상태가 바뀔 수도 있으므로 실증주의적인 방법론적 자연주의가 더 타당하다고 할 수 있다.

동역학에서의 시간 가역성과, 통계역학에서의 시간 비가역성

이론 물리학의 방법으로, 동역학과 통계역학, 크게 두 가지로 구분한다. 동력학은 개별 물체의 미시적 기술을 쓰는 방법이고, 통계역학은 아주 많은 수의 분자들이 모여 있을 때 집단성질을 다루는 거시적 기술을 쓰는 방법이다. 두 가지는 완전히 다르지만, 통계역학은 동역학 위에서 성립합니다. 즉 고전역학이라는 동역학 체계에서 통계역학을 만들 수 있으며, 양자역학 체계에서도 통계역학을 만들 수 있다. 따라서 고전 통계역학과 양자통계역학의 두 가지가 가능하다. 동역학에서는 시간 가역적이 이루어지지만, 통계역학에서는 시간 비가역적이다.

통계역학의 중심 문제는 엔트로피이다. 주어진 계는 엔트로피가 작은 상태에서 큰 상태로 변하지만 그 반대는 일어나지 않습니다. 이것이 열역학 제 2법칙이다. 정확하게 표현하면 "고립계에서는 계의 엔트로피가 감소하는 방향으로는 바뀔 수 없다는 것이다." 즉 외부 환경과 상호작용이 없는 고립시스템은 기존의 구조가 무너져가야한다는 한다는 자연의 법칙이다. 하지만 열려있는 계에서는 환경이 아주 중요한 구실을 하여, 여기서 환경과의 정보교환이 핵심적인 구실을 한다(최무영, 2010, p.156). 흔히 평형상태보다는 비평형상태에 있는 동역학적인 거동이 중요하다. 이런 것들이 복잡계의 특성이다. 즉 자기조직화 현상이란 처음에 무질서해 보이던 비평형 시스템이 강력한 외부 환경이래에서는 기존의 열역학 제2법칙과는 정반대가 되는 새로운 제2법칙이 존재하고 있음을 시사하고 있다. 살아있는 시스템은 끊임없이 새로운 구조의 발현을 통해 구조적 복잡성을 증대시켜 나간다. 자기 조직화(self-organization)와 적응(adaptation)인안 용어로 표현할 수 있다.

살아있는 시스템은 환경에 대한 자체 내부 모형(internal model)을 세우고 그 모형에 의거하여 외부 환경에 적절히 대응한다. 예를 들면 한 소비자가 언론 매체로부터 습득한 경제정보를 경험과 학습을 통해 자기 자신이 세운 내부 모형에 적용하여 경기침체나 활성화를 예견하고 구매 행위나 자본 투자를 당장 할 것인지를 결정하는 것과 같다.

이러한 내부 모형들은 보다 나은 경제생활이나 학습과 진화를 통해 계속해서 변화해 나가며 더욱 고차적인 행위를 창출하기 위해서 더욱 더 복잡해져간다. 즉 살아있는 시스템은 외부 환경에 적응하기 위해서 자신의 구조를 더욱 더 복잡하게 만든다, 이때 더욱 복잡한 새로운 구조는, 살아있는 시스템이 적용을 통해 자신의 복잡성을 증대시키다가 어떤 임계 치에 이르면 갑자기 발현하는 성질을 가진다. 생태계도 원시 생물로부터 진화를 통해 구조가 복잡해지다가 갑자기 보다 고차적인 종들이 탄생되는 과정을 되풀이 하고 있다. 즉 급속한 환경변화에 잘 적응할 수 있는 유연성이 뛰어난 유기체가 필요한 것이다.

고립계는 경우에 따라 닫힌계(closed system)와 대비되는 개념이다. 닫힌계는 엔트로피는 평형상태에서 최대이다. 평형상태에 이르렀거나 근접한 닫힌계에서는 엔트로피는 최대이다. 우리는 열린계들에서 질서가 자발적으로 생겨날 수 있음을 발견했는데, 이 현상은 자기-조직화(self-organization)라고 부른다. 자기 조직화가 일어나는 계는 생물, 화학반응, 흐르는 액체, 컴퓨터 모형, 그리고 사회 조직에서 나타난다. 그들이 새로운 성질들(창발성)이 생겨날 수 있다.

복잡계 이론에서 가장 놀라운 것은 그 목표이다. 복잡계 이론의 목표는, 생물과 물리계의 행동을 기술하는 단일한 개념 체계를 얻는 것이다. 복잡계 이론은 물리학과 생물학의 통일을 추구한다. 갈릴레오와 데카르트가 산 것과 죽은 것을 구분 한 것은 복잡계로 가는 첫 관문이라고 할 수 있다. 왜냐하면 죽은 물질(물리계)의 운동을 지배하는 법칙을 얻은 다음에야, 복잡계 이론을 생각할 수 있다고 할 수 있다.

얼마간, 평형과 멀리 떨어진 복잡계는 자기 조직화를 달성한다. 결과적으로 복잡계 이론은 조절/적응 과정을 더 깊이 이해하는 실마리를 담고 있다. 복잡계 이론이 생물계까지 설명할 수 있으려면, 물리 법칙과 함께 그것이 무엇이든, 복잡계의 변화법칙을 알아내야한다. 뉴턴법칙은 죽은 물질만 다룬다. 따라서 뉴턴의 인과법칙을 생물계에는 적용될 수 없다. 자기 조직화에 관련된 복잡계의 변화에 대한 연구는 복잡계 이론의 첨단 문제이다(Miller, 1996, p.514).

확률론인 양자역학과 통계적인 통계역학의 이론들도 이러한 관계들을 강조하고 있다. 예를 들면, 물질을 구성하고 있는 입자들은 독립적으로 존재하지 않으며 오직 다른 입자와의 상호작용을 통하여 존재하고 관찰될 수 있다. 반면에 근대과학의 상징인 뉴턴의 물리학은 물질주의와 환원주의를 특징으로 하며, 이에 따라 구성요소간의 관계보다는 구성요소 그 자체에 초점을 맞춘다. 반면에 뉴턴 역학은, 우주는 시계처럼 확실한 질서 속에서 정확하게 움직이고 있으며 과학은 이미 결정된 질서를 밝히는 데 목적이 있다는 것이다. 이러한 결정론적이지만 비선형인 뉴턴 역학계에서는 미세한 오차가 예측 불가능한 결과를 야기할 수 있다. 따라서 일기예보의 강수 확률처럼 확률론으로 미래를 예측할 수밖에 없다.

양자역학의 확률론과 약한 결정론

20세기 초에 만들어진 원자의 모형, 즉 태양계 모형으로 원자를 작은 태양계로 표현하여 플러스 전하를 가진 원자핵 주위를 마이너스 전하를 가진 전자가 행성처럼 둘러싸고 있는 모습이었다. 그런데 전자는 행성과는 다르게 행동한다는 것이다. 전자는 행성과는 다르게 언제나 한 궤도로부터 다른 궤도로 그 사이에 가로 놓인 공간을 통과하지 않고 건너뛰고 있다는 사실이 확인되었다. 궤도 또한 잘 정리된 정상 궤도가 아니고, 넓고 불명료한 지취로서 전자는 그 위에 퍼져있다. 그리고 이 태양계 모형은 원자핵도 주로 양성자와 중성자로 구성된 입자들의 복합체로서, 어떠한 시각적 모형이나 우리의 감각경험에 의한 표상으로서 나타낼 수 없는 입자와 힘에 의해 결합되어 있는 것으로 밝혀졌다. 원자는 사물이 아니다. 원자단계로 내려가면 시간과 공간에 놓인 객관적 세계는 더 이상 존재하지 않는다(하이젠베르크의 부분과 전체). 또한 모든 입자들은 입자의 성질을 가지면서 동시에 파동의 성징을 가진다는 것도 드러낸다.

3 확률 파동의 관점에서 양자역학

슈뢰딩거는 드브로이 파의 사고를 발전시켜서 원자핵과 전자의 전자기적 힘을 토대로 파동으로서 전자가 따라야할 방정식을 유도하였다. 슈뢰딩거는 궤도운동이라는 개념 대신, 전자의 파동에 대한 함수, 즉 파동함수(wave function)라는 개념을 도입하였다.

수소 원자핵(양성자)과 전자사이에 전기력(쿨롱의 힘)이 작용한다. 거리가 가까워질수록 쿨롱의 힘은 세어지므로 핵과 전자사이에는 전기적으로 우물 모양의 퍼텐셜(potential)이 만들어진다. 이와 같은 쿨롱 퍼텐셜 영역에서는 전자의 양자파동은, 파장의 정수배, 혹은 반정수배의 파동만이 허용된다. 슈리딩거의 방정식에서 띄엄띄엄하게 불연속적으로 허용되는 파동의 해(방정식의 고유값)는 원래 양자론에서 그리는 세계에서는 에너지가 불연속적으로 양자화 되어있다는 사실을 설명해준다.

막스 보른은 1926년에 파동함수의 확률해석(Probability interpretation)을 제안하였다. 파동함수의 절대 값을 제곱한 값은 전자가 존재할 확률을 나타낸다는 주장이었다. 피동함수를 확률 파동(probability wave)으로 본 것이다.

원자 전자의 위치를 찾아서 그 결과를 종합하면, 전자가 위치할 가능성이 마치 전자구름처럼 나타난다는 것이다. 파동함수를 확률파동으로 본 막스 보른의 해석 덕분에 파동함수가 물리적으로 의미 있게 되었고, 그와 동시에 미시 세계에서는 사건이 확률적으로 일어난다는 개념이 정착할 수 있게 되었다.

측정행위를 통한 불확정성 원리

고전 물리학에서는 어떤 측정 행위가 어떤 식으로든 측정대상에 영향을 미치지 않는다고 가정한다. 그런데 이렇게 쉽고 합리적인 뉴턴의 방법이 그 작은 세계에서도 적용될까? 우리가 어떤 물체를 보는 방법으로, 그대로 전자를 볼 수 있을까?

우리가 "물체를 본다는 것"과 "전자를 보는 것" 사이에는 근본적인 차이가 있다. 우리는 반사되어 튀어나오는 빛으로 물체를 보지만, 이 빛이 물체에 미치는 영향을 무시할 수 있을 정도입니다. 따라서 물체는 언제나 그 위치에 있는 것으로 관찰된다. 그런데 어떤 전자를 전자에 충돌시켜서 그 전자를 관찰하고자 한다면, 관찰대상이 되는 입자와 관찰의 수단이 되는 입자가 비슷하기 때문에 둘 사이에 상호작용으로 관찰대상이 되는 입자는 변화를 겪는다고 할 수 있다. 튀어나와 산란된 전자를 이용하여 대상이 되는 전자의 위치는 관찰이전의 위치가 아니라는 뜻입니다. 고전물리학적으로 관찰자는 대상을 객관적으로 관찰 이전의 위치를 정확하게 관찰가능하다는 것은 문제가 생긴다는 것입니다. 위치의 오차는 전자기파의 파장에 비례한다고 할 수 있다. 즉 광자의 파장이 짧을수록, 현미경을 통해 전자의 위치를 더 정확하게 확정할 수 있다. 빛을 이용하여 입자의 위치나 운동을 관측했다고 가정하자. 이때 관찰하는 대상이 빛의 파장 이하인 것은 제대로 관찰 할 수가 없다. 빛의 파장이 짧으면 해상도를 높일 수 있지만, 짧은 파장의 빛은 에너지가 높은 빛이기에 관찰 대상을 튕기는 등 강한 영향을 주어서 관찰대상이 본래 지니고 있는 운동량을 제대로 파악하기 어렵다. 즉 운동량에는 변화가 일어나기 때문이다.

즉, 광자가 전자에 충돌하여 전자의 위치를 확인할 때, 광자는 전자에 운동량을 전달하고, 그로인해 전자의 운동량(속도)은 불확실해 진다. 파장이 더 길고 에너지가 더 낮은 광자를 써서 측정하면 운동량(속도)은 더 잘 확정되지만 위치측정은 불분명해진다. 우리가 관찰할 때, 실험 대상과 시간, 공간적으로 양자적 규모에서 운동량을 교환할 수밖에 없다. 즉 그 운동량 교환 때문에 관찰이 생기며, h(프랑크 상수)는 '교란의 최소한계'이다.

불확정 원리에서 중요한 것은, 소립자의 위치를 정밀하게 측정해서 오차가 줄어들면 줄어들수록 속도의 불확정성은 증가한다는 사실입니다. 게다가 측정행위 자체가 측정대상을 변화시키므로 관찰 대상에 대한 우리의 지식은 항상 어딘가 불확실할 수밖에 없는 것입니다(Hazen, and Trefil, 1991, p.84).

그런데 문제는 고전물리에서는 현재의 위치와 속도를 정확히 측정해야 미래의 위치와 속도를 정확하게 예측가능하다는 것입니다. 엄격한 결정론이라는 것입니다. 하지만 소립자는 위치와 운동량의 정확한 값을 동시에 가질 수 없다. 이러한 사실로부터 도출되는 결론은, 소립자는 시간에 따른 운동과정도 역시 정확히 알 수 없다는 사실이다, 결국 소립자는 확률로밖에 논할 수밖에 없는 존재이다. 예를 들면, 서울에서 대전으로 향하는 기차가 시고 50 Km로 2시간 달린다면, 어느 위치에서 얼마의 속도로 달리는지 알 수 있다. 하지만 기차가 처음 위치에서, 그리고 얼마의 속도로 출발했는지 정확히 모른다면, 2시간 뒤의 위치와 속도를 정확히 예측할 수 없다.

전혀 모르기보다는 확률적 예측을 낳는 것이다. 양자역학에서도 현재의 파동함수를 정확히 알면 미래의 파동함수가 정확히 결정된다. 입자의 입자 위치는 좌표x는 비국소적이다. 그 이유는 값아 확정되지 않고 전 영역에 파동함수로 퍼져있기 때문이다. 고전역학에 비해 약화된 결정론이라고 볼 수 있다.

불확정성 원리는 전자를 물질파 파동이라는 슈뢰딩거 방정식이 이끌어 내는 결론 중 하나이다. 전자를 파동이라면, 전자의 위치와 운동량에 대하여 필연적으로 애매함이 발생하게 된다는 점이다.

불확정성 원리의 의미

양자론의 토대가 되는 하이젠베르크의 '불확정성 원리'는 인과적 결정론을 약화시키는 것으로 평가되고 있다. 이 원리는 고전역학에서 뉴턴의 운동법칙과 마찬가지로 현대물리학의 기초가 된다. 물리학자가 전자의 위치를 정확히 측정하면 할수록 '속도'는 더욱 불확정적이고,

입자의 속도를 정확히 측정 측정하려 할수록 '위치'는 더욱 어렴풋이 종잡을 수 없게 된다. 이것은 '입자이면서 파동'인 전자 고유의 이중성이 실제적으로나 이론적으로 명확하게 정의하는 것은 불가능하게 만들었다. 이것이 함축하는 것은 아원자 단계로 내려오면 세계는 어떤 순간에도 미결정의 상태에 있고, 그 다음 순간은 어느 정도 불확실한 혹은 '자유로운' 상태가 된다는 것이다. 이러한 궁극적인 구성요소의 불확실성 때문에 아원자적 과정에 대한 물리학자의 진술은 단지 확률적인 것일 뿐 확정적일 수는 없다. 극미 세계에서는 확률의 법칙이 인과률을 대신한다. 즉 강한 결정론적 인과률이 확률론적 약한 인과률로 대신한다고 할 수 있다. 즉 자연은 엄밀하게 예측할 수 없다.

인과율이란 어떤 사건의 원인이 있은 다음 결과를 발생된다는 것이다. 그리고 이 원인과 결과사이에 최소한 빛의 속도에 해당하는 시간경과가 전제되어야한다. 이를 아인슈타인의 국소적 인과율이라고 한다. 이를 테면 원인과 결과가 즉각적으로 혹은 동시에 발생한다면 이는 국소적 인과율을 위배한다. 하지만 양자론에 인과율이 전혀 없다고 말 할 수 없다. 다만 양자론의 인과율은 고전 역학과 상대성이론과는 다른 확률적인 인과론을 요구하고 있다, 이는 실재성 및 국소성의 문제와 연결되어있다.

여기에서 논의의 편의상 실재론은 아인슈타인이 주장하는 실재의 정의 즉, 물리적 실재(physical reality) 개념으로 이해한다. 아인슈타인의 실재론의 기본 가정은 (1) 인간의 관찰 여부와 독립적인 실재세계의 존재, (2)동일한 실험에 의해 보편적 결과 획득, (3) 국소성의 원리 만족 등 세 가지이다(조송현, 2014, p.660).

아인슈타인의 실재는 물리적 실체로서 이해되며, 보어에게 실재는 하나의 관계이다. 아인슈타인은 실체를 통해 관계를 해명하려 했으며, 보어에게 실체는 시스템 전체의 관계망 속에서 밝히려하였다. 결국 우리 자신을 제외한 본질적인 우주의 모습을 상상한다는 것은 원리적으로 불가능하다.

따라서 엄밀한 의미에서 객관적 대상이란 있을 수 없다. 고전역학 및 상대성 이론에서 공간의 핵심적인 특성은 하나의 물체와 다른 물체를 각종 영향으로부터 단절시키는 것이다. 하지만 양자역학은 우주의 반대편에 있는 두 물체도 서로 밀접하게 연결되어 있다는 것이다.

우주는 부품들로 분해하거나 조립할 할 수 있는 거대한 시계라기보다는 모든 부분이 전체와 분리 불가능한 거대한 유기체라고 보는 것이 타당하다. 결국 양자론은 관계성과 전체성을 본질로 하여 세계를 하나의 관계망 속에서 파악하는 관계론적인 자연관과 우주관을 제시한다. 이는 고전역학에서 제시하는 기계론적 자연관과 우주관과 대비된다.

생성 소멸은 지속적으로 이루어진다.

슈뢰딩거 방정식을 비롯한 초창기 양자역학은 비상대론적인 결과물이었다. 이러한 슈뢰딩거 방정식은 전자의 속도가 광속보다 충분히 느린 경우 혹은 전자의 운동에너지가 전자의 정지질량 에너지보다 충분히 작은 경우에만 적용할 수 있다.

1928년 영구의 이론물리학자인 다랙이 슈뢰딩거방정식과 특수상대성이론을 접목시켜 전자의 상대론적 파동방정식인 디렉 방정식(Dirac equation)을 유도하였다.

그러한 디렉 방정식으로부터 전자의 고유성질인 스핀이 도출되었다. 전자 스핀은 양자론과 상대성이론을 결합하여 나온 본질적인 결과였다. 디렉 방정식은 자연계에서 반물질이 존재한다는 사실을 예언하였다(Fukue, 2014, p.122).

전자와 전자의 반물질인 양전자가 충돌하면 입자가 완전히 사라진다(쌍소명, pair annihilation), 에너지(빛)로 바뀐다. 쌍소멸과 반대로 아주 큰 에너지로부터 입자와 반입자의 쌍이 생성되는 경우도 있다. 이를 쌍 생성(pair creation)이라고 한다. 양자역학의 세계는 우연과 생성이 있는 변증법적인 사상이라는 것을 알 수 있다.

코펜하겐 해석

전자가 어디에 있는지 확정할 수는 없지만 전자의 위치를 측정하고자 '관측'을 하면 전자가 어디에 있는 발견할 수 있다. 관측하기 전, 전자는 공간에 확률파동으로, 연속적으로 퍼져 존재한다. 그러나 관측행위가 이루어지는 순간 파동함수의 수축(wave function collapse)dl 일어나고 특정장소에 전자가 존재할 확률이 1이 되면서 전자가 관측된다(Fukue, 2014, p.138).

미시세계에서는 모든 현상이 근본적으로 불확정이고 확률적으로 일어나지만 우리가 '관측'을 하면 그때마다 무수히 많은 가능성 중에서 가장 가능성이 큰 상태가 결과로 표현된다. 이러한 생각을 코펜하겐 해석(Copenhagen interpretation)이라고 한다. 현재 대부분이 받아드리고 있다.

닐스 보어의 상보성원리는 모순적인 두 개념이 합쳐야만 하나의 제대로 된 사태를 그릴 수 있다고 하였다. 피동의 성질과 입자의 성질, 위치와 운동량(속도), 시간과 에너지, 동시적으로 정의할 수 없다. 그리고 단지 상보적으로만 실재의 기술을 위한 역할을 할 뿐이다. 관찰자는 무엇을 하나의 기준으로해서 측정행위를 해야 한다. 이때의 결단은 객체를 통제한다(최종덕, 1995, p.218). 이러한 변증법적 관계(Harris, 2000, p.162)는 새로운 통합으로 나아간다고 할 수 있다.

양자역학에서 실행은 결단을 의미하며, 이 결단은 대상의 실재 화혹은 현실화를 의미한다. 존재보다는 인식이 앞서며, 인식보다 행위가 앞선다.

포괄적인 의미에서 과학적 실재론은 결정론, 환원주의, 객관성, 그리고 예측가능성과 동일한 지평에서 논의되어 왔다. 하지만 양자역학의 등장은 객관성과 결정론, 그리고 예측가능성의 범위를 거부하기보다는 확률적인 결정론으로 축소시켰다.

코펜하겐의 해석에 따르면 사물의 운동현상의 불확정성은 인식론적인 탐구의 결과였지만, 미시 세계의 불확정성에 대한 이유는 인식의 한계라기보다는 자연 자체의 모습이라고 본다. 플랑크 상수는 자연의 보편상수 중에 하나이기 때문에, 불확정성원리의 근거는 자연세계 자체에 있는 것이지 우리 인간 능력의 능력한계와는 무관한 것이라는 것이다. 이러한 양자세계의 불확정성 때문에 양자 차원의 미래를 예측할 수 없다고 한다. 결국 인식론적 측면에서 비-인과율의 측면에서 넣을 수 있으며, 동시에 존재론적 측면에서는 비결정론으로 해석할 수도 있다(최종덕, 1995, p.48).

하지만 필자가 보기에는 존재론적인 측면에서 예측가능성을 거부하기보다는 확률적인 결정론으로, 뉴턴역학의 동력학적 설명의 원리를 같이 하기에 엄격한 결론이라기보다는 확률적이고 약한 결정론이라고 할 수 있으며, 또한 인식론적 인과율이 엄격하게 성립 안 된다고 인과율을 버릴 수는 없다는 점이다. 즉 약한 인과율이 적용된다고 볼 수 있다.

물리적 실체를 설명하는 데에서 서로 대립되는 두 개념, 입자와 파동 중 어느 하나를 배제하고 다른 하나를 선택할 것이 아니라 모두 상호 보완적으로 적용해야한다는 주장했다. 이를 상보성원리라고 한다. 상보성원리는 양자역학의 중요한 대칭성의 미덕이라고 할 수 있다.

전자의 이중 슬릿 양자 실험: 양자적 본성을 가장 아름답게 보여주는 실험

뉴턴의 결정론적 세계관과 그 문제점

뉴턴역학의 세계는 이미 결정되어 있는 결정론의 세계로, 관측 대상은 인간의 마음과 독립적으로 존재하는 물리적 실재론으로 관측자의 관찰 행위와 관계없이 인과적으로 엄격하게 결정된다.

처음 조건인 입자인 전자의 위치와 속력을 정확하게 측정 가능하기에, 전자의 미래의 위치와 속도는 예측대로 관측된다. 따라서 개별 전자들은 두 개의 틈을 통과하여 스크린에 도착하여 예상되는 그림 1 처럼 무늬를 만들 것이다. (강한 결정론)

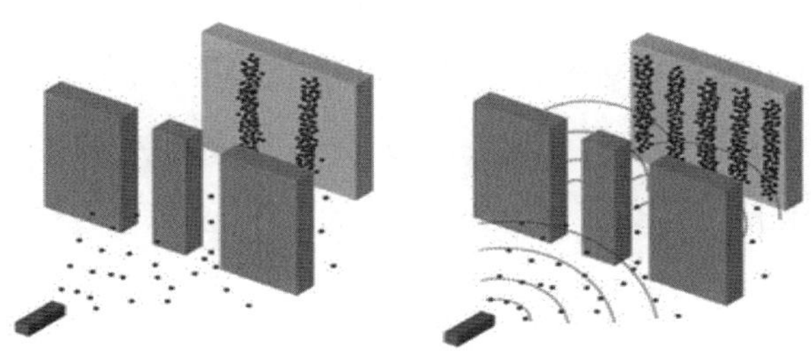

그림 1. 전자의 양자적 간섭 실험

> **문제점:** 그림 1처럼 입자라고 생각되던 전자의 이중 슬릿 장치에서 하나씩 발사한 전자가 스크린에서 파동처럼 간섭무늬가 나타난다(오른쪽 실험 결과). 하지만 검출기를 설치하면, 입자처럼 행동하여 간섭무늬가 나타나지 않는다(왼쪽 실험 결과).

고전과학에 의하면, 파동과 입자는 성질이 다른 대상인데, 즉 하나의 파동 혹은 입자가 전혀 다른 실체인데, 이중슬릿 실험 장치에서 개별로 발사한 전자가 두개의 실체로 나타나는 것은 서양 형식 논리의 배중률에 위반된다(**모순의 객관성을 부정**).

새로운 확률적 세계관 제안

이성적으로 어떤 현상에 대한 가능한 확률적인 예측(전자가 파동)을 하는 것이다. 그리고 관측을 하면, 그 중에 하나의 실체(전자가 입자)로 100% 확인 된다(**확률적인 약한 결정론 제안, 주관적 관념론의 방식**)

구체적인 과정은 없고, 관찰에 의하여 결과가 공공연하게 드러내어 재현할 수 있으나 관찰 전에는 전자가 확률적으로만 분포한다. 자연현상과 이론 간의 대응과 정확성보다는 양자역학의 확률적인 개념을 보

여주는 양자역학으로 잘 파악할 수 있다. **(새로운 세계관의 이해)**

우리가 전자를 검출하면 전자는 입자처럼 항상 명확한 위치를 가지고 있고, 우리는 그곳의 전하량을 알 수 있다. 하지만 전자가 원자의 주위를 돌거나 공간 속을 자유롭게 움직일 때는 마치 파동처럼 행동하며 회절과 간섭과 같은 성질을 보여준다.

양자역학은 자연현상의 진행과정을 두 가지 단계로 기술한다.

첫 번째 단계에서는, 전자와 같은 입자를 슈뢰딩거의 파동방정식에 의거해서 확률파동(파동함수)으로 서술한다. 시간의 흐름에 따라 파동함수는 연속적으로 변화한다.

두 번째 단계에서는, 관측행위를 통해 전자의 위치와 같은 관측 가능한 물리량을 취함으로써 파동함수가 갑자기 날카로운 형태(한 곳에서만 값을 갖는)로 변하게 된다. 전자의 위치를 관측하는 순간, 전자의 파동함수는 한 순간에 붕괴되어 전자가 발견된 곳에서는 100%의 확률을 갖고 그 외의 장소에서는 모두 0으로 사라진다.

더 넓은 세계관의 변화로 확장 정리하자면,

동역학적 뉴턴역학은 시간-가역적이라, 원인은 현재와 과거일 수 있고 결과는 미래이므로 원인과 결과를 잘 파악하면, 결과인 미래를 명확하게 예측할 수 있다는 입장이기에서, 외부 원인과 결과의 결정론적 구조 파악이 전제되기 때문에 결정론적 기계론이라고 한다.

뉴턴이 의하면 일정한 방법론(귀납법과 가설-연역법)에 의하여 정립된 이러한 동력학 방정식은 초기 조건만 알면 시간에 따른 물체의 위치를 명확하게 예측할 수 있다는 것이다**(뉴턴의 강한 결정론)**.

하지만 하이젠베르크의 물체의 초가의 위치와 속도를 동시에는 명확하게 측정할 수 없기에 미래의 위치와 속도를 또한 정확하게 결정될 수 없다는 불확정성 원리를 제시하였다.**(뉴턴역학에 대한 문제점 발생)**

슈뢰딩거 파동 방정식의 해는 입자가 특정장소에 존재할 수 있는 확률을 의미한다고, Born은 수학적으로 해석하였다. 소립자의 파동성에 기초한 확률론을 통하여 인간은 미시세계를 파악하는 양자역학이 탄생하였다. 99%의 발생확률이 있다고 예측해도, 1%의 변수 때문에 일어나지 않을 수 있으며 예측이 틀릴 수도 있다는 점을 들어, 약한 결정론이지만 결정론을 버린 것은 아니다 **(양자역학의 약한 결정론 제안)** 이러한 양자역학은 실제적으로 많은 자연현상을 잘 설명하고 예측한다. 하지만 관측되지 않는 동안, 입자가 하나의 정해진 장소에 있다고 생각해서는 안 된다고 양자역학은 말한다. 있을 수 있는 모든 장소에 존재한다. 다만 존재한다는 말은 별로 정확한 표현이 아니다. 관측되지 않은 입자는 존재와 비존재를 구별하기가 어렵다. 존재와 비존재를 동시에 가진 상태라고 말해도 좋다. 양자론에서는 그런 상태를 '파동함수'라는 수학 통해 표현한다.

관찰자와 무관한 대상의 객관적인 실체를 파악할 수 있다는 물리적 실재론으로부터, 우리는 관찰을 통해서, 우리가 개입하면 실체들이라고 추정되는 관계들만을 파악할 수 있다는 물 자체의 실체론보다는 우리(환경)와 대상사이의 관계론으로 변화되고 있다.

관찰 전에는 전자자체는 그 전자가 차지할 수 있는 모든 가능한 상태들의 겹침이다. 전문가들은 이를 "중첩의 원리'라고 부른다. 즉 세계의 맨 밑에는 확률이 있다. 우리가 계상할 수 있는 것은 외부에서 개입이 있으면, 가능한 여러 사건 중에 하나가 확실하게 수학적으로 말하면 확률이 1로 일어나며, 다른 사건은 일어나지 않는다.

코펜하겐 해석은, 미시세계의 객관적 현상의 모순에 대해 개념적으로 모순을 개념적으로 모순을 지워버리는 방법을 택하는 데 이들이 모순 개념을 부정하는 방식을 주관적 관념론의 방식이다(문영찬, 2018, p.727).

“슈리딩거의 고양”이라는 사고실험은 대표적인 사례이다. 상자 안에 고양이가 있는데 상자 안에는 독극물이 든 병이 있고 그 병은 방사성 물질의 붕괴에 의하여 깨어지게 되었다. 하지만 언제 방사성 불질이 붕괴 될지 모른다. 상자 밖의 관찰자의 입장에서는 그 고양이가 산 것도 아니고 죽은 것도 아닌 상태이다. 상자를 열었을 때 비로소 고양이가 죽었는지 살아있는지 객관적 상태가 확정된다.

고양이를 산 것도 아니고 죽은 것도 아니라는 규정은 모순의 객관적 실재성을 주관적으로 부정하는 것이다. 그리고 상자를 여는 것, 즉 관측행위라는 주관에 의해 비로소 산 것인지 혹은 죽은 것인지 라는 객관적 실재성이 결정된다고 보는데 이는 전형적인 주관적인 관념론이다.

슈리딩거의 고양이라는 사고실험을 양자역학의 미시세계에 적용하면 다음과 같다.

상자안의 고양이가 죽은 것도 아니고 산 것도 아니라면 규정은 미시세계의 소립자가 관측 전에는 파동도 아니며 입자도 아닌 상태라고 주장하는 것이며, 단지 곽 행위에 의해 비로소 파동 혹은 입자로 결정된다고 주장하는 것이다. 이는 전자 등의 소립자의 운동이 입자성과 파동성의 통일로 보는 것, 즉 모순 개념을 통해 인식하는 것을 거부하는 것이다. 변증법적으로 일종의 방법론적인 자연주의라고 할 수 있다.

4 양자역학과 일반 상대성 이론과의 관계

결정적 자연관에서는 모든 물체의 위치와 운동량은 역학방정식에 대입해서 계산함으로써 미래의 모든 결과를 예측할 수 있다고 하였다. 하지만 양자역학 이론이 정비되면서 그러한 결정론적이고 고전 물리학적인 세계상이 그대로 성립하지 않는다. 양자역학 이론에 따르면 미시적인 세계의 법칙에는 항상 확률이 관련되어 있다. 이는 고전물리학의 세계상에 '엄밀한 인과율이 지배하는 우주'라는 관념을 근본부터 변화시킨 것이다.

18세기 이신론(deism)이 주장은, 신은 태초에 무엇인가를 만들어 내고는 그 뒤의 모든 일은 제멋대로 흘러가도록 내 버려두었다는 말입니다. 바로 이점에서 빅뱅이론은 전통적인 기계론적인 물리학의 테두리를 벗어나자는 않지요. 하지만 양자물리학에서는 창조가 태초에만 이루어진 것이 아니며, 세계 안에서 일어나는 모든 일들이 계속되는 창조행위의 결과라고 주장합니다. 그래서 양자물리학자들은 창조를 끊임없이 일어나는 그 무엇으로 이해합니다.

원자 안에서 벌어지는 일들을 고전적인 개념으로 설명하려면, 관찰조건이 달라질 때마다 지극히 대립되는 경험을 하게 된다. "양자 물리학"에서 관찰되는 이런 "상보성"은 도저히 극복할 수 없이 보이는 모순들을 개념의 폭을 넓힘으로서 조화롭게 극복할 수 있음을 보여주는 예이다. 예를 들면, 빛의 입자성과 파동성의 경우로 서로 다른 실험 결과로 나타난다.

고전적 물리학으로는 동일한 대상을 동일한 방법으로 관찰하면 역시 동일한 외형의 표본이 나와야겠지만, 관찰 결과는 일반적으로 그렇지 않다. 가능한 여러 결과 가운데 어떤 결과가 나올지는 미리 말할 수 없으며, 다만 상대적인 확률만이 법칙에 따라 예측할 수 있을 따름이다. 물론 원자의 세계에서도 모든 결과에는 그 보다 시간적으로 앞 선 원인이 있어야한다는 인과율은 여전히 통한다. 그러나 원자 세계의 인과율은 특정한 원인이 특정한 결과를 고전 물리학의 인과율이 아니다. 그 중에서 비교적 안정된 상태를 이루고 있는 사물만을 단편적으로 이해하는 사고가 파악할 수 있는 대상이 되고 또 현실이 될 뿐이다.

현재 우주를 연구하는 물리학자들은 일반상대성이론과 상대론적 역학을 이용해서 현상을 예측, 관측, 측정, 설명하고 있다. 그리고 입자를 연구하는 물리학자들은 양자역학과 전자기학 분야의 지식을 특수상대성 이론에 따른 공간과 시간의 틀 안에서 이용한다.

우선, 입자의 차원에서는 일반상대성이론이 성립하지 않는다. 하지만 은하의 차원에서는 양자역학은 의미가 없으나, 엄청난 량의 질량과 에너지와 관계되어있는 까닭에 일반상대성이론은 지배적인 위치를 차지한다.

따라서 천체물리학자는 입자물리학자와는 다른 틀에서 다른 모향을 가지고 연구해야한다. 그러나 몇몇 경우, 아주 좁은 공간에 아주 큰 지량이 갇혀있는 현상을 만날 수 있다. 블랙홀이 여기에 해당하며, 팽창을 시작한 순간의 우주도 그렇다고 볼 수 있을 것이다. 이런 상황에서는 크기가 아주 작기에 양자역학적 효과를 무시할 수 없고, 현상에 개입되는 에너지가 몹시 크기 때문에 중력적인 효과도 무시할 수 없다.

우리는 양자역학과 일반 상대성이론은 수학적으로 동시에 양립시킬 수는 없으나, 모든 것을 설명할 수 있는 이론을 존재할 수는 없는지 우리는 지속적으로 연구해야한다. 양자론과 상대성이론을 통합한 이론을 '양자중력론'이라고 부리고 있다. 그러나 많은 사람들의 노력에도 불구하고 양자중력론은 동시에 성립시키려고 노력하였으나 이론에 모순이 생기기 때문에 아지 완상되지 못했다.

예를 들면, 양자론에서는 물질의 상태를 확정하지 않고, 확률적으로 표현하고 있다. 예를 들어 전자가 어딘가에 있는지는 확정할 수 없다는 점이다. 이러한 확률을 전부 합쳐 계산하면 항상 100%가 되고, 이것을 확률이 보존된다고 합니다. 하지만 일반상대성이론을 양자적으로 받아들이면 100%가 되지 못합니다. 따라서 새로운 혁명적인 이론이 등장하는 것이 필요하다.

고대 아리스토텔레스학파는'왜 현상이 일어나는가?'라는 질문으로 실체를 알아내려 한 반면, 뉴턴 학파는 '어떻게 현상이 일어나는가?'라는 질문으로 실체를 파악하려 하였다. 아리스토텔레스학파가 묻는 '왜'라는 질문에 뉴턴의 법칙이 답을 하지 않았다. 양자론과 상대성이론은 아리스토텔레스의 '왜'도 아니고 뉴턴의 '어떻게'도 아닌 또 다른 방법으로 실체를 보기 시작했다(Barnett, 2014).

필자의 의견으로 보면, 뉴턴역학과 아인슈타인의 상대성이론은 이론적 존재자의 실존과 독립성을 인정하는 강한 과학적 실재론이지만, 양자역학은 그들의 실존은 인정하지만, 독립성은 인정하지 않고 그들과의 관계로만 인정한다. 즉 약한 반-실재론이라 할 수 있다.

이전의 뉴턴과 갈릴레오는 자신의 물리법칙은 신의 섭리를 바탕으로 한다. 하지만 신을 배제하고 모든 문제를 풀어보려는 현대 물리학자들은 수학적 원리 위에서 신비스럽게 운행된다고 강조하고 있다. 이는 수학에 대한 절대적인 믿음에서 기초한 것이다.

양자역학은 모든 물질에 대해 설명할 수 있는 것이고, 일반상대성이론으로로는 우주를 설명할 수 있다. 하지만 빅뱅이 시작하는 순간은 양자역학과 상대성이론을 동시에 적용되어야한다. 즉, 우주가 시작되는 직 후의 상황을 이해하려면 양자역학과 상대성이론을 결합하는 무언가 새로운 이론이 필요하다. 하지만 아직 그 방법이 완성되지 않아 이론적인 예측이 불가능하다는 것이다.

5 논의 및 제언

독일의 물리학자 막스 플랑크(Max Plank, 1858-1947)는 뜨거운 열상자 속에서 균형 상태에 있는 전기장의 에너지가 양자(quantum, 量子)와 같은 덩어리 형태로 분포되어 있다고 가정한 것이다. 이는 당시에 알려진 지식과 조화를 이루지 못했습니다. 그 시기에는 에너지가 연속적으로 변화하는 것이라고 생각했기 때문에 덩어리로 된 물체로 취급할 수 없었기 때문이다.

하지만, 5년 후, 아인슈타인은 빛이 무리를 이루어, 즉 빛 입자들이 모여 빛 입자들이 모여 만들어졌다는 것을 증명하였습니다. 이것이 현재 우리가 말하는 광자(photon, 光子)라고 부르는 것입니다. 아인슈타인은 이 연구덕분에 노벨상을 받게 됩니다. 플랑크가 이 이론을 낳은 어머니라면, 아인슈타인은 기른 아버지라 할 수 있다.

하지만, 세상의 모든 자식이 그렇듯이 이 이론도 나중에는 아버지를 떠나 너무 많이 변해버렸습니다, 1910년대와 20년대를 지나면서부터 닐스 보어(Niels Bohr, 1885-1962)가 원자 속의 전자 에너지도 빛 에너지처럼 '양자화'된 일정한 값만 취할 수 있고, 전자들이 특정한 에너지 값만 허용하는 원자궤도 있는 한 원자궤도에 한 원자궤도에서 다른 원자궤도로 '점프'만 할 수 있으며, 점프를 하는 동안 광자를 방출하거나 흡수한다는 것을 알아낸 사람이다. 이것이 그 유명한 양자 도약(quantum leap)'이다(Rovelli, 2014. p.32).

루이 드브로이가 '물질파'라는 견해를 제시한 직후, 비엔나의 물리학자 슈뢰딩거는 같은 아이디어를 그에 상응하는 수학적 형태로 발전시킨다. 그는 양성자와 전자에 특정한 파동함수를 적용함으로써 양자 현상을 설명하는 하나의 체계를 이끌었다. 과거에 구형의 물체로 인식되던 전자는 물결모양으로 움직이는 전기에너지의 전하로, 원자 역지 중첩된 파동의 체계로 바뀌었다. 모든 물질은 파동들로 구성돼있고, 우리는 파동의 세계에 살고 있다는 것이다.

하지만 독일의 하이젠베르크의 보른은 파동이든 입자든 상관없이 원하는 것을 채택해 양자현상을 정확히 설명할 수 있는 새로운 수학적 도구를 개발해 파동성과 입자성 사이에 다리를 놓았다.

전자가 합쳐지면 입자 집단의 성질을 띠거나 파동 집단의 성향을 띠기도 한다. 예를 들어 두 물리학자가 바닷가를 보며 이렇게 분석할 수 있다. 한 물리학자는 "파도의 특성과 강도는 마루와 골의 위치에 따라 명확히 드러난다"라고 분석한 반면, 다른 과학자는 파도를 똑같이 관찰한 후, "당신이 마루라고 한 부분은 골이라고 한 부분보다도 단지

다 많은 물 분자들이 포함하고 있다는 데 그 의미가 있다."라고 말할지 모른다. 보른은 그와 유사하게 슈뢰딩거가 파동함수를 나타내기 위해 사용했던 수학적인 표현을 그의 방정식에 채택했고, 그것의 통계학적 측면에서 보면서 '확률'로 해석했다. 파동의 측정 부분의 강도는 그 부분 입자들의 확률분포를 측정하는 하나의 척도라고 생각한다. 물질의 파동현상은 이제 확률로 표현되는 파동현상, 확률파(Waves of Probability)로 범위가 좁혀지게 되었다(Barnett, 2014, p.50).

하이젠베르크와 보른의 방정식은 어느 경우에나 들어맞는다. 그러므로 우리의 선택에 따라 파동의 세계에 산다 해고 좋고, 입자의 세계에서도 산다고 해도 괜찮다.

1927년 하이젠베르크는, 공간에서 전자의 위치를 알아내고자 할 때, "복잡하게 중첩된 파동으로 묘사된 전자집단의 위치는 특정 전자가 위치해 있을 법한 '확률'을 나타낸다." 개개의 전자는 불확실하고 희미하다. 그러므로 전자수가 적으면 적을수록 그 관찰결과는 더욱 불확실하게 된다(Barnett, 2014, p.55).

양자역학에서는 다른 무엇인가에 부딪히지 않는 한 그 무엇도 확실한 자기 자리를 갖지 못합니다. 이해하기 힘든 이론도 있습니다. 모든 개체가 어떤 상호작용에서 다른 상호작용으로 넘어가는 양자도약이 대부분 우발적이고, 예측할 수 없는 방식으로 이루어진다는 것입니다. 전자가 어디에서 또 다시 나타날 것이지 예측하기 불가능하고, 나타날 가능성만 계산해볼 수 있습니다. 그런데 이 보잘 것 없는 가능성이 물리학의 중심부에, 모든 것이 정확하고 투명하고 예외가 인정되지 않는 규칙으로 통제되는 듯했던 곳에서 고개를 내밀었습니다(Rovelli,

2014).

'불확정성 원리'에 의하면, 전자의 위치와 속도를 동시에 측정하는 것은 불가능하다. 그 위치를 관측하려는 행동, 감마선을 전자에 충돌시킴으로서 그 위치를 알아냈지만, 충동하는 즉시 이미 전자의 속도는 이전과 다르다. 이와 반대로 속도가 정확히 측정되면 될수록 측정 순간에 이미 그 자리를 떠나므로 전자의 현재 위치파악은 더욱 불확실 해진다. 또한 물리학지가 전자의 속도와 위치측정에 있어 불확정성이 갖는 수학적 편차를 계산하면 그것은 언제나 신비의 숫자, 플랑크 상수 h의 함수임을 알게 된다.

양자역학은 전통과학의 두 기둥인 '인과론'과 '결정론'을 흔들어 놓는다. 양자역학이 통계와 확률을 도입하면서 '자연은 개별 사건들 사이의 원인과 결과라는 불변의 순서를 따른다.'라는 기존 과학의 개념이라는 엄밀성을 확률로 바꾸었기 때문이다. 불학실성의 한계를 허용함으로서 모든 물체의 현재 상태와 속도를 알면, 우주의 모든 역사를 예측할 수 있다는, 뉴턴 역학의 오랜 꿈을 버리게 된다.

일종의 실용적인 물리학자의 목표는 자연의 법칙을 이전의 어떤 것보다 더 정확한 수학적 용어로 표현하는 것이다. 과학자는 수학적 표현을 이용해 그 사물이 어떻게 움직이고 작동하는지 기술할 수 있지만, 사물의 실체가 무엇인지는 알 수 없고, 알아야할 필요도 없다(Barnett, 2014, p.59).

현대 물리학자들은 어떤 것이든 그 본성을 근거 없이 추측만 하는 것은 고지식한 일이라 생각한다. 그들은 자기가 관측한 것을 정확히 기록함으로서 만족하는 '실증주의지' 거나 '논리적 경험주의자'이다

(Barnett, 2014, pp.52-53)

아인슈타인은, 이러한 양자역학의 도구 주의적이고, 반실재론적인 주장을 받아들이지 않았다. 그는 우주의 질서와 조화를 믿었다. 언젠가는 물리적인 실체에 대한 지식을 얻을 것이라 믿었다. 그 해답을 얻기 위해 그는 원자 내부의 미시세계에서 멀리 떨어진 별들의 세계로, 또 그 별들의 세계너머 광대하고 압도적인 텅 빈 공간과 시간의 세계로 그의 시각을 돌렸다.

아인슈타인은 세 가지 이유에서 아이러니한 실수를 통하여 우리는 다음과 같은 사실들을 생각할 수 있다.

첫째, 상대성이론은 20세기 물리학의 거대한 발전 구조를 다루었고, 양자역학은 소립자의 세계를 다루었다.

둘째, 인류의 지성사를 발전시키는 데 기여한 모든 사람들은 현재의 기준만이 아니라 당대의 기준으로도 심각한 오류를 범했다는 것은 흥미로운 일이다. 위대한 지성들은 그 시대의 사고를 확장하였지만, 과학, 예술, 사회변화에서 아무도 자신들이 살고 있던 당시대의 사고방식을 완전히 뛰어넘을 수는 없었다(Heriot, 2000, p.402).

셋째, 서양의 과학지성사는 일상 경험들과 자신들의 과학 이론들과 일치시키고자 노력하였지만, 감각과 상치되고 일상생활의 정상적인 과정에서 드러나지 않는 어떤 원리를 찾기 위해 기꺼이 직접 경험을 뛰어넘어 상상력을 발휘하여 기존의 대립물의 인정보다는 통합과 융합으로 지성을 변화시키고자 하는 변화의 역사이다. 따라서 이러한 과정은 아직도 진행 중이라 할 수 있다.

소립자 세계에서는 물질이 '파동으로서의 성질'을 강하게 나타난다.

따라서 절대로 피할 수 없는 '관측 결과의 애매함'이 존재하는 것을 알려진 것이다. 이것은 소립자 세계에 존재하는 '원리적, 본질적인 불확실함'이고 양자역학이 초래한 발견 중에서 가장 핵심이라고 할 수 있다.

기존의 뉴턴역학에서는 충분한 관측 자료가 있다면 물체의 운동을 과거에서 미래까지 얼마든지 정밀하게 알아낼 수 있었다. 하지만 불확정성 원리는 양자역학이 개척한 새로운 세계관을 보여주는 존재인 것이다. 양자역학의 고전 확률개념과는 완전히 질을 달리한다. 양자 상태의 확률개념은 인간 인식능력의 한계 때문에 발생한 확률 운동개념보다는, 자연 자체가 확률적 세계상을 가지고 있다는 점을 강하게 말해준다.

이장을 통하여 생각할 주제

1. 양자역학은 어떠한 형이상학적 믿음에서 출발하였는가?

2. 양자역학은 확률적인 세상을 말해주고 있다. 그러한 확률적인 세계는 불확정성 원리로 설명해보시오.

3. 전자와 같은 소립자의 관측 시, 우리의 주관이 들어갈 수 있다고 할 수 있다. 이 과정을 변증법적으로 설명하시오.

참고문헌

문영찬 (2018). 세계관과 변증법적 유물론, 서울: 노사과연.

유상균 (2018). 시민의 물리학: 그리스 자연철학에서 복잡계 과학까지, 세상보는 눈이 바뀌는 물리학 이야기. 서울: 플루토.

조송현 (2014). 우주관 오디세이: 피타고라스, 플라톤에서 아인슈타인, 보어까지(제 2 쇄), . 부산: ㈜국제신문.

최무영, (2010), 최무영교수의 물리학 강의. 서울: 책갈피

최종덕 (1995). 부분의 합은 전체인가: 현대 자연철학의 이해. 서울: 소나무.

Barnett, L. K. (2014). The Universe and Dr. Einstein (renewed by T. L., Barnett), New York: Dover Publications

Harris, E. E. (2000). Apocalypse and Paradigm: Science & Every Thinking. (이현휘 옮김, 2009, 파멸의 묵시록: 과학적 패러다임과 일상의 사유양식, 부산: 산지니, 참고문헌의 쪽수는 한국어 번역판)

Heriot, K. (2000). Who We Are: A Chronicle of the Ideas that Shaped Our World. Lost Coast Press(정기문 옮김, 2007, 지식의 재발견: 인류탄생에서 빅뱅에 이르기까지, 서울: 이마고)

Hazen, R. M. and Trefil, J. (2009). Science Matters: aching scientific literacy(Second anchor Books Edition). New York: Anchor Books.

Fukue, J. (2014). Manga De Wakaruru Ryoshi-Rikigaku(Original Japanese edition). Tokyo: SB Creative Corp. (목선희 옮김, 2018, 양자역학 7일만에 끝내기(제 3 쇄). 서울: ㈜살림출판사.)

Godfrey-Smith, P. (2003). Theory and Reality. Chicago, Illinois: the University of Chicago Press.

Miller, A. I. (1996). Insights of Genius. New York: Springer (김희봉 옮김. 2001. 천재성의 비빌: 과학과 예술에서의 이미지와 창조성. 서울: 사이언스 북스, 참고문헌의 쪽수는 영문판).

Rovelli, C. (2014). Seven Brief Lessons on Physics. (김현주 옮김, 2016, 모든 순간의

물리학, Seoul: Sam and parkers, Co., Ltd.)

Sato, K. (2000). Ryoshi-Ron Wo Tanoshimu Hon(Japanese edition). Institute, Inc.

제15장

팽창하는 우주

| 요약 | 이 장의 목적은, 현대 교양인이 가져야할 소양으로 현재의 우주가 왜 팽창할 수밖에 없는지를 고찰하는 것이다. 일반상대성 이론과 붕괴되지 않은 우주를 조화시킬 방법이 최소한 두 가지가 있음을 안다. 첫째는 붕괴되어야하는 일반상대성이론 그 자체는 옳고, 현실적으로 우주가 붕괴되지 않는 이유는, 우주가 팽창하기 때문이라는 것이다. 다시 말해, 우리가 과거에 팽창하여 지금도 그러한 팽창 우주에 산다고 가정하면, 이 팽창이 우주를 붕괴시키려는 중력의 경향을 상쇄할 것이다. 즉 역동적인 우주였다. 두 번째 방법은, 붕괴되어야하는 일반상대성이론과 붕괴되지 않은 현실을 조화사킬 수 있는 제안으로, 일반상대성 이론이 무엇인가 빼먹고 있다고 가정하는 것이다. 이 경우, 우리는 우주를 유지할 수 있게 해주는 어떤 새로운 용어를 첨가하여 일반상대성이론을 '수정하려' 시도할 수 있다. 이러한 아인슈타인이 제안한 우주 상수를 제외하면 우리는 한 가지 놀라운 사실만 남는다. 우주가 분명히 붕괴하지 않기 때문에 일반상대성이론은 사실 우주가 팽창하고 있어야 한다고 예측하고 있는 것이다. 이 예측은 아인슈타인의 일반상대성 이론을 발표한 후, 10여년이 지난 후, 애드윈 허블(Edwin Hubble)이 확인해 주었다. 우리는 지금 우주 팽창, 중요한 가속 팽창을 기정사실로 간주하고 있다.

| 주요어 | 우주의 팽창, 일반상대성이론, 우주상수, 우주의 가속 팽창

1 서론

우주의 진화를 경험하고, 이해하고, 그것의 일부가 되는 것이다. 우리 인간은 단순히 우주의 우연한 부산물이 아니라 진화의 최전선에 서 있는 존재이다. 세상을 설명하는 능력은 우리가 누구이며 우리의 미래가 어떻게 될 것인가를 이해하는 데 기본이 된다(Turok, 2012). 진화하는 우리는 진화하는 우주를 이해한다는 것은 과학적 소양인이 된다는 첫 번째 덕목이라고 할 수 있다.

과학자와 철학자들은 과거에는 인류와 우주는 과거에서 미래까지 영원히 존속한다고 믿었다. 뉴턴에게도 우주는 영원하고 변화하지 않는 우주였다.

그러한 우주가 정지해 있지 않다는 사실을 수학적으로 가장 먼저 계산해 낸 사람은 아인슈타인이었다. 자신이 만든 일반상대성 이론에 의하면 모든 물체는 다른 물체를 잡아당기고 있어서 결국 서로에게 가까이 다가가기 때문이다.

하지만, 전통적으로 주장되어왔던 대로 우주가 정지해있다고 믿었던 아인슈타인은 자신의 중력 방정식을 다시 검토해 우주상수를 이용하여 우주가 붕괴하지 않은 방법을 찾고자 하였다. 하지만 사라져버릴 만큼 작은 속도도 없다. 절대적인 정지는 없다는 점이다. 양자역학에서 원자의 절대적 정지의 상태는 허용되지 않는다. 따라서 우리가 다음에서처럼 정적인 사고보다는 생성과 변화인 동적인 사고로 진행되어야 한다.

이 장에서 중요하게 다루는, 암흑 물질과 암흑 에너지의 존재는, "객관적 실체"라는 개념만으로 성명할 수 없는 문제이다. 현대 우주과학이 제시하는 세계에선 관계가 아니고는 그 어떤 실체도 없고, 오히려 실체가 있어서 관계를 맺는 것이 아니라, 관계가 실체의 개념을 낳는다(Rovelli, 2017).

뉴턴역학에 따르면, 태양계에서 태양으로부터 멀리 있는 행성은 천천히, 가까이 있는 행성은 빨리 공전한다는 것이다. 나선은하 바깥쪽에서 은하 중심 주위를 도는 별들의 속도를 케플러 법칙과 뉴턴법칙에 따르면 태양계의 행성들도 유사한 회전 속도를 가져야합니다. 그런데 실제 관측을 하면 계산보다 굉장히 빨리 움직인다. 하지만 은하 바깥쪽에 별들은 아무리 살펴봐도 빠른 속도로 운동하도록 묶어들 수 있는 중력을 줄 수 있는 물질이 우리 눈에는 보이지 않는다.

또 하나는, 우주가 팽창한다는 것이 옳다면, 뉴턴역학에 따르면 운동에너지가 위치에너지로 전환되기 때문에, 팽창속도 점점 감소해야하는데, 현재 우주는 가속 팽창하고 있다는 점이다.

이러한 문제들을 해결하는 데 과학자들은 어떤 노력을 했는지 탐구하는 것이 이 연구의 주요한 목적이다.

따라서 이 연구에서 우리는,

첫째, 정적 우주로부터 팽창우주로,

둘째, 가속 팽창 우주론을 어떻게 해결하는가?

셋째, 팽창을 통한 우주의 안정화 문제를 탐구한다.

2 일반상대성이론의 시공의 특징

뉴턴의 고전역학과 아인슈타인의 특수상대성이론에서 시간과 공간은 단순히 사건이 발생하고 진행되는 우주적 무대가 된다. 즉 주어진 시공간은 물체의 운동에 영향을 주지 않는 독립적인 무대인 것이다. 하지만 일반상대성이론은 시간과 공간은 우주 진화과정에서 깊숙이 개입하는 변화의 주인공이다. 예를 들면, 공간의 특정 장소에 물체(에너지)가 존재하면 그 주변의 공간을 왜곡시키고, 왜곡된 공간은 물체의 운동을 야기한다. 그리고 물체가 움직이면 공간은 또 다른 형태로 왜곡되고 .... 이런 과정이 계속해서 진행된다. 따라서 일반상대성이론은 시간과 공간, 그리고 물체와 에너지가 한데 어울려 추고 있는 기본 안무를 제공하고 있는 셈이다. 물체와 에너지가 사라지면 당연히 시공간도 사라지는 셈이다.

이와 같이 일반 상대성이론은 물질(에너지)이 우주 시공간의 구조를 결정짓는 다고 간단하게 말한다. 이는 이론의 미적 특성중의 하나인 개념적인 단순성과 하나의 통일성을 말한다. 뉴턴역학은 물질, 에너지, 시간, 공간을 독립적인 실체로 규정한다. 특히 서로 독립적인 물질과 에너지는 사로 독립적인 시간과 공간과는 사로 의존하지 않는다. 특수 상대성이론에서 시간과 공간은 긴밀히 연결되어있는 시공의 형태로 연결되어있으나 일정하게 한 없이 누구에게나 동일하게 흐르는 절대시간과 절대 부동의 절대공간은 더 이상 존재하지 않음을 말한다. 하지만 그 안에 들어있는 물질(에너지)과 그러한 시공간은 서로 독립적이다. 따라서 뉴턴과 동일하게 특수성대성이론은 시공간이 물질에 의존하지 않기에 약한 유물론이라 할 수 있다.

반면에 일반 상대성이론에서는 이러한 시공의 형태는 물질의 분포에 의해서 결정된다는 것을 보여준다. 일반 상대성이론은 강한 유물론적임을 알 수 있다(Oh, 2022).

무엇보다도 아인슈타인은 상대성이론은 장(field)이라는 개념을 탐구하는 것으로 탄생됐다고 강조했다. 물질이 장이라면, 장도 물질이다. 즉 물질(에너지)에 의한 중력장이 시공간이 되는 것이다. 그 유명한 중력 장방정식인 것이다.

이러한 중력 장 방정식이 표준 빅뱅모델의 근간을 이루고 있다는 점이다.

아인슈타인은 질량과 에너지 분포상태에 따라 이로부터 시각과 공간의 휘어진 정도를 알려주는 방정식을 유도해 냈다.

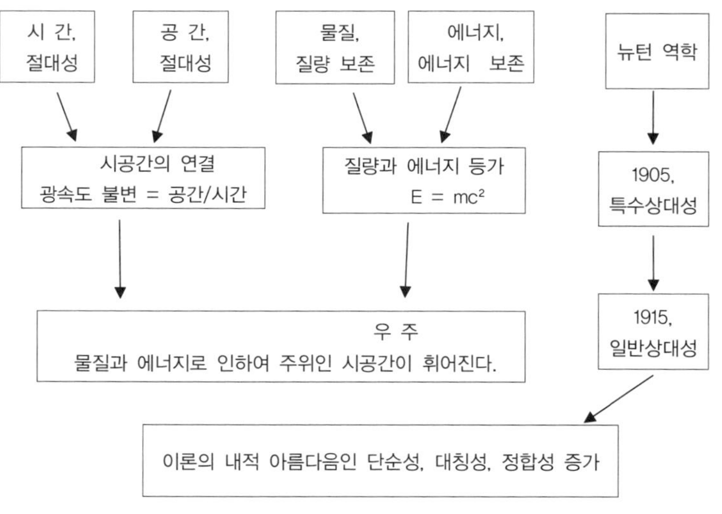

그림 1. 과학 이론 단순성, 정합성, 대칭성의 변화

3 정적 우주(static Universe)로부터, 팽창우주로

아리스토텔레스와 그리스 대부분의 철학자들은 인류와 우주는 과거에서 미래까지 영원히 존속한다고 하는 정적 우주(정지 우주라고도 한다)를 믿었다. 19세기 후반까지도 뉴턴에게 일반적으로 받아들이는 이러한 정적 우주로 영원하고 변화하지 않는 우주였다.

우주가 항상 존재했다고 가정한다면, 존재의 문제를 그저 주어진, 설명될 수 없는 사실로 여기는 것은 마음 편한 태도이다. 그리고 분명하게 코페르니쿠스와 갈릴레오, 뉴턴도 근대 대부분 그렇게 믿고 있었다. 무엇보다도 아인슈타인은 우주란 영원할 뿐만 아니라 전체적으로 변하지 않는 공간이라 확신했다(Holt, 2012).

위와 같이 철학에 의존해서 우주를 다루던 것이, 1920년대 과학자들은 우주가 수십억 년 전에 태어나 팽창하고 있다고 주장하는 우주모형을 나타나게 되었다. 허블의 우주 팽창을 포함하는 정상우주론(定常宇宙論, steady-state theory)과 빅뱅 우주론으로 발전하였고, 현재는 빅뱅 우주가 옳다는 것을 확인 되면서, 설명하기 어려운 점들을 보완할 수 있는 급팽창이론이 등장하였다(Greene, 2005). 물론 정상우주론은 허블 팽창을 설명하고자 했던 시도이기에 우리 인간의 고대 그리스부터 시작되었던 정지 혹은 정적 우주와는 다르다.

그러한 과학적 사고의 격변은 두 방향에서 시작되었다. 하나는 물리학의 법칙을 새롭게 적용하여 놀라운 결론에 도달한 이론가들이 이루어낸 것이었고, 다른 하나는 기존의 가정을 의심케 하는 새로운 사실을 관측하거나 측정한 관측자들이 이루어낸 것이다. 프리드만과 르메트르는 이론을 통해 팽창하는 우주에 대한 아이디어를 얻었다. 이와 함께 허블은 독자적으로 우주의 팽창을 의미하는 은하들의 적색편이를 관측했다(Singh, 2004, p.286).

허블은 외부 은하들의 존재를 증명하기 위해서는 외부 은하까지의 거리를 측정 기록하였으며, 그들의 스펙트럼을 관찰하는 데 시간을 쏟아 부었다. 왜냐 하면, 은하들의 거리에 따른 후퇴 혹은 접근 속도를 측정하기 위해서였다. 따라서 적색편이 혹은 청색편이 스펙트럼을 예상할 수 있다. 하지만 대부분은 은하들이 적색 편이 된 스펙트럼을 보인 것은 놀라운 일이었다. 결과적으로 1929년 허블은 1929년 발표한 내용이었다. 도플러 효과라는 특수한 물리적 현상에서 비롯된 이 "적색편이(red shift)"을 통하여 은하들이 지구에서 멀어지고 있음을 증명한 것이다. 물론 은하까지의 거리는 은하 내에 존재하는 세페이드 변광성을 이용하였다. 주기-광도관계를 이용하여 그는 은하안의 세페이드 변광성의 광도를 측정하여 은하까지의 거리를 측정할 수 있었다.

관측천문학자인 허블의 발표는 엄청난 파문을 일으켰다. 은하들이 멀어지는 것은 우주 전체가 팽창 중이기 때문이라는 놀라운 주장이었다. 은하들 사이가 거리가 멀어지는 것은 우주의 부피가 커진다는 것을 의미한다. 즉 공간의 크기가 커진다는 것이다. 그 결과 허블이 우주의 팽창을 설명하기 위하여 확립한 법칙에는 그의 이름인 "허블의 법칙"이 붙게 되었다.

우주가 이렇게 팽창하고 있다면 시간을 역으로 올라가 아주 먼 과거, 전 우주가 점 하나로 축소되는 순간을 생각할 수 있다. 우주의 탄생인 약136억 년 전이라고 할 수 있다. 이것이 "빅뱅"이다. 지극히 작고 극도로 뜨거운 하나의 점, 장차 별들과 은하를 만들어 낼 모든 물질을 만들어 낼 모든 물질을 포함한 이 점이 갑자기 팽창하여 오늘날 우리가 살고 있는 우주가 되었다는 것이다.

아인슈타인은 장방정식이라는 물질, 복사, 그리고 중력의 상호작용을 수학적인 항으로 나타나는 일단의 일반 상대성이론이라는 방정식을 유도하였다. 현재 우주론의 대부분은 이 장방정식의 해를 구하고 이를 관측 자료에 의해서 검증하는 것이다.

이러한 아인슈타인의 우주 모형은 균질, 등방이고 공간은 기하학적으로 구 대칭이며 체적은 유한하고 경계는 없다. 그러나 그의 중력 장방정식은 중력에 의하여 우주는 영원불변이 아니라 하나의 점으로 점점 수축되어 마지막에는 붕괴가 일어나 우주가 정지된 상태로 머물 수 없다는 것이다. 따라서 그의 모형은 정적인 우주를 위해서 그는 방정식에 우주 상수라는 임의의 반-중력인 추가적인 힘을 추가시켰다. 그러나 후에 허블에 의해 우주의 팽창이 발견되면서 아인슈타인의 영원한 정적인 모형은 우주상수를 포기하고 팽창 모형으로 수정될 수밖에 없었다.

하지만 허블의 발견 이전인 1922년 러시아의 프리드먼(Friedmann)은 우주 상수가 없는 아인슈타인이 세운 중력장방정식 해에서, 초기 조건에 따라 우주는 수축하거나 팽창해도 좋은 것으로, 팽창 우주의 가능성도 구했다. 그는 현재가 아닌 과거로 되돌아가 초기에 팽창으로 시작한 우주로 생각했다. 그런 우주는 중력을 이길 수 있는 초기 운동량을 가지고 있을 것이라는 전혀 새로운 우주관이었던 것이다. 즉 우주가 수축하지 않는 것은 반-중력인 우주상수라기 보다는 던져진 것처럼 팽창하기 때문이라는 것이다. 즉 현재 우리는 그러한 상태를 관측하는 것이다.

이러한 프리이드 모형은 두 가지 중요한 가정에 입각한다. 첫째는, 우주의 균일성이다. 우주가 균일하다는 것은 우주의 어느 장소도 동등하게 중심이 없다는 주장이다. 우주의 중심을 추구하는 대신 우주에는 중심이 없고 균일하다는 생각이다. 국소적으로 균일하기보다는 광역적으로 그렇다는 것이다. 두 번째, 가정은 등방성이다. 이것은 우주에는 특별한 방향이 없고 어디를 보든 같은 현상을 보게 된다는 것이다. 이러한 등방성은 국소적으로 성립되지 않아도 광역적으로 성립된다.

그런데 균일성과 등방성은 완전히 독립된 개념이 아니다. 균일하지 않으면 어디든지 등방하다는 것이 성립되지 못한다.

하지만, 우주의 지평면까지 균일하다는 것일 뿐 무한한 저쪽까지 균일하다고 할 수 없다.

이러한 모형 형성에는 현재의 관측된 우주를 반영하지 않았지만, 이 모형은 우주 팽창에 허블의 법칙에도 부합하는 것이다. 아인슈타인 해는 곡률의 형태와 크기를 나타낸다. 우주의 곡률에는 세 가지 가능성이 있다.

일반 상대성이론에 따르면, 우주의 전반적인 곡률은 우주의 밀도와 에너지의 평균적 밀도에 의해 좌우되고 물질과 에너지를 합한 밀도가 임계밀도라고 알려진 값과 정확히 같으면 우주의 곡률은 편평해진다. 그림 1처럼, 만일 우주의 평균밀도보다 작으면, 전반적인 곡률은 말안장 모양이 된다. 만일 우주의 평균밀도보다 크면, 전반적인 곡률은 구형이 된다.

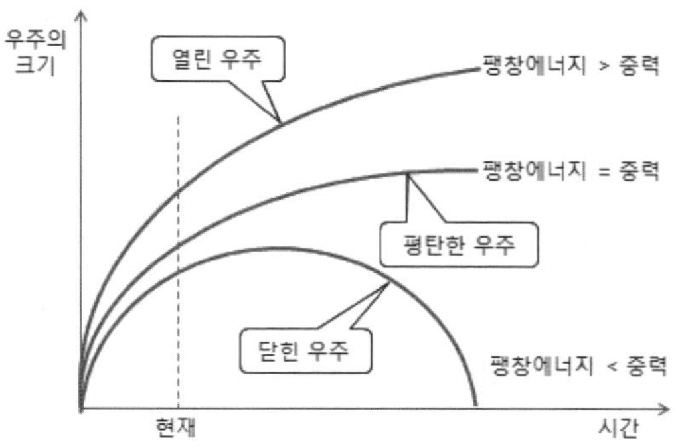

그림 1. 프리드먼(Friedmann)의 세 가지 우주의 가능성

첫 번째 가능성은 말안장 표면을 닮은 부(-)의 곡률을 가지는 우주이다. 이러한 우주에는 모든 공간이 굽어져 있으며 우주는 경계가 없고 무한하다. 이러한 우주가 열린 우주이며 영원히 팽창하는 우주이다.

두 번째 가능성은 구의 표면에 해당하는 양(+)의 곡률에 해당하는 우주이다. 이 우주도 공간이 휘어져 있으나 경계가 없고 유한하다. 닫힌 우주라고 불리는 이 우주에서는 팽창이 언젠가 중력에 의해서 정지된 후 우주는 수축으로 이하여 결국은 한 점으로 돌아가게 된다.

세 번째 가능성은 평면우주(0)로서 이 우주에서는 공간이 휘어져 있지 않고 직선으로 되어있다. 이 우주는 그 속에 포함된 물질의 중력이 팽창에너지와 평형을 이루어 팽창은 결국 정지하지만 수축하지 않고 우주는 결국 정적인 상태로 남게 된다.

우주에 물질-에너지가 전혀 없는 텅 빈 우주(coasting universe)는 관성에 의하여 우주의 팽창속도(팽창 율)가 일정하지만, 우리 우주는 텅빈 우주가 아니기 때문에 위의 세 가지 경우로 비율은 다르지만 모두 팽창속도(그래프 기울기)가 줄어 들것으로 예측되었다(이강환, 2015, p.56).

아인슈타인이 상대성 이론을 내놓기 전까지, 사람들은 상대에너지만을 생각했다. 한 조건과 다른 조건사이의 에너지 차이만을 생각했다. 하지만 아인슈타인의 이론 덕분에 우리는 에너지 절대량에만 자체가 의미가 있으며 그것이 중력을 생성하여 우주를 수축하거나, 팽창시킬 수 있다. 여기에서 가장 중요한 것은 첫째로, 중력이 미칠 수 있는 우주의 물질이 얼마나 있는가 하는 것과, 둘째로, 우주의 팽창 율이 변화하는 것이다.

첫째로, 우주의 물질함량은 우주의 밀도로부터 구할 수 있다. 밀도가 임계밀도보다 높으면 우주는 닫힌 우주이고 팽창은 멈출 것이다, 하지만 우주의 밀도는 이 값의 수%에 지나지 않는다. 하지만 우리에게 관측되지 않은 물질이 많이 있을 것으로 추측된다. 이렇게 보이지 않는 물질은 암흑물질이라 부른다. 닫힌 우주로 만들만큼 충분한 양의 암흑물질이 우주에 있는가에 달려있다고 할 수 있다.

두 번째 검증방법은 팽창률의 변화는 우리가 측정하기 어렵다는 것이다. 하지만 허블 상수도 정확하게 알지 못하는 우리로서는 과거의 것은 말할 것 없고 현재의 팽창률도 정확하게 결정할 수 없는 처지이다. 과거의 관측 자료에 의하면, 우주 팽창 율이 감속하였으나, 현재는 팽창이 가속되고 있다는 것이다. 따라서 그러한 팽창의 원동력으로 암흑에너지를 찾고 있다. 또한 중력과 반하는 힘으로 아인슈타인의 우주 상수가 새롭게 부각되고 있는 것이다.

17세기부터 19세기까지 말까지 우주의 움직임은 뉴턴의 중력이론에 의해서 많은 자연 현상을 예측하고 설명 할 수 있었다. 또한 물질과 물질사이에 발생하는 중력에 의한 상호 인력이 우주를 수축하게 만드는 것이다. 하지만 정적인 우주에 대한 믿음이 매우 강했으므로, 그러한 믿음은 20세기 초까지 지속되었다. 심지어는 아인슈타인조차도 1915년 일반상대성이론을 정립했을 때도, 우주가 정적이라는 믿음 때문에 자신의 방정식에 소위 우주상수(cosmological constant)라는 것을 도입하여 자신의 이론이 정적인 우주에 모순되지 않도록 하였다. 아인슈타인은 수축시키려는 중력에 반하는 밀어내는 힘을 낼 수 있도록 하였다. 그것은 먼 거리에서 작용하는 반발력을 나타내는 것으로 붕괴를 방지하기 위한 조치였다. 하지만 결국 그는 우주 상수를 버리고 초기 일반상대성 장방정식으로 돌아왔다.

4 현대 우주가 존재하는 이유

이 장에서 중요하게 다루는, 암흑물질과 암흑에너지가 직접 관측된 것은 아니지만, 우주에서 관측되는 천체의 운동을 가장 잘 가장 간단하게 설명하기 위해서 그 존재가 제안되었다. 암흑물질은 그 존재가 있으나 별이나 성운의 운동은 암흑물질의 중력에 의하여 결정된다. 암흑에너지는 우주의 팽창을 가속시키는 에너지의 한 형태이다. 이런 점에서 볼 때 우주에는 밀어내는 힘이 존재한다는 우주상수는 아주 틀린 것이 아니다. 왜냐하면 암흑에너지가 우주 상수의 역할을 한다. 천문학자들은 가속되는 우주가 맞는다고 생각하고 있는 것이다.

풍선을 불어서 늘어나는 것을 우주팽창에 비유할 때, 풍선의 부피가 불어나는 것이 우주가 불어나는 것에 해당한다고 생각하기 쉬우나, 이 비유에서 우주의 풍선의 안쪽이 아니라 풍선의 겉면이다. 곧 우주를 2차원으로 나타난 셈이다. 풍선을 불면 겉면이 어떠한 식으로 늘어나는가? 바깥에 비어있던 공간을 겉면이 차지하는 것이 아니라 없던 면이 생겨나는 셈이다. 곧 공간 자체가 늘어난다. 우주가 불어나는 것도 마찬가지입니다. 우주 바깥에 바탕이 되는 빈 공간이 있어서 이를 우주가 점점 채워나가는 것이 아니라 공간은 우주가 전부인데 공간 자체가 계속해서 새롭게 만들어 지고 있는 것이다(최무영, 2010, pp.405-406). 표 1에서처럼, 실제로 팽창하는 우주는 3차원 공간이라는 점이다. 하지만 이러한 3차원은 시각화시키기가 어렵기 때문에 기본 개념을 유지한 선에서, 차원하나를 생략하여 풍선으로 비유를 들었던 것이다. 그러나 우리가 고려하는 것은 풍선의 표면에 해당되므로 풍선의 내부를 언급하는 것은 잘못이다. 풍선의 표면은 우리가 관측할 수 있는 전체공간을 상징하고 있으며, 표면에서 벗어난 지점은 실제로 우주의 3차원공간과는 다르다.

행성과 별들이 각각의 은하를 안정하게 유지시켜주는 중력은 팽창에 의한 힘보다 훨씬 강력하기 때문에, 공간이 팽창하면 외부 은하들 사이의 거리만 멀어질 뿐 은하 자체는 팽창하지 않는다. 멀리 떨어진 외부 은하사이의 중력은 거의 무시할 정도로 작다. 따라서 대부분의 과학 교과서에서 풍선에 은하의 그림을 직접 그려 넣는 경우는 문제가 있다고 할 수 있다. 은하그림이 팽창하기 때문이다. 은하의 운동은 공간 자체가 팽창하여 이루어지는 것이다. 즉 공간이 생성되는 것이다.

행성과 별들이 각각의 은하를 안정하게 유지시켜주는 중력은 팽창에 의한 힘보다 훨씬 강력하기 때문에, 공간이 팽창하면 외부 은하들 사이의 거리만 멀어질 뿐 은하 자체는 팽창하지 않는다. 멀리 떨어진 외부 은하사이의 중력은 거의 무시할 정도로 작다. 따라서 대부분의 과학 교과서에서 풍선에 은하의 그림을 직접 그려 넣는 경우는 문제가 있다고 할 수 있다. 은하그림이 팽창하기 때문이다. 은하의 운동은 공간 자체가 팽창하여 이루어지는 것이다. 즉 공간이 생성되는 것이다.

표 1. 우주팽창의 풍선의 교육적인 비유적 이해

	기초영역	목표영역
우주의 공간	풍선의 표면의 2차원	우주의 3차원
우주의 시간	풍선의 표면적이 불어나서 생성되는 방향	공간 자체가 계속해서 새롭게 만들어지는 방향
우주팽창 에너지	사람이 불어서 풍선의 표면적이 증가	처음에 강력한 폭발 에너지와 현재의 암흑에너지
우주팽창을 억제하는 에너지	풍선의 고무로 그 것의 팽창함에 따라 억제하는 힘도 증가	물체 사이의 중력과 새로운 개념의 암흑 물질
가속 팽창	사람보다는 또 다른 동력에 의하여 바람을 불어넣어야 한다. 즉 풍선 비유의 한계	공간과 시간은 지속적으로 생성되어 팽창되는 데, 새로운 개념의 암흑에너지에 의해 가속적으로 팽창된다.

열역학 법칙과 시간의 화살은 우주의 탄생과 관련이 있다. 우주가 탄생할 때는 엔트로피가 작은 상태에서 출발했고 증가해왔다. 그런데 우주가 열평형에 도달하지 않은 이유는 우주가 계속 팽창하고 있기 때문이다. 우주가 만일 팽창이 멈춰있다면, 매우 빠르게 벌써 열평형이 되어 아무것도 존재할 수 없다고 할 수 있다. 결국 인간 등 생명이 존재

하고 별과 은하가 존재한다는 것 자체가 정지우주에서는 있을 수 없는 현상이다. 다행히 우주가 팽창하고 있기 때문에 열 죽음이 되지 않을 수 있다고 할 수 있다. 결론적으로 열역학 화살도 우주론적 화살과 관련이 있다고 할 수 있다(최무영, 2010, p.425).

태초에 우주가 대 폭발을 통해 탄생했는데 스스로 지켜야할 규칙, 과학법칙이라고 표현하는 규칙을 선택했다. 왜 하필이면 뉴턴의 운동 방정식이나 슈리딩거 방정식인지 알 수 없지만 하여튼 선택했고, 이에 더해 초기조건도 우주가 결정했다. 그리고 시간에 따라 우주는 펼쳐지고 있다. 다행히도 우주는 엔트로피가 매우 낮은 상태를 초기 조건으로 선택했고, 일반상대성 이론의 장 방정식에 따라 계속 팽창하고 있기 때문에 현재 우리가 존재하는 것이다.

표 2. 우주론적 시간의 화살

	원리		비고
열역학적 화살	열역학 제 2법칙	엔트로피가 저절로 감소하지 않는다.	우리가 과거를 기억하는 것은 엔트로피가 증가했다는 것이다. 따라서 심리적인 화살은 열역학적 화살의 한보기이다.
심리학적 화살	우리의 기억의 차이	과거는 기억하지만 미래는 기억하지 못한다.	
우주론적 화살	우주의 팽창	우주의 팽창과 함께 시간이 생산된다.	우주의 팽창으로 열적 죽음이 되지 않을 수 있다. 열적 화살이라도 우주론적 화살과 관련이 있다.

5 보이지 않는 암흑 물질과 암흑 에너지를 통한 팽창 우주론 이해

우리은하의 회전에 관한 연구에서 우리은하의 질량은 대부분 헤일로에 퍼져있는 반면에 대부분의 빛은 은하의 얇은 원반에 위치한 별이나 성운에서 온다는 것을 알게 되었다(Bennet, at al., 2015, p.513). 또한 미국의 천문학자 Vera Rubin과 그녀의 동료들은 다른 나선 은하들에서 증거를 얻었다. 은하 원반의 중력장을 계산한 결과를 토대로, Rubin의 연구팀은 별의 공전 궤도 속도는 거리에 따라 어떻게 변하는지 조사하였다. 당연히 뉴턴의 중력 법칙에 따라 중심에서 거리가 늘어남에 따라 점차 줄어들 것이라고 예상하였다. 왜냐하면 은하에서 항성들은 대부분 중심부에 밀집해있다(그림 2, 빨간색의 선). 그러나 실제 궤도 공전 속도는 대체로 일정하였다(그림 2의 파란색 선). 이것을 설명할 수 있는 방법은 딱 한 가지 밖에 없었다. 즉 밝은 원반보다 10배나 무거운, 보이지 않는 무리(halo)가 은하 주위를 둘러싸고 있다고 볼 수 있다. 별들의 궤도 속도는 이러한 보이지 않는 무리의 중력에 의해 일정하게 유지되고 있다고 볼 수 있다(Paul, 2001, pp. 62-63). 이것은 분명 눈에 보이지 않는 존재가 눈에 보이는 물질너머로 퍼져있으며, 그 항성들이 이탈되지 않도록 추가적인 묶어주는 역할을 하고 있음을 의미한다.

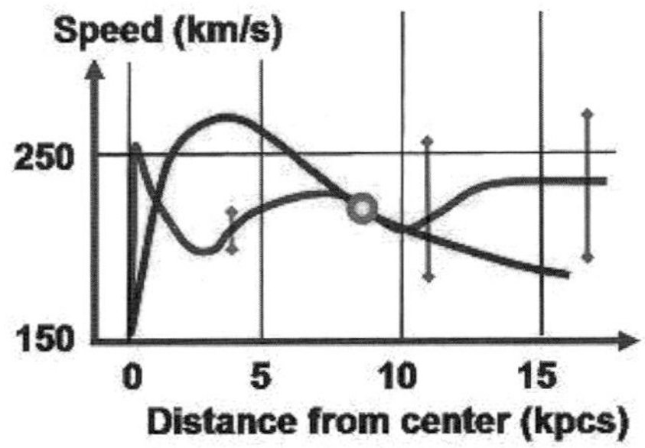

그림 2. 나선 은하의 회전속도 분포

위에서 말한 우리은하와 외부은하의 회전 속도를 이용하여 질량을 측정하는 방법은 결국 만유인력 법칙을 통한 뉴턴의 운동법칙에서 산출된 것이다. 하지만, 거대한 공간에서 뉴턴의 법칙을 신뢰할 수 있을까? 아인슈타인의 일반상대성 이론에서 예측되는 현상으로, 중력렌즈에 의해 빛이 휘는 각도는 렌즈로 작용되는 물체의 질량과 연관되기 때문에 얼마나 빛이 휘는가를 측정하면 천체의 질량을 측정할 수 있다. 이러한 방법으로 구한 은하단의 질량은 은하들의 공전 궤도 속도를 이용하여 구한 결과들과 대체로 일치한다. 서로 다른 방법들을 통해 많은 양의 암흑 물질이 은하단에 있음을 알게 되었다(Bennet, at al., 2015, p.519). 암흑물질의 존재를 보여주는 확실한 관측결과로는 중력렌즈현상이다 중력 렌즈 현상은 아인슈타인의 일반상대성이론으로 예측할 수 있다. 질량을 가진 천체는 주변의 시공간을 휘어지게 만든다. 그런데 만일 멀리 있는 천체에서 오는 빛은 천체 근처에 오는 빛은 이 빛은 휘어진 시공간을 따라 휘어지게 된다. 이렇게 멀리 있는 천체의 빛이 그 앞에 있는 천체의 중력에 의해 휘어지는 현상을 중력 렌즈 현상이라고 한다.

우주의 진화에서 암흑물질은 추가적인 인력을 제공함으로써 은하의 생성에 매우 중요한 역할을 했다고 할 수 있다. 많은 방법으로 암흑물질은 우주에서 서로 서로를 묶어주는 일종의 우주의 척추가 되었다.

우주의 거대 구조 형성에는 두 가지 상반되는 힘이 작용한다. (1) 빅뱅이후 지속된 팽창은 은하와 은하사이의 거리를 점차 멀어지게 하는 반면, (2) 중력은 빅뱅이후 형성된 고밀도 지역으로 물질들을 끌어당겨 은하의 거대구조를 형성한다. 만약 중력이 충분히 강하다면 팽창은 어느 순간 멈춘 후, 다시 수축할 것이다. 반면에 중력이 너무 약하다면 중력으로 인해 팽창이 멈추거나 수축하지 못할 것이다.

아래 식은, 물질이 공간의 곡률을 결정한다는 아인슈타인의 중력장 방정식이다.

$R\mu\ \nu\ - \frac{1}{2}\ G\mu\ \nu\ R$ + (우주 상수)= $T\mu\ \nu$ + (암흑 물질)

시공간 격자의 곡률을 의미 + 우주상수(암흑에너지) = 격자상의 물질이나 에너지의 존재 + 암흑물질

하지만 많은 천문학자들이 예상하지 못한 것은 우주의 팽창은 느려지지 않고 오히려 가속되고 있다는 것이 지난 20년 동안의 관측으로부터 증명되었다(Bennet, at al., 2015, p.526). 이 밀어내는 힘은 암흑에너지라는 에너지 때문일 거라는 추측이다. 우주 공간은 소위 '암흑 에너지'로 가득 차 있는 것으로 보인다. 우주 전체 질량의 70%를 설명할

수 있는 이 에너지는 우주의 팽창을 가속시키는 효과를 나타낸다.

아인슈타인의 중력장 방정식에서 암흑물질은 곡률을 증가시키는 역할을 하여 우주의 팽창을 억제할 수 있지만, 우주상수는 오른쪽으로 이항하면 음수가 되어 곡률을 음수가 되도록 하므로 우주의 팽창을 가속시킨다.

암흑에너지는 물질이 아니다. 그냥 에너지이다. 암흑에너지는 주변에 구체적인 입자나 다른 형태의 물질이 없을 때에도 존재한다. 암흑에너지는 우주에 스며있지만, 보통 물질처럼 덩어리를 이루지는 않는다. 암흑에너지의 밀도는 어디에서나 다 같다. 어느 지역에서는 밀도가 더 높고 어느 지역서는 더 낮은 경우는 없다. 암흑에너지는 암흑물질과 전혀 다르다. 암흑물질은 암흑에너지와는 달리 뭉쳐서 물질을 이룰 수 있으며 특정지점이 다른 지점보다 밀도가 더 높을 수 있다. 암흑물질은 우리가 익숙한 물질, 즉 뭉쳐서 별이나 은하나 은하단 같은 물체를 이루는 물질과 똑 같이 행동한다. 하지만 암흑에너지는 늘 평탄하게 분포되어있다. 또한 암흑에지는 시간이 흘러도 늘 일정하다. 물질이나 복사와는 달리, 암흑에너지는 우주가 팽창해도 그것에 따라 더 희박해지지 않는다. 암흑에너지의 에너지 밀도-입자나 물질이 지닌 에너지가 아닌 에너지를 뜻한다는 시간이 흘러도 늘 일정하다. 그래서 물리학자들은 이런 에너지를 우주상수(cosmological constant)라고도 부른다(Randall, 2015, p.34).

우주가 정적인 상태를 영원히 유지한다고 굳게 믿었던 아인슈타인은 고민 끝에 자신의 방정식에 '우주 상수(cosmological constant)'라는 새로운 항을 추가했다. 하지만 허블의 발견으로 우주가 팽창한다는 사실이 명확해지자 아인슈타인은 이 우주 상수를 포기하였다. 하지만 우주 가속 팽창을 발견으로 다시 우주상수가 주목받을 줄은 그 누구도 예상하지 못하였다.

암흑에너지가 우주의 총 에너지의 약 70%를 어떻게 차지할까? 우주의 진화초기에는 대부분의 에너지를 복사가 지니고 있었다. 그러나 복사는 물질보다 더 빨리 희박해지기 때문에, 결국 암흑물질을 포함한 물질이 최대에너지 기여자의 자리를 넘겨받았다. 그러고는 한참 더 시간이 흐르자, 이제는 암흑에너지가 -복사와 물질과는 다르게 전혀 희박해지지 않으므로- 우세를 점하게 되었기 때문이다(Randall, 2015, p.35). 우주가 팽창함에 따라 물질과 복사가 엄청나게 희박해진 뒤에야 이러한 사실이 가능한 것이다. 그 전에는 암흑에너지 밀도는 그것보다 훨씬 많이 기여하는 복사와 물질에 비해 미미한 수준이었다.

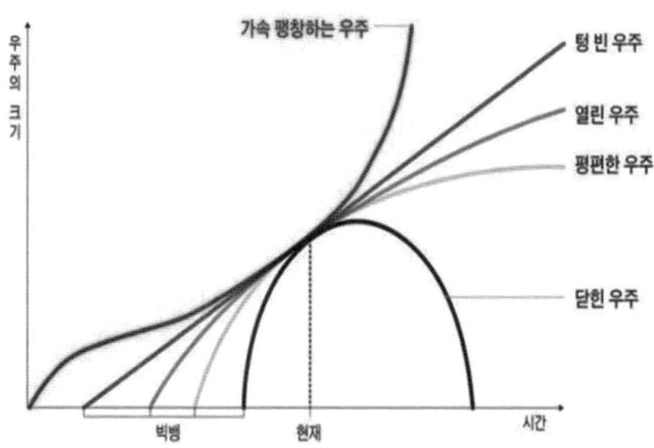

그림 3. 최근의 가속 팽창하는 우주와 빅뱅우주 (이강환, 2015, p.58)

가속 팽창하는 우주는 열린 우주보다 더 빠른 속도로 팽창하기 때문에 바깥으로 휜 우주인 것으로 오해할 수 있다. 그런데 우리 우주는 가속 팽창하지만 기하학적으로는 편평한 우주다. 가속 팽창을 하긴 하지만 '우주 전체의 물질-에너지 밀도'는 임계 밀도와 정확하게 같다는 말이다. '우주의 물질 - 에너지 밀도'가 어떻게 분포되어 있는지도 알아냈다. 연구 결과에 따르면 '우주의 물질 - 에너지 밀도'는 보통물질 5퍼센트, 암흑물질 27퍼센트, 암흑에너지 68퍼센트로 구성되어 있다. 그리고 세 가지를 합하면 우주 전체의 물질-에너지 밀도는 임계 밀도와 같아진다.

그래서 우리 우주는 기하학적으로 편평하면서도 암흑에너지 때문에 가속 팽창하는 우주가 되는 것이다. '우주 상수'와 '암흑 에너지'는 수학적으로 아주 유사한 모습을 보인다. 심지어 현재 '암흑 에너지'는 '우주 상수'와 동일한 대상일 것이라고 강력하게 추정되고 있다.

반면에 우주초기의 빅뱅 직후, 급팽창(inflation theory)을 일으키는 에너지의 출처는 아무것도 없는 공간, 바로 진공이다. 우주의 진공은 비어있지 않다. 진공은 끊임없이 만들어지고 파괴되는 입자와 반입자들로 들끓고 있다. 이것을 양자요동이라고 한다. 양자역학에서는 진공의 에너지를 기반으로 빅뱅 당시의 폭발적인 에너지와 복사선이 방출된다고 생각한다(Maran, 2017, p.344). 진공에너지를 암흑에너지 보는 입장이 있지만 분명하지 않다(유호종, 2021, p.77). 따라서 급팽창을 일으키는 원인을 암흑에너지로 간주한다는 것은 문제가 있다.

무엇보다도 급팽창 우주론(inflation theory)은 우주가 대 폭발 직후, 극히 짧은 시간 동안 급격하게 팽창하였다는 내용으로, 이를 통해 관찰 가능한 우주에서, 표준 빅뱅 우주의 지평선 문제, 편평성 문제, 자기 단극의 문제 등을 설명 할 수 있다(AI-Khaili, 2020).

첫 번째, 편평선 문제(flatness problem)이다. 급팽창 우주론에 따르면 초기 우주 밀도가 임계 밀도와 다르다해도 급팽창이 발생하면 곡률이 작아지므로 아주 작은 양의 곡률까지도 모두 급팽창에 의하여 평탄하게 늘어났다는 것이다.

두 번째 문제는, 지평선 문제(horizon problem)입니다. 우리가 볼 수 있는 가장 먼 우주 공간은 아마도 전체 우주의 작은 일부에 불과한 것이다. 우리가 그 너머로는 볼 수 없는 지평선이 존재한다. 이런 지평선이 존재하는 이유는 우주가 빛이 우리에게 도달하는 데 시간이 걸리기 때문이다. 어떤 거리에서는 빛이 우리에게 거리에서는 빛이 통과할 수 있는 것보다 더 빠른 속도로 팽창한다. 공간이 광속보다 빨리 팽창할 수 있다는 것이다. 급팽창이 공간을 급속히 팽창시키는 바람에 지금은 너무 멀리 떨어져 인과적으로 연결된 적이 없었던 것처럼 보일 뿐이다.

세 번째 문제는, 급팽창 우주론에 따르면, 우주가 급격히 팽창하였기 때문에 관측 가능한 우주 안에 자기 단극의 밀도가 크게 감소하여 발견하기 어렵다는 것이다. 즉, 우주가 급팽창하였기에 크기가 매우 커졌기 때문에 대부분의 자기 단극이 우주 지평선 너머로 흩어지고, 우주 공간에서 자기 단국 밀도가 극히 낮아진다고 설명한다.

급팽창은 우주에 방대한 에너지를 남기고 순식간에 끝난다. 그리고 그 열너지를 이용하여 우주가 팽창하기 시작한다. 이것이 빅뱅(Big bang)이다. 빅뱅에서 팽창을 계속해 우주는 점점 온도가 내려간다. 처음에는 10^{27} K 이었던 온도가 3분 뒤에는 1,000만 K까지 떨어진다. 원자핵의 합성은 여기서 끝난다. 더욱 온도가 내려가 우주 나이 약 40만 년 무렵에 3,000K가 된다. 그때까지 우주는 전리되어있어 수소원자는 양성자와 전자로 분리되어 플라즈마 상태로 있지만, 3,000K가 되면 서로 결합해 수소원자가 된다.

이전에는 우주는 이러한 플라즈마로 채워져 있기에 빛과 같은 전자기파는 플라즈마의 방해로 우주 안을 나아갈 수 없다. 그런데 수소원자가 생겨 우주가 중성화 되면, 전자기파는 자유롭게 우주를 날아다닐 수 있다. 이 무렵 우주의 크기는 현재의 1/1,000 이 된다. 온도 3,000K의 빛을 현재 관측하면, 우주 팽창을 위한 파장이 1,000배 길어진다. 온도도 1/1,000 이 되어 3,000K의 빛이 3K의 빛으로 관측된다. 그것이 전파로 관측되는 마이크로파 배경복사(Cosmic microwave Background radiation, CMB)이다. 결국 우주 마이크로파 배경 복사(Cosmic Microwave Background radiation, CMB)는 빅뱅 모형의 관측 증거가 된다.

6 팽창을 통한 우주론적인 시간과 창작의 의미

자연을 탐구하는 과정에서 시간에 대한 깊은 이해가 부상하였다. 우리는 시간을 창조적 출현의 척도로 이해하기 시작하였다. 찰스 다윈은 생물학적 진화에 대한 발견을 덧붙여 깨달음의 깊이를 더했다. 그리고 20세기에 에드윈 허블과 알버트 아인슈타인은 수십억 년 전에 걸쳐 창조적 탄생의 전 과정, 즉 우주의 진화과정을 확립함으로써 이 발견을 매듭지었다.

우리는 고전적인 시계 침의 움직이나 수정 발진 자를 이용한 디지털 표시로 시간을 인식하는 대신에, 우주론적 감각에서 우주 자체의 창조성으로 시간을 생각할 수 있다. 우리는 기계적 시간에 살고 있지 않다. 우리를 둘러싸고 있는 우주적 시간 속에 살고 있다.

물체들을 멀리 위로 던지면, 결국 그 물체들은 땅으로 떨어진다.

현재 물체가 멀리 달아나지만 대단히 멀리 있기에 현재 마치 정지되어있는 것처럼 보일 수 있다. 따라서 고대 그리스인부터 아인슈타인까지, 우주가 어떤 상태라는 정확한 관측사실이 없기에 상식적으로 이 우주는 정적인 우주로 볼 수밖에 없었다. 하지만 뉴턴과 아인슈타인의 중력은 현재에는 마치 정지되어있는 것처럼 보이는 모든 물질은 결국 하나로 뭉쳐질 수밖에 없다는 것이다.

그 해결책으로, 뉴턴은, 신이라는 존재가 그것을 조정한다고 하였다. 하지만 아인슈타인은 신보다는 중력과 반하는 우주상수라는 반-중력이 낙하하는 것을 막아준다고 생각했다. 하지만 그는 이 우주는 단순성을 바탕으로 한, 아름다운 우주를 생각하고 있기에 스스로도 불만족스러워 했다. 즉 그는 현재의 우주가 정적인 우주이기에 현재를 설명하기 위한 어쩔 수 없는 조치였다.

프리드만은, 아인슈타인의 현재보다는 과거에 물체들이 던져져, 혹은 폭발하여 멀어져서 현재 정지된 것처럼 보인다는 것이다. 아인슈타인이 임의로 설정된 반-중력은 필요 없다는 것이다. 그렇다면 우리는 상식적으로, 던져진 물체들은 결국 되돌아오든지, 혹은 영원히 계속 멀리 달아나는 경우를 생각할 수밖에 없다. 우주가 팽창 후, 수축되는 닫힌 우주, 혹은 영원히 팽창되는 열린 우주를 생각할 수 있다.

하지만, 드디어, 우주 팽창가설은 1930년대 초에 허블의 천문관측을 통해 현재 정지되어있기보다는 팽창하고 있다는 것이 사실로 판명되었기에, 아인슈타인은 자신의 실수를 인정하면서 반-중력인 우주상수를 철회했다.

이러한 관측 사실에 의하면, 우주가 팽창하고 있다는 것은 시계를 거꾸로 돌렸을 때, 우주의 모든 만물이 한 점으로 수렴한다는 뜻이며, 이는 곧 과거의 어느 한 순간에 우주의 시작이 되었음을 의미한다.

우주의 진화과정은 초고밀도, 초고온의 균일한 공이 폭발하면서 겪게 되는 과정과 비슷하다. 이 과정을 연구할 때 특별히 주목해야하는 변수는, 시간과 크기, 그리고 온도이다. 시간이 흐를수록 우주는 커지고, 우주가 커질수록 온도는 내려간다. 그리고 온도가 내려가면 물질의 내부 구조가 끊임없이 변화한다. 이러한 과정에서 암흑물질과 암흑에너지가 어떤 역할을 하는지는 중요한 탐색이라고 할 수 있다.

결국은 우주의 나이는 약 138억년정도인데 100억 년 전 후에서, 탄소, 산소, 질소 등이 만들어지면서, 동식물이 탄생되었으며, 그 후 많은 시간이 흐른 뒤 아주 우연히도 문화를 만들 수 있는 인류가 탄생된 것이다.

우리가 문화를 만든다는 것은 우리 삶은 유한하다는 것이다. 유한한 삶속에서 무한하고 영원한 무엇인가를 만들고자 한다고 할 수 있다.

예술은 우리의 문화의 상징이라고 할 수 있다. 우리는 지속적으로 창작하는 것이다. 동물들은 창작하지 않는다. 그러한 창작물은 우리의 영원한 기억 속에 남는다. 우리는 유한한 삶속에서 우주의 시간에서도 남아있는 창작물을 만드는 것이다.

인간은 유한한 몸으로 유한한 시간을 살아가면서 무한한 세계를 꿈꾸며 무한한 가치가 있는 무엇인가를 하려한다. 그것이 예술이고 사랑이고, 교육이고 학문이다.

7 우주의 안정화 문제

모든 물체가 중력으로 다른 물체를 끌어들인다면, 아인슈타인의 장 방정식은 우주가 안정 될 수 없다고 말하고 있다. 즉, 그는 모든 물체가 제 자리에 머무는 우주를 가정하려 했으나, 중력이 모든 물체를 끌어당기면 우주는 붕괴되고 말 것이다. 본질적으로 그의 이론대로 하자면 우주는 오래전에 붕괴되어 있어야한다.

일반상대성 이론과 붕괴되지 않은 우주를 조화시킬 방법이 최소한 두 가지가 있음을 안다(Bennett, 2014, p.221).

첫째는 붕괴되어야하는 일반상대성이론 그 자체는 옳고, 현실적으로 우주가 붕괴되지 않는 이유는, 우주가 팽창하기 때문이라는 것이다. 다시 말해, 우리가 과거에 팽창하여 지금도 그러한 팽창 우주에 산다고 가정하면, 이 팽창이 우주를 붕괴시키려는 중력의 경향을 상쇄할 것이다. 즉 역동적인 우주였다. 수학자인 프리드만과 르메트르에 의하여 주장되었으나, 정적인 우주를 믿는 아인슈타인에 의하여 인정받지 못하였다.

그리하여 우주의 팽창을 증명하는 천문학자인 허블을 기다려야했다.

두 번째 방법은, 붕괴되어야하는 일반상대성이론과 붕괴되지 않은 현실을 조화사킬 수 있는 제안으로, 일반상대성 이론이 무엇인가 빼먹고 있다고 가정하는 것이다. 이 경우, 우리는 우주를 유지할 수 있게 해주는 어떤 새로운 용어를 첨가하여 일반상대성이론을 '수정하려' 시도할 수 있다.

아인슈타인은, 1917년 발표할 논문에서 우주 상수를 세상에 소개했다. 하지만 그는 이 용어를 추가하는 것은 내키지 않는 것이었다. 무엇보다는 그는 이론의 내적 아름다움이라는 단순성을 추구했음에도 공식의 구조를 복잡하게 만들었다. 즉, 아인슈타인은 혁신을 추구했으나, 전통을 고집하는 보수적인 특징을 보여주고 있었다. 혁신과 보수가 팽팽한 긴장 관계가 있음을 보여준다.

이러한 아인수타인의 우주 상수를 제외하면 우리는 한 가지 놀라운 사실만 남는다. 우주가 분명히 붕괴하지 않기 때문에 일반상대성이론은 사실 우주가 팽창하고 있어야 한다고 예측하고 있는 것이다. 이 예측은 아인슈타인의 일반상대성 이론을 발표한 후, 10여년이 지난 후, 애드윈 허블(Edwin Hubble)이 확인해 주었다. 우리는 지금 우주 팽창을 기정사실로 간주하고 있다.

우리가 어떤 천체를 본다고 할 때, 즉, 우리가 그 천체에서 나온 빛을 관측하고 기록할 때, 우리는 그 빛이 발산한 순간의 천체의 모습을 보는 것이지 지금 이 순간의 모습을 보는 것이 아니다.

우리는 이 사실을 역으로 이용해 과거에 우주가 어땠는지 연구할 수가 있다. 가장 먼 곳에 있는, 가장 희미한 천체에서 나온 빛을 검출해 우주의 심연을 관측하면 되는 것이다. 우리가 볼 수 있는 가장 오래된 빛은 무엇인가?

우주가 탄생하고 38만년이 될 때까지 우주를 선명하게 볼 수 없다. 이는 우주 내부 물질 우주가 탄생한 뒤 수십만 년 이내에 우주 곳곳에 퍼진 전자기 복사와 물질의 상호작용 때문이다. 즉 빛과 물질이 섞여 있다가 원자가 형성되면서 퍼져나간 전자기 복사인 빛을 '우주 배경 복사'라고 한다. 그 때 빛이 나오고 굉장히 오랜 시간이 흘러서 현재의 절대온도 2.7도 정도 된다. 결국 이러한 우주 배경복사를 관측하여 '빅뱅 이론'이 맞는다는 결론에 도달하였다.

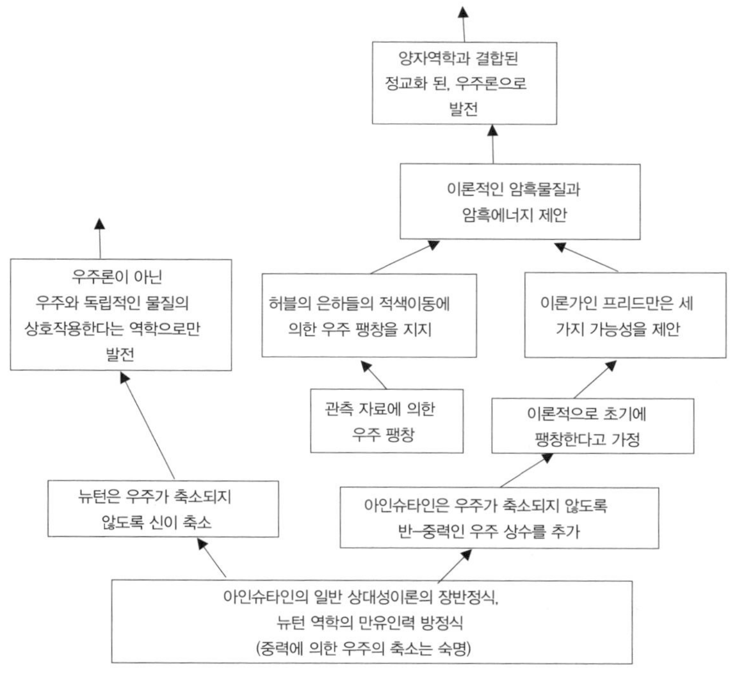

그림 4. 우주 상수의 출현 배경과 우주론

대부분의 물리학자들은 거시적 영역에 일반상대성이론을 적용하고, 미시적 영역에는 양자역학을 적용하되, 이들이 위험거리 이내로 접근하는 것을 방지하는 소극적인 자세를 취하였다. 하지만 물리적 대상 중에는 막대한 질량을 가지면서 부피가 아주 작은 것도 있다. 예를 들면, 블랙홀의 중심과, 빅뱅이 일어나기 전에는 우주 전체가 원자보다 작은 영역 속에 압축되어 있는 것으로 추정된다. 그러므로 일반상대성이론과 양자역학이 조화롭게 결합되지 못하면 압축된 별의 최후와 우주의 근원을 알 수 없다.

일반상대성이론과 양자역학을 하나로 이론체계로 통합하려는 노력은 하나의 *초끈*이론(superstring theory)으로 최첨단의 통일이론으로 탄생되었다. 아직은 연구단계이지만 입자들이 점의 형태를 취하고 있다는 것을 전면 부정한다. 핵자보다 작은 가느다란 끈을 이루어졌다는 것이다. 즉, 이러한 초끈 이론은 우리의 눈에 보이는 세계는 진정한 실체가 아니라 실체의 일부분에 지나지 않는다는 것을 시사한다.

8 결론 및 제언

우주의 물리법칙은 생물의 유전자와 대응한다. 우주가 새로 태어날 때 물리법칙이 완전히 복사되는 것이 아니라 오류를 일으키기 때문에 새롭게 태어난 우주를 지배하는 것은 일정부분 다른 물리법칙이다. 물리법칙이 다르기 때문에 우주 진화과정에서 형성되는 블랙홀의 숫자가 달라진다(Sato, 2008, p.158). 우주의 진화는 팽창함에 따라 온도가 내려가면서, 새로운 힘과 원소들이 생성된다고 할 수 있다. 결국은 안정화 쪽으로 우주가 진화한다고 할 수 있다.

무엇보다도 우주의 모든 산물은 우주의 진화에 의하여 생성된 것이다. 따라서 모든 만물은 서로 연결되어 있다는 점이다. 별개로는 생각할 수 없다는 점이다.

시간은 우주론적인 시간으로 창조되는 방향, 원인과 결과로 이어지는 세계라는 점이다. 거의 무한한 별들이 있다고 가정해도, 밤하늘의 별은 우주의 팽창으로 인하여, 유한한 별 빛의 속도로는 지구까지 도저히 도달할 수 없기 때문에 밤하늘에는 유한한 별빛으로 반짝이는 것이다. 밤하늘은 언제나 별들이 빛나는 낭만적인 하늘인 것이다. 밤하늘의 별은 우주의 팽창으로 인하여, 거의 무한한 별들이 있다고 가정해도 유한한 별 빛의 속도로는 지구까지 도저히 도달할 수 없을 뿐만 아니라, 도달한다고 해도 우리 눈으로 볼 수 없는 적외선 영역으로 들어오기 때문에, 밤하늘에는 한정적인 별빛으로 반짝이는 것이다. 밤하늘은 언제나 별들이 빛나는 낭만적인 하늘인 것이다.

우주의 연령은 대략 138억 년이지만, 100억 년 전후가 아니라면 아마 인간은 존재하지 않았을 것이다. 우주 초기에는 수소와 헬륨 이외의 원소는 존재하지 않았고, 만약 그곳에서 우리가 살고 있는 행성이 만들어 졌어도 수소와 헬륨밖에 없는 환경에서는 우선 생명이 태어나지 못한다. 인간이 태어나 살아가기 위해서는 탄소와 산소를 비롯하여 다양한 원소가 필요하다.

인간과 같은 문화를 만들고 즐기는 생명체를 탄생된다는 확률은 지극히 낮기 때문에 우리 인간은 누구나 행운을 가진 존재라는 점이다.

우리를 둘러싼 공간은 일반적으로 믿고 있는 것보다 훨씬 복잡한 구조이다. 중력장은 공간의 구조를 바꾸어 놓는다. 직선이 두 점을 잇는 최단거리가 아니라는 것이 밝혀졌다. 오히려 곡선, 종종 아주 낮은 곡률을 가진 곡선이 최단 거리이다. 무엇보다도 우리는 유한하지만 경계가 없는 3차원 공간을 상상하기 쉽지 않다. 하지만 이러한 공간은 존재한다. 유한하지만 경계가 없는 우주는 자기 충족성이고 자기 종결적의 실재이다. 그 '바깥은' 은 없다(Fritzch, 1984).

우주가 분명히 붕괴하지 않기 때문에 일반상대성이론은 사실 우주가 팽창하고 있어야 한다고 예측하고 있는 것이다. 이 예측은 아인슈타인의 일반상대성 이론을 발표한 후, 10여년이 지난 후, 애드윈 허블(Edwin Hubble)이 확인해 주었다. 우리는 지금 우주 팽창, 중요한 가속 팽창을 기정사실로 간주하고 있다.

더 생각할 주제

1. 아인슈타인의 정적 우주는 어떤 문제가 있는가?

2. 암흑 물질은 어떠한 역할하며, 어떻게 추측하는가?

3. 암흑 에너지는 무엇이며, 아인슈타인의 우주상수와는 어떤 관련이 있는가?

참고문헌

김찬주 (2018). 어느 물리학자의 세상보기. 서울: 우리교육.

유호종 (2021). 철학자의 우주 산책. 서울: 필로소픽.

이강환 (2015). 우주 끝을 찾아서(제 2쇄). 서울: 현암사.

황재찬 (2020). 자연의 전망, 우주: 우리는 어디로 가는가?

경기도: 한국학술정보.

최무영 (2010). 최무영 교수의 물리학 강의(제 7쇄), 서울: 책갈피.

2015 개정 교육과정용 교과서, 지구과학 Ⅰ(2022). Ⅲ. 우주의 신비. Al-Khalili, J. (2020). The World according to Physics. Princeton and Oxford: Princeton University Press.

Bennett, J., Donahue, M., Schneider, N., and Voit, M (2015). The Essential Cosmic Perspective(7th Edition).

Maran, S. P. (2017). Astronomy For Dummies(4th Edition, Kindle Edition). John Willey & Sons, Inc. (박지웅 옮김, 2019, 더미를 위한 천문학, 서울: 시그마북스).

Fritzsch, H. (1984). The Creation of Matter. New York: Basic Books, Inc., Publishers.

Greene, B. (2005). The Fabric of the Cosmos: Space, Time, and the Texture of Reality. New York: Vintage Books.

Holt, J. (2012). Why Does the World Exist?: An Existential Detective Story. New York: Liveright Publishing Corporation

Oh, J.-Y. (2022). Conceptual Features about Einstein's Theory of General Relativity based on the Philosophy of Science. New York: Nova Science Publishers, Inc.

Parsons, Paul (2001). The Big Bang. (이충호 옮김, 2009, 빅뱅(초판 5쇄), 서울: 도서출판 다림).

Randall, L. (2015). Dark Matter and the Dinosaurs: The Astounding

Interconnectedness of the Universe. Ecco; Reprint (김명남 옮김, 2016, 암흑 물질과 공룡: 우주를 지배하는 제5의 힘, 서울: ㈜사이언스북스)

Rovelli, C. (2017). Reality is Not What it Seems: The Journey to Quantum Gravity. USA: Penguin Group

Sato, K. (2008). uchuron Nyumon. Tokyo: Iwanami Shoten, Publishers. (김효진 옮김, 2016, 우주론 입문: 탄생에서 미래로, 서울: AK)

Singh S. (2004). Big Bang: The Most Important Scientific Discovery of All Time and Why You Need to Know About it. Harper Collins Publishers Ltd. (곽영직 옮김, 2006, 우주의 기원 빅뱅, 서울: ㈜영림카디널)